CHINA SCIENCE POPULARIZATION STATISTICS

中国科普统计

2024 年版

中华人民共和国科学技术部　编

科学技术文献出版社
SCIENTIFIC AND TECHNICAL DOCUMENTATION PRESS
· 北 京 ·

图书在版编目（CIP）数据

中国科普统计：2024年版 = CHINA SCIENCE POPULARIZATION STATISTICS 2024 / 中华人民共和国科学技术部编. -- 北京：科学技术文献出版社, 2025. 2.

ISBN 978-7-5235-2207-3

Ⅰ. N4-66

中国国家版本馆CIP数据核字第20243GR263号

中国科普统计2024年版

策划编辑：张　丹　　责任编辑：李　鑫　　责任校对：张永霞　　责任出版：张志平

出 版 者　科学技术文献出版社
地　　址　北京市复兴路15号　邮编　100038
出 版 部　(010) 58882952
发 行 部　(010) 58882868，58882870（传真）
官方网址　www.stdp.com.cn
发 行 者　科学技术文献出版社发行　全国各地新华书店经销
印 刷 者　北京地大彩印有限公司
版　　次　2025 年 2 月第 1 版　2025 年 2 月第 1 次印刷
开　　本　787 × 1092　1/16
字　　数　405千
印　　张　25
书　　号　ISBN 978-7-5235-2207-3
定　　价　108.00元

前　言

习近平总书记在2016年全国科技创新大会上指出："科技创新、科学普及是实现创新发展的两翼，要把科学普及放在与科技创新同等重要的位置。没有全民科学素质普遍提高，就难以建立起宏大的高素质创新大军，难以实现科技成果快速转化。"《中华人民共和国科学技术普及法》（以下简称《科普法》）规定，科学普及是国家和社会普及科学技术知识、倡导科学方法、传播科学思想、弘扬科学精神的活动。

2022年8月，科技部、中央宣传部、中国科协联合发布《"十四五"国家科学技术普及发展规划》（以下简称《规划》）；9月，中共中央办公厅、国务院办公厅印发《关于新时代进一步加强科学技术普及工作的意见》。两份文件均明确提出加强科普调查统计等基础工作的要求。

科普统计作为国家科技统计的重要组成部分，是贯彻落实《科普法》的重要举措，也是落实科技部监督检查科普职责、实现《规划》要求的手段之一。《中国科普统计》报告编制的相关数据和分析结果为各级政府管理部门制定科普规划与政策、部署科普工作提供支持，是各类机构普遍引用的权威信息来源，以及社会各界认识和评价我国科普事业发展状况的重要窗口，对于我国科普工作监测和评价体系建设具有重要意义。

2024年全国科普统计调查范围包括全国31个省（自治区、直辖市）、新疆生产建设兵团，以及科技、教育等32个部门的中央部门级、省级、市级、县级四级单位。统计时间为2023年1月1日至12月31日。统计内容覆盖科普人员、科普场地、科普经费、科普传媒、科普活动、科学教育的相关指标。

全国科普统计调查从2004年的试统计开始，处于不断完善的过程中。为了更加真实、有效地反映全国科普事业的发展状况，科普统计方案、统计范围和统计指标处于适度调整、变动的过程之中。上述变动会造成数据分析中有关变化率的计算并非基于相同的统计口径，因此在解读、引用此类数据时须注意相关信息。此外，本书中因小数点后位数取舍而产生的误差均未做配平处理。

由于水平和时间所限，书中难免存在错误和疏漏之处，欢迎广大读者、各界人士批评指正。

目　　录

CONTENTS

综　述

一、全国科普工作整体情况

2023 年既是全面贯彻党的二十大精神的开局之年，也是实施“十四五”规划承上启下的关键之年。全国各地区、各部门按照《“十四五”国家科学技术普及发展规划》要求，强化使命担当，坚持在夯实基础的同时不断拓宽发展空间，推动科普工作向更高质量迈进。

1．全国科普经费投入创新高

2023 年全国科普工作经费投入首次突破 200 亿元规模，筹集额达到 215.06 亿元，比 2022 年增长 12.60%[1]。以公共财政支持为主的科普经费投入格局稳健持续，社会筹资明显增长。各级政府财政拨款 167.11 亿元，比 2022 年增长 8.30%，占当年全国科普经费筹集额的 77.70%。政府拨款中，科普专项经费规模为 81.18 亿元，比 2022 年增长 8.52%，占当年全国科普经费筹集额的 37.75%。全国人均科普专项经费 5.76 元[2]，比 2022 年增加 0.46 元。捐赠共计 1.29 亿元，比 2022 年增长 49.96%，占当年全国科普经费筹集额的 0.60%。自筹资金共计 46.66 亿元，比 2022 年增长 30.19%，占当年全国科普经费筹集额的 21.69%（表 1）。

[1] 本书中增长（减少）比例、占比等数值是以四舍五入前的统计数据计算得出的，结果可能与四舍五入后的数值计算结果存在差异。

[2] 根据《中国统计年鉴 2024》，截至 2023 年底，全国总人口为 140967 万人。

表1 2019—2023年全国科普经费筹集额及构成 单位：亿元

年份	2019	2020	2021	2022	2023
筹集额	185.52	171.72	189.07	191.00	215.06
政府拨款	147.71	138.39	150.29	154.30	167.11
捐赠	0.81	0.62	1.62	0.86	1.29
自筹资金①	28.49	24.76	37.17	35.84	46.66
其他收入	8.51	7.95	—	—	—

① 2022年起，全国科普统计不再单独统计“其他收入”指标项，相关数据纳入“自筹资金”指标项合并统计。

2023年全国科普经费使用额为207.70亿元，比2022年增长9.29%。其中，行政支出44.68亿元，比2022年增长11.18%，占当年科普经费使用额的21.51%。科普活动支出81.87亿元，比2022年增长2.56%，占当年科普经费使用额的39.42%。科普场馆基建支出31.37亿元，比2022年增长13.37%，占当年科普经费使用额的15.10%。科普展品、设施支出22.72亿元，比2022年增长15.63%，占当年科普经费使用额的10.94%。其他支出27.06亿元，比2022年增长19.16%，占当年科普经费使用额的13.03%。

2．“小核心+大协作”模式下科普人员队伍建设不断完善

2023年科普工作“领路人”队伍建设在“小核心+大协作”模式下多点推进，形成以专职人员为核心、兼职人员为补充、志愿者为后备的，梯次更加合理的人才蓄水池。2023年全国科普专、兼职人员共计215.62万人，比2022年增长7.99%。每万人口拥有科普人员15.30人，比2022年增加1.16人。其中，科普专职人员29.32万人，比2022年增长7.03%，占当年科普人员总数的13.60%；科普兼职人员186.30万人，比2022年增长8.14%，占当年科普人员总数的86.40%。2023年，全国科普兼职人员共投入工作量2940.82万人天，比2022年小幅减少，减少3.59%。

2023年科普专职、兼职人员专业化水平继续提高。2023年全国中级职称及以上或本科及以上学历的科普人员数量达到134.99万人，比2022年增长10.11%，占当年科普人员总数的62.61%。其中，中级职称及以上或本科及以上学历的科普专职人员19.50万人，占当年科普专职人员总数的66.49%；中级职称及以上或本科及以上学历的科普兼职人员115.50万人，占当年科普兼职人员总数的61.99%。

2023 年全国女性科普人员为 98.01 万人，比 2022 年增长 11.42%，占当年科普人员总数的 45.45%。其中，女性科普专职人员 12.89 万人，占当年科普专职人员总数的 43.97%；女性科普兼职人员 85.12 万人，占当年科普兼职人员总数的 45.69%。

2023 年全国农村科普人员为 46.52 万人，比 2022 年减少 2.04%，占当年科普人员总数的 21.57%。其中，农村科普专职人员 7.34 万人，占当年科普专职人员总数的 25.03%；农村科普兼职人员 39.18 万人，占当年科普兼职人员总数的 21.03%。

2023 年全国科普讲解（辅导）人员为 38.86 万人，比 2022 年增长 5.81%，占当年科普人员总数的 18.02%。其中，专职科普讲解（辅导）人员 5.23 万人，比 2022 年增长 12.10%，占当年科普专职人员的 17.83%；兼职科普讲解（辅导）人员 33.63 万人，比 2022 年增长 4.90%，占当年科普兼职人员的 18.05%。

2023 年全国专职从事科普创作与研发人员为 2.22 万人，比 2022 年增长 9.26%，占当年科普专职人员的 7.59%。

2023 年全国注册科普（技）志愿者队伍继续扩大，数量达到 804.52 万人，比 2022 年增长 17.16%。

3. 科普基础设施建设稳中求进

2023 年在各地多方发力下，我国科普基础设施建设整体稳定发展，场馆接待人次大幅增长。全国科技馆和科学技术类博物馆共计 1779 个，比 2022 年增加 96 个；建筑面积 1348.59 万平方米，比 2022 年增加 5.14%；展厅面积 660.03 万平方米，比 2022 年增加 6.04%。其中，科技馆 703 个，比 2022 年增加 9 个；科学技术类博物馆 1076 个，比 2022 年增加 87 个（表 2）。科技馆和科学技术类博物馆全年接待 2.69 亿人次参观，比 2022 年增长 101.95%。

表 2　2019—2023 年全国科普场馆数　　单位：个

年份	2019	2020	2021	2022	2023
科技馆	533	573	661	694	703
科学技术类博物馆	944	952	1016	989	1076
合计	1477	1525	1677	1683	1779

2023 年全国科技馆建筑面积合计 571.11 万平方米，比 2022 年增加 6.99%；展厅面积合计 291.90 万平方米，比 2022 年增加 6.32%；参观人数 9797.56 万人

次，比 2022 年增长 91.19%。

2023 年全国科学技术类博物馆建筑面积 777.48 万平方米，比 2022 年增加 3.82%；展厅面积 368.13 万平方米，比 2022 年增加 5.81%；参观人数 1.71 亿人次，比 2022 年大幅增长，增长 108.69%。

2023 年全国青少年科技馆站 519 个，比 2022 年减少 8.79%。全国范围内共有城市社区科普（技）活动场所 4.80 万个，比 2022 年减少 1.51%；农村科普（技）活动场所 16.19 万个，比 2022 年减少 2.98%；科普宣传专用车 1203 辆，比 2022 年增加 7.60%；流动科技馆站 856 个，比 2022 年减少 35.64%；科普宣传专栏 25.94 万个，比 2022 年小幅减少，减少 0.09%。

4. 公众参与各类科普活动积极踊跃

2023 年公众参与科普活动呈现积极向好态势，尤其是线下活动的举办和参与情况，与 2022 年相比明显回升。科普（技）讲座、科普（技）展览、科普（技）竞赛以及全国科技活动周等群众性、社会性、经常性科普活动，2023 年共吸引 34.54 亿人次参与，比 2022 年增长 1.52%。其中，以“热爱科学 崇尚科学”为主题的全国科技活动周，以“提升全民科学素质、助力科技自立自强”为主题的全国科普日，以“遇见科学、预见未来”为主题的中国科学院公众科学日等全国性重大科普活动，不断激发公众了解科技进展、探索科学的兴趣，也大力弘扬了科学家精神。

2023 年全国共举办线上线下科普（技）专题展览 10.75 万次，共有 5.14 亿人次参观，参观人数比 2022 年增长 123.44%；举办线上线下科普（技）竞赛 4.13 万次，参加人数达 5.66 亿人次，参加人数比 2022 年增长 79.69%；组织线上线下科普（技）讲座 130.54 万次，吸引 19. 26 亿人次参加，参加人数比 2022 年减少 16.94%。

科技活动周是公众参与度最高、覆盖面最广、社会影响力最大的群众性科技活动。2023 年全国科技活动周以“热爱科学 崇尚科学”为主题，突出宣传贯彻党的二十大精神，深入宣传中共中央办公厅、国务院办公厅印发的《关于新时代进一步加强科学技术普及工作的意见》，大力弘扬科学家精神，广泛开展面向公众的特色科技活动。全国科技活动周经费支出 4.35 亿元，其间共举办线上线下各类科普专题活动 12.65 万次，参加人数达 4.48 亿人次（表 3）。

表 3　2019—2023 年全国科技活动周主要数据

年份	2019	2020	2021	2022	2023
科普专题活动次数/次	118937	109011	111563	119059	126454
参加人数/万人次	20158	48891	59287	53836	44826
每万人口参加人数/人次	1440	3463	4197	3813	3180

2023 年全国成立青少年科技兴趣小组 12.74 万个，参加人数达 877.33 万人次，较 2022 年增长 1.65%。青少年科技夏（冬）令营活动共举办 2.69 万次，参加人数为 147.13 万人次，参加人数较 2022 年减少 7.36%。

2023 年全国科研机构和大学向社会开放呈明显上升态势，开放单位达 8391 个，较 2022 年增长 29.95%，共接待访问 1964.17 万人次，比 2022 年增长 21.62%。

2023 年全国共举办重大科普活动 1.13 万次，比 2022 年增加 4.13%。举办线上线下科普国际交流活动 1315 次，共有 1150.76 万人次参加，参加人数比 2022 年下降 48.73%，原因在于线上活动举办较少导致线上参加人数明显下滑。

5. 各类媒体传播中网络化科普表现抢眼

2023 年全国各地各部门通过不同媒体渠道，不断探索和创新科学传播模式。其中，网络化媒体因其发布迅速、覆盖广泛、表现形式灵活等特点，成为科普传媒矩阵中具有广泛影响力的重要阵地。

2023 年全国共建设科普网站 2045 个，比 2022 年增长 14.37%。建设科普类微信公众号 9561 个，比 2022 年增长 17.64%；发文量 209.04 万篇，比 2022 年增长 16.27%；关注数 10.45 亿个。建设科普类微博 1513 个，比 2022 年减少 17.99%；发文量 152.00 万篇，比 2022 年增长 19.71%；粉丝数 2.86 亿个。2023 年全国电视台播放科普（技）节目总时长 22.69 万小时，比 2022 年增长 20.64%；广播电台播放科普（技）节目总时长 24.85 万小时，比 2022 年增长 51.00%。

2023 年纸质媒体科普传播呈现式微态势，全国共出版科普期刊 510 种，比 2022 年减少 51.06%；发行量为 6622.92 万册，比 2022 年减少 20.22%。出版科普图书 7332 种，比 2022 年减少 36.23%；发行量为 4989.74 万册，比 2022 年大幅减少，减少 51.98%。发行科技类报纸 8026.41 万份，比 2022 年减少 4.27%。发放科普读物和资料共计 3.49 亿份，比 2022 年减少 14.76%。

二、地方科普工作

1．不同省份科普资源投入

2023年各省、自治区和直辖市（以下简称“省”）因地施策，积极配置资源，促进地区科普工作有序发展。

科普经费投入方面，2023年全国19个省的经费筹集额相比2022年有所增长。广东、北京、上海、浙江、四川5个省的筹集额均超过10亿元；福建、安徽、江苏、湖北、山东等11个省的筹集额为5亿～10亿元[1]；陕西、天津、山西、新疆、贵州等14个省的筹集额为1亿～5亿元；西藏的经费筹集不足1亿元。山西、内蒙古、辽宁、吉林、上海等22个省科普专项经费投入有所增长，山西、内蒙古、安徽、江西、广东等22个省人均拥有科普专项经费均呈上升态势。北京、上海、宁夏、海南、青海5个省人均拥有科普专项经费超过10元，辽宁、河北等6个省人均拥有科普专项经费低于3元。

科普人员队伍建设方面，2023年全国23个省的专兼职科普人员队伍数量相比2022年有所增加。广东、浙江、四川、河南、江苏等7个省的专兼职科普人员队伍均在10万人以上；湖北、安徽、广西、湖南、陕西等15个省的科普人员队伍为5万～10万人；天津、辽宁、内蒙古、黑龙江、吉林等8个省的科普人员队伍为1万～5万人；西藏科普人员队伍不足1万人。天津、北京、浙江、上海、青海等11个省每万人口拥有科普人员数超过20人，黑龙江、辽宁、吉林3个省每万人口拥有科普人员数少于10人。与2022年相比，2023年北京、天津、河北、山西、广东等22个省的科普人员数和每万人口拥有科普人员数均呈增长态势。

2023年人均科普专项经费和万人科普人员数同时实现增长的有山西、上海、湖南、广东、广西等14个省（表4）。

表4　2022年、2023年各省人均科普专项经费和万人科普人员数

地区	2022年		2023年	
	人均科普专项经费/元	万人科普人员数/人	人均科普专项经费/元	万人科普人员数/人
北京	56.73	26.90	54.14	27.40
天津	3.36	32.53	3.28	32.78

[1] 本书波浪线表示的数据含后者不含前者。

续表

地区	2022 年		2023 年	
	人均科普专项经费/元	万人科普人员数/人	人均科普专项经费/元	万人科普人员数/人
河北	1.66	9.45	1.51	10.46
山西	3.00	14.36	3.69	15.32
内蒙古	5.12	16.71	5.73	14.45
辽宁	1.20	8.88	1.45	9.41
吉林	3.55	9.10	4.10	8.46
黑龙江	1.69	7.81	1.92	9.68
上海	15.88	19.64	17.24	23.64
江苏	4.63	11.81	4.52	12.39
浙江	5.79	20.41	6.16	23.83
安徽	3.43	14.60	4.34	14.94
福建	6.69	15.93	6.44	17.02
江西	5.99	12.67	6.97	15.17
山东	3.68	9.37	2.89	10.13
河南	2.58	11.31	2.75	11.04
湖北	6.56	16.91	6.09	17.12
湖南	2.88	11.62	3.45	12.37
广东	4.53	9.56	9.01	14.16
广西	3.62	14.64	4.12	17.25
海南	28.96	10.77	12.33	13.56
重庆	5.15	23.06	5.76	22.84
四川	4.72	14.69	5.13	14.53
贵州	2.45	15.04	2.54	14.49
云南	7.14	21.96	5.42	21.94
西藏	5.37	8.68	7.67	15.09
陕西	4.00	19.06	4.33	20.10
甘肃	2.69	18.81	4.24	20.93
青海	11.76	22.89	12.07	23.33
宁夏	8.83	21.82	14.96	21.80
新疆①	4.08	20.17	5.82	20.03

①本书中的新疆相关数据包括新疆生产建设兵团数据。

将各省科普经费筹集额与本省地区生产总值的比值定义为科普经费强度，与2022年相比，2023年山西、安徽、广东、吉林、河南等16个省的科普经费强度有所上升，15个省的科普经费强度有所下降。北京、青海、海南、上海、宁夏等10个省的科普经费强度高于2‱。其中，北京的科普经费强度超过6‱。山东、江苏等5个省的科普经费强度低于1‱（表5）。科普经费强度最大的省与最小的省之间相差5.64‱，相较2022年的5.68‱，地方科普经费强度的差距整体略有缩小。

表5　2022年、2023年各省科普经费强度

单位：‱

地区	2022年	2023年	地区	2022年	2023年
北京	6.37	6.25	湖北	1.50	1.48
天津	2.69	2.54	湖南	1.08	1.22
河北	0.69	0.61	广东	1.04	2.03
山西	1.06	1.39	广西	1.90	1.92
内蒙古	0.90	0.97	海南	6.02	3.45
辽宁	0.72	0.93	重庆	2.31	2.34
吉林	1.35	1.77	四川	1.70	1.71
黑龙江	1.07	1.02	贵州	1.69	1.58
上海	3.06	3.23	云南	2.80	2.51
江苏	0.78	0.71	西藏	1.30	1.44
浙江	1.51	1.45	陕西	1.60	1.38
安徽	1.16	1.96	甘肃	3.12	2.70
福建	1.48	1.77	青海	4.50	4.18
江西	1.94	1.79	宁夏	2.84	2.92
山东	0.97	0.87	新疆	1.74	1.84
河南	0.82	1.08			

注：科普经费强度=各省科普经费筹集额/本省地区生产总值。

2．不同区域主要科普指标表现

科普人员队伍建设方面，2023年东部、中部和西部地区的科普人员数占全国总数的比例分别为42.28%、25.60%、32.12%。与2022年相比，东部地区的占比明显上升，中部和西部地区的占比有所下降。

科普经费投入方面，2023年东部、中部和西部地区的科普经费筹集额占全

国筹集总额的比例分别为 56.29%、20.13%、23.58%。与 2022 年相比，东部和中部地区的占比有所上升，西部地区的占比呈下降态势。

科普场馆建设方面，2023 年东部、中部和西部地区的科技馆数分别占全国总数的 38.83%、27.60%、33.57%。与 2022 年相比，东部和中部地区的占比有所下降，西部地区的占比有所上升。2023 年东部、中部和西部地区科学技术类博物馆数分别占全国总数的 47.86%、23.05%、29.09%。与 2022 年相比，中部地区的占比有所上升，东部和西部地区的占比均有所下降。

科普活动参与方面，2023 年东部、中部和西部地区开展科技活动周专题活动的参加人数分别占全国总参加人数的 82.45%、7.45%、10.10%。与 2022 年相比，东部和中部地区的占比有所上升，西部地区的占比出现下滑。东部、中部和西部地区举办科普（技）讲座、科普（技）展览和科普（技）竞赛三类科普活动的参加人数分别占全国总参加人数的 75.07%、16.05%、8.89%。与 2022 年相比，东部和中部地区的占比呈上升态势，西部地区的占比下降明显。

科普传媒发展方面，2023 年东部、中部和西部地区的科普期刊和科普图书的发行总量分别占全国总量的 66.51%、13.51%、19.98%。与 2022 年相比，中部和西部地区的占比呈上升态势，东部地区的占比下降明显。东部、中部和西部地区科普类网站、微博、微信的建设总量分别占全国建设总量的 52.92%、20.93%、26.15% 。与 2022 年相比，东部和西部地区的占比出现下降，中部地区的占比有所上升。

2023 年，从东部、中部和西部地区各省在科普经费、科普场馆、主要科普活动受众、科普传媒方面主要科普指标的省平均值表现来看（表 6），东部、中部和西部地区维持依次递减的态势，科普人员的省平均值表现则是中部地区处于靠后位置。其中，在科普经费筹集额、三类主要科普活动参加人数、科技活动周专题活动参加人数方面，东部地区的表现明显领先中部和西部地区。

表 6　2023 年东部、中部和西部地区各省主要科普指标平均值

地区	东部	中部	西部
科普经费筹集额/亿元	11.00	5.41	4.23
科普人员数/万人	8.29	4.63	5.77
科普场馆①数/个	72	55	46
科技活动周专题活动参加人数/万人次	3360	418	377

续表

地区	东部	中部	西部
三类主要科普活动[②]参加人数/万人次	20511	6029	2226
期刊、图书发行量/万册	702	196	193
网络媒体[③]建设数/个	631	343	286

①指科技馆、科学技术类博物馆。

②指科普（技）讲座、科普（技）展览、科普（技）竞赛。

③指网站、微博、微信公众号。

对东部、中部、西部3个地区的部分科普统计指标数据进行复合测算（表7）。与2022年相比，2023年在万人拥有科普人员数、人均科普专项经费、万人拥有科普场馆展厅面积3个指标上，3个区域均有所增长。西部地区科普经费占GDP比例出现下降。在万人拥有科普人员数、科普经费占GDP比例2个指标上，西部地区高于东部和中部地区；在人均科普专项经费、万人拥有科普场馆展厅面积2个指标上，东部地区高于中部和西部地区。中部地区4个指标的表现均落后于其他2个地区，与2022年情况一致。

表7　2023年东部、中部和西部地区部分科普指标相对值

地区	万人拥有科普人员数/人	科普经费占GDP比例/‰	人均科普专项经费/元	万人拥有科普场馆展厅面积/平方米
东部	14.99	1.77	7.33	51.47
中部	13.23	1.45	4.11	36.25
西部	18.12	1.88	5.09	51.21

三、部门科普工作

《科普法》规定：国务院其他行政部门按照各自的职责范围，负责有关的科普工作；科学技术协会是科普工作的主要社会力量。2023年，各部门统筹协调，扎实推进部门科普工作。

科普人员队伍建设方面，教育、卫生健康、科协、农业农村和科技管理部门的科普专兼职人员数均超过10万人，这5个部门科普人员数占全国科普人员总数的77.51%；自然资源、文化和旅游、应急管理等17个部门的科普专兼职人员规模为1万～10万人。从部门科普专兼职人员中中级职称及以上或本科及以上学历人员规模来看，教育、卫生健康、科协、农业农村4个部门的人数均超过

10 万人；科技管理、自然资源、市场监督管理等 11 个部门的人数为 1 万～10 万人。从部门科普专兼职人员中中级职称及以上或本科及以上学历人员占比来看，25 个部门均超过 60%。其中，中国科学院所属部门、社科院所属部门、中国人民银行、气象部门、知识产权部门的占比均超过 80%。

科普经费投入方面，科协、科技管理、教育等 6 个部门的经费筹集额均超过 10 亿元，筹集经费占全国总筹集经费的 77.75%；文化和旅游、农业农村、国有资产监督管理等 14 个部门的科普经费筹集额为 1 亿～10 亿元。从科普活动支出来看，科协、科技管理、教育、卫生健康部门的支出均在 5 亿元以上，这 4 个部门的科普活动支出占全国科普活动总支出的 70.46%；农业农村、自然资源、文化和旅游等 8 个部门的支出为 1 亿～5 亿元。从科普场馆基建支出来看，科协、科技管理、自然资源等 7 个部门资金支出规模均超过 1 亿元，支出规模占全国科普场馆基建总支出的 88.19%。

科普场馆建设方面，科协、教育、文化和旅游、自然资源部门的科技馆和科学技术类博物馆建设总量均达到 150 个以上，4 个部门的场馆数量占全国科技馆和科学技术类博物馆总量的 67.90%；科技管理、气象、农业农村等 13 个部门的科技馆和科学技术类博物馆建设总量为 10～150 个。从单馆年接待人次来看，妇联、文化和旅游、发展改革等 10 个部门均在 10 万人次以上，自然资源、民族事务、交通运输等 15 个部门为 1 万～10 万人次。

主要科普活动举办方面，卫生健康、科协、教育部门开展的科普（技）讲座均超过 10 万次，3 个部门的举办次数占全国总举办次数的 63.15%；科技管理、农业农村、文化和旅游等 12 个部门的举办次数为 1 万～10 万次。教育、科协、文化和旅游部门举办的科普（技）专题展览均超过 1 万次，3 个部门的举办次数占全国总举办次数的 51.93%；科技管理、卫生健康、自然资源等 11 个部门的举办次数为 1000～10000 次。教育、科协、卫生健康、科技管理、工会组织举办的科普（技）竞赛均超过 1000 次，5 个部门的举办次数占全国总举办次数的 85.94%；应急管理、文化和旅游、气象等 17 个部门的举办次数为 100～1000 次。科技活动周期间科协、教育、科技管理、卫生健康部门开展的科普专题活动均超过 1 万次，这 4 个部门的举办次数占全国总举办次数的 62.08%；自然资源、文化和旅游、农业农村等 16 个部门的举办次数为 1000～10000 次。

科普传播媒介发展方面，宣传、共青团、农业农村等 9 个部门是科普图书的主要出版部门，发行量均超过 100 万册，发行总量占全国发行总量的 91.65%，其中仅宣传部门的发行量就达到全国发行总量的 39.39%。宣传、科协是科普期刊发行的主要部门，发行量均超过 1000 万册，这 2 个部门的发行总量占全国发行总量的 70.23%；中国科学院所属部门、科技管理、生态环境等 5 个部门的科普期刊发行量为 100 万～1000 万册。气象、科协、宣传、卫生健康部门的科技类报纸发行量均超过 1000 万份，这 4 个部门发行总量占全国科技类报纸发行总量的 80.34%；自然资源、农业农村、科技管理、共青团 4 个部门的科技类报纸发行量为 100 万～1000 万份。网络媒体传播方面，卫生健康、教育、文化和旅游等 6 个部门的科普类网站数量均超过 100 个，建设总量占全国总量的 74.87%；市场监督管理、农业农村、应急管理等 14 个部门的建设数量为 10～100 个。卫生健康、气象、文化和旅游等 6 个部门的科普类微博数量均超过 100 个，建设总量占全国总量的 68.27%；应急管理、科技管理、自然资源等 12 个部门的建设数量为 10～100 个。卫生健康、教育、科协、科技管理 4 个部门的科普类微信公众号数量均超过 500 个，建设总量占全国总量的 68.38%；自然资源、文化和旅游、气象等 10 个部门的建设数量为 100～500 个。

四、相关说明

为了真实地反映全国科普事业发展的实际情况，科普统计调查会适时调整统计指标和调查范围，具体的变化如表 8 所示。具体到各省，也因为统计范围的变化，每次回收调查表的数量有所不同。

表 8　2004—2023 年全国科普统计变化情况

年份	2004	2006	2008	2009	2010	2011
二级指标数/个	65	75	75	86	86	86
调查部门数/个	17①	18②	19③	20④	20	24⑤
调查表数/份	30514	36738	42565	43856	44346	49163
年份	2012	2013	2014	2015	2016	2017
二级指标数/个	86	86	93	109	109	124
调查部门数/个	25⑥	25⑦	30⑧	30	31⑨	31⑩
调查表数/份	56461	56399	61076	60186	60012	65032

续表

年份	2018	2019	2020	2021	2022	2023
二级指标数/个	124	124	124	139	139	139
调查部门数/个	31	31⑪	31	31	31	32⑫
调查表数/份	64762	67482	64169	77222	81024	84868

①试统计时包括：科技管理、科协、教育、国土资源、农业、文化、卫生、计生、环保、广电、林业、旅游、中国科学院、地震、气象、共青团组织和妇联组织 17 个部门。未涵盖在以上部门的调查表，则归类为其他部门（下同）。

②新增工会部门数据。

③新增国防科工部门和部分创新型企业数据。

④新增公安和工信部门数据，并将国防科工部门与创新型企业数据纳入工信部门，但仍以国防科工部门来统计分析。

⑤新增民委部门、安监部门和粮食部门数据，并包含了其他部门。

⑥新增质检部门数据，并包含了其他部门。

⑦自 2013 年起，包含国防科工的工信部门，以工信部门来统计分析。

⑧新增发展改革部门、人力资源社会保障部门、体育部门、食品药品监督管理部门和社科院所属部门。

⑨新增国资部门。

⑩根据 2018 年印发的《深化党和国家机构改革方案》，对部分部门的归属进行了调整。本轮调查共包括 31 个部门：发展改革部门（含粮食和物资储备系统）、教育部门、科技管理部门、工业和信息化部门（含国防科工系统）、民族事务部门、公安部门、民政部门、人力资源社会保障部门、自然资源部门（含林业和草原系统）、生态环境部门、住房和城乡建设部门、交通运输部门（含民用航空系统、铁路系统）、水利部门、农业农村部门、文化和旅游部门（旅游部门合并到文化部门）、卫生健康部门（计生部门已合并到卫生部门）、应急管理部门（含地震系统、煤矿安全监察系统）、中国人民银行、国有资产监督管理部门、市场监督管理部门（含药品监督管理系统、知识产权系统）、广播电视部门、体育部门、中国科学院所属部门、社科院所属部门、气象部门、新闻出版部门、共青团组织、工会组织、妇联组织、科协组织、其他部门。

⑪新增宣传部门，并将新闻出版系统纳入宣传部门进行统计。本轮调查共包括 31 个部门：宣传部门（含新闻出版系统）、发展改革部门（含粮食和储备系统）、教育部门、科技管理部门、工业和信息化部门（含国防科工系统）、民族事务部门、公安部门、民政部门、人力资源社会保障部门、自然资源部门（含林业和草原系统）、生态环境部门、住房和城乡建设部门、交通运输部门（含民用航空系统、铁路系统、邮政系统）、水利部门、农业农村部门、文化和旅游部门（旅游部门合并到文化部门）、卫生健康部门（计生部门已合并到卫生部门）、应急管理部门（含地震系统、矿山安全监察系统）、中国人民银行、国有资产监督管理部门、市场监督管理部门（含药品监督管理系统、知识产权系统）、广电部门、体育部门、中国科学院所属部门、社科院所属部门、气象部门、共青团组织、工会组织、妇联组织、科协组织、其他部门。

⑫按照 2023 年 3 月中共中央、国务院印发的《党和国家机构改革方案》，知识产权部门不再纳入市场监督管理部门，改为单独统计。

1 科普人员

科普人员是科普活动的组织者，是科技知识的传播者，是我国科普事业发展的基础要素与重要支撑。根据从事科普工作时间占当年全部工作时间的比例及职业性质，科普人员可以分为科普专职人员和科普兼职人员。

科普专职人员指从事科普工作时间占其当年全部工作时间 60%及以上的人员，包括科普管理工作者，从事专业科普创作、研究、开发的人员，专职科普作家，专职科技辅导员，农村农技指导人员，科普场馆各类直接从事与科普相关工作的人员，科普类图书、期刊、报刊科技（普）专栏版的编辑，电台、电视台科普频道、栏目的编导和科普网站等网络平台信息加工人员等。

科普兼职人员是对科普专职人员的重要补充，指在非职业范围内从事科普工作，仅在某些科普活动中从事宣传、辅导、讲解等工作的人员，或者工作时间不能满足科普专职人员要求的从事科普工作的人员。主要包括进行科普（技）讲座等科普活动的科技人员，兼职科技辅导员，参与科普活动的志愿者，科技馆（站）的志愿者等。

2023 年科普人员建设相关政策继续展现出“点面结合”的形式，整体规划政策与具体领域实施政策同步发力，对不同部门横向扩展，对不同领域纵向深入。相较于 2022 年，科普人员建设相关政策的地方特色更为明显。

对于科普人才队伍建设的整体规划政策：5 月，福建省科学技术厅、中共福建省委宣传部、福建省科学技术协会发布《福建省“十四五”科普事业发展规划》，强调要建设高素质科普人才队伍，建立健全科普志愿者服务机制，提升社会人才从事科普活动的积极性。同月，天津市科学技术局发布《天津市关于进一步深化新时代科学技术普及工作的实施意见》，提出要加强科普队伍建设，包括培育科普人才队伍，推进建设科普人才库和科普智库，加强科普志愿服务组织和队伍建设，完善科普激励机制等。5 月，浙江省发布《浙江省科学技术普及条例》，提出要加强科普人才队伍建设，加强科普类学科建设，鼓励设立科普岗位，完善科普人才培养、评价和激励机制。6 月，合肥市发布《合肥市科学技术普及条例》，强调要加强科普人才队伍建设，优化人才队伍结构，完善培训体系。11 月，广西壮族自治区科普工作联席会议办公室发布《广西壮族自治区科学技术普及三年行动方案（2024—2026 年）》，提出要加强科普人才队伍建设，包括建立科普人才库和科学传播专家库，实施基层科普工作者培训工程，鼓励相关机构、企业、学会设立科普岗位，建立健全职称评审制度等。12 月，四川省科学技术厅发布《关于加强高水平科普人才队伍建设的实施方案（2023—2025 年）》，提出要实施科普人才的“培育壮大”“充电蓄能”“成长激励”等行动，从建设科普专业人才库和科普志愿者队伍、培养科普人才和科普志愿者、完善科普人才奖励机制等方面加强科普人才队伍建设。同月，四川省科普工作联席会议办公室发布《关于大力加强科普能力建设　夯实创新发展基础的意见》，强调要形成稳定的高质量科普队伍，充分发挥科技工作者“科学传播第一发球员”作用，加强对科普专业人才的培养和使用。

对于科普人才队伍建设的具体领域实施政策：在国家层面，6 月，国家中医药管理局发布《关于进一步加强中医药科普工作的实施方案》，强调要培养中医药科普人才，加强中医药科普专家队伍建设，支持建设名医名家科普工作室，鼓励引进培养文化创意、市场营销、公关推广等方面的专业人才。在地方层面，1 月，重庆市科学技术协会、重庆市民政局发布《重庆市加强新时代社区科普工作的实施方案》，提出要拓展社区科技志愿者队伍，加强社区科普服务组织培育支持，培育社区科普项目管理运营人员。2 月，广西壮族自治区科学技术协会、中国银行股份有限公司广西壮族自治区分行、中国联合网络通信集团有限公司广西壮族自治区分公司发布《广西“银龄跨越数字鸿沟”科普专项行动方案（2023—2025 年）》，强调要通过加强师资队伍建设、开展适老培训、组建“银龄跨越数字鸿沟”科技志愿服务队伍等方式加强科普队伍建设。7 月，湖北省生态环境厅发布《湖北省生态环境科普工作三年行动实施方案（2023—2025 年）》，强调要从搭建科普专家库、加强科普志愿者队伍建设、加大科普能力提升培训三方面加强科普队伍建设。

1.1 科普人员概况

2023 年全国科普专、兼职人员数量为 215.62 万人，比 2022 年增加 7.99%，每万人口拥有科普人员 15.30 人，比 2022 年增加 1.16 人。其中，科普专职人员数量为 29.32 万人，比 2022 年增加 7.03%；科普兼职人员数量为 186.30 万人，比 2022 年增加 8.14%。

2023 年全国科普兼职人员实际投入工作总量为 2940.82 万人天，比 2022 年减少 3.59%；兼职人员人均年度投入工作量为 15.78 天，比 2022 年减少 10.85%。

1.1.1 科普人员类别

2023 年全国中级职称及以上或本科及以上学历的科普人员数量为 134.99 万人，占当年科普人员总数的 62.61%；比 2022 年增加 12.39 万人，占科普人员比例提高 1.21 个百分点。其中，中级职称及以上或本科及以上学历的科普专职人员数量为 19.50 万人，占当年科普专职人员总数的 66.49%，比 2022 年增加 1.76 万人，占科普专职人员比例提高 1.73 个百分点；中级职称及以上或本科及以上学历的科普兼职人员数量为 115.50 万人，占当年科普兼职人员总数的 61.99%，比 2022 年增加 10.64 万人，占科普兼职人员比例提高 1.13 个百分点。

2023 年全国女性科普人员数量为 98.01 万人，占当年科普人员总数的 45.45%，比 2022 年增加 10.04 万人，占科普人员比例提高 1.40 个百分点。其中，女性科普专职人员数量为 12.89 万人，占当年科普专职人员总数的 43.97%，比 2022 年增加 1.25 万人，占科普专职人员比例提高 1.47 个百分点；女性科普兼职人员数量为 85.12 万人，占当年科普兼职人员总数的 45.69%，比 2022 年增加 8.79 万人，占科普兼职人员比例提高 1.38 个百分点。

2023 年全国农村科普人员数量为 46.52 万人，占当年科普人员总数的 21.57%，比 2022 年减少 9694 人，占科普人员比例降低 2.21 个百分点。其中，农村科普专职人员数量为 7.34 万人，占当年科普专职人员总数的 25.03%，比 2022 年增加 575 人，占科普专职人员比例降低 1.55 个百分点；农村科普兼职人员为 39.18 万人，占当年科普兼职人员总数的 21.03%，比 2022 年减少 1.03 万人，占科普兼职人员比例下降 2.31 个百分点。2023 年全国每万农村人口拥有科普人员 9.75 人[1]，比 2022 年增加 0.08 人。

[1] 根据《中国统计年鉴 2024》，截至 2023 年底，全国城镇人口为 93267 万人，农村人口为 47700 万人。

2023 年全国科普管理人员数量为 4.89 万人，占当年科普人员总数的 2.27%，占当年科普专职人员总数的 16.67%，比 2022 年增加 783 人，占科普人员比例降低 0.14 个百分点，占科普专职人员比例降低 0.89 个百分点。

2023 年全国科普创作（研发）人员数量为 2.22 万人，占当年科普人员总数的 1.03%，占当年科普专职人员总数的 7.59%，比 2022 年增加 1885 人，占科普人员比例提高 0.01 个百分点，占科普专职人员比例提高 0.15 个百分点。

2023 年全国科普讲解（辅导）人员数量为 38.86 万人，占当年科普人员总数的 18.02%，比 2022 年增加 2.14 万人，占科普人员比例降低 0.37 个百分点。其中，专职科普讲解（辅导）人员数量为 5.23 万人，占当年科普专职人员总数的 17.83%，比 2022 年增加 5642 人，占科普专职人员比例提高 0.81 个百分点；兼职科普讲解（辅导）人员数量为 33.63 万人，占当年科普兼职人员总数的 18.05%，比 2022 年增加 1.57 万人，占科普兼职人员比例降低 0.56 个百分点。

2023 年全国注册科普(技)志愿者数量为 804.52 万人，比 2022 年增长 17.16%。

1.1.2　科普人员分级构成

按照中央部门级、省级、地市级和县级的人员分布来看，2023 年县级科普人员最多，中央部门级科普人员最少，科普人员主要分布在基层（图 1-1）。与 2022 年相比，中央部门级、省级、地市级和县级科普人员数量均有所增加。其中，中央部门级、省级、地市级科普人员占比略有提升，县级科普人员占比有所降低。中央部门级科普人员数量为 5.37 万人，比 2022 年增加 8052 人。省级科普人员数量为 25.09 万人，比 2022 年增加 4.45 万人。地市级科普人员数量为 58.49 万人，比 2022 年增加 7.82 万人。县级科普人员数量为 126.67 万人，比 2022 年增加 2.88 万人。

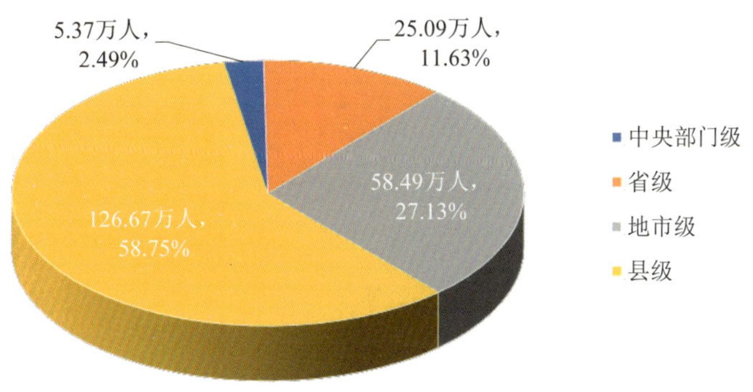

图 1-1　2023 年各级别科普人员比例

从科普人员的构成来看（表 1-1），2023 年中央部门级、省级、地市级和县级科普人员中科普专职人员占同级科普人员比例均超过 10%，县级比 2022 年增加 0.45 个百分点。中央部门级和省级的中级职称及以上或本科及以上学历人员占同级科普人员比例均超过 75%，地市级和县级分别比 2022 年增加 0.72 个百分点和 1.08 个百分点。中央部门级、省级和地市级女性科普人员占同级科普人员比例均超过 45%，县级比 2022 年增加 0.84 个百分点。县级农村科普人员占同级科普人员比例超过 25%，省级比 2022 年增加 0.51 个百分点。

表 1-1 2023 年科普人员构成情况

级别	科普专职人员占同级科普人员比例	中级职称及以上或本科及以上学历人员占同级科普人员比例	女性科普人员占同级科普人员比例	农村科普人员占同级科普人员比例
中央部门级	10.12%	82.85%	46.83%	6.28%
省级	12.53%	78.82%	51.62%	9.25%
地市级	11.13%	69.21%	52.20%	12.38%
县级	15.09%	55.49%	41.06%	28.91%

1.1.3 科普人员区域分布

从科普人员区域分布情况来看，2023 年东部、中部和西部地区的科普人员数量总体呈增加态势。东部地区科普人员数量为 91.15 万人，比 2022 年增加 15.70%；中部地区科普人员数量为 55.21 万人，比 2022 年增加 4.25%；西部地区科普人员数量为 69.26 万人，比 2022 年增加 1.96%。东部、中部和西部地区的科普兼职人员数量均大于科普专职人员数量，且各地区拥有的科普专职人员数量和科普兼职人员数量均表现为东部地区＞西部地区＞中部地区（图 1-2）。

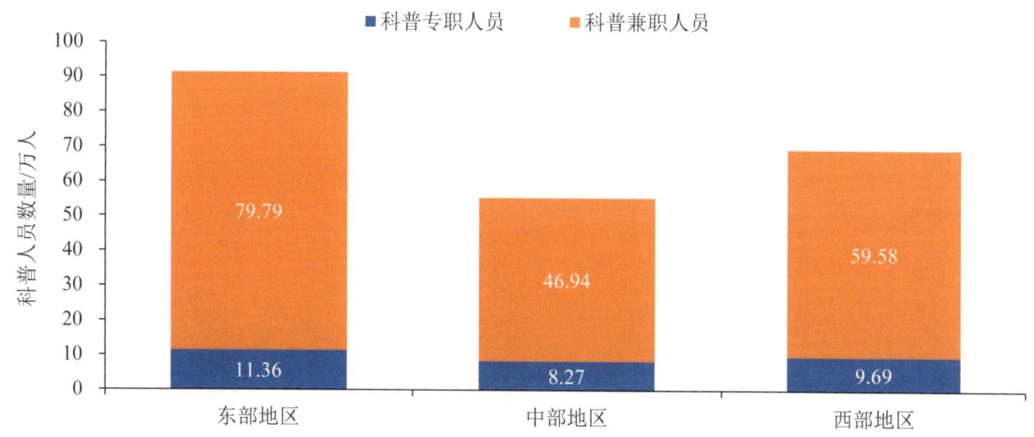

图 1-2 2023 年东部、中部和西部地区科普人员数量[1]

2023 年东部地区的各类科普人员数量占全国的比例均超过了中部和西部地区，西部地区各类科普人员数量占全国的比例均处于中间位置（图 1-3）。相比于 2022 年，东部地区的科普专职人员占比和科普兼职人员占比均有所提高；中部地区的科普专职人员占比和科普兼职人员占比均有小幅下降；西部地区的科普专职人员占比略有提升，而科普兼职人员占比有所降低。

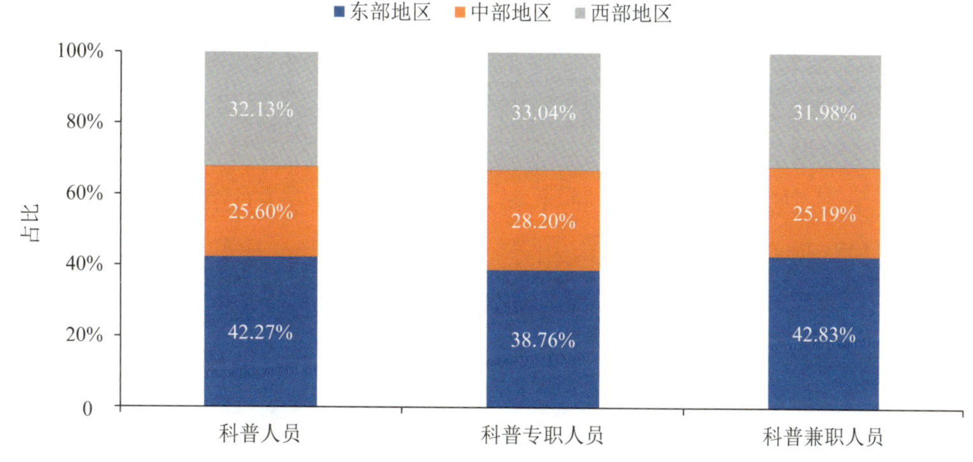

图 1-3 2023 年东部、中部和西部地区科普人员占全国的比例

2023 年东部、中部和西部地区每万人口中的科普人员数量分别为 14.99 人、13.23 人和 18.12 人。相比 2022 年，东部地区增加 15.60%，中部地区增加 4.70%，

[1] 图中标注数据为取 2 位小数后的近似数，两数之和与实际总数存在误差。余同。

西部地区增加 2.18%。从科普专职和兼职人员的占比来看，东部、中部和西部地区科普专职人员占比均超过 10%，科普兼职人员占比均超过 85%，且 3 个地区的科普专职和兼职人员占比未表现出明显差距（图 1-4）。

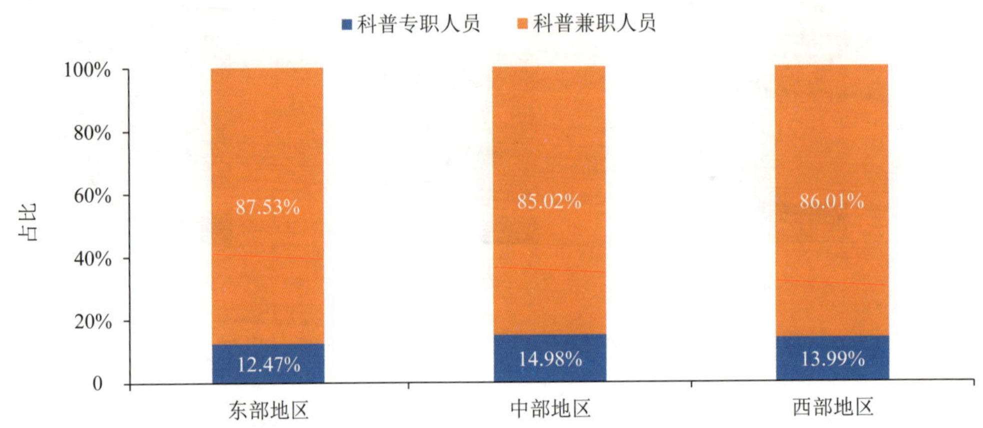

图 1-4　2023 年东部、中部和西部地区科普人员构成

2023 年东部地区的科普人员、科普专职人员、科普兼职人员中，中级职称及以上或本科及以上学历人员的比例为 62%～73%，中部与西部地区的各项比例为 61%～65%（图 1-5）。相比 2022 年，除东部地区科普兼职人员中中级职称及以上或本科及以上学历人员的比例保持不变外，东部、中部和西部地区的其他占比均有所提高。从科普专职人员中中级职称及以上或本科及以上学历人员的比例来看，比例最高的东部地区与比例最低的中部地区相差 10.63 个百分点。从科普兼职人员中中级职称及以上或本科及以上学历人员的比例来看，比例最高的东部地区与比例最低的西部地区相差 1.72 个百分点。比较科普专职人员和科普兼职人员中中级职称及以上或本科及以上学历人员的比例，3 个地区科普专职人员中的比例均高于科普兼职人员中的比例，且东部地区差距明显，中部和西部地区仅有微弱差距。

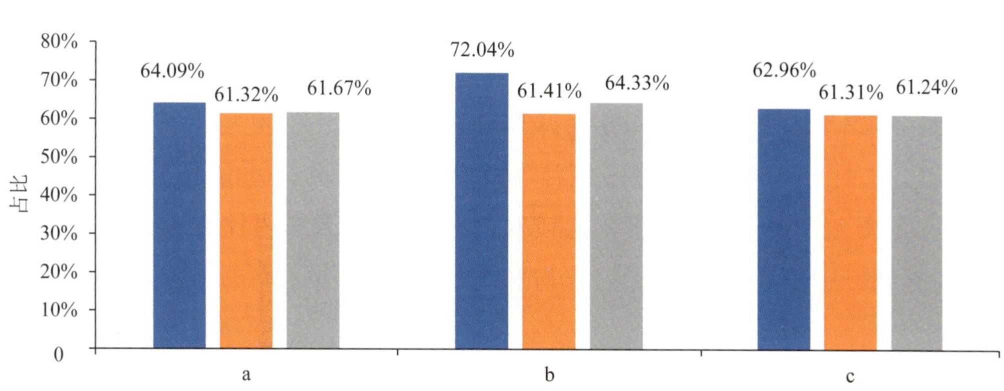

a. 科普人员中中级职称及以上或本科及以上学历人员的比例；b. 科普专职人员中中级职称及以上或本科及以上学历人员的比例；c. 科普兼职人员中中级职称及以上或本科及以上学历人员的比例。

图 1-5　2023 年东部、中部和西部地区科普人员的职称或学历比例

2023 年东部、中部和西部地区科普人员中女性科普人员的比例均超过 40%（图 1-6），比 2022 年均略有增加。东部地区的女性科普人员占比、女性科普专职人员占比和女性科普兼职人员占比为 47%～49%，中部地区为 39%～44%，西部地区为 42%～45%，整体表现出东部地区＞西部地区＞中部地区。从科普专职人员中女性科普人员占比来看，最高占比与最低占比相差 8.34 个百分点。从科普兼职人员中女性科普人员占比来看，最高占比与最低占比相差 3.41 个百分点。比较科普专职人员和科普兼职人员中女性科普人员的占比，东部地区的女性科普专职人员比例更高，而中部和西部地区的女性科普兼职人员比例更高。

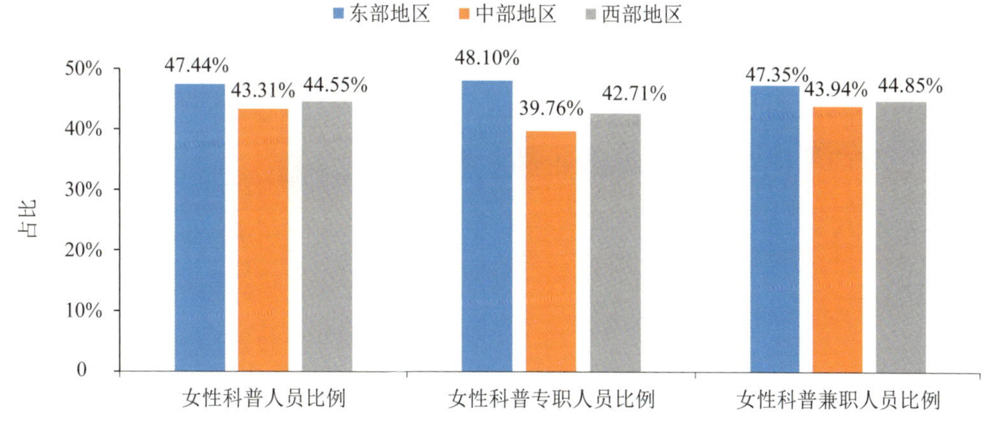

图 1-6　2023 年东部、中部和西部地区科普人员中女性科普人员占比

2023 年，东部地区的农村科普人员占比、农村科普专职人员占比和农村科普兼职人员占比为17%～19%，中部地区为25%～31%，西部地区为22%～29%，整体表现为中部地区＞西部地区＞东部地区（图 1-7）。从农村科普人员占比来看，相比 2022 年，3 个地区均有所减少。从农村科普专职人员占比来看，最高占比与最低占比相差 11.68 个百分点。从农村科普兼职人员占比来看，最高占比与最低占比相差 7.39 个百分点。比较农村科普专职人员占比和农村科普兼职人员占比，东部、中部和西部地区的农村科普专职人员占比均高于农村科普兼职人员占比。

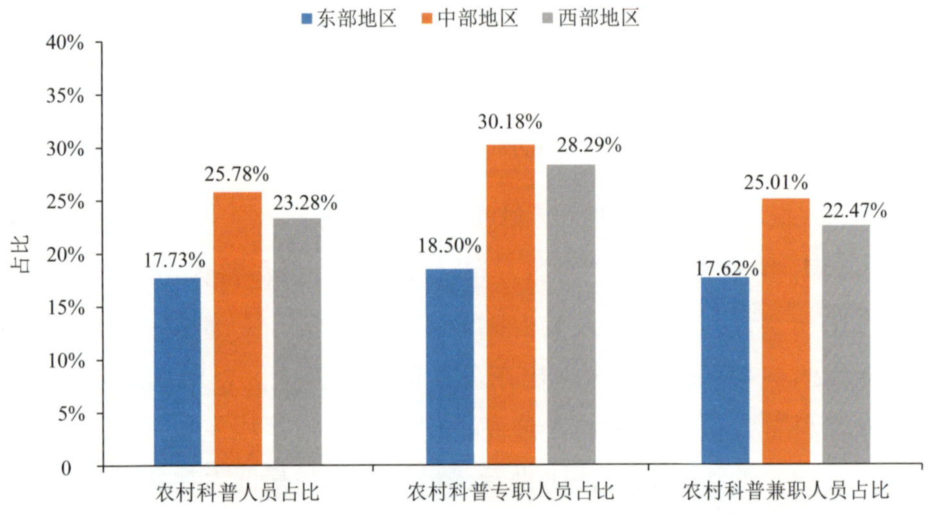

图 1-7　2023 年东部、中部和西部地区科普人员中农村科普人员占比

2023 年东部、中部和西部地区专职科普管理人员数量分别为 1.94 万人、1.40 万人和 1.55 万人，与 2022 年相比，变化幅度均在 11%以内。3 个地区专职科普管理人员占全国专职科普管理人员的比例分布较均匀，在 28%～40%，具体表现为东部地区＞西部地区＞中部地区（图 1-8）。

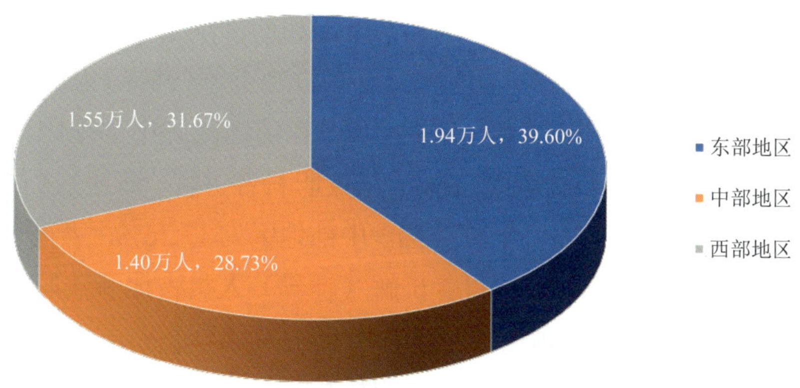

图1-8　2023年东部、中部和西部地区专职科普管理人员数量及占全国专职科普管理人员总数的比例

2023年东部、中部和西部地区专职科普创作（研发）人员数量分别为1.07万人、4550人和7029人。东部和西部地区比2022年有所增加，分别增长了15.07%和11.41%。中部地区比2022年略有减少，降低了4.85%。3个地区专职科普创作（研发）人员占全国专职科普创作（研发）人员的比例表现为东部地区>西部地区>中部地区，其中东部地区专职科普创作（研发）人员的比例为47.96%，而中部地区专职科普创作（研发）人员的比例为20.45%（图1-9）。

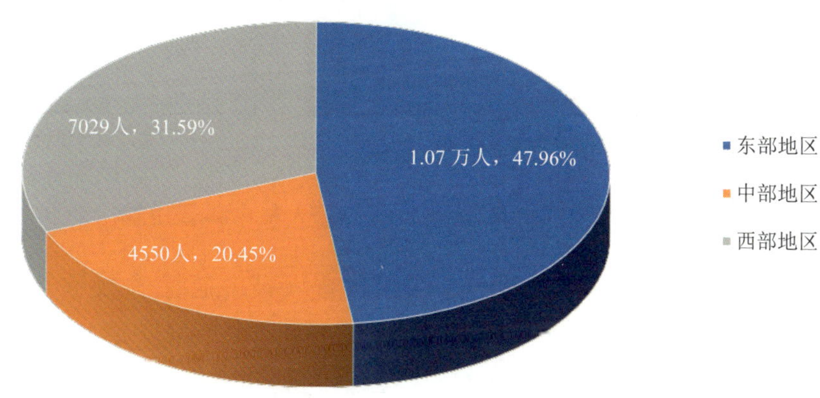

图1-9　2023年东部、中部和西部地区专职科普创作（研发）人员数量及占全国专职科普创作（研发）人员总数的比例

2023年东部、中部和西部地区科普讲解（辅导）人员数量分别为16.39万人、9.60万人和12.87万人，与2022年相比均有小幅增加。东部和西部地区的科普人员中，科普讲解（辅导）人员占比与2022年相比略有下降，而中部地区的科普

讲解（辅导）人员占比略有提高。东部、中部和西部地区的科普讲解（辅导）人员占比、专职科普讲解（辅导）人员占比、兼职科普讲解（辅导）人员占比为 17%～19%。从专职科普讲解（辅导）人员占比来看，东部地区＞中部地区＞西部地区，占比分别为 18.16%、18.15%和 17.15%。从兼职科普讲解（辅导）人员占比来看，西部地区超过 18%，东部地区为 17.95%，中部地区为 17.26%，表现为西部地区＞东部地区＞中部地区。比较专职科普讲解（辅导）人员占比和兼职科普讲解（辅导）人员占比，东部和中部地区的专职科普讲解（辅导）人员占比高于兼职科普讲解（辅导）人员占比，西部地区的专职科普讲解（辅导）人员占比低于兼职科普讲解（辅导）人员占比（图 1-10）。

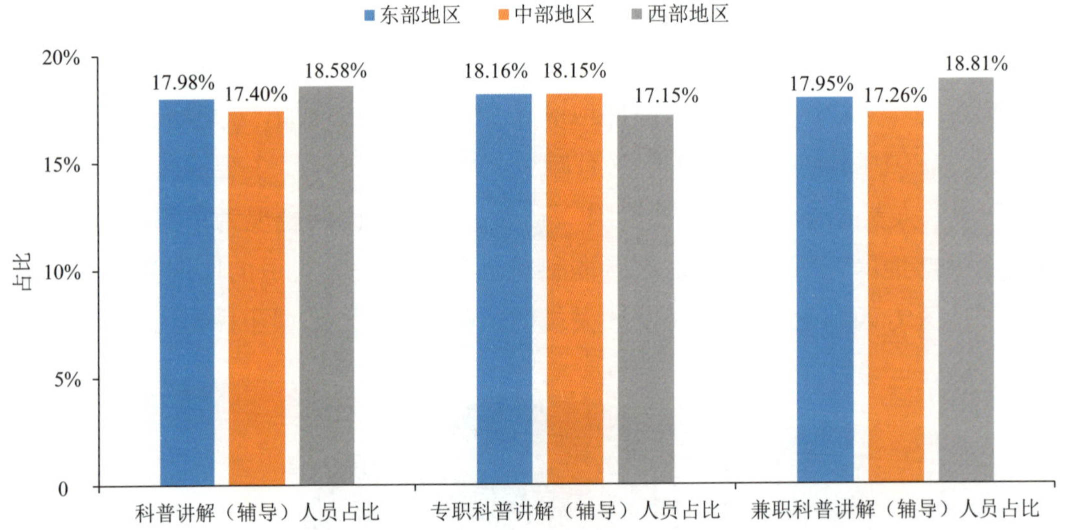

图 1-10　2023 年东部、中部和西部地区科普人员中科普讲解（辅导）人员占比

2023 年东部、中部和西部地区注册科普（技）志愿者数量分别为 252.33 万人、376.67 万人和 175.52 万人，与 2022 年相比，3 个地区增长均超过 37 万人。3 个地区注册科普（技）志愿者占全国注册科普（技）志愿者总数的比例表现为中部地区＞东部地区＞西部地区，其中，中部地区的占比达到 46.82%(图 1-11)。

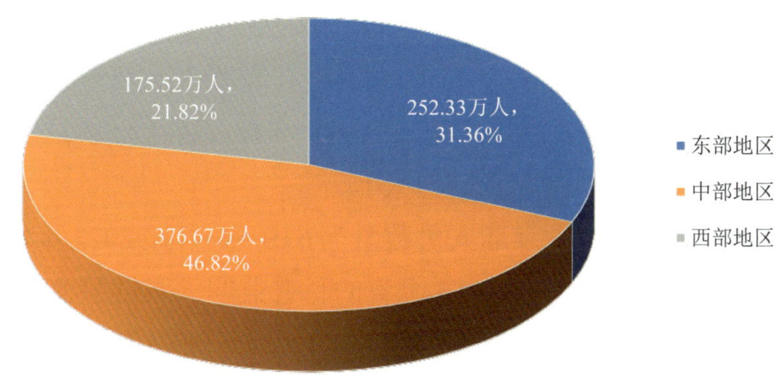

图 1-11 2023 年东部、中部和西部地区注册科普（技）志愿者数量及占全国注册科普（技）志愿者总数的比例

1.2 各省科普人员分布

1.2.1 各省科普人员数量

2023 年全国各省平均科普人员数量为 6.96 万人，比 2022 年增加 7.99%。科普人员规模超过全国各省平均水平的地区包括广东、浙江、四川、河南、江苏等 15 个省（图 1-12），这些省的科普人员数量占全国科普人员总数的 71.36%。科普人员数量超过 10 万人的省有广东、浙江、四川、河南、江苏、山东和云南。

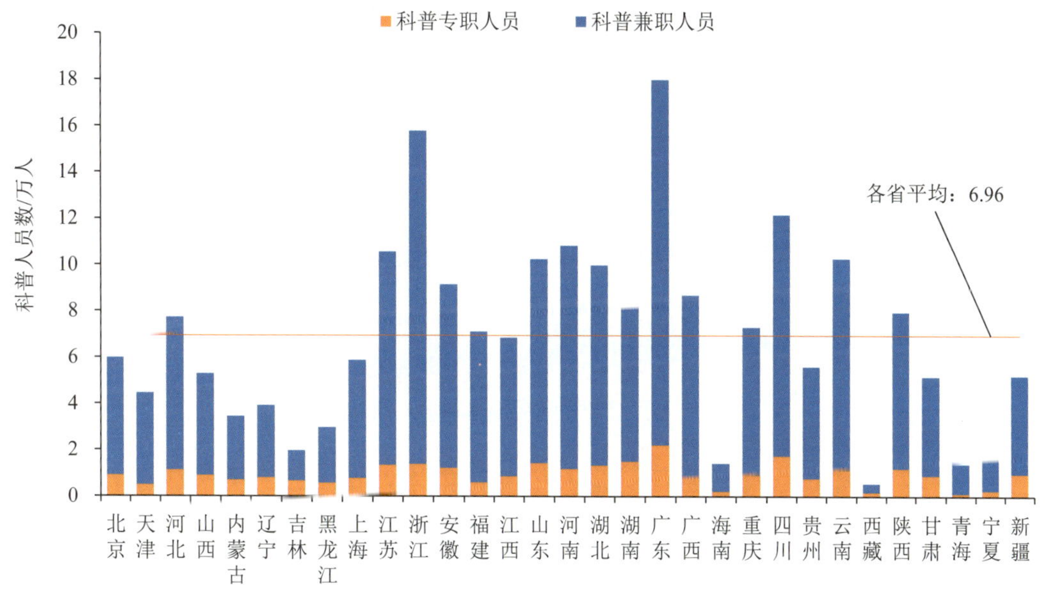

图 1-12 2023 年各省科普人员数量

2023 年全国各省平均科普专职人员数量为 0.95 万人，比 2022 年增加 7.03%。广东、四川、湖南、山东、浙江等 13 个省的科普专职人员数量超过全国各省平均水平。其中，广东科普专职人员数量为 2.20 万人，居全国领先位置，其后依次是四川（1.74 万人）和湖南（1.50 万人）。

2023 年全国各省平均科普兼职人员数量为 6.01 万人，比 2022 年增加 8.14%。广东、浙江、四川、河南、江苏等 15 个省的科普兼职人员数量高于全国各省平均水平。其中，广东科普兼职人员数量为 15.80 万人；浙江和四川的科普兼职人员数量均超过 10 万人。

2023 年科普专职人员数量占全国科普人员总数的比例为 13.60%，比 2022 年降低 0.12 个百分点。吉林、西藏、内蒙古、辽宁、黑龙江等 17 个省的科普专职人员占比超过全国水平（图 1-13）。其中，吉林的科普专职人员占比达到 33.90%，西藏、内蒙古和辽宁 3 个省的科普专职人员占比紧随其后，均超过 20%。

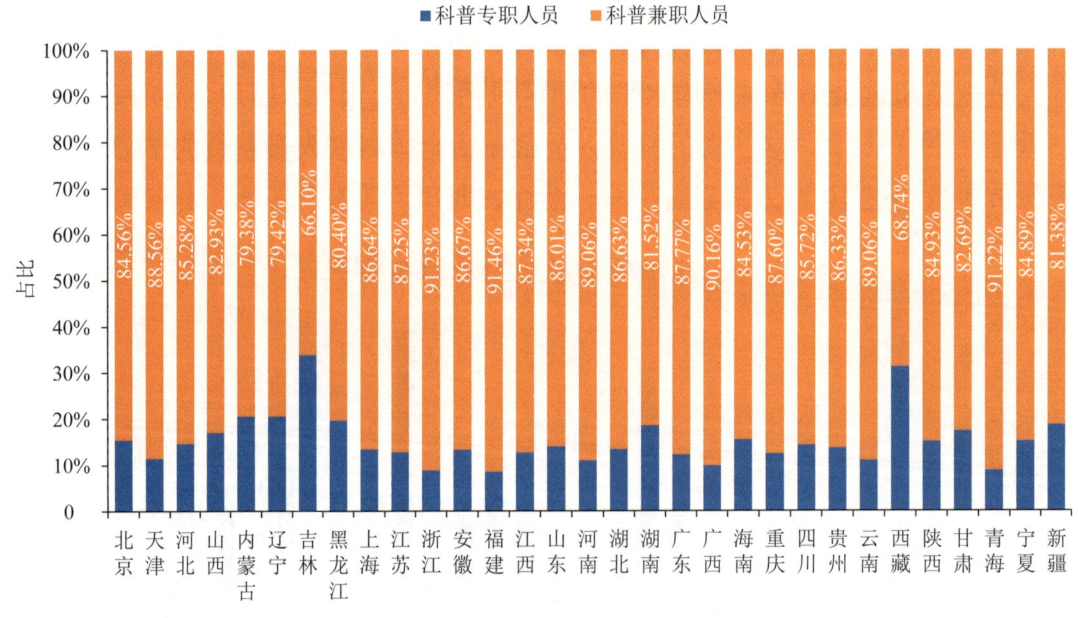

图 1-13　2023 年各省科普人员构成

2023 年全国每万人口拥有科普人员 15.30 人，比 2022 年增加 1.16 人。天津、北京、浙江、上海、青海等 15 个省超过全国水平（图 1-14）。天津居全国领先位置，为 32.78 人，其次是北京（27.40 人），浙江、上海、青海、重庆、云南、宁夏、甘肃、陕西和新疆 9 个省均超过 20 人。

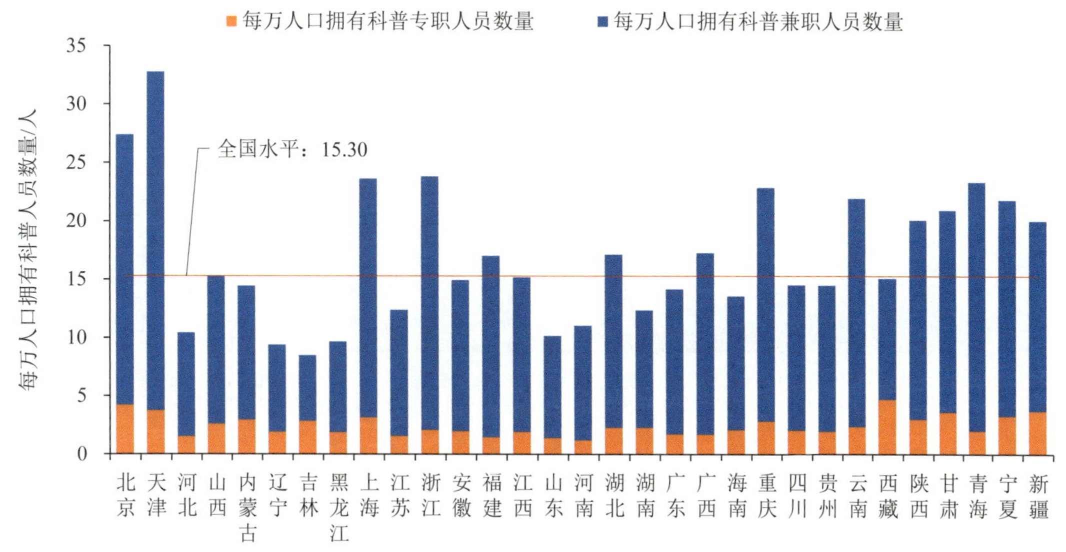

图 1-14　2023 年各省每万人口拥有科普人员数量

2023 年全国每万人口拥有科普专职人员 2.08 人，比 2022 年增加 7.19%。西藏、北京、天津、新疆、甘肃等 17 个省超过全国水平。其中，西藏、北京、天津、新疆、甘肃、宁夏、上海和陕西 8 个省的每万人口拥有科普专职人员数量超 3 人。

2023 年全国每万人口拥有科普兼职人员 13.22 人，比 2022 年增加 8.30%。天津、北京、浙江、青海、上海等 15 个省超过全国水平。其中，天津、北京、浙江、青海、上海和重庆 6 个省的每万人口拥有科普兼职人员数量超过 20 人。

1.2.2　各省科普人员分类构成

（1）科普人员职称及学历

2023 年全国各省平均中级职称及以上或本科及以上学历的科普人员数量为 4.35 万人，比 2022 年增加 10.11%。广东、浙江、江苏、四川、云南等 17 个省超过全国各省平均水平，且多数为人口大省。其中，广东为 11.38 万人，浙江和江苏均超过 7 万人（图 1-15）。

2023 年全国各省平均中级职称及以上或本科及以上学历科普专职人员数量为 0.63 万人，比 2022 年增加 9.89%。广东、浙江、四川、江苏、山东等 14 个省的中级职称及以上或本科及以上学历科普专职人员数量超过全国各省平均水平。其中，广东达到 1.47 万人。

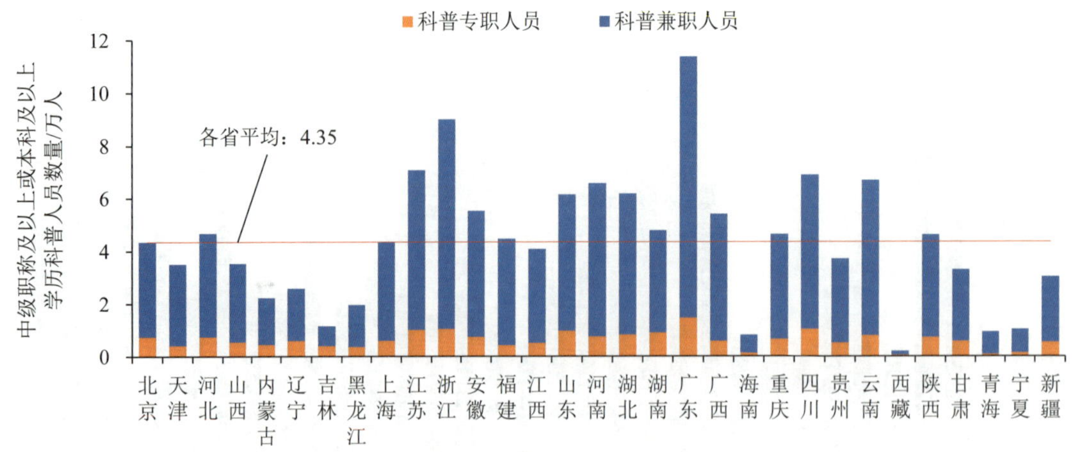

图 1-15　2023 年各省中级职称及以上或本科及以上学历科普人员数量

2023 年全国各省平均中级职称及以上或本科及以上学历科普兼职人员数量为 3.73 万人，比 2022 年增加 10.15%。广东、浙江、江苏、云南、四川等 16 个省的中级职称及以上或本科及以上学历科普兼职人员数量超过全国各省平均水平。其中，广东和浙江超过 7 万人。

2023 年全国中级职称及以上或本科及以上学历的科普人员占比为 62.61%，比 2022 年增加 1.21 个百分点。天津、上海、北京、青海、江苏等 16 个省的中级职称及以上或本科及以上学历科普人员占比超过全国水平（图 1-16）。其中，天津、上海和北京的中级职称及以上或本科及以上学历的科普人员占比超 70%。

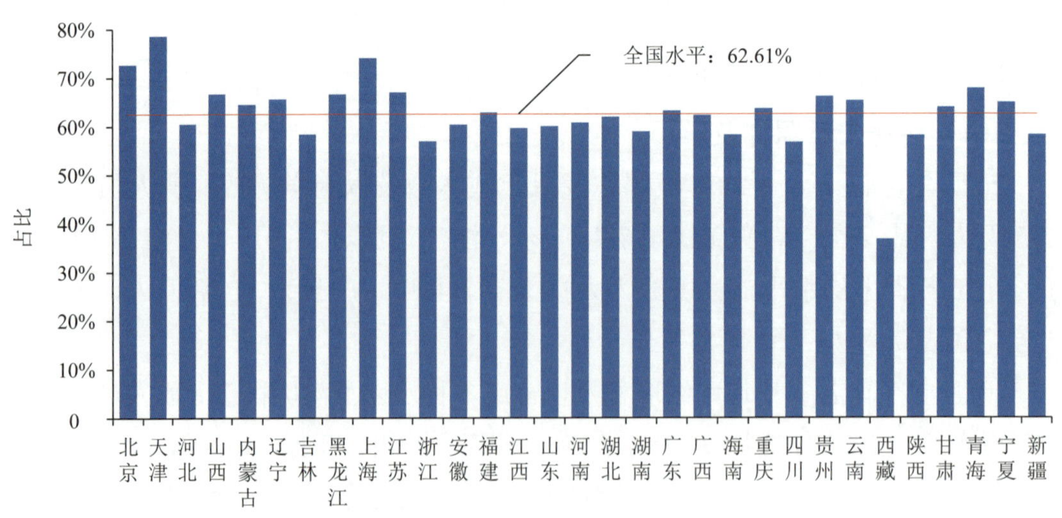

图 1-16　2023 年各省中级职称及以上或本科及以上学历科普人员占比

（2）女性科普人员

2023 年全国各省平均女性科普人员数量为 3.16 万人，比 2022 年增加 11.42%。广东、浙江、四川、河南、江苏等 16 个省的女性科普人员数量超过全国各省平均水平（图 1-17）。广东女性科普人员规模达到 8.17 万人；其次是浙江和四川，女性科普人员数量均超过 5 万人。

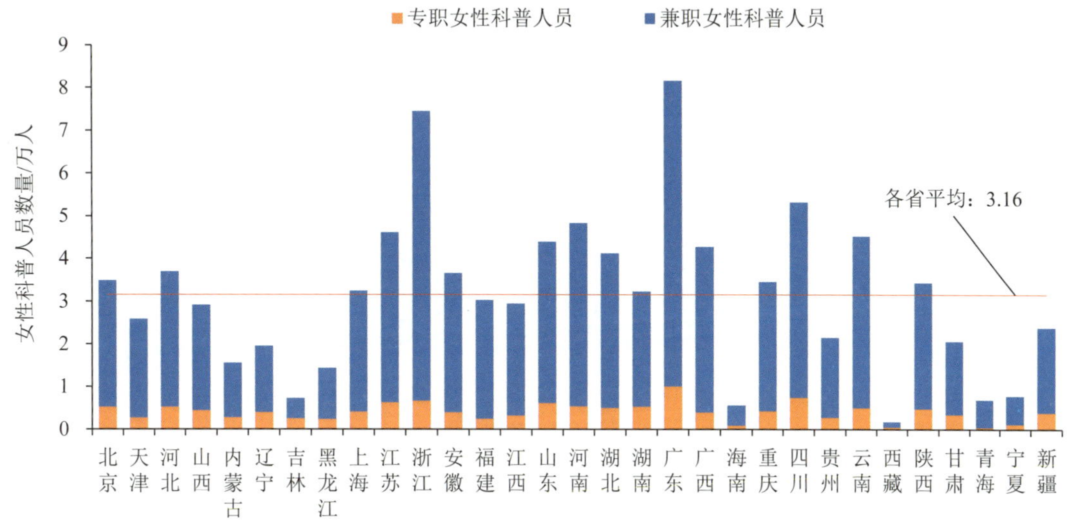

图 1-17　2023 年各省女性科普人员数量

2023 年全国各省平均女性科普专职人员数量为 0.42 万人，比 2022 年增加 10.75%。广东、四川、浙江、江苏、山东等 15 个省的女性科普专职人员数量超过全国各省平均水平。其中，广东达到 1.01 万人，四川、浙江、江苏和山东的女性科普专职人员数量超过 6000 人。

2023 年全国各省平均女性科普兼职人员数量为 2.75 万人，比 2022 年增加 11.52%。广东、浙江、四川、河南、云南等 16 个省超过全国各省平均水平。其中，广东达到 7.16 万人，浙江、四川、河南、云南均在 4 万人以上。

2023 年全国女性科普人员占比为 45.45%，比 2022 年增加 1.39 个百分点。北京、天津、上海、山西、青海等 13 个省的女性科普人员占比超过全国水平（图 1-18）。其中，北京、天津、上海、山西和青海 5 个省的女性科普人员占比超 50%。

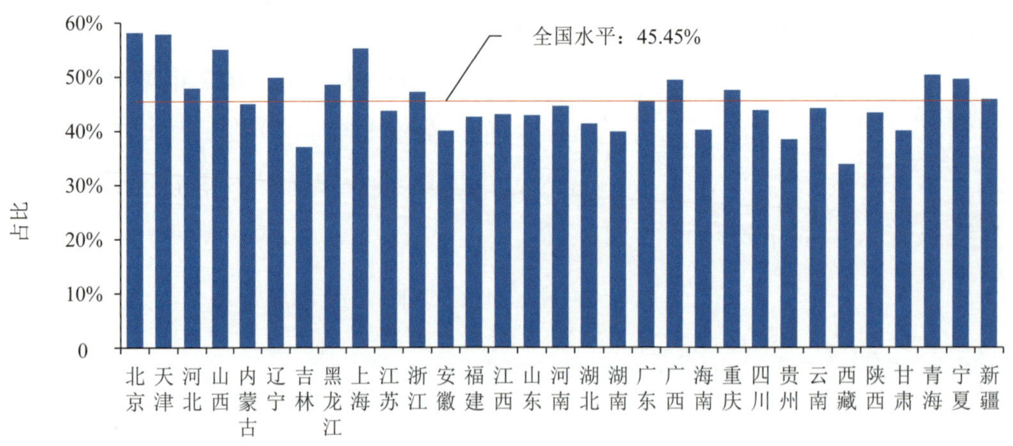

图 1-18　2023 年各省女性科普人员占比

（3）农村科普人员

2023 年全国各省平均农村科普人员数量为 1.50 万人，比 2022 年降低 2.04%。四川、河南、山东、湖北、云南等 13 个省超过全国各省平均水平，这些省大多是农村人口规模较大的省。其中，四川达到 3.58 万人（图 1-19）。

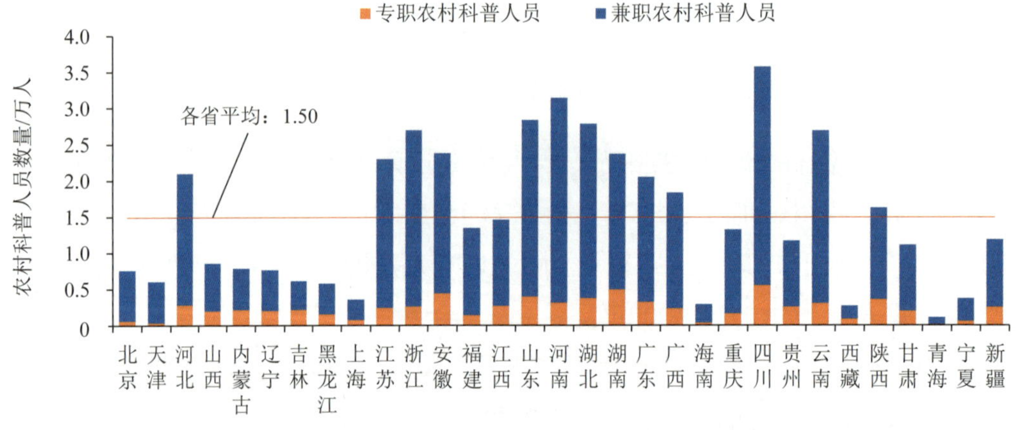

图 1-19　2023 年各省农村科普人员数量

2023 年全国各省平均农村科普专职人员数量为 0.24 万人，比 2022 年增加 0.79%。四川、湖南、安徽、山东、湖北等 15 个省超过全国各省平均水平。其中，四川和湖南的农村科普专职人员数量均超过 5000 人。

2023 年全国各省平均农村科普兼职人员数量为 1.26 万人，比 2022 年减少 2.55%。四川、河南、山东、浙江、湖北等 13 个省超过全国各省平均水平。其中，四川达到 3.02 万人。

2023 年全国农村科普人员占比为 21.57%，比 2022 年降低 5.54 个百分点。西藏、吉林、四川、湖南、河南等 15 个省超过全国水平。其中，西藏的农村科普人员占比达到 49.64%（图 1-20）。

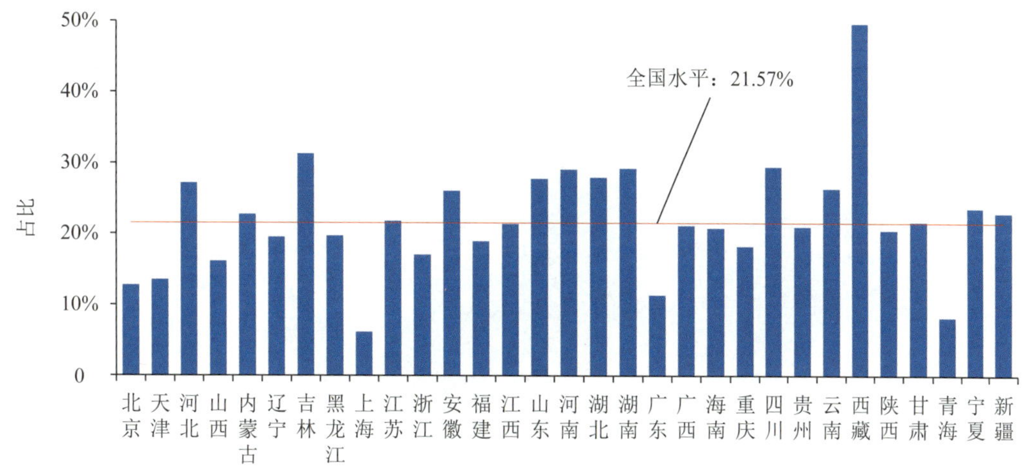

图 1-20　2023 年各省农村科普人员占比

（4）科普管理人员

2023 年全国各省平均科普管理人员数量为 1577 人，比 2022 年增加 1.65%。广东、四川、湖南、江苏、山东等 15 个省超过全国各省平均水平。其中，广东、四川和湖南 3 个省的科普管理人员规模较大，超过 2500 人（图 1-21）。

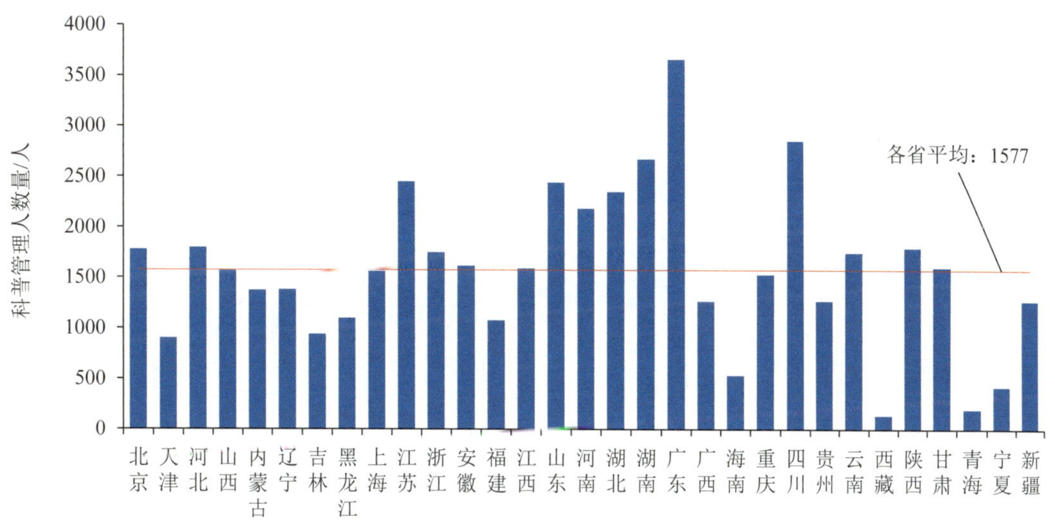

图 1-21　2023 年各省科普管理人员数量

（5）科普创作（研发）人员

2023年全国各省平均科普创作（研发）人员数量为718人，比2022年增加9.26%。科普创作（研发）人员主要集中于广东、北京、四川、重庆、山东、江苏、湖南、上海、陕西和湖北10个省（图1-22），这些省的科普创作（研发）人员占全国的57.71%。

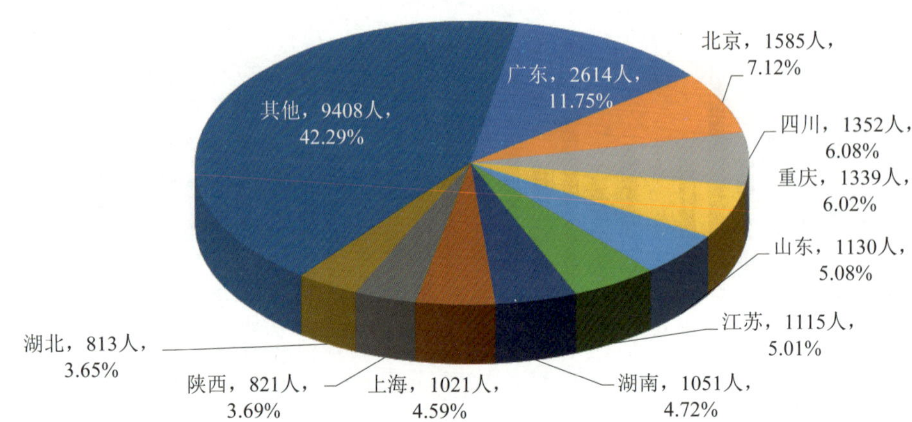

图1-22 2023年主要省份科普创作（研发）人员数量及占全国的比例

（6）科普讲解（辅导）人员

2023年全国各省平均科普讲解（辅导）人员数量为1.25万人，比2022年增加5.81%。广东、四川、河南、重庆、浙江等14个省超过全国各省平均水平。其中，广东、四川、河南和重庆4个省的科普讲解（辅导）人员数量超过2万人（图1-23）。

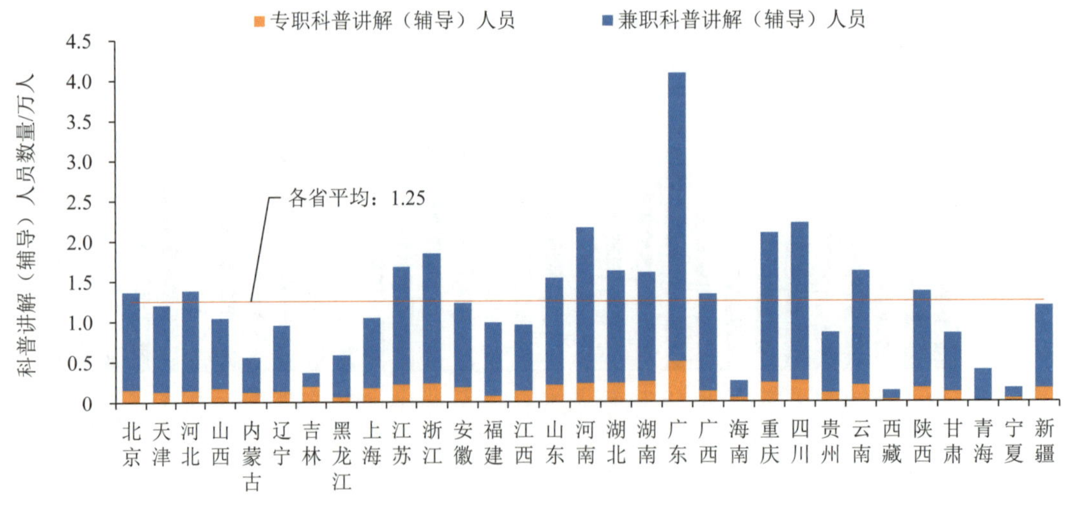

图1-23 2023年各省科普讲解（辅导）人员数量

2023 年全国平均专职科普讲解（辅导）人员数量为 0.17 万人，比 2022 年增加 12.10%。广东、四川、湖南、重庆、湖北等 15 个省超过全国各省平均水平。其中，广东达到 0.51 万人。

2023 年全国各省平均兼职科普讲解（辅导）人员数量为 1.08 万人，比 2022 年增加 4.90%。广东、四川、河南、重庆、浙江等 14 个省超过全国各省平均水平。其中，广东超过 3 万人。

2023 年全国科普讲解（辅导）人员占比为 18.02%，比 2022 年减少 0.37 个百分点。青海、重庆、天津、西藏、辽宁等 15 个省高于全国水平（图 1-24）。其中，青海、重庆、天津和西藏 4 个省的科普讲解（辅导）人员占比超过 25%。

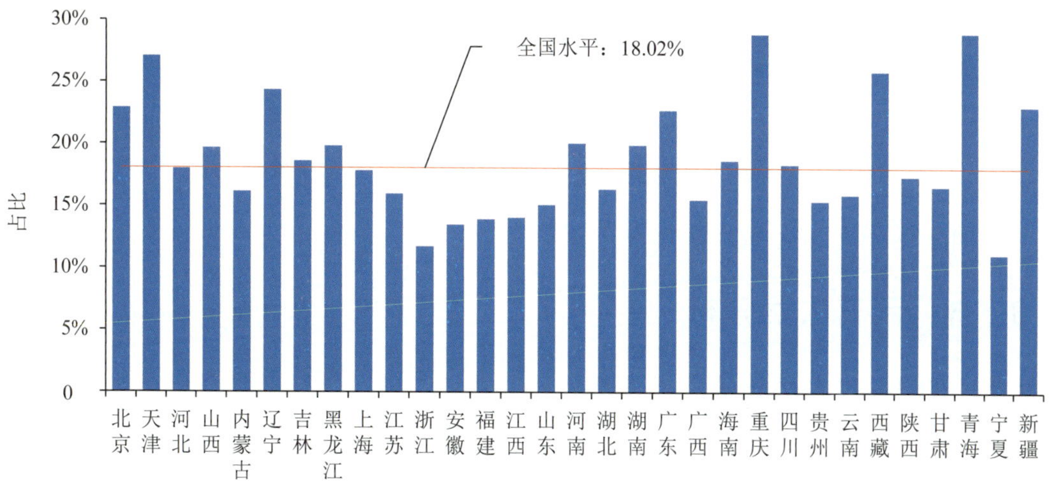

图 1-24　2023 年各省科普讲解（辅导）人员占比

（7）注册科普（技）志愿者

2023 年全国各省平均注册科普（技）志愿者数量为 25.95 万人，比 2022 年增加 17.16%。各省在注册科普（技）志愿者规模上存在差异，河南、吉林、广东、上海、江西等 11 个省超过全国各省平均水平（图 1-25）。河南达到 169.97 万人，占全国注册科普（技）志愿者总数的 21.13%。吉林和广东的注册科普（技）志愿者规模也较大，分别达到 69.69 万人和 60.06 万人。相比 2022 年，除山东、宁夏、福建、青海、湖南、江苏、浙江和安徽 8 个省，其他省的注册科普（技）志愿者规模均有所扩大。其中，广东的增量最大，比 2022 年增加 40.87 万人；海南的增幅最大，同比增长 1040.18%。

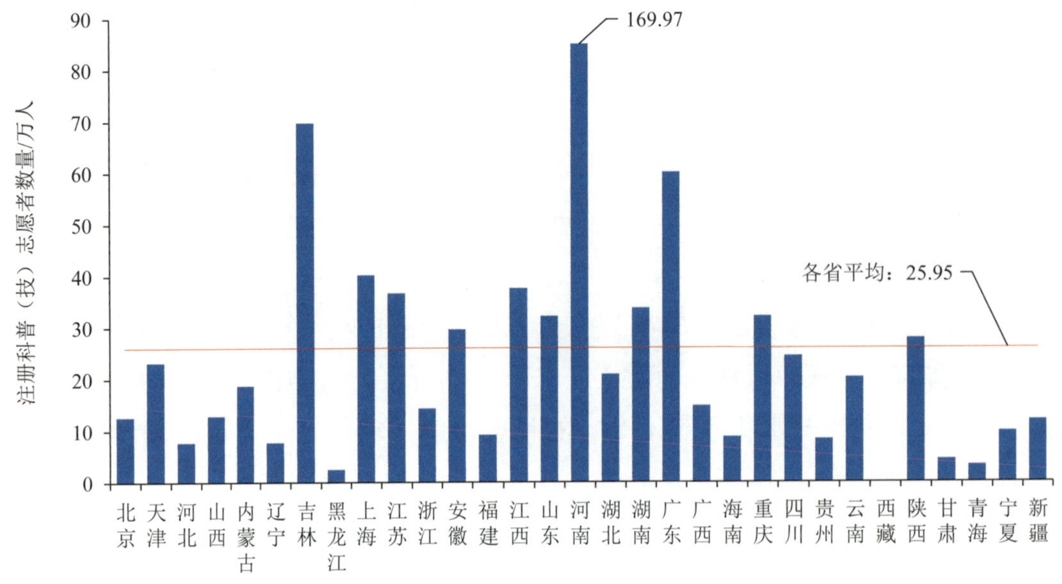

图 1-25　2023 年各省注册科普（技）志愿者数量

注：河南注册科普（技）志愿者数量为图示高度数值的 2 倍。

1.3　部门科普人员分布

1.3.1　部门科普人员数量

2023 年，教育、卫生健康、科协、农业农村和科技管理 5 个部门的科普人员数量超过 10 万人（图 1-26）。其中，教育部门居首位，为 50.18 万人，占全国科普人员总数的 23.27%，比 2022 年增加 4.19 万人。卫生健康、科协、农业农村和科技管理 4 个部门次之，分别为 42.77 万人、42.16 万人、20.17 万人和 11.86 万人。其中，农业农村部门与 2022 年相比有所减少，卫生健康、科协和科技管理 3 个部门略有增加。此外，自然资源、文化和旅游、市场监督管理及公安 4 个部门的科普人员数量均超过 3.5 万人。上述 9 个部门的科普人员占全国科普人员总数量的 86.94%，是全国科普人员的主要集中部门。

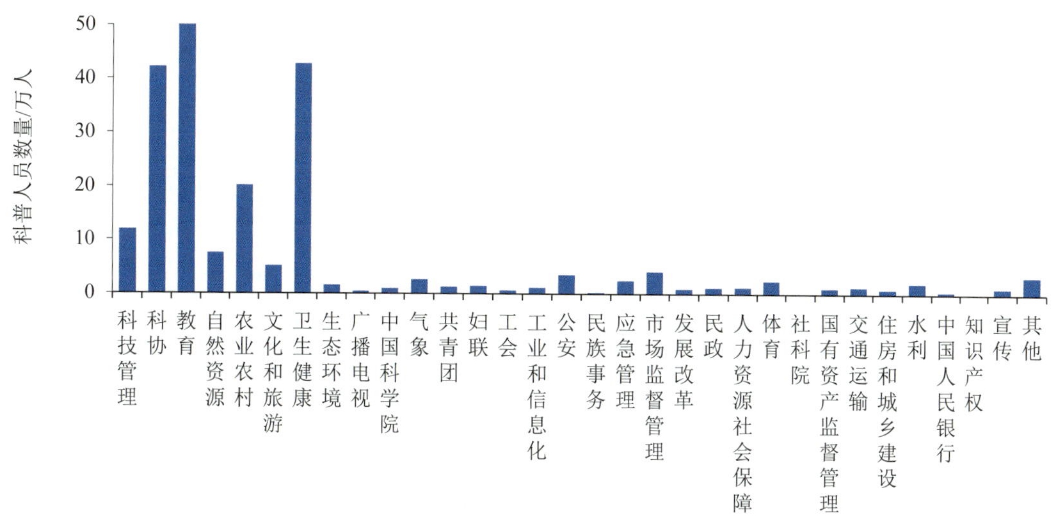

图 1-26 2023 年各部门科普人员数量

（1）部门科普人员组成结构

2023 年各部门科普专职人员集中于部分部门（图 1-27）。教育部门的科普专职人员数量最多，为 6.64 万人，比 2022 年有所增加。农业农村和科协组织 2 个部门的科普专职人员数量超过 5 万人，与 2022 年相比均略有增加。其后是科技管理部门，为 2.19 万人。

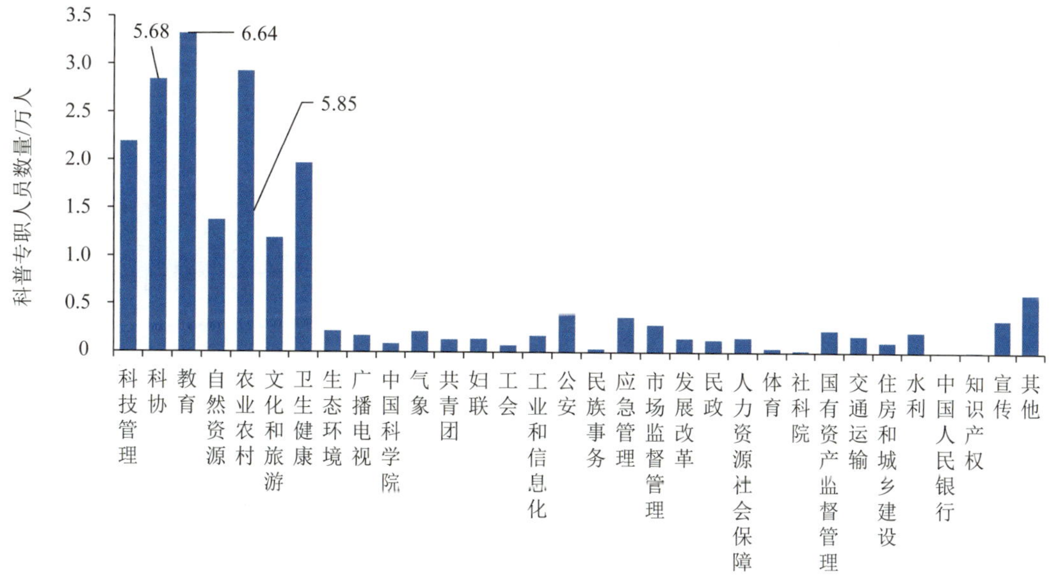

图 1-27 2023 年各部门科普专职人员数量

注：科协组织、教育部门和农业农村部门的科普专职人员数量为图示高度数值的 2 倍。

2023 年科普人员中，大多数部门的科普专职人员占比为 10%～30%（图 1-28）。广播电视部门的科普专职人员占比达到 38.67%，比 2022 年略有降低；宣传、农业农村和社科院 3 个部门的占比均超过 25%，其中，宣传部门和社科院相较 2022 年有小幅降低，农业农村部门比 2022 年提高 0.61 个百分点。

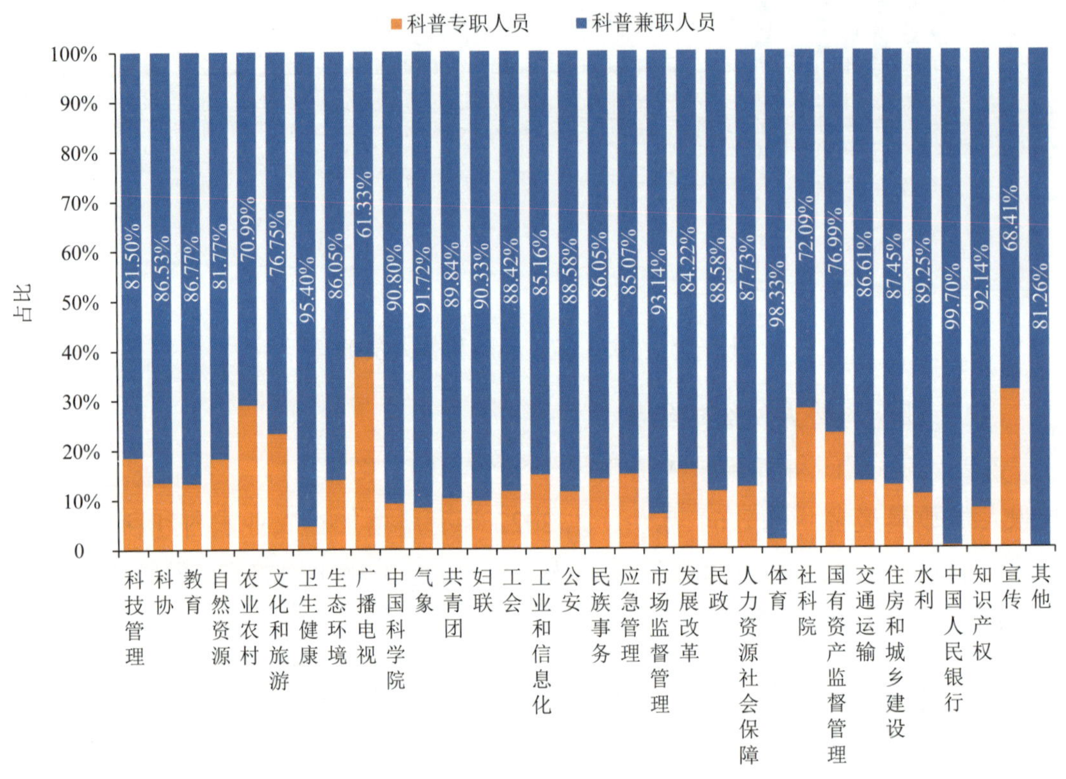

图 1-28　2023 年各部门科普人员构成

（2）科普兼职人员年度实际投入工作量

2023 年各部门科普兼职人员年度实际投入工作量差别较大（图 1-29）。科协和教育 2 个部门年度实际投入工作量分别达到 777.31 万人天和 667.62 万人天。其次是卫生健康、农业农村和科技管理 3 个部门，其他部门的实际投入工作量均低于 100 万人天。共青团、广播电视、农业农村和科协 4 个部门的科普兼职人员人均年度投入工作量较高，均超过 20 天。与 2022 年相比，大部分部门的科普兼职人员年度实际投入工作量及人均年度投入工作量有所减少。

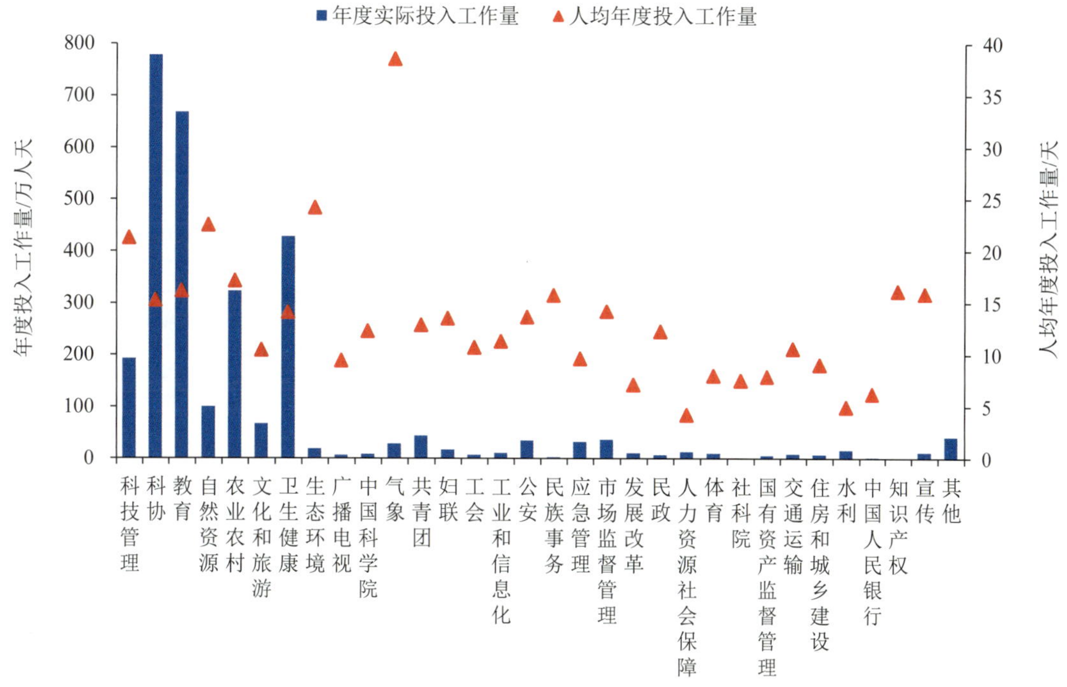

图 1-29　2023 年各部门科普兼职人员年度实际投入工作量及人均年度投入工作量

1.3.2　部门科普人员分类构成

（1）科普人员职称及学历

2023 年教育和卫生健康 2 个部门的中级职称及以上或本科及以上学历科普人员数量分别达到 37.79 万人和 29.20 万人，比 2022 年均增加了 3 万人以上。中国人民银行系统、中国科学院系统和知识产权部门的中级职称及以上或本科及以上学历科普人员比例均超过 90%，社科院、气象、教育、市场监督管理、生态环境、水利和国有资产监督管理 7 个部门的比例均在 70%以上（图 1-30）。在上述 10 个部门中，仅中国人民银行、气象和国有资产监督管理 3 个部门的占比较 2022 年有所降低，社科院系统的占比增加最多，比 2022 年提高 6.61 个百分点。

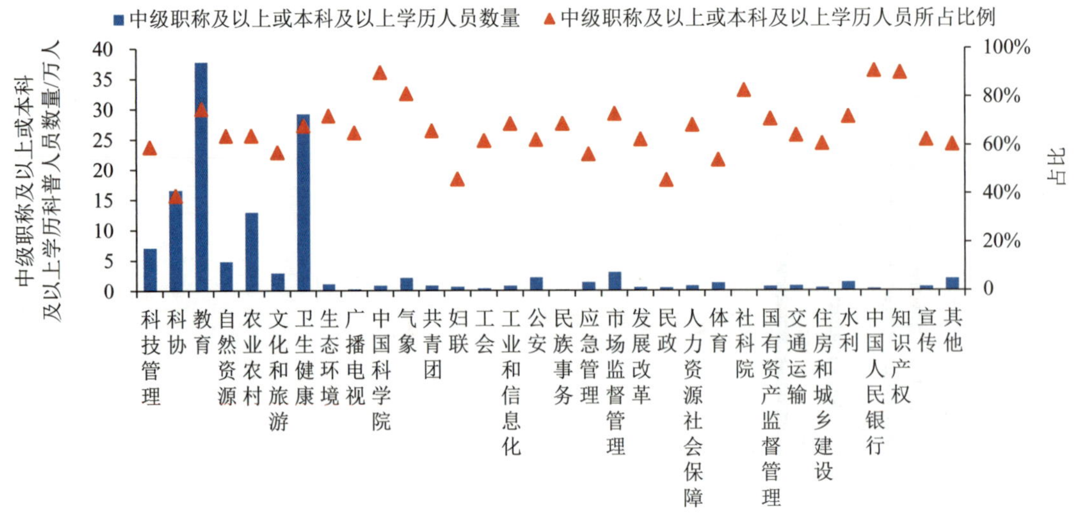

图 1-30　2023 年各部门中级职称及以上或本科及以上学历科普人员数量及占比

（2）女性科普人员

2023 年教育、卫生健康和科协 3 个部门的女性科普人员数量分别为 26.08 万人、25.29 万人和 13.89 万人，比 2022 年均有所增加。农业农村和科技管理 2 个部门的女性科普人员数量次之，均超过 5 万人（图 1-31），且相较于 2022 年均略有增加。妇联组织的科普人员中，女性科普人员所占比例居全国领先位置，达到 83.26%，相比 2022 年提高 3.70 个百分点。体育部门的女性科普人员所占比例增幅最大，相比 2022 年提高 24.06 个百分点，达到 64.96%。

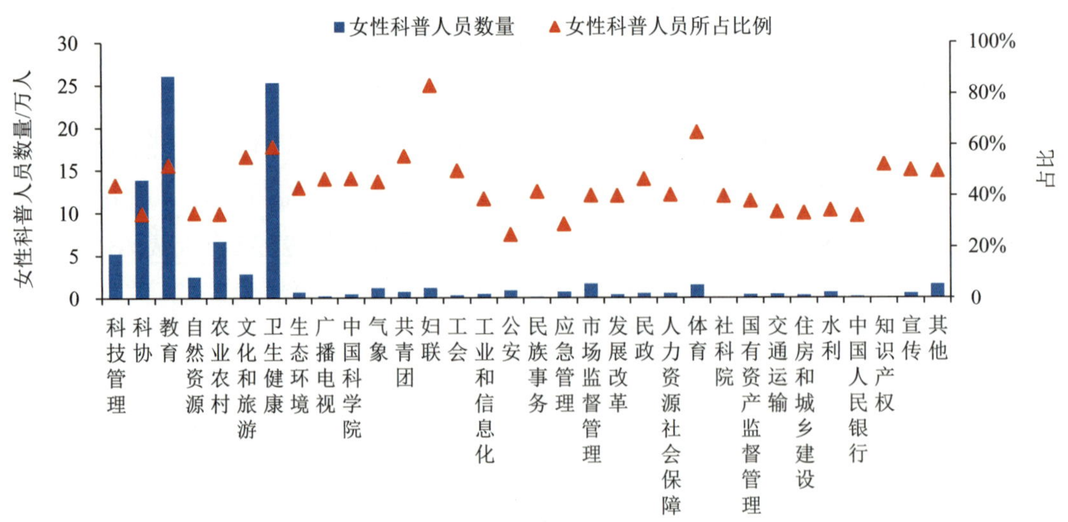

图 1-31　2023 年各部门女性科普人员数量及占比

（3）农村科普人员

2023 年科协组织的农村科普人员数量最多，为 14.39 万人，比 2022 年减少 0.73 万人。农业农村部门的农村科普人员数量次之，为 10.59 万人，与 2022 年相比小幅下降。农业农村、科协和妇联 3 个部门的科普人员中，农村科普人员所占比例较高，分别为 52.48%、34.13%和 29.79%（图 1-32），与 2022 年相比，占比均有所降低。其中，科协组织比 2022 年下降 2.06 个百分点，农业农村部门和妇联部门与 2022 年的差异在 1 个百分点以内。

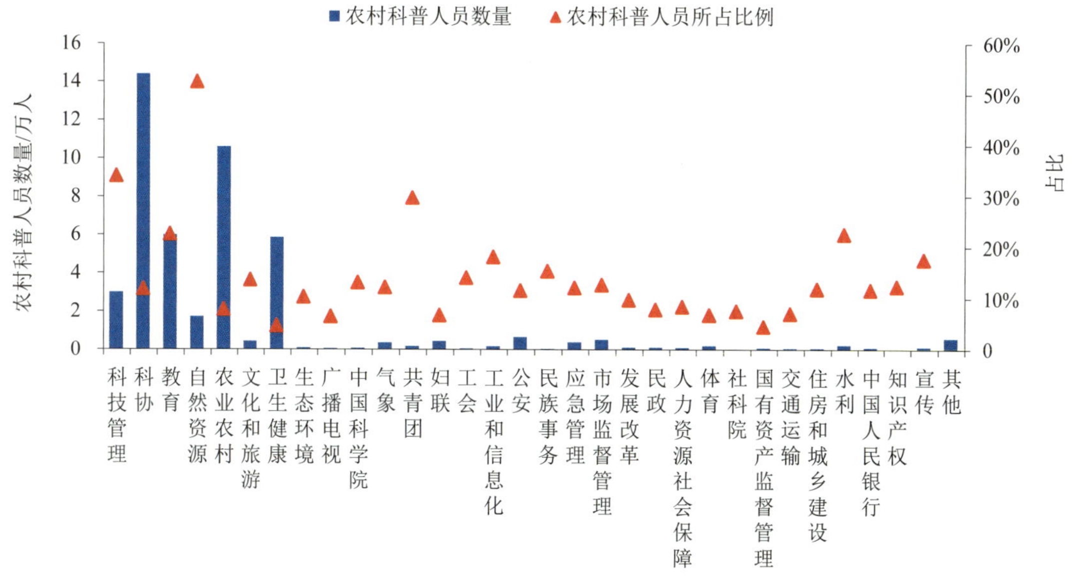

图 1-32　2023 年各部门农村科普人员数量及占比

（4）科普管理人员

2023 年科协组织的科普管理人员数量最多，达到 1.56 万人，是唯一一个科普管理人员规模超过 1 万人的部门。教育、农业农村和科技管理 3 个部门的科普管理人员数量次之，均超过 5000 人，分别为 7511 人、5555 人和 5264 人。卫生健康、自然资源、文化和旅游部门及其他 4 个部门的科普管理人员数量也超过 1000 人（图 1-33）。上述 8 个部门的科普管理人员占全国科普管理人员总数的 85.82%，上述 8 个部门为全国科普管理人员的主要集中部门。

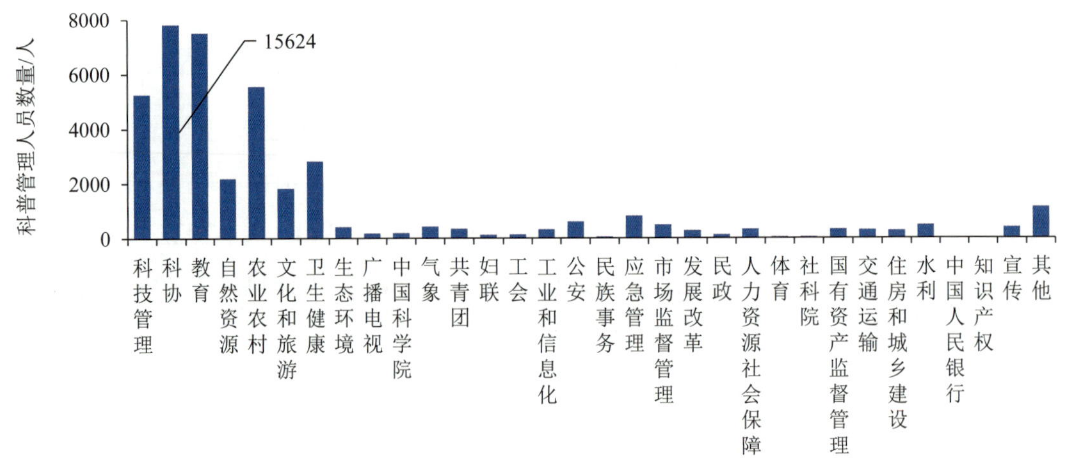

图 1-33　2023 年各部门科普管理人员数量

注：科协组织科普管理人员数量为图示高度数值的 2 倍。

（5）科普创作（研发）人员

2023 年科普创作（研发）人员主要分布于教育、科协、卫生健康、科技管理、农业农村、文化和旅游及自然资源 7 个部门（图 1-34），占全国科普创作（研发）人员总数的 77.88%。上述 7 个部门的科普创作（研发）人员数量均超过 1000 人，与 2022 年相比均有所增加。其中，教育部门为 5623 人，占全国科普创作（研发）人员总数的 25.27%，科普创作（研发）人员数量比 2022 年增加 11.61%。国有资产监督管理部门虽然科普创作（研发）人员数量不多，但在科普专职人员中的占比达到 25.19%，居全国领先位置。

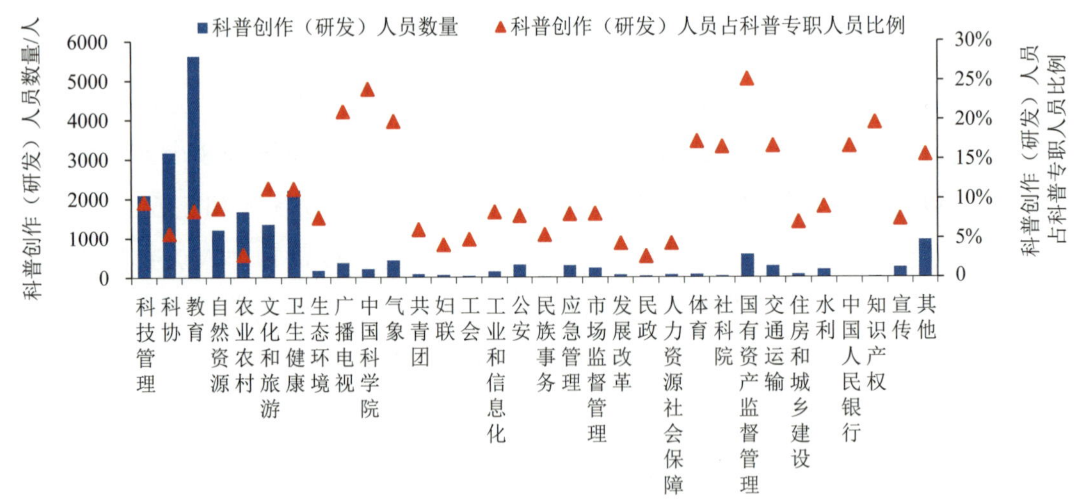

图 1-34　2023 年各部门科普创作（研发）人员数量及占科普专职人员的比例

（6）科普讲解（辅导）人员

2023 年科普讲解（辅导）人员主要分布在教育、卫生健康、科协、农业农村、科技管理、文化和旅游及自然资源 7 个部门，占全国科普讲解（辅导）人员总数的 81.40%。其中，教育部门达到 10.56 万人，比 2022 年增加 0.67 万人；卫生健康部门达到 8.36 万人，比 2022 年增加 0.11 万人。2023 年各部门科普人员中，科普讲解（辅导）人员占比存在一定差异。中国科学院、工业和信息化、文化和旅游、知识产权、气象、中国人民银行和国有资产监督管理 7 个部门的占比均超过 25%。其中，中国科学院系统的科普讲解（辅导）人员占比最高，达到 40.10%，比 2022 年提高 8.53 个百分点。工业和信息化部门及文化和旅游部门次之，分别达到 38.73%和 31.19%，其中，工业和信息化部门相较于 2022 年有所提升，而文化和旅游部门出现小幅降低（图 1-35）。

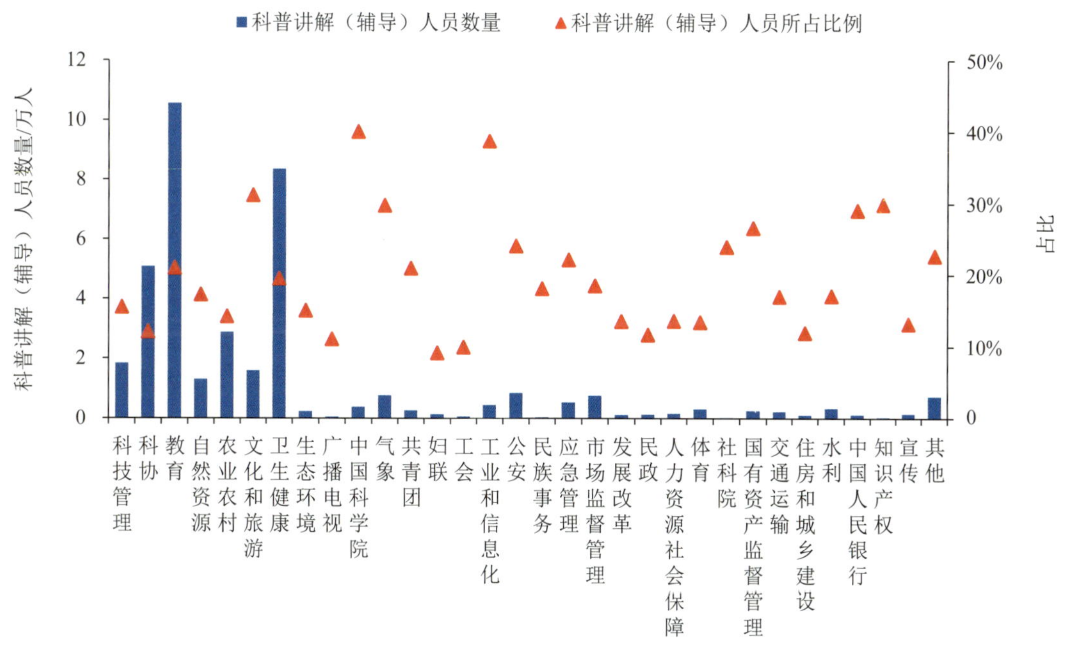

图 1-35 2023 年各部门科普讲解（辅导）人员数量及占比

（7）注册科普（技）志愿者

2023 年科协组织继续加大科普（技）志愿者注册管理工作力度，其注册科普（技）志愿者数量远超其他部门（图 1-36），达到 543.15 万人，比 2022 年增加 39.25 万人，占全国注册科普（技）志愿者总数的 67.51%，比 2022 年下降 8.33 个百分点。共青团组织的注册科普（技）志愿者数量次之，为 74.31 万人，比 2022

年增加44.26万人，是增幅最大的部门。大多数部门的注册科普（技）志愿者数量不超过10万人。

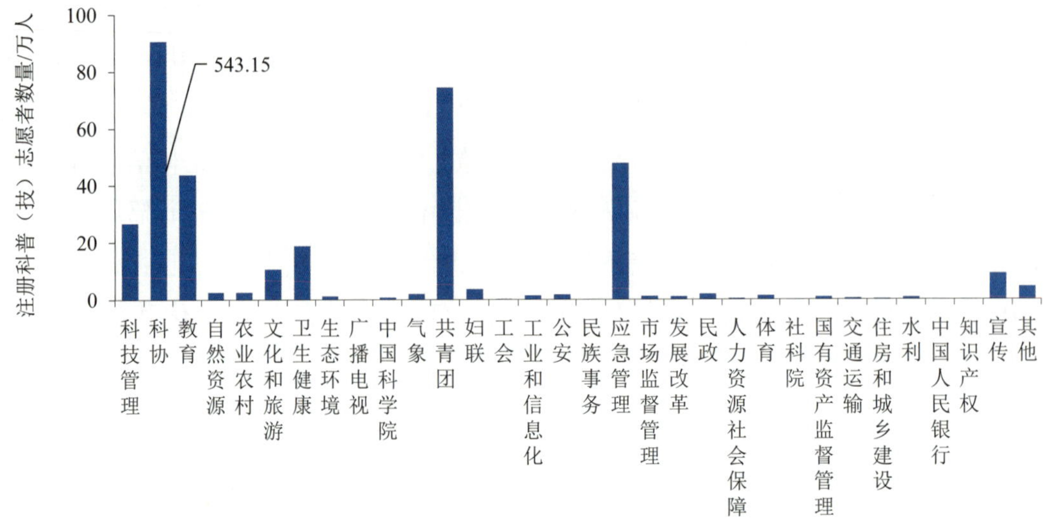

图1-36 2023年各部门注册科普（技）志愿者数量

注：科协组织注册科普（技）志愿者数量为图示高度数值的6倍。

2 科普场地

科普场地包括科普场馆和公共场所科普宣传设施两个部分。科普场馆包括科技馆（以科技馆、科学中心、科学宫等命名，以参与、互动、体验为主要展示教育形式，传播、普及科学的科普场馆）、科学技术类博物馆（包括科技博物馆、天文馆、水族馆、标本馆、陈列馆、生命科学馆及设有自然科学部和人文社会科学部的综合博物馆等）和青少年科技馆站 3 类场馆；公共场所科普宣传设施包括城市社区科普（技）活动场所、农村科普（技）活动场所、科普宣传专栏和流动科普宣传设施（包括科普宣传专用车和流动科技馆站）4 类设施。

科普场地是进行科普宣传和教育、开展科普工作的主要阵地，也是为公众提供科普服务的重要平台。随着中共中央办公厅、国务院办公厅《关于新时代进一步加强科学技术普及工作的意见》（以下简称《意见》）文件的出台，为全面贯彻落实《意见》的重要任务要求，2023 年全国多地积极响应，通过施行条例、印发意见、制定措施等各类行政引导方式全面布局推进新时代科学技术普及事业的高质量发展。其中，完善科普基础设施建设成为加强国家和地区科普能力建设、促进科普事业发展的一项重要任务。

2023 年 2 月，甘肃省科学技术厅等 9 个部门印发《甘肃省关于新时代进一步加强科学技术普及工作的若干措施》，提出建设一批公众深度参与互动的高水平科普场景基地；开发“云上科技馆”等科普数字化应用示范场景，推进实体场馆与虚拟场馆融合等完善科普基础设施建设的若干措施。2023 年 4 月，中共宁夏回族自治区委员会办公厅、宁夏回族自治区人民政府办公厅印发《关于新时代全面加强科学技术普及工作的实施意见》，提出建设一批乡村、社区科普工作站；完善以实体科技馆为基础，以流动科技馆、科普大篷车、农村中学科技馆、社区科普馆、数字科技馆等为辅助的现代科技馆体系。2023 年 4 月，湖北省人民政府办公厅印发《关于新时代进一步加强科学技术普及工作的实施意见》，提出打造新时代科普工作样板，加强科研科普基地建设，增强科研平台的科普功能，鼓励新建科研设施同步规划科普功能。2023 年 4 月，安徽省科学技术厅等 6 个部门印发《安徽省新时代科学技术普及工作方案》，提出到 2025 年，认定各类科普基地 1000 家以上；聚焦科技创新重点领域，建设太空旅游体验和训练基地等特色科普场馆；推动省科技馆新馆建设，实现设区的市科技馆全覆盖等科普设施建设工程。2023 年 5 月，中共重庆市委办公厅、重庆市人民政府办公厅印发《关于新时代进一步加强科学技术普及工作的实施方案》，提出实施科普基础设施提质行动，包括推进建设重大科普基础设施，加快远郊区县科技馆建设；鼓励建设主题博物馆、主题科普公园、科普创意园、科普产业园等，利用公共文化体育设施开展科普宣传和科普活动。2023 年 5 月，吉林省科学技术厅等 4 个部门印发《关于贯彻落实中共中央办公厅　国务院办公厅〈关于新时代进一步加强科学技术普及工作的意见〉的实施方案》，提出进一步推进“科技小院”建设；优化乡村科普活动站、科普宣传栏等建设布局，持续丰富农村科普设施载体。2023 年 7 月，《浙江省科学技术普及条例》正式施行，规定县级以上人民政府应当加强科普设施建设，将科普设施建设纳入国土空间规划和土地利用年度计划，根据公共文化服务标准和当地经济社会发展水平、人口状况、文化特色等因素，统筹确定科普设施的布局、数量和规模；设区的市应当建设综合性科技馆。常住人口超过 100 万的县（市）应当结合本地科技人物、成果和产业特色建设专业科技馆；其他县（市）应当配备流动科技馆或者科普大篷车。2023 年 7 月，山东省科学技术厅等 15 个部门印发《关于新时代进一步加强科学技术普及工作的若干措施》，提出健全省市县科技场馆体系，力争到 2025 年市级科技馆全覆盖、50%以上的县（市、区）建有科普场馆。2023 年 10 月，中共江西省委办公厅、江西省人民政府办公厅印发《关于新时代进一步加强科学技术普及工作的若干措施》，提出鼓励有条件的县（市、区）建设科技馆，推动县（市、区）主题科普场馆全覆盖。2023 年 12 月，四川省科普工作联席会议办公室印发《关于大力加强科普能力建设　夯实创新发展基础的意见》，提出到 2025 年，建设省级科普基地 350 家以上的总体目标；在促进全省科普基础设施均衡发展、加强城市社区科普活动室和农村科普活动场地等基础设施建设方面加大保障力度。

2023 年，全国共有 3 类科普场馆 2298 个，每百万人拥有 1.63 个科普场馆。

其中，科技馆 703 个，比 2022 年增加 9 个。科技馆建筑面积 571.11 万平方米，展厅面积 291.90 万平方米，参观人数共计 9797.56 万人次。科学技术类博物馆 1076 个，比 2022 年增加 87 个；科学技术类博物馆建筑面积 777.48 万平方米，展厅面积 368.13 万平方米，参观人数共计 1.71 亿人次。青少年科技馆站 519 个，比 2022 年减少 50 个；青少年科技馆站建筑面积 194.29 万平方米，展厅面积 50.95 万平方米，参观人数共计 883.22 万人次。

2023 年除科普宣传专用车外，各类公共场所科普宣传设施主要呈现小幅下降态势。其中城市社区科普（技）活动场所 4.80 万个，比 2022 年减少 1.51%；农村科普（技）活动场所 16.19 万个，比 2022 年减少 2.98%；流动科普宣传设施中科普宣传专用车 1203 辆，比 2022 年增加 7.60%；流动科技馆站 856 个，比 2022 年减少 35.64%；科普宣传专栏 25.94 万个，比 2022 年减少 0.09%。

2.1 科技馆

科技馆作为重要的科普基础设施，通过常设和短期展览，以激发科学兴趣、启迪科学观念为目的，用参与、体验、互动性的展品及辅助性展示手段，对公众进行科学技术的普及教育。科技馆通常由政府投资兴建，其服务和产品在消费上具有拥挤性，在供给上具有非排他性。

2.1.1 科技馆总体情况

2023 年全国共有科技馆 703 个，比 2022 年增加 9 个（表 2-1）。科技馆建筑面积 571.11 万平方米，比 2022 年增长 6.99%，单馆平均建筑面积 8123.91 平方米；展厅面积 291.90 万平方米，比 2022 年增长 6.32%；展厅面积占建筑面积的 51.11%，比 2022 年小幅减少；全国每万人口平均拥有科技馆建筑面积和展厅面积分别为 40.51 平方米和 20.71 平方米，进一步保持增长态势；参观人数合计 9797.56 万人次，比 2022 年增长 91.19%。

《科学技术馆建设标准》将科技馆按照建设规模分成特大型、大型、中型和小型 4 类：建筑面积 30000 平方米以上的为特大型科技馆，建筑面积 15000～30000 平方米的为大型科技馆，建筑面积 8000～15000 平方米的为中型科技馆，建筑面积 8000 平方米及以下的为小型科技馆。

表 2-1　2021—2023 年科技馆相关数据

指标	2021 年	2022 年	2023 年	2022—2023 年增长率	2023 年人均拥有量与使用情况
科技馆/个	661	694	703	1.30%	49.87 个/亿人
建筑面积/万平方米	505.94	533.78	571.11	6.99%	40.51 平方米/万人
展厅面积/万平方米	261.82	274.53	291.90	6.32%	20.71 平方米/万人
参观人数/万人次	5789.99	5124.50	9797.56	91.19%	6.95 人次/百人

2023 年全国共有特大型科技馆 38 个，比 2022 年增加 5 个；大型科技馆 55 个，比 2022 年减少 1 个；中型科技馆 71 个，比 2022 年减少 2 个；小型科技馆 539 个，比 2022 年增加 7 个（表 2-2）。由此可见，2023 年全国增加的科技馆以特大型和小型为主。

表 2-2　2023 年各类型科技馆的数量、建筑面积及参观人数

场馆类别	特大型科技馆	大型科技馆	中型科技馆	小型科技馆
建筑面积	30000 平方米以上	15000~30000 平方米	8000~15000 平方米	8000 平方米及以下
场馆数量/个	38（5.41%）	55（7.82%）	71（10.10%）	539（76.67%）
合计建筑面积/万平方米	205.98（36.07%）	119.32（20.89%）	79.02（13.84%）	166.80（29.21%）
年参观总人数/万人次	3705.46（37.82%）	1992.24（20.33%）	1358.79（13.87%）	2741.07（27.98%）
单馆年均参观人数/万人次	97.51	36.22	19.14	5.09
单位建筑面积年均参观人数/（人次/平方米）	17.99	16.70	17.20	16.43

特大型科技馆占全部科技馆总数的 5.41%；年参观总人数为 3705.46 万人次，比 2022 年增加 155.49%，占全部科技馆年参观总人数的 37.82%；单馆年均参观人数为 97.51 万人次，比 2022 年增加 121.87%。

大型科技馆占全部科技馆总数的 7.82%；年参观总人数为 1992.24 万人次，比 2022 年增加 79.76%，占全部科技馆年参观总人数的 20.33%；单馆年均参观人数为 36.22 万人次，比 2022 年增加 83.03%。

中型科技馆占全部科技馆总数的 10.10%；年参观总人数为 1358.79 万人次，比 2022 年增加 21.27%，占全部科技馆年参观总人数的 13.87%；单馆年均参观人数为 19.14 万人次，比 2022 年增加 24.69%。

小型科技馆占全部科技馆总数的76.67%；年参观总人数为2741.07万人次，比2022年增加89.64%，占全部科技馆年参观总人数的27.98%；单馆年均参观人数为5.09万人次，比2022年增加87.17%。

2023年科技馆开放逐渐恢复，各类型科技馆年参观总人数和单馆年均参观人数均有所增长。主要表现为特大型科技馆年参观总人数增长比例最高，如特大型科技馆中的中国科学技术馆2023年参观人数超过530万人次，比2022年增加2.71倍。

2023年，单位建筑面积内各类型科技馆的年均参观人数为每平方米16.43～17.99人次，与2022年每平方米8.50～13.88人次相比有较大幅度增多。其中，特大型科技馆最高，年均参观人数为每平方米17.99人次，比2022年增加超过1.1倍；其后是中型科技馆和大型科技馆，年均参观人数分别为每平方米17.20人次和16.70人次；小型科技馆最低，年均参观人数为每平方米16.43人次，比2022年增加82.79%（表2-2）。

2023年各级别科技馆中县级科技馆数量最多（表2-3），共计371个，比2022年增加13个，占科技馆总数的52.77%。县级科技馆单馆平均建筑面积为4009.20平方米，年参观人数占全部科技馆年参观总人数的22.00%，单馆年均参观人数为5.81万人次。

表2-3　2023年各级别科技馆相关数据

级别	科技馆/个	建筑面积/万平方米	展厅面积/万平方米	年参观人数/万人次	年参观人数占全部参观人数比例
中央部门级	8	13.04	5.58	540.97	5.52%
省级	72	144.71	67.15	2767.72	28.25%
地市级	252	264.62	136.35	4333.86	44.23%
县级	371	148.74	82.81	2155.00	22.00%

地市级科技馆共计252个，比2022年增加10个，占科技馆总数的35.85%。地市级科技馆单馆平均建筑面积为1.05万平方米，年参观人数占全部科技馆年参观总人数的44.23%，单馆年均参观人数为17.20万人次。

省级科技馆共计72个，比2022年减少11个，占科技馆总数的10.24%。省级科技馆单馆平均建筑面积为2.01万平方米，年参观人数占全部科技馆年参观总人数的28.25%，单馆年均参观人数为38.44万人次。

中央部门级科技馆共计8个，比2022年减少3个，占科技馆总数的1.14%。

中央部门级科技馆单馆平均建筑面积为 1.63 万平方米，年参观人数占全部科技馆年参观总人数的 5.52%，单馆年均参观人数为 67.62 万人次。

特大型科技馆和大型科技馆大多数是省级科技馆和地市级科技馆。

2023 年全国科技馆共有科普专职人员 1.49 万人，单馆平均 21.26 人，科普专职人员数量和单馆平均人数均比 2022 年小幅减少。其中，专职科普创作（研发）人员 1571 人，专职科普讲解（辅导）人员 4967 人；共有科普兼职人员 5.24 万人，单馆平均 74.54 人，科普兼职人员数量和单馆平均人数均比 2022 年有所减少；共有注册科普（技）志愿者 43.14 万人，比 2022 年增加 7.42%。

2023 年科技馆共筹集科普经费 48.28 亿元，比 2022 年增加 1.43 亿元；单馆平均筹集科普经费 686.82 万元，比 2022 年增加 11.65 万元。经费筹集额中政府拨款 39.09 亿元、自筹资金 8.83 亿元、捐赠 3644.90 万元。其中，政府拨款比 2022 年增加 2451.15 万元，自筹资金增加 8480.68 万元，捐赠增加 3333.74 万元（主要是福建省科技馆 2023 年度新馆建设捐赠经费显著增加）。科技馆的场馆基建支出 5.12 亿元，比 2022 年减少 3.82 亿元；科普展品、设施支出 6.32 亿元，比 2022 年增加 1845.14 万元；科普活动支出 14.08 亿元，比 2022 年增加 2.61 亿元。

2023 年科技馆举办科普（技）线下讲座 2.78 万次，共有 474.67 万人次参加；举办线上讲座 2034 次，共有 4861.50 万人次参加。讲座举办总次数比 2022 年增加 48.68%，总参加人次比 2022 年减少 132.49%，主要表现为疫情后线下科普讲座举办次数和参加人次的大幅增加，而线上活动相对减少导致线上受众覆盖面有所降低。例如，阜阳市科学技术馆举办各类线下科普（技）讲座 980 次，总参加人次超过 42 万人次。2023 年科技馆举办科普（技）线下展览 5291 次，共有 3112.27 万人次参观；举办线上展览 213 次，共有 238.56 万人次参观。展览举办总次数和总参观人次比 2022 年分别增加 17.91%和 39.15%，主要表现为线下展览活动的恢复，线下参加人次大幅增加。例如，广东科学中心举办“希望之苗”“党领导下的科学家”等各类线下科普（技）展览 34 次，吸引超过 360 万人次参观。2023 年科技馆举办科普（技）线下竞赛 950 次，共有 88.05 万人次参加；举办线上竞赛 88 次，共有 3362.05 万人次参加。竞赛举办总次数和总参加人次比 2022 年分别减少 2.99%和 37.05%，主要表现为线上举办次数和参加人次的大幅减少。以线上形式举办各类科普活动的受众覆盖面仍占有举足轻重的地位，但后疫情时代下，各类线下科普活动逐渐恢复，科普（技）讲座线下举办次数和线下参加人数占比分别为 93.17%和 8.90%，比 2022 年分别增加了 6.71 个百分点和 7.05 个百分点；科普（技）竞赛线下举办次数和线下参加人数占比分别为 91.52%和 2.55%，比 2022 年分别增加了 19.49 个百分点和 0.09 个百分点。

2.1.2 科技馆的地区分布

2023 年东部地区 11 个省共有 273 个科技馆，比 2022 年减少 6 个，占全国科技馆总数的 38.83%；中部和西部地区 20 个省合计有 430 个科技馆，与 2022 年相比中部地区持平、西部地区增加 15 个，分别占全国科技馆总数的 27.60%和 33.57%（图 2-1），西部地区所占比例近 5 年持续增加。

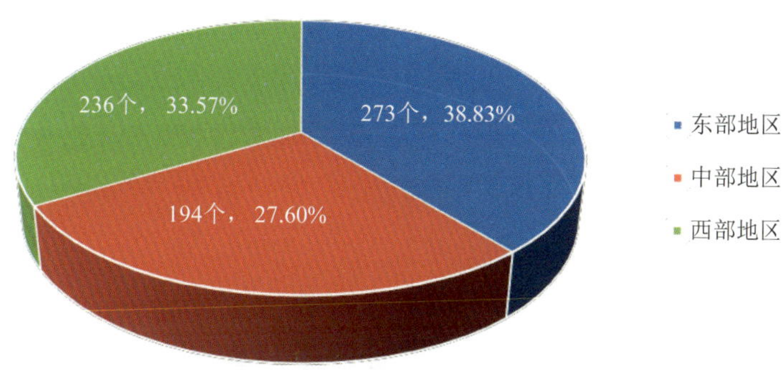

图 2-1 2023 年东部、中部和西部地区科技馆数量及占比

东部地区科技馆的建筑面积与中部和西部地区科技馆建筑面积总和之比为 0.84，展厅面积的相应比例为 0.80。从近 6 年的数据来看，这 2 项指标数值逐年减小，表明中部、西部地区的科技馆建设力度不断加强。从科技馆展厅面积占建筑面积的比例来看，东部和西部地区展厅面积占建筑面积的比例小幅增加，分别为 49.71%和 53.17%，西部地区成为展厅面积占建筑面积的比例最高的地区；中部地区展厅面积占建筑面积的比例下降至 51.45%（表 2-4）。

表 2-4 2023 年东部、中部和西部地区科技馆建筑面积和展厅面积比较

地区	建筑面积/万平方米	展厅面积/万平方米	展厅面积占建筑面积的比例	单馆平均建筑面积/平方米
东部	261.20	129.85	49.71%	9567.95
中部	158.33	81.45	51.45%	8161.25
西部	151.58	80.59	53.17%	6422.78
全国	571.11	291.90	51.11%	8123.91

特大型和大型科技馆大多分布在东部地区，因此东部地区的科技馆平均规模最大。东部和中部地区单馆平均建筑面积分别为9567.95平方米和8161.25平方米，高于全国平均水平，比2022年分别增加6.83%和15.08%，其中中部地区增加比例是3个地区中最高的；西部地区单馆平均建筑面积为6422.78平方米，低于全国平均水平，比2022年小幅减少，主要是由于西部地区科技馆数量增加比例大于建筑面积增加比例。

2023年全国各省平均拥有22.68个科技馆，共有14个省的科技馆数量超过全国各省平均水平（图2-2）。科技馆数量在25个及以上的省有湖北（53个）、广东（44个）、内蒙古（43个）、山东（43个）、福建（34个）、新疆（34个）、安徽（33个）、云南（33个）、河南（31个）、四川（29个）、上海（25个），共11个，与2022年相比减少4个。其中，云南科技馆数量增加最多（增加7个），其后是内蒙古（增加5个）、广东（增加4个）和新疆（增加4个）。在4个直辖市中，2023年只有天津新增2个科技馆。

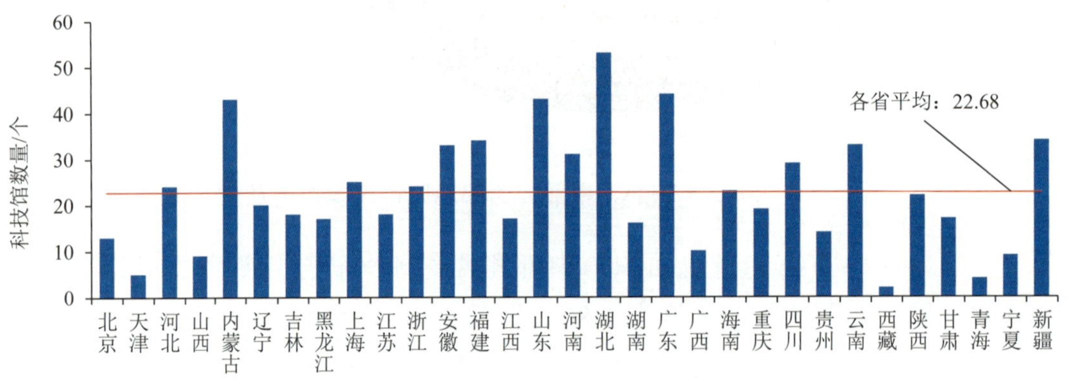

图2-2 2023年各省科技馆数量

2023年山东的科技馆总建筑面积最大，其次是广东，两省的科技馆建筑面积均超过40万平方米（图2-3）。科技馆总建筑面积在30万～40万平方米的省有浙江、河南和安徽。安徽和山东2个省的科技馆建筑面积增加均超过10万平方米。其中，安徽主要是因为安徽省科技馆新馆和合肥市科技馆新馆建成，山东主要是因为山东省科技馆新馆和青岛市科技馆新馆建成，4个新馆的建筑面积均在5万平方米及以上。河南和广东的科技馆建筑面积增加分别超过9万平方米和6万平方米。其中，河南主要是因为河南省科技馆（新馆）建筑面积超过13万平方米；广东主要是因为新增的珠海太空中心和大亚湾核能科技馆，建筑面积分别为5.6万平方米和1.1万平方米。

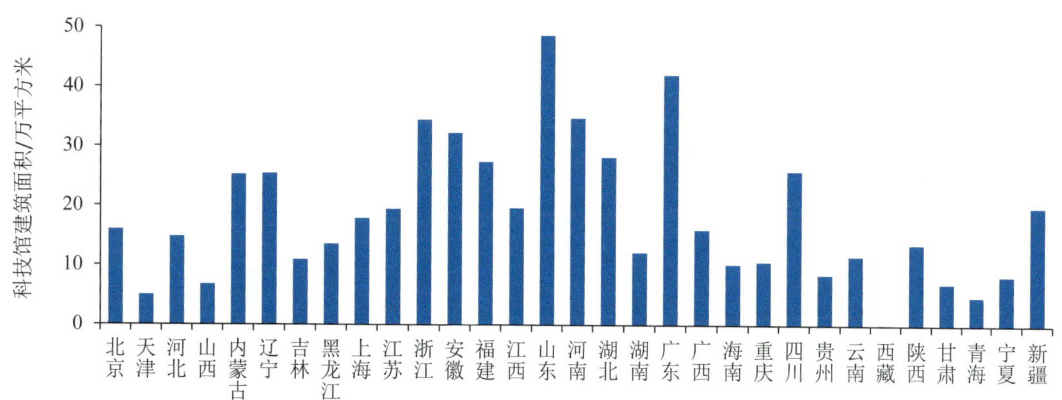

图 2-3 2023 年各省科技馆建筑面积

2023 年河南的科技馆参观人数共计 828.45 万人次，位居全国第一；其后是广东和山东，参观人数分别为 815.97 万人次和 718.77 万人次。北京单馆平均参观人数最多，为 42.50 万人次；其后是天津、广西、河南、江西、辽宁和浙江，单馆平均参观人数均超过 20 万人次（图 2-4）。

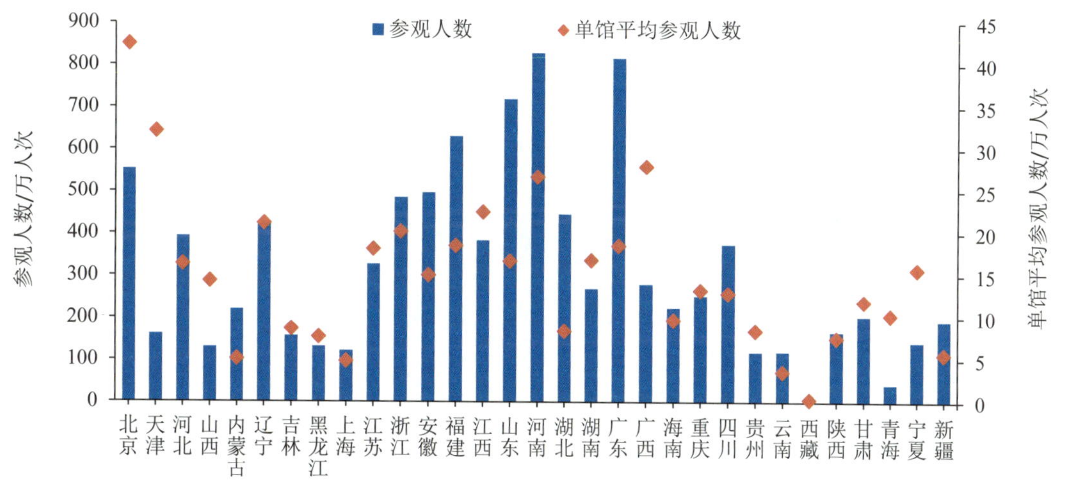

图 2-4 2023 年各省科技馆参观人数及单馆平均参观人数

2.1.3 科技馆的部门分布

2023 年各部门下属的科技馆数量差异较大。科协组织的科技馆数量最多（图 2-5），有 506 个，比 2022 年增加 52 个；其次是科技管理部门，有 77 个，比 2022 年减少 4 个；两个部门科技馆数量之和占各部门科技馆总数的 82.93%。此外，农业农村部门和卫生健康部门下属的科技馆数量增加最多，分别增加 3 个和 2 个。

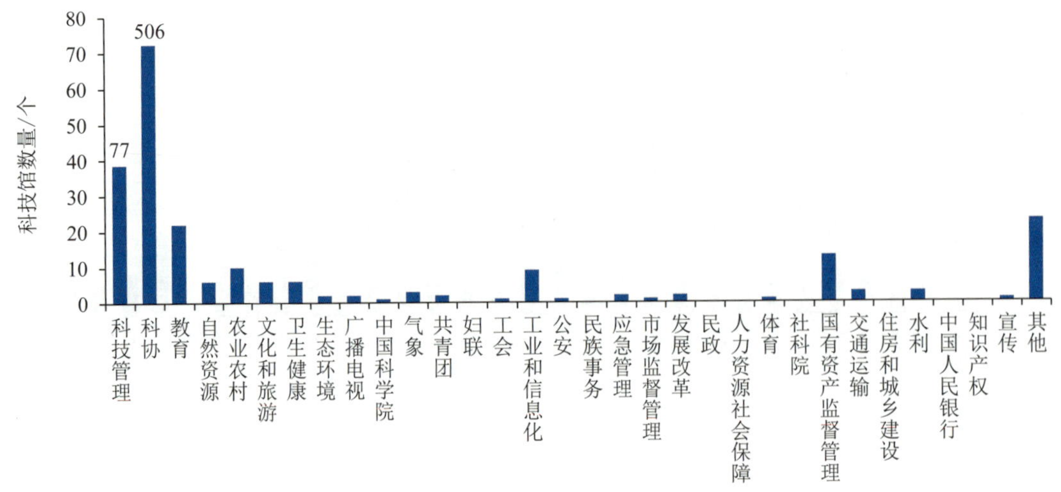

图 2-5　2023 年各部门科技馆数量

注：科协组织科技馆数量为图示高度数值的 7 倍，科技管理部门科技馆数量为图示高度数值的 2 倍。

科协组织的科技馆建筑面积和参观人数显著高于其他部门。2023 年其科技馆建筑面积合计 429.96 万平方米，占全部科技馆建筑面积的 75.28%，单馆平均建筑面积为 8497.18 平方米。2023 年，科协组织科技馆当年参观人数共计 7774.78 万人次，居各部门第 1 位；其次是科技管理部门，科技馆当年参观人数为 979.97 万人次（图 2-6）。两个部门科技馆参观人数占全部科技馆参观人数的 89.36%。

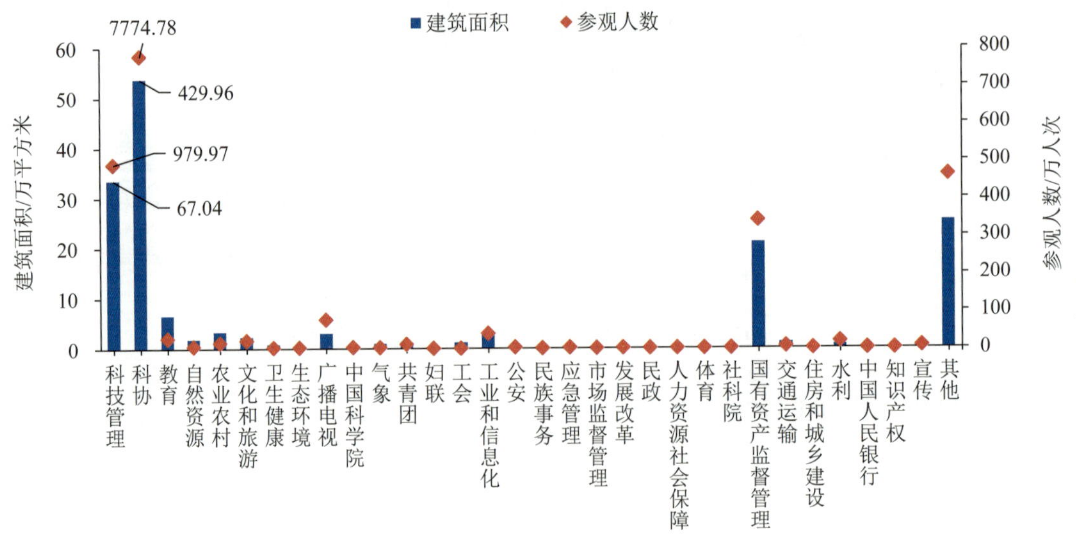

图 2-6　2023 年各部门科技馆建筑面积及参观人数

注：科协组织科技馆建筑面积为图示高度数值的 8 倍，参观人数为图示高度数值的 10 倍；科技管理部门科技馆建筑面积与参观人数均为图示高度数值的 2 倍。

2.2 科学技术类博物馆

科学技术类博物馆包括科学技术博物馆、天文馆、水族馆、标本馆、陈列馆、生命科学馆及设有自然科学部/人文社会科学部的综合博物馆等。科学技术类博物馆的种类非常丰富，不同场馆可以从不同领域、不同侧面来提供深入的科普服务。

2.2.1 科学技术类博物馆总体情况

2023 年全国共有科学技术类博物馆 1076 个，比 2022 年增加 87 个。科学技术类博物馆建筑面积合计 777.48 万平方米，比 2022 年增加 3.82%，单馆平均建筑面积为7225.66平方米；展厅面积合计368.13万平方米，比2022年增加5.81%；展厅面积占建筑面积的比例为 47.35%，比 2022 年小幅增加；全国平均每万人口拥有科学技术类博物馆建筑面积 55.15 平方米，比 2022 年增加 3.98%；全国平均每万人口拥有科学技术类博物馆展厅面积 26.11 平方米，比 2022 年增加 5.97%；参观人数共计 1.71 亿人次，比 2022 年增加 108.69%（表 2-5）。近年来“博物馆热”现象持续升温，同时伴随着疫情的解除，博物馆逐渐恢复开放，趣味性浓、互动性强、科技感足的科普展览活动吸引着越来越多的社会公众走进博物馆。2023 年共有 41 个科学技术类博物馆的参观人数达到百万级，其中中国国家博物馆的参观人数超过 670 万人次，湖南博物院、天津自然博物馆的参观人数超过 300 万人次。

表 2-5　2021—2023 年科学技术类博物馆相关数据

指标	2021 年	2022 年	2023 年	2022—2023 年增长率	2023 年人均拥有量与使用情况
科学技术类博物馆/个	1016	989	1076	8.80%	76.33 个/亿人
建筑面积/万平方米	774.79	748.85	777.48	3.82%	55.15 平方米/万人
展厅面积/万平方米	359.45	347.91	368.13	5.81%	26.11 平方米/万人
参观人数/万人次	10559.4	8187.22	17085.8	108.69%	12.12 人次/百人

根据联合国教科文组织发布的《科学技术类博物馆建设标准》，科学技术类博物馆的设施和建筑面积因馆而异，但能吸引相当数量观众参观的展览最低面积限度需要 3000 平方米。按此标准，2023 年全国建筑面积在 3000 平方米及以上的科学技术类博物馆有 553 个，占科学技术类博物馆总数的 51.39%。

2023 年各级别科学技术类博物馆中省级博物馆数量最多（表 2-6），共计 351

个，占科学技术类博物馆总数的 32.62%。省级科学技术类博物馆单馆平均建筑面积为 7715.49 平方米，参观人数占全部科学技术类博物馆年参观总人数的 34.06%，单馆年均参观人数为 16.58 万人次。

表 2-6　2023 年各级别科学技术类博物馆相关数据

级别	数量/个	建筑面积/万平方米	展厅面积/万平方米	参观人数/万人次	参观人数占全部参观人数比例
中央部门级	76	60.18	29.52	1543.96	9.04%
省级	351	270.81	124.05	5820.34	34.06%
地市级	328	258.50	116.71	6310.18	36.93%
县级	321	187.98	97.86	3411.32	19.97%

地市级科学技术类博物馆共计 328 个，占科学技术类博物馆总数的 30.49%。地市级科学技术类博物馆单馆平均建筑面积为 7881.22 平方米，参观人数占全部科学技术类博物馆年参观总人数的 36.93%，单馆年均参观人数为 19.24 万人次。

县级科学技术类博物馆共计 321 个，占科学技术类博物馆总数的 29.83%。县级科学技术类博物馆单馆平均建筑面积为 5856.03 平方米，参观人数占全部科学技术类博物馆年参观总人数的 19.97%，单馆年均参观人数为 10.63 万人次。

中央部门级科学技术类博物馆共计 76 个，占科学技术类博物馆总数的 7.06%。中央部门级科学技术类博物馆单馆平均建筑面积为 7919.07 平方米，参观人数占全部科学技术类博物馆年参观总人数的 9.04%，单馆年均参观人数为 20.32 万人次。

2023 年科学技术类博物馆共有科普专职人员 1.23 万人，比 2022 年增加 1280 人，单馆平均 11.44 人，比 2022 年增加 2.58%。其中，专职科普创作（研发）人员 2258 人，专职科普讲解（辅导）人员 4171 人；共有科普兼职人员 5.49 万人，比 2022 年增加 1.08 万人，单馆平均 51.06 人，比 2022 年增加 14.36%；共有注册科普（技）志愿者 8.10 万人，比 2022 年增加 8413 人。

2023 年科学技术类博物馆共筹集科普经费 17.28 亿元，比 2022 年增加 7.78%；单馆平均筹集科普经费 160.63 万元，比 2022 年减少 0.33%。经费筹集额中，政府拨款 12.86 亿元、自筹资金 4.29 亿元、捐赠 1339.8 万元，各项经费比 2022 年分别增加 3.75%、18.61%和 47.44%。科学技术类博物馆的场馆基建支出 4.47 亿元，比 2022 年增加 11.27%；科普展品、设施支出 3.07 亿元，比 2022 年增加 19.54%。

2023 年科学技术类博物馆举办线下科普（技）讲座 3.82 万次，共有 477.43

万人次参加；举办线上科普（技）讲座3577次，共有1.91亿人次参加。举办科普（技）讲座总次数比2022年增加近2万次，总参加人数比2022年增加超3500万人次，线下讲座举办次数和参加人数分别增加了53.28%和34.84%。2023年科学技术类博物馆举办线下科普（技）展览6474次，共有7044.78万人次参观；举办线上科普（技）展览607次，共有1674.09万人次参观。举办科普（技）展览总次数和总参加人数比2022年分别增加1628次和4039.98万人次，主要是线下展览举办次数和参观人数分别增加了31.87%和61.01%。2023年科学技术类博物馆在科技活动周期间举办线下科普专题活动2933次，共有177.29万人次参加，比2022年分别增加了29.90%和36.55%；举办线上科普专题活动486次，共有613.82万人次参加，举办次数和参加人数均比2022年有所减少。随着疫情的解除，各类线下科普活动逐渐恢复，公众线下参与热情也日趋高涨。例如，广西壮族自治区自然博物馆举办"小小博物学家"科普课堂、科普进校园、科普进乡村等各类线下科普讲座83次，超过20万人次参加；中国国家博物馆举办"新中国首座大型低速回流风洞""科技的力量""逐梦寰宇问苍穹——中国载人航天工程三十年成就展""共同家园——大自然的奇迹"等线下科普展览42次，吸引超过670万人次参加。

2.2.2 科学技术类博物馆的地区分布

2023年东部地区共有科学技术类博物馆515个，比2022年增加37个，占全国科学技术类博物馆总数的47.86%；中部和西部地区分别有248个和313个，比2022年分别增加33个和17个，分别占全国科学技术类博物馆总数的23.05%和29.09%（图2-7）。东部地区科学技术类博物馆的建筑面积为中部和西部地区总和的1.08倍，比2022年小幅增加；展厅面积为中部和西部地区总和的99%，与2022年基本持平。3个地区的建筑面积均比2022年有所增加，东部地区增加比例最高，为5.48%。从展厅面积占建筑面积的比例来看，中部地区与2022年相比增加1.54个百分点，增至50.87%；东部地区小幅增加，增至45.40%；西部地区增加1.86个百分点，增至48.64%（表2-7）。

2023年全国各省平均拥有34.71个科学技术类博物馆，达到和超过这一水平的省共有12个，比2022减少3个（图2-8）。科学技术类博物馆数量在50个以上的省有上海（98个）、北京（68个）、广东（68个）、江苏（56个）、浙江（56个）、四川（54个）和云南（53个），它们大多位于东部地区。广东科学技术类博物馆数量增加最多（增加22个），其后是河南（增加11个）、河北（增加8个）和甘肃（增加8个）。

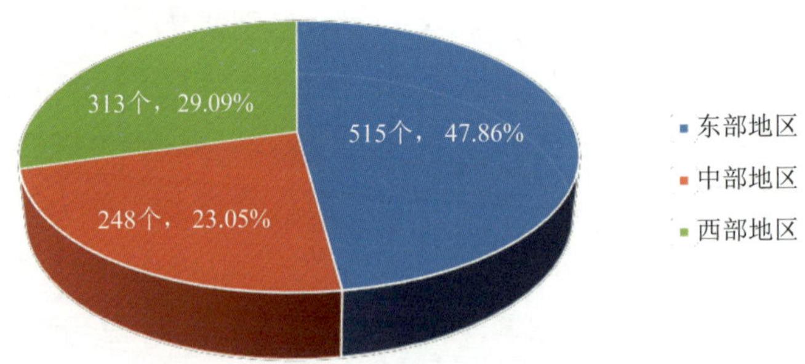

图 2-7　2023 年东部、中部和西部地区科学技术类博物馆数量及占比

表 2-7　2023 年东部、中部和西部地区科学技术类博物馆建筑面积和展厅面积比较

地区	建筑面积/万平方米	展厅面积/万平方米	展厅面积占建筑面积的比例
东部	403.48	183.17	45.40%
中部	137.23	69.81	50.87%
西部	236.77	115.16	48.64%
全国	777.48	368.13	47.35%

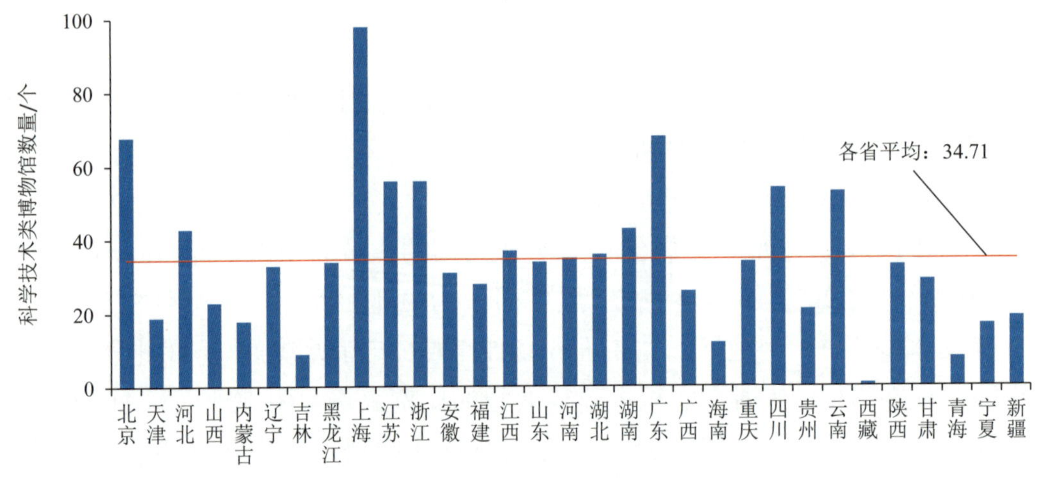

图 2-8　2023 年各省科学技术类博物馆数量

2023年北京的科学技术类博物馆总建筑面积最大，为83.40万平方米，比2022年增加30.92%，上升至全国第一；其次是上海，为70.57万平方米。科学技术类博物馆总建筑面积超过30万平方米的省还有浙江、云南、广东、江苏、湖南和山东（图2-9）。

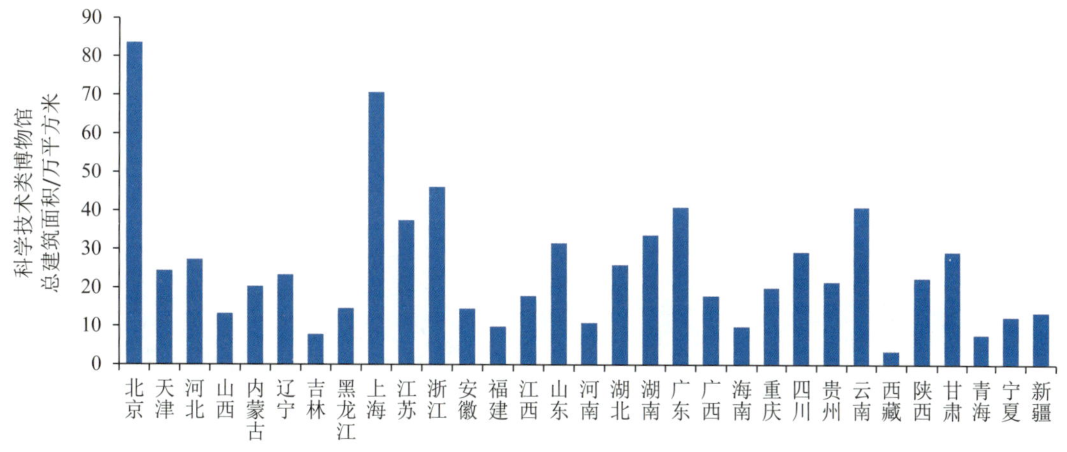

图 2-9 2023 年各省科学技术类博物馆总建筑面积

2023 年北京科学技术类博物馆参观人数在全国各省中最多，共计 2285.25 万人次，比 2022 年增加近 3.6 倍，主要是中国国家博物馆参观人数超过 670 万人次，中国妇女儿童博物馆、北京海洋馆的参观人数均超过 250 万人次；其后是上海、湖南、四川、广东和江苏，参观人数均在 1000 万人次以上。天津单馆平均参观人数最多，为 46.89 万人次；其后是北京和内蒙古，单馆平均参观人数均超过 30 万人次（图 2-10）。

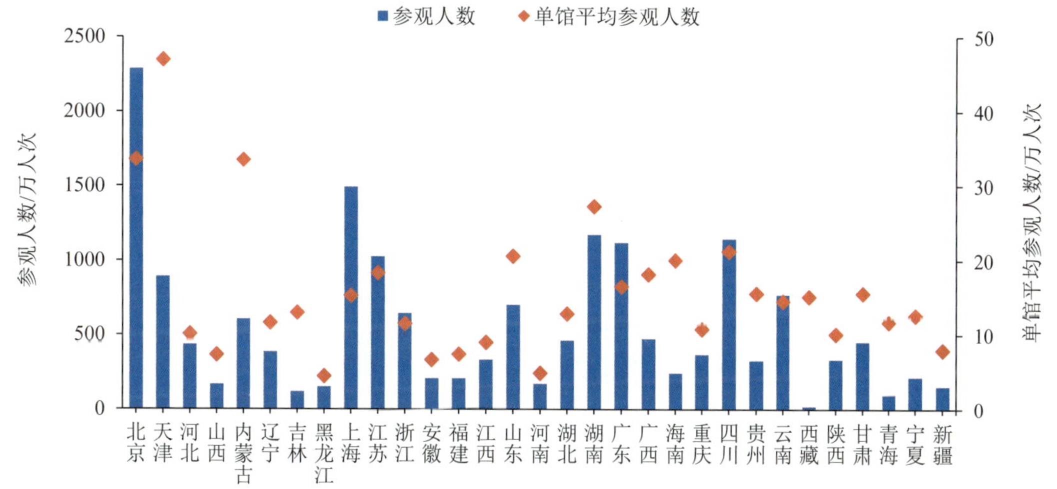

图 2-10 2023 年各省科学技术类博物馆参观人数及单馆平均参观人数

2.2.3 科学技术类博物馆的部门分布

2023 年各部门中文化和旅游部门的科学技术类博物馆数量最多，有 240 个，占科学技术类博物馆总数的 22.30%；其次是教育部门，有 239 个，比 2022 年增加 26 个，为所有部门中增加数量最多的部门；自然资源部门有 150 个，比 2022 年增加 9 个（图 2-11）。

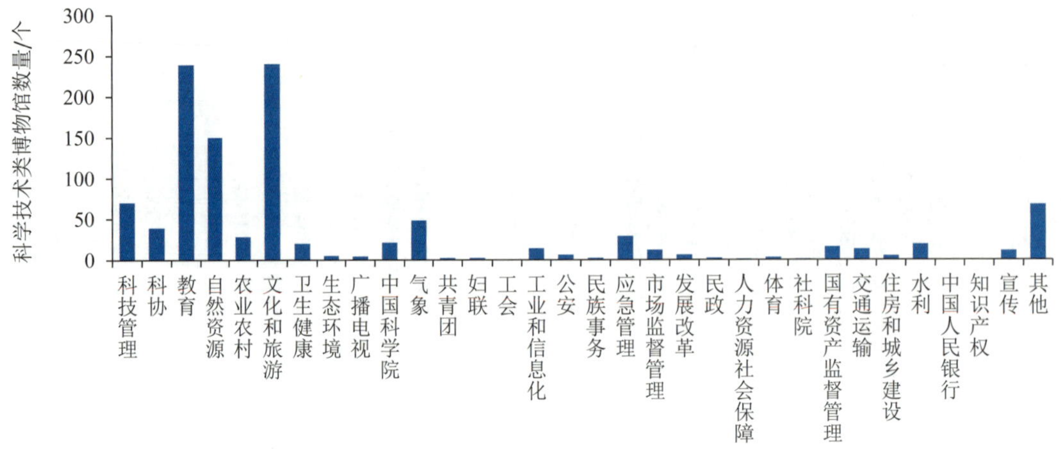

图 2-11　2023 年各部门科学技术类博物馆数量

2023 年文化和旅游部门科学技术类博物馆建筑面积合计 344.55 万平方米（图 2-12），占全部科学技术类博物馆建筑总面积的 44.32%；其次是自然资源部门，其科学技术类博物馆建筑面积超过 110 万平方米。展厅面积占建筑面积比例较高的部门有生态环境部门和民政部门，均在 70%以上。

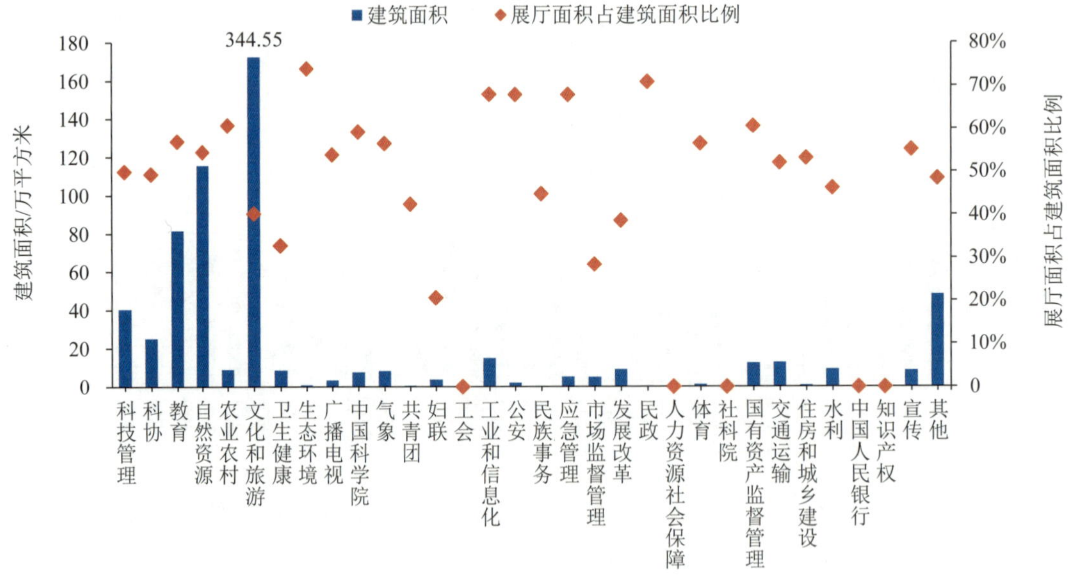

图 2-12　2023 年各部门科学技术类博物馆建筑面积及展厅面积占建筑面积比例

注：文化和旅游部门科学技术类博物馆建筑面积为图示高度数值的 2 倍。

2.3 青少年科技馆站

青少年科技馆站是指专门用于开展面向青少年科普宣传教育的活动场所。2023 年全国共有青少年科技馆站 519 个，比 2022 年减少 50 个（表 2-8）。2023 年青少年科技馆站建筑面积共计 175.29 万平方米，比 2022 年减少 2.96%，单馆平均建筑面积为 3377.38 平方米；展厅面积共计 50.90 万平方米，比 2022 年减少 5.13%，展厅面积占建筑面积比例为 29.04%；参观人数共计 883.22 万人次，比 2022 年增加 17.89%。

表 2-8 2021—2023 年青少年科技馆站相关数据的变化

指标	2021 年	2022 年	2023 年	2022—2023 年增长率
青少年科技馆站/个	576	569	519	-9.63%
建筑面积/万平方米	178.82	180.48	175.29	-2.96%
展厅面积/万平方米	56.40	53.52	50.90	-5.13%
参观人数/万人次	818.84	725.25	883.22	17.89%

从青少年科技馆站的地区分布来看，东部地区拥有数量最多（190 个），占全国总数的 36.61%；西部和中部地区分别有 186 个和 143 个，分别占全国总数的 35.84%和 27.55%。

从青少年科技馆站的级别分布来看，大部分青少年科技馆站都隶属于县级单位，共计 351 个，占全国总数的 67.63%，比 2022 年下降 1.79 个百分点；其次是地市级青少年科技馆站，共计 133 个，占全国总数的 25.63%。

2023 年青少年科技馆站共有科普专职人员 7867 人，比 2022 年减少 16.44%，单馆平均 15.16 人，比 2022 年减少 8.39%。其中，专职科普创作（研发）人员 1055 人，专职科普讲解（辅导）人员 1548 人；共有科普兼职人员 3.44 万人，比 2022 年减少 34.49%，单馆平均 66.33 人，比 2022 年减少 28.18%。

2023 年青少年科技馆站共筹集科普经费 5.04 亿元，单馆平均筹集科普经费 97.20 万元。经费筹集中，政府拨款 4.20 亿元、自筹资金 8300.94 万元、捐赠 166.06 万元。除捐赠外，其他两类经费均比 2022 年有所增加，自筹资金增加比例最多，超过 27%。青少年科技馆站的科普场馆基建支出 4932.77 万元，科普展品、设施支出 2973.08 万元，均比 2022 年有所减少。

2023 年青少年科技馆站举办线下科普（技）讲座 1.51 万次、共有 226.22 万人次参加，举办线上科普（技）讲座 985 次、共有 7285.51 万人次参加；举办线下科普（技）展览 2375 次，共有 182.79 万人次参观，举办线上科普（技）展览 75 次，共有 1.73 亿人次参观；举办线下科普（技）竞赛 1495 次，共有 150.82 万人次参加，举办线上科普（技）竞赛 145 次，共有 107.55 万人次参加。科普（技）讲座和科普（技）竞赛的线下举办次数和参加人次均比 2022 年有所增加，线下举办次数分别增加 23.08%和 10.50%，线下参加人次分别增加 13.48%和 33.53%；科普（技）展览举办次数有所减少，但参加人次大幅增加，主要是北京科学中心开设“三生”展厅、“脑与认知”展区展项、首都青少年科幻嘉年华等线上展览活动，超过 1.7 亿人次参加。

2023 年全国各省平均拥有 16.74 个青少年科技馆站，14 个省的青少年科技馆站数量超过各省平均水平。青少年科技馆站数量超过 20 个的省有四川（37 个）、浙江（33 个）、安徽（31 个）、广东（31 个）、江苏（27 个）、山西（26 个）、上海（25 个）、重庆（25 个）、湖北（24 个）和陕西（24 个）（图 2-13）。江苏、湖北、广东、重庆、北京和四川 6 个省的青少年科技馆站建筑面积均超过 10 万平方米。

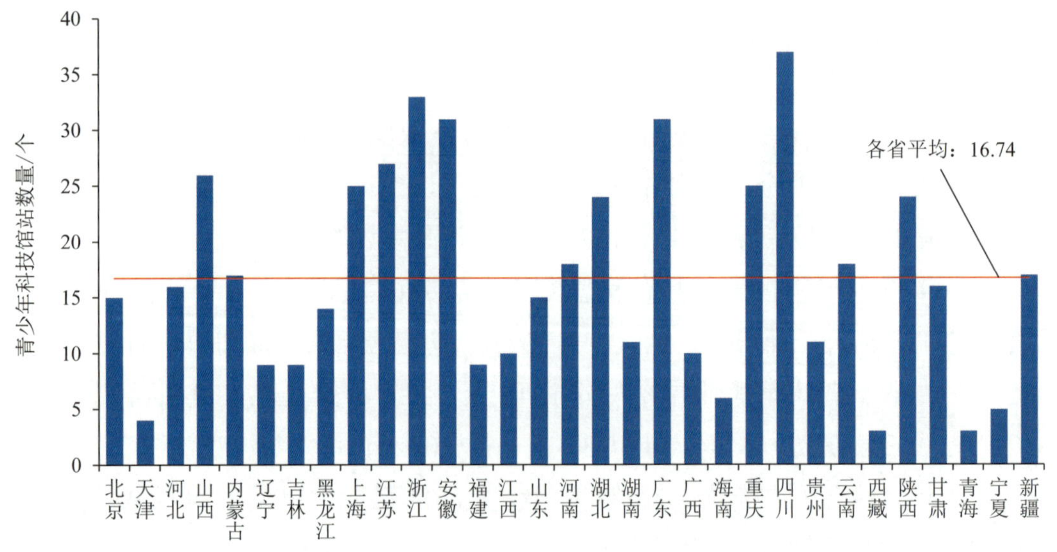

图 2-13　2023 年各省青少年科技馆站数量

2023 年各部门中教育部门的青少年科技馆站数量最多，有 290 个，占全国青少年科技馆站总数的 55.88%（图 2-14）；其次是科协组织，有 93 个，占全国青少年科技馆站总数的 17.92%；其他数量较多的部门有共青团组织（46 个）和科技管理部门（37 个）。应急管理部门的青少年科技馆站数量增加最多，比 2022

年增加3个。教育部门和科协组织的青少年科技馆站建筑面积之和与参观人数之和分别占全国总数的61.87%和64.02%。

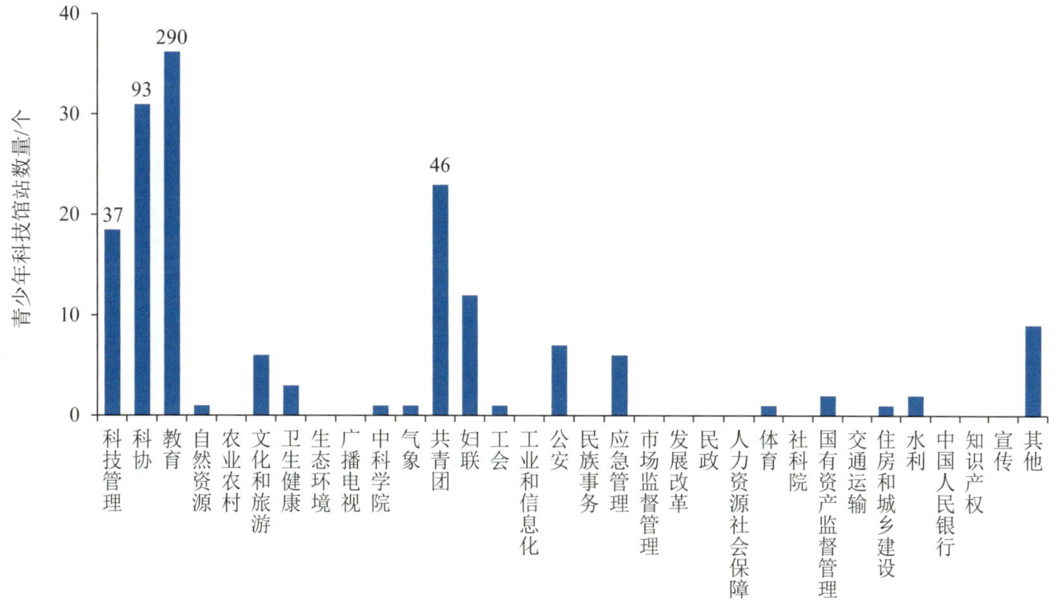

图 2-14 2023 年各部门青少年科技馆站数量

注：教育部门青少年科技馆站数量为图示高度数值的8倍，科协组织青少年科技馆站数量为图示高度数值的3倍，科技管理部门和共青团组织青少年科技馆站数量为图示高度数值的2倍。

2.4 公共场所科普宣传设施

公共场所科普宣传设施包括城市社区科普（技）活动场所、农村科普（技）活动场所、科普宣传专栏和流动科普宣传设施4类。与2022年相比，2023年除科普宣传专用车数量小幅增加外，城市社区科普（技）活动场所、农村科普（技）活动场所、科普宣传专栏和流动科技馆站建设数量均略有下降。

2.4.1 城市社区科普（技）活动场所

城市社区科普（技）活动场所是指在城市社区建立的，用于社区开展科普（技）活动的场所，包括活动站、活动室、服务中心、体验中心等。2023年城市社区科普（技）活动场所共有4.80万个，比2022年减少1.51%。东部地区的城市社区科普（技）活动场所数量比2022年增加2.25%；中部和西部地区的城市社区科普（技）活动场所数量分别比2022年减少7.50%和1.17%（表2-9）。

表 2-9　2021—2023 年东部、中部和西部地区城市社区科普（技）活动场所数量

地区	城市社区科普（技）活动场所/个			2022—2023 年增长率
	2021 年	2022 年	2023 年	
东部	21850	21655	22143	2.25%
中部	13557	14324	13250	-7.50%
西部	12384	12765	12616	-1.17%
全国	47791	48744	48009	-1.51%

2023 年中央部门级、省级、地市级和县级单位建设的城市社区科普（技）活动场所数量相差较大，大部分集中在县级和地市级。其中县级单位建设的活动场所数量共计 3.39 万个，比 2022 年小幅减少，占全国城市社区科普（技）活动场所总数的 70.62%；地市级共计 1.26 万个，比 2022 年减少 598 个，占比为 26.32%（图 2-15）。

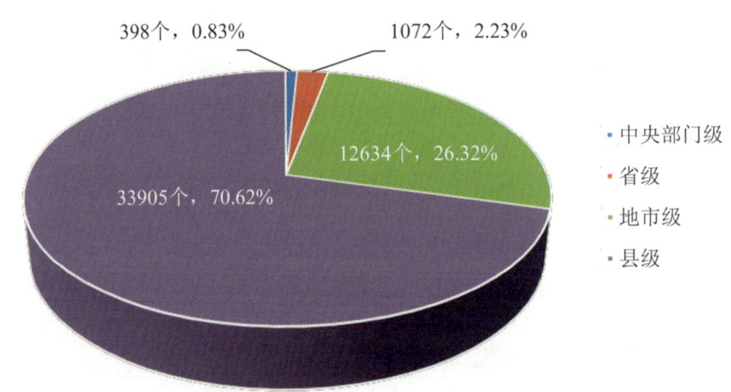

图 2-15　2023 年各级别城市社区科普（技）活动场所数量及占比

2023 年江苏、浙江和湖北的城市社区科普（技）活动场所数量在全国位居前列，均在 3000 个以上（图 2-16）。北京的城市社区科普（技）活动场所数量增加最多，比 2022 年增加 493 个；安徽、四川和甘肃的城市社区科普（技）活动场所数量增加也较多，均超过 250 个；河南和湖南的城市社区科普（技）活动场所数量减少较多，分别减少了 546 个和 335 个。

2023 年科协组织的城市社区科普（技）活动场所数量位居全国第一，共计约 2.05 万个（图 2-17）。卫生健康部门和科技管理部门建设的城市社区科普（技）活动场所数量也较多，分别有 7319 个和 6095 个。社科院部门建设的城市社区科普（技）活动场所数量增加比例最大，比 2022 年增加 1 倍。

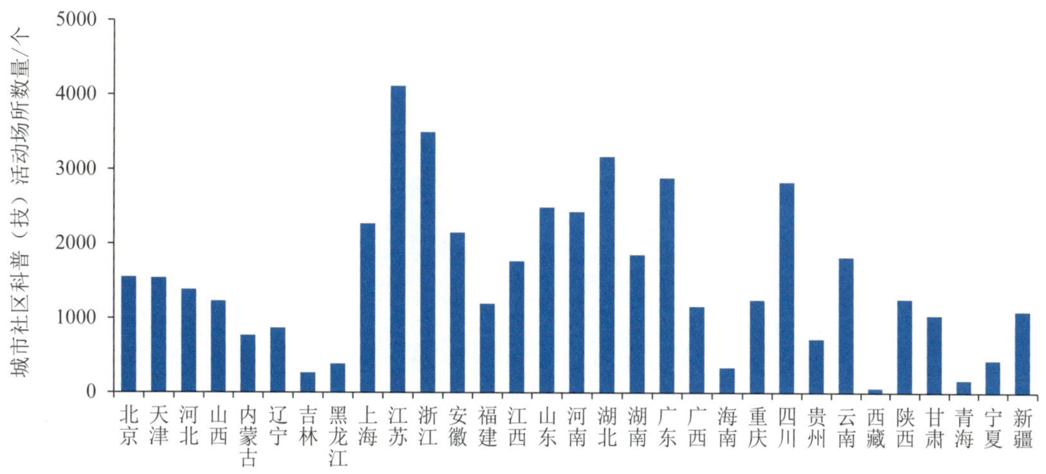

图 2-16 2023 年各省城市社区科普（技）活动场所数量

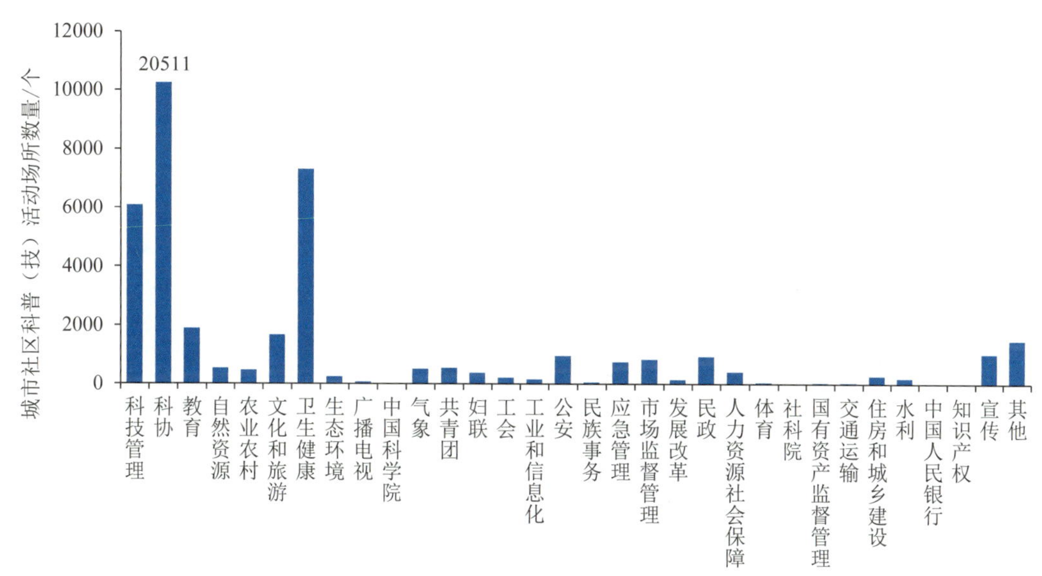

图 2-17 2023 年各部门城市社区科普（技）活动场所数量

注：科协组织城市社区科普（技）活动场所数量为图示高度数值的 2 倍。

2.4.2 农村科普（技）活动场所

农村科普（技）活动场所是面向农村地区开展科普活动的重要阵地，包括各类开展科普（技）活动的农村科普（技）大院、农村科普（技）活动中心（站）和农村科普（技）活动室等。2023 年全国共有农村科普（技）活动场所共 16.19 万个，比 2022 年减少 2.98%。东部地区的农村科普（技）活动场所数量最多，但比 2022 年小幅减少，减少 0.86%；西部地区的农村科普（技）活动场所数量比

2022 年减少 4.15%；中部地区的农村科普（技）活动场所数量比 2022 年减少 4.46%，是 3 个区域中减少比例最大的（表 2-10）。

表 2-10　2021—2023 年东部、中部和西部地区农村科普（技）活动场所数量

地区	农村科普（技）活动场所/个			2022—2023 年增长率
	2021 年	2022 年	2023 年	
东部	83244	64723	64167	-0.86%
中部	53765	55936	53441	-4.46%
西部	57446	46198	44281	-4.15%
全国	194455	166857	161889	-2.98%

2023 年农村科普（技）活动场所主要由县级单位建设，共计 13.23 万个，比 2022 年小幅减少，减少 0.95%，占全国总数的 81.70%（图 2-18），占比比 2022 年上升 1.67 个百分点；其次是地市级单位，农村科普（技）活动场所建设数量为 2.79 万个，比 2022 年减少 11.69%，占全国总数的 17.25%；省级单位农村科普（技）活动场所建设数量为 1574 个，比 2022 年增加 1.16%；中央部门级单位农村科普（技）活动场所建设数量为 135 个，比 2022 年减少 12.90%。

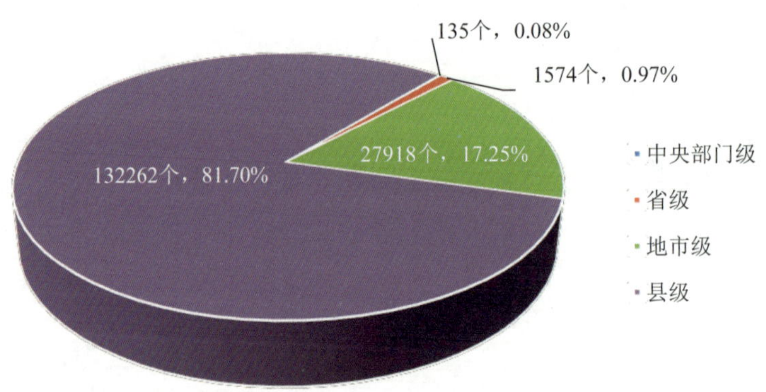

图 2-18　2023 年各级别农村科普（技）活动场所数量及占比

2023 年山东建设的农村科普（技）活动场所数量为 1.63 万个，占全国总数的 10.06%，位居全国第一，但建设数量比 2022 年减少 3.64%；其他建设数量较多的省还有浙江、河南和湖北，均超过 1 万个（图 2-19）。广东、贵州和甘肃的建设数量增加较多，比 2022 年增加均超过 1000 个。

2023 年科协组织建设的农村科普（技）活动场所数量共计 6.53 万个，占全国总数的 40.31%，位居全国第一（图 2-20），但比 2022 年减少 1.14 万个；卫生健康部门和农业农村部门的农村科普（技）活动场所数量也较多，超过 2 万个，

分别比 2022 年增加 2517 个和 5450 个，增加数量分别位居全国第二和第一；科技管理部门的农村科普（技）活动场所数量超过 1 万个。

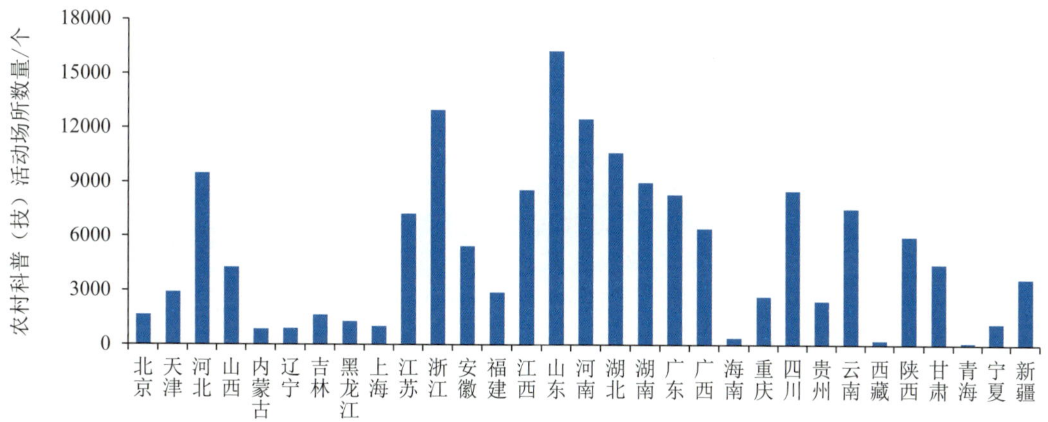

图 2-19　2023 年各省农村科普（技）活动场所数量

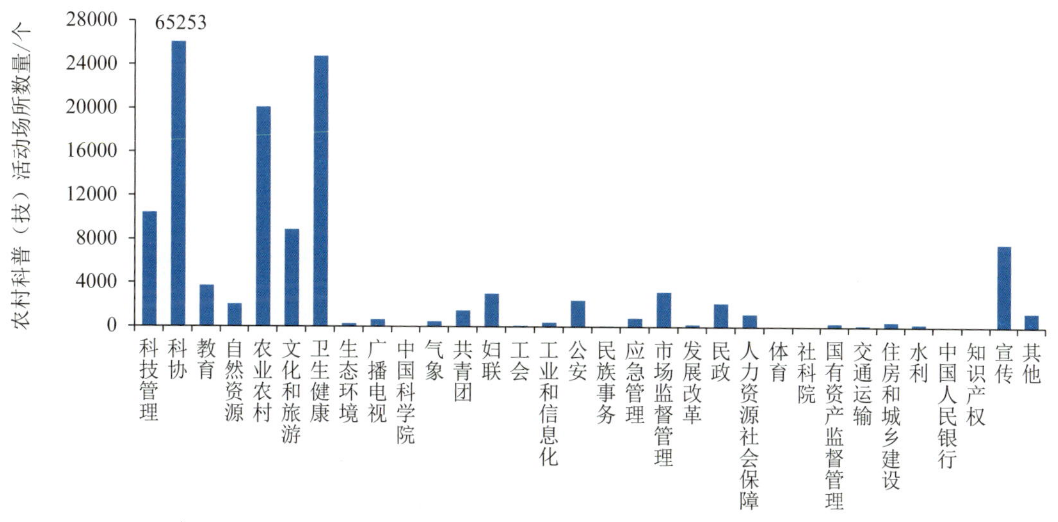

图 2-20　2023 年各部门农村科普（技）活动场所数量

注：科协组织农村科普（技）活动场所数量为图示高度数值的 2.5 倍。

2.4.3　科普宣传专栏

科普宣传专栏主要是指在公共场所建设的，用于向社会公众宣传科普知识的橱窗、画廊和展板、电子显示屏等。2023 年全国建设科普宣传专栏数量共 25.94 万个，比 2022 年小幅减少，减少 0.09%，平均每万人口拥有 1.84 个科普宣传专栏，与 2022 年基本持平。

从区域分布来看，相比于2022年，2023年仅中部地区的科普宣传专栏数量有所增加，增加11.43%，占全国总数的比例也增加近3个百分点，增至28.21%；东部和西部地区的科普宣传专栏数量占全国总数的比例分别为40.90%和30.89%，数量和占比均比2022年有所减少（表2-11）。

表2-11　2021—2023年东部、中部和西部地区科普宣传专栏数量

地区	科普宣传专栏/个			2022—2023年增长率
	2021年	2022年	2023年	
东部	101011	113432	106082	-6.48%
中部	59637	65663	73169	11.43%
西部	59860	80497	80104	-0.49%
全国	220508	259592	259355	-0.09%

从隶属单位的级别分布来看，2023年大部分科普宣传专栏隶属于县级单位，共计18.88万个，比2022年增加3.62%，占全国总数的72.80%，占比增加2.61个百分点（图2-21）；地市级单位科普宣传专栏数量为5.51万个，比2022年减少16.22%，占全国总数的21.25%，占比下降超过4个百分点；省级和中央部门级单位建设数量分别为1.36万个和1851个，比2022年分别增加34.58%和23.32%，占全国总数的比例也均有所增加。

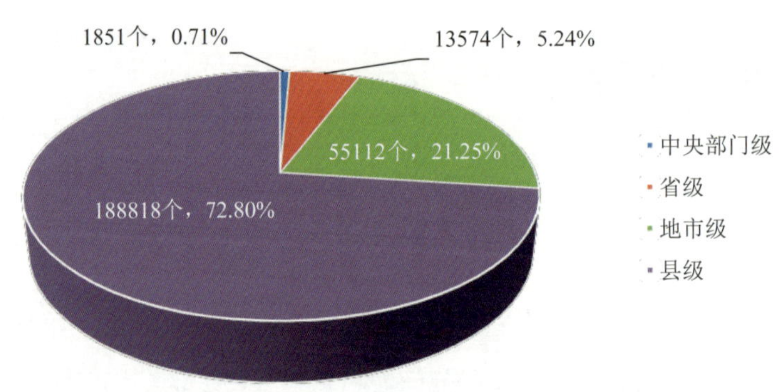

图2-21　2023年各级别科普宣传专栏数量及占比

2023年广东的科普宣传专栏数量最多，共计2.21万个，占全国总数的8.52%；其次是云南，共计2.01万个，占全国总数的7.75%。科普宣传专栏数量超过1万个的省还有河南（1.97万个）、浙江（1.91万个）、山东（1.66万个）、江苏（1.46万个）、湖北（1.39万个）、湖南（1.16万个）和四川（1.05万个），比2022年减少1个。广东科普宣传专栏增量最多，比2022年增加8000余个；其后是湖南

和湖北，比 2022 年增加数量均超过 2500 个（图 2-22）。

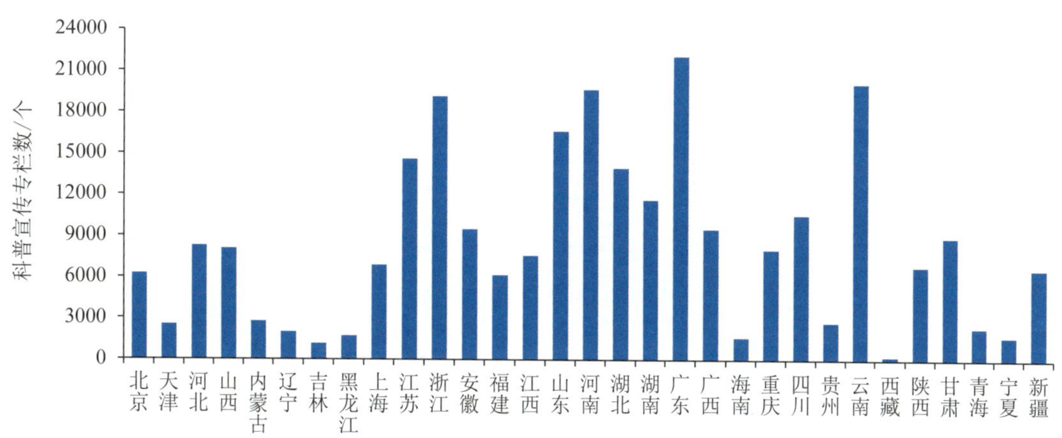

图 2-22　2023 年各省科普宣传专栏数量

从隶属单位的部门分布来看，2023 年卫生健康部门的科普宣传专栏数量最多，共有 10.26 万个，比 2022 年增加 1.18 万个，增加比例为 12.96%；其次是科协组织，共有 6.37 万个，比 2022 年减少 19.91%；教育部门和科技管理部门的科普宣传专栏数量也相对较多，分别有 2.93 万个和 1.62 万个，比 2022 年分别增加 7.25% 和减少 21.87%（图 2-23）。

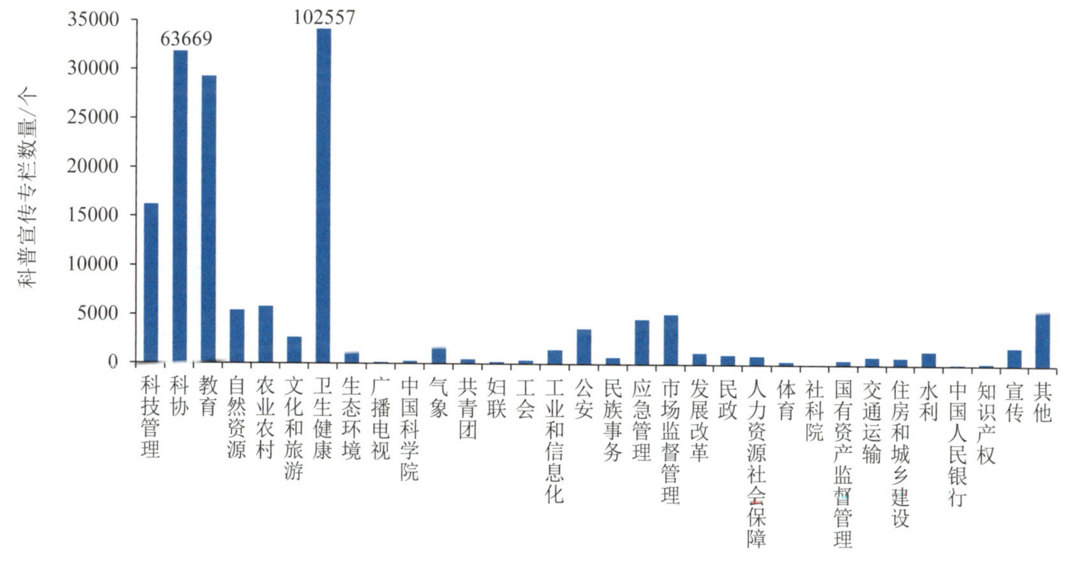

图 2-23　2023 年各部门科普宣传专栏数量

注：卫生健康部门科普宣传专栏数量为图示高度数值的 3 倍，科协组织科普宣传专栏数量为图示高度数值的 2 倍。

2.4.4 流动科普宣传设施

（1）科普宣传专用车

科普宣传专用车是指科普大篷车及其他专门用于科普活动的车辆，其机动灵活的特点，非常适合在偏远地区开展科普工作。2023 年全国市级及以上单位拥有科普宣传专用车 1203 辆，比 2022 年增加 85 辆。广东科普宣传专用车数量最多，超过 100 辆；其后是河南、湖北、北京和重庆，科普宣传专用车数量均超过 80 辆（图 2-24）。

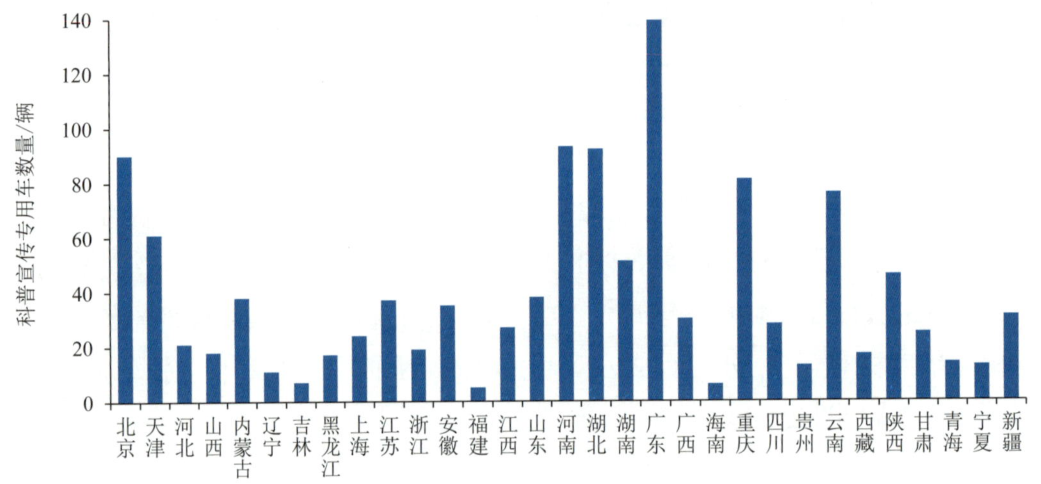

图 2-24 2023 年各省科普宣传专用车数量

（2）流动科技馆站

流动科技馆站是指在没有固定实体科技馆覆盖的地区建设的、开展科普巡展的移动式科普服务场所，其具有小型化、模块化和可移动的特点，是推动偏远地区科普工作及促进科普资源流动的重要公共科普服务设施。2023 年全国市级及以上单位建设流动科技馆站 856 个。从区域分布来看，东部、中部、西部地区建设数量占比分别为 31.19%、37.38%和 31.43%。从部门分布来看，科协组织在流动科技馆站建设上贡献最大，其建设的流动科技馆站占全国市级及以上单位建设总数的 82.94%；其次是教育部门，其建设的流动科技馆站占全国市级及以上单位建设总数的 5.14%。

3 科普经费

科普经费是科普设施建设、科普活动开展的有力支撑和重要保障。我国科普经费主要来源于以下几个方面：各级人民政府的财政支持、国家有关部门和社会团体的资助、国内企事业单位的资助、境内外社会组织和个人的捐赠等。科普经费支出主要用于科普活动的支出、科普场馆的基建支出、科普展品和设施的支出、行政性的日常支出及其他相关支出。

2023 年，各地发布的科普相关法律法规均对科普经费提出了明确要求。5 月，浙江省发布《浙江省科学技术普及条例》，强调要逐步加大科普经费投入力度，通过购买服务、项目补贴、以奖代补等方式支持科普事业发展。鼓励和支持社会力量通过建设科普设施、设立科普基金、捐赠等多种形式投入科普事业，推动建立科普多元化投入机制。2023 年 2—10 月，甘肃省、湖北省、天津市、吉林省、江苏省、重庆市、山东省、海南省、北京市、江西省等省先后发布针对新时代进一步加强科学技术普及工作的实施意见或实施方案，强调要加强经费投入，保障对科普工作的投入，将科普经费列入同级财政预算，同时要建立、优化多元投入机制。11 月，广西壮族自治区科普工作联席会议办公室发布《广西壮族自治区科学技术普及三年行动方案（2024—2026 年）》，明确指出，在建立多元化投入机制的基础上，全区高校、科研机构要安排一定的经费用于科普工作，同等条件下，优先支持设有科普任务目标并在项目经费预算中列有科普活动支出的申报项目。

2023 年全国科普经费筹集额为 215.06 亿元，比 2022 年增长 12.60%。其中，各级政府财政拨款 167.11 亿元，比 2022 年增长 8.30%，各级政府财政拨款占总筹集额的 77.70%。政府拨款的科普经费中，科普专项经费 81.18 亿元，比 2022

年增长 8.52%。全国人均科普专项经费 5.76 元，比 2022 年增加 0.46 元。捐赠共计 1.29 亿元，比 2022 年增长 49.96%；自筹资金共计 46.66 亿元，比 2022 年增长 30.19%。

2023 年全国科普经费使用额为 207.70 亿元，比 2022 年增长 9.29%。其中，科普活动支出 81.87 亿元，科普场馆基建支出 31.37 亿元，科普展品、设施支出 22.72 亿元，行政支出 44.68 亿元，其他支出 27.06 亿元。

3.1 科普经费概况

3.1.1 科普经费筹集

（1）年度科普经费筹集额的构成

2023 年我国科普经费筹集额中，公共财政依然是科普经费投入的主要来源。2023 年政府拨款 167.11 亿元，占总筹集额的 77.70%，相比 2022 年减少 3.09 个百分点。其次为自筹资金，达 46.66 亿元，占总筹集额的 21.70%，相比 2022 年增加 2.94 个百分点。捐赠经费为 1.29 亿元，占总筹集额的比例最小（图 3-1）。

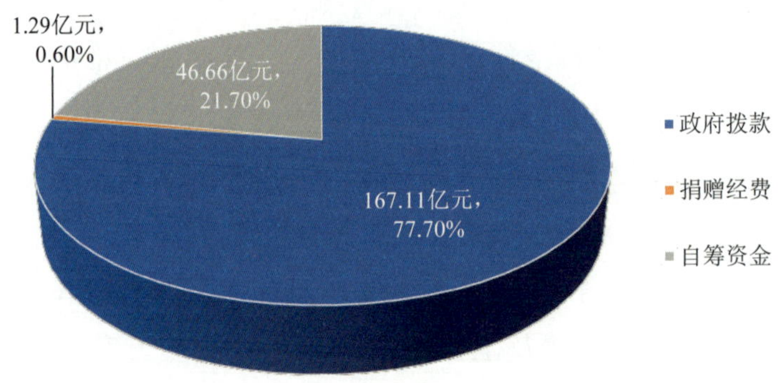

图 3-1　2023 年科普经费筹集额的构成

从科普经费筹集额构成的变化情况来看，2023 年各类科普经费筹集额均呈上升趋势（表 3-1）。与 2022 年相比，经费来源中捐赠经费的增长幅度明显高于自筹资金和政府拨款，达到 49.96%。其次为自筹资金，相较于 2022 年增长 30.19%。政府拨款的增长幅度最小，为 8.30%。

表 3-1 2021—2023 年科普经费筹集额构成的变化情况

经费筹集构成	科普经费筹集额/亿元			2022—2023 年筹集额变化情况
	2021 年	2022 年	2023 年	
政府拨款	150.29	154.30	167.11	8.30%
捐赠经费	1.62	0.86	1.29	49.96%
自筹资金	37.17	35.84	46.66	30.19%

（2）年度科普经费筹集额的地区分布

从东部、中部和西部地区的科普经费筹集情况来看，2023 年我国科普经费投入的区域不平衡性明显（图 3-2）。东部地区的科普经费筹集额占全国筹集总额的 56.29%，远高于中部和西部地区。将科普经费筹集额平均到各地区的每个省，东部地区各省的平均科普经费筹集额为 11.00 亿元，中部地区各省为 5.41 亿元，西部地区各省为 4.23 亿元。与 2022 年相比，东部、中部和西部地区的各省平均科普经费筹集额分别增长了 15.47%、20.22% 和 1.12%。

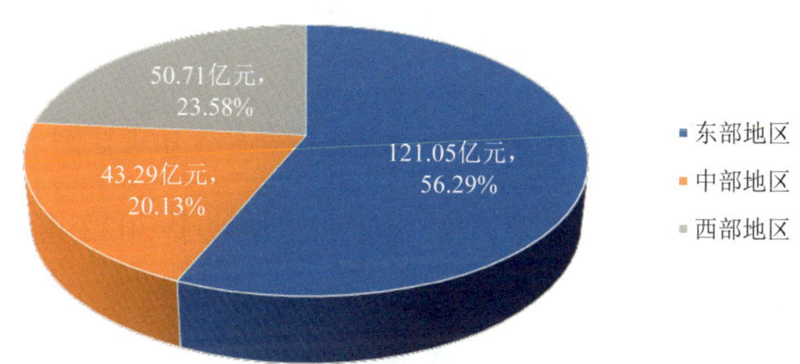

图 3-2 2023 年东部、中部和西部地区的科普经费筹集额及所占比例

从各地区科普经费筹集额的变化情况来看，2023 年东部、中部和西部地区的科普经费筹集额均有所增长，且增长幅度与各省平均科普经费筹集额的增幅具有一致性（表 3-2）。与 2022 年相比，东部和中部地区的科普经费筹集额增长均超 15%，分别达到 15.47%和 20.22%；西部地区科普经费筹集额的增长幅度相对较小，为 1.12%。

表 3-2 2021—2023 年东部、中部和西部科普经费筹集额变化情况

地区	科普经费筹集额/亿元			2022—2023 年筹集额变化情况
	2021 年	2022 年	2023 年	
东部	101.08	104.83	121.05	15.47%
中部	39.94	36.01	43.29	20.22%
西部	48.05	50.15	50.71	1.12%

（3）年度科普经费筹集额的级别分布

2023 年各级别年度科普经费筹集额所占比例相比 2022 年变化不大，差异均在 4 个百分点之内。其中，省级和地市级的科普经费筹集额均占全国科普经费筹集额总量的三成左右，相比 2022 年分别增加 1.39 个百分点和 3.12 个百分点。县级科普经费筹集额占全国科普经费筹集额的比例为 24.33%，相比 2022 年降低 3.77 个百分点。中央部门级科普经费筹集额占比最小，为 7.44%，相比 2022 年小幅降低，降低了 0.74 个百分点（图 3-3）。

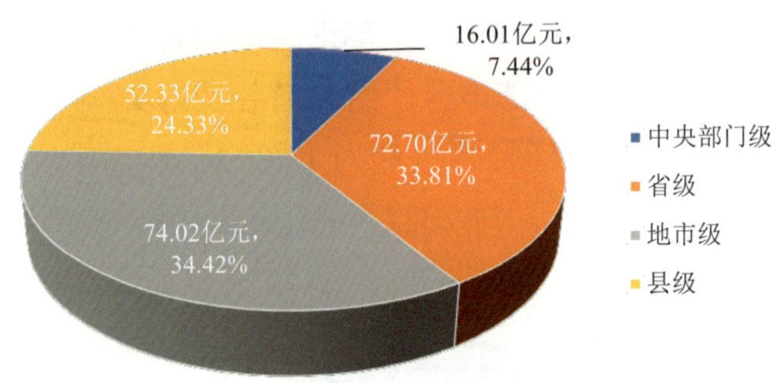

图 3-3 2023 年各级别科普经费筹集额及所占比例

从各级别科普经费筹集额的变化情况来看，相比于 2022 年，2023 年中央部门级、省级和地市级科普经费筹集额均呈正增长（表 3-3）。其中，地市级增长幅度最大，达到 23.83%。县级科普经费筹集额相比 2022 年略有降低，降幅为 2.49%。

表 3-3 2021—2023 年各级别科普经费筹集额的变化情况

级别	科普经费筹集额 / 亿元			2022—2023 年筹集额变化情况
	2021 年	2022 年	2023 年	
中央部门级	13.00	15.63	16.01	2.40%
省级	64.50	61.92	72.70	17.40%
地市级	59.82	59.77	74.02	23.83%
县级	51.75	53.67	52.33	-2.49%

3.1.2 科普经费使用

（1）年度科普经费使用额的构成

2023 年，全国科普经费使用额的构成与 2022 年大致相似，较大比重的支出用于举办各种科普活动，达 39.42%，21.51%用于行政支出，15.10%用于科普场馆基建支出，10.94%用于科普展品、设施支出，13.03%用于其他支出（图 3-4）。与 2022 年相比，科普活动支出占比小幅下降，减少 2.59 个百分点；行政支出，科普场馆基建支出，科普展品、设施支出及其他支出的占比均有所提高，且增幅均在 2 个百分点以内。

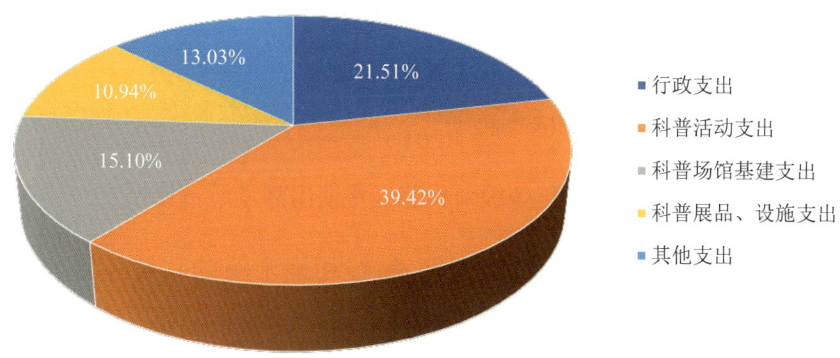

图 3-4　2023 年科普经费使用额的构成

从科普经费各项支出的变化情况来看，2023 年各项支出较 2022 年均有所增长（表 3-4）。其中，其他支出增长幅度最大，为 19.16%。科普展品、设施支出次之，增幅达到 15.63%。科普活动支出增长幅度最小，为 2.56%。

表 3-4　2021—2023 年科普经费使用额构成的变化情况

支出类别	科普经费使用额/亿元			2022—2023 年使用额变化情况
	2021 年	2022 年	2023 年	
行政支出	34.41	40.19	44.68	11.18%
科普活动支出	83.85	79.83	81.87	2.56%
科普场馆基建支出	33.36	27.67	31.37	13.37%
科普展品、设施支出	19.34	19.65	22.72	15.63%
其他支出	18.58	22.71	27.06	19.16%

（2）科普经费使用额的级别分布

2023 年中央部门级、省级、地市级、县级科普经费使用额占比与 2022 年并未表现出较大的差异，占比差额均在 4 个百分点以内。地市级科普经费使用额占比最高，为 34.86%。其次是省级，为 33.19%。再次是县级，为 24.46%。中央部门级科普经费使用额占比最小，为 7.49%（图 3-5）。

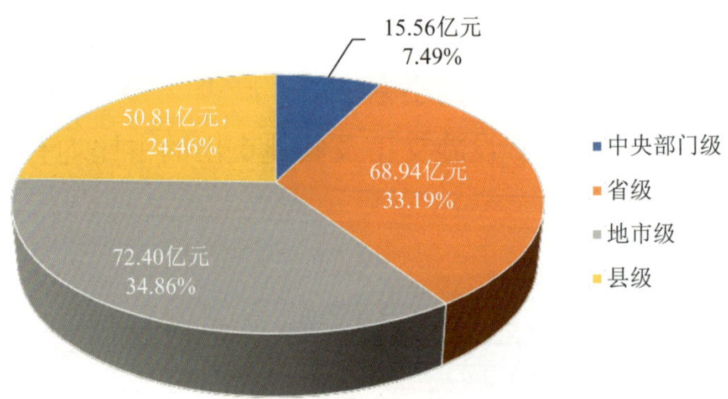

图 3-5 2023 年各级别科普经费使用额及所占比例

相比于 2022 年，2023 年中央部门级、省级和地市级的科普经费使用额均呈增长态势（表 3-5）。其中，地市级增长幅度最大，达到 19.96%。其次为省级，相较于 2022 年增长 12.23%。中央部门级增长幅度为 1.96%。县级科普经费使用额相比 2022 年略有降低，降幅为 4.15%。

表 3-5 2021—2023 年各级别科普经费使用额的变化情况

级别	科普经费使用额 / 亿元			2022—2023 年使用额变化情况
	2021 年	2022 年	2023 年	
中央部门级	13.00	15.26	15.56	1.96%
省级	64.50	61.43	68.94	12.23%
地市级	59.82	60.35	72.40	19.96%
县级	51.75	53.00	50.81	-4.15%

3.2 各省科普经费筹集及使用

各省科普经费筹集主要由政府主导、社会积极参与。从全国范围来看，2023 年绝大多数省科普经费使用的最主要流向是科普活动支出。科普经费在地区间存在明显的不平衡性。大多数省的三级（省级、地市级和县级）人均科普专项经费投入水平有所提高。

3.2.1 科普经费筹集

（1）年度科普经费筹集额

从年度科普经费筹集额来看（图3-6），2023年地方科普经费投入中，广东、北京、上海、浙江和四川 5 个省的规模较大，均超过10亿元，科普经费筹集额之和达92.35亿元，占全国科普经费筹集额的42.94%，所占比例较2022年略有升高。广东科普经费筹集额在全国范围内处于领先位置，达到27.48亿元。北京次之，为27.36亿元。科普经费筹集额较少的5个省为西藏、宁夏、青海、黑龙江和吉林，合计 7.51亿元，仅占全国科普经费筹集总额的3.49%，占比略低于2022年。

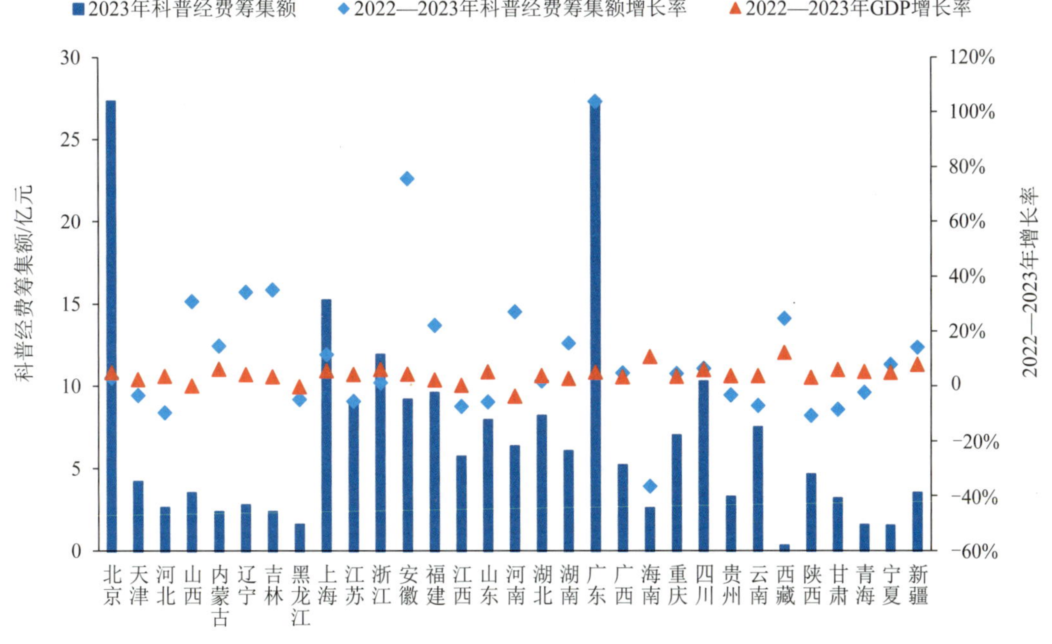

图 3-6 2023 年各省科普经费筹集额及增长率

从科普经费筹集额的变化来看，各省在 2022—2023 年的波动幅度较大。广东、安徽、吉林、辽宁、山西等 19 个省的科普经费筹集额表现为正增长。其中，广东的增幅最大，达到 103.85%；安徽的增幅超过 50%，为 75.87%。2023 年广东投入大量经费开展科普场馆建设工作，如深圳科技馆（新馆）、广州科学馆等。安徽在安徽省科技馆新馆的陈列布展上投入大量经费。与 GDP 增长率相比，广东、安徽、吉林、山西、河南等 16 个省的科普经费筹集额增长率高于 GDP 增长率，且这些省的科普经费筹集额均表现为正增长。

（2）年度科普经费筹集额构成

各地区科普经费主要依靠财政拨款，以科普专项经费的形式下拨，以保证本地区最重要科普活动的举办。2023 年各省的政府拨款是科普经费筹集额的主要来源，政府拨款占比超过 90%的省包括宁夏、西藏、内蒙古、安徽、甘肃和贵州。其中，宁夏的政府拨款占比最高，为 97.15%。自筹资金是科普经费筹集额的另一个重要来源。自筹资金占比排在前 3 位的省为天津、重庆和福建，占比分别为 63.16%、33.22%和 30.12%（图 3-7）。

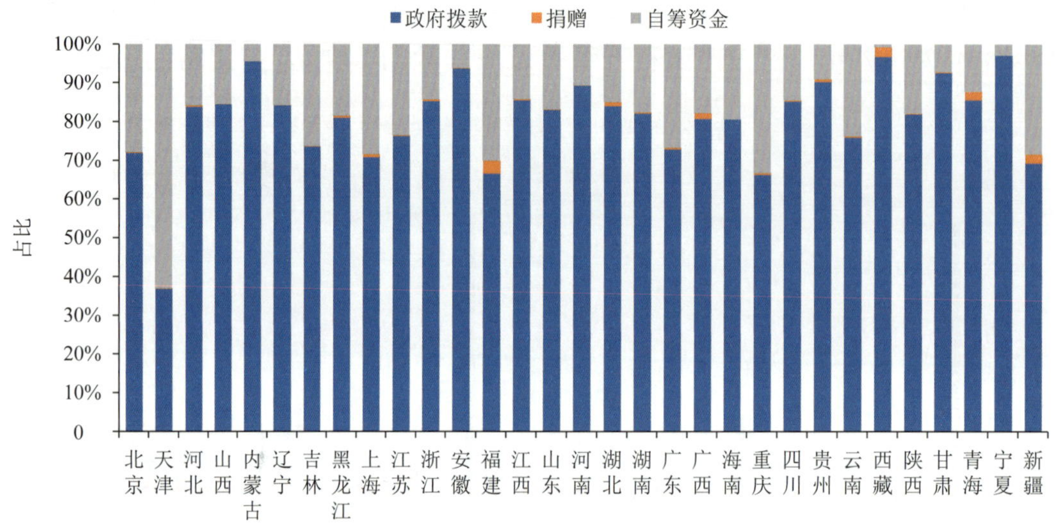

图 3-7　2023 年各省科普经费筹集额构成

各省的科普捐赠经费在全国科普经费筹集额中所占的比例都相对较小，只有 6 个省的比例超过了 1%。其中，福建的捐赠比例居全国领先地位，达到 3.37%。西藏、新疆和青海的捐赠比例排在其后，分别是 2.55%、2.38% 和 2.22%，其他省的捐赠比例均在 2% 以下（图 3-8）。

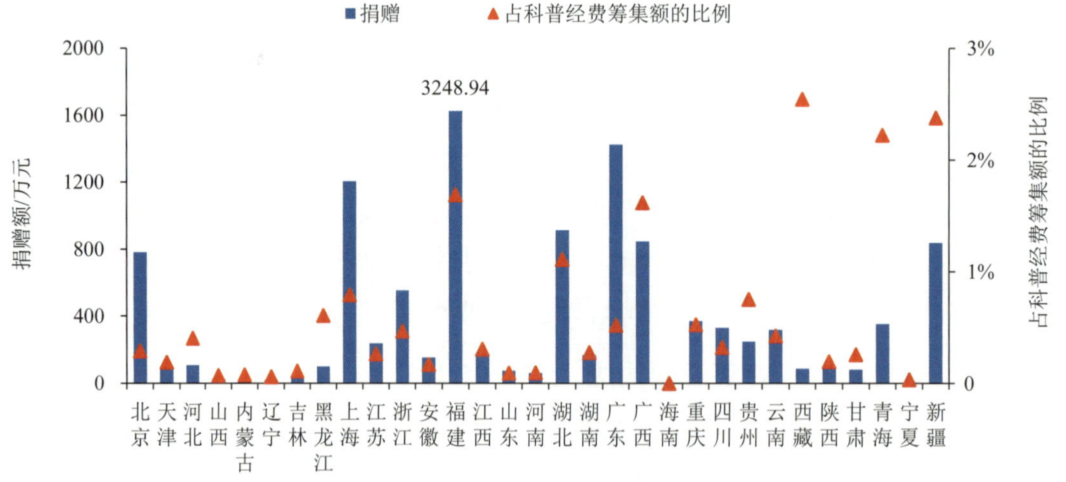

图 3-8　2023 年各省科普经费捐赠情况

注：福建的科普经费捐赠额为图示高度数值的 2 倍。

（3）三级人均科普专项经费

三级科普经费是指除中央部门级，涵盖省级、地市级和县级的科普经费，这一指标能更准确地反映地方科普经费的投入状况。2023 年，全国三级科普专项经费共计 81.18 亿元。各省的三级人均科普专项经费差异较大（图 3-9）。5 个省的三级人均科普专项经费超过 10 元，比 2022 年增加 1 个，北京的三级人均科普专项经费以 54.14 元位居全国领先地位，上海和宁夏分别以 17.24 元和 14.96 元居第 2 位和第 3 位；三级人均科普专项经费处于 5～10 元的省有 11 个，比 2022 年增加 2 个；3～5 元的省有 9 个，比 2022 年减少 1 个；6 个省处于 1～3 元；无三级人均科普专项经费不足 1 元的省。全国低于半数省（48.39%）的三级人均科普专项经费介于 1～5 元，这一比例低于 2022 年的表现。由此说明，2023 年我国大多数省的人均科普专项经费投入水平有所提高。

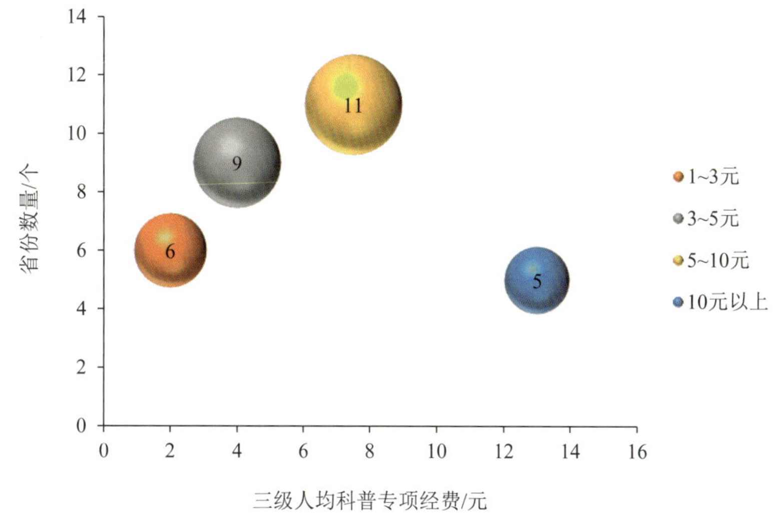

图 3-9　2023 年三级人均科普专项经费不同区间分布

从东部、中部和西部地区来看（表 3-6），东部地区有 3 个省的三级人均科普专项经费介于 1～3 元，中部和西部地区分别有 2 个省和 1 个省位于这一区间；东部地区有 2 个省位于 3～5 元，中部和西部地区分别有 4 个省和 3 个省在这一区间内；在 5～10 元区间的省共 11 个，其中东部地区有 3 个，中部地区有 2 个，西部地区有 6 个；东部地区有 3 个省进入 10 元及以上区间，分别是北京、上海和海南，西部地区的青海和宁夏也处于这一区间。尽管东部、中部、西部地区科普经费筹集总额有较大差异，但三者三级人均科普专项经费的分布较为接近，均密集分布在 3～10 元的区间内。这表明这一指标不仅与经济社会发展水平相关，而且与各地区的人口规模密切相关。

表 3-6 2023 年三级人均科普专项经费地区分布情况 单位：个

人均科普经费区间范围	1 元及以下	1～3 元	3～5 元	5～10 元	10 元以上
东部地区	0	3	2	3	3
中部地区	0	2	4	2	0
西部地区	0	1	3	6	2
全国	0	6	9	11	5

从三级人均科普专项经费的变动情况来看（表 3-7 和图 3-10），与 2022 年相比，北京、广东、宁夏、甘肃、新疆等 24 个省的人均科普专项经费投入水平有所增长。其中，北京和广东的增长率超过 100%，分别达到 155.62%和 101.15%。宁夏和甘肃的增长率超过 50%，分别为 69.46%和 57.97%。

表 3-7 2022—2023 年各省三级人均科普专项经费 单位：元

地区	2022 年	2023 年	地区	2022 年	2023 年
北京	21.18	54.14	湖北	6.46	6.09
天津	3.27	3.28	湖南	2.86	3.45
河北	1.66	1.51	广东	4.48	9.01
山西	3.00	3.69	广西	3.62	4.12
内蒙古	5.12	5.73	海南	28.91	12.33
辽宁	1.17	1.45	重庆	5.10	5.76
吉林	3.54	4.10	四川	4.71	5.13
黑龙江	1.69	1.92	贵州	2.45	2.54
上海	15.52	17.24	云南	7.13	5.42
江苏	4.57	4.52	西藏	5.37	7.67
浙江	5.76	6.16	陕西	3.95	4.33
安徽	3.42	4.34	甘肃	2.68	4.24
福建	6.66	6.44	青海	11.76	12.07
江西	5.81	6.97	宁夏	8.83	14.96
山东	3.67	2.89	新疆	4.07	5.82
河南	2.58	2.75			

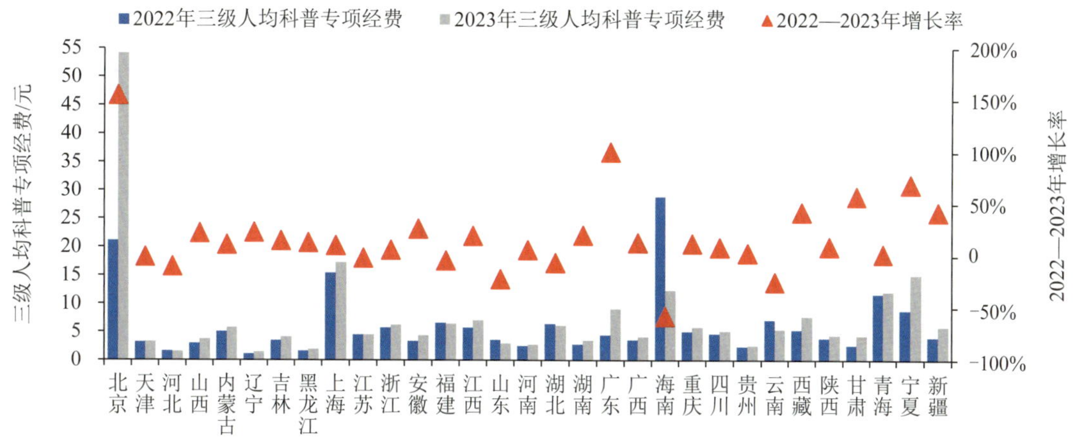

图 3-10　2022—2023 年各省三级人均科普专项经费分布及变化情况

（4）年度科普经费筹集额占 GDP 的比例

2023 年，全国科普经费筹集额为 215.06 亿元，占全国 GDP 的 1.71‱，比 2022 年提高 0.13 个万分点。就各省科普经费筹集额占该省 GDP 的比例来看，北京、青海、海南、上海、宁夏等 17 个省高于全国水平，高于全国水平的省与 2022 年相比增加 1 个。北京的科普经费筹集额占 GDP 比例达到 6.25‱，为全国最高。青海、宁夏、甘肃、云南等省虽然属于西部经济相对欠发达地区，但从科普经费筹集额占 GDP 的比例来看，却高于一些经济发达省（图 3-11）。

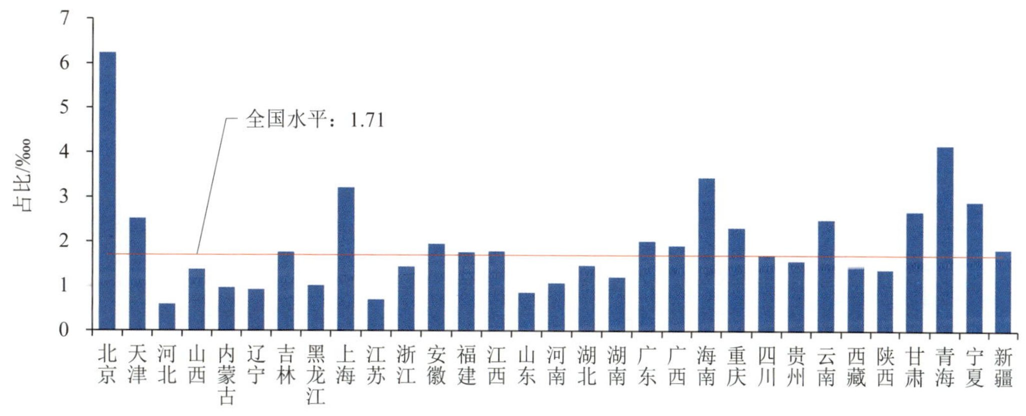

图 3-11　2023 年各省科普经费筹集额占 GDP 的比例

3.2.2　科普经费使用

（1）年度科普经费使用额

2023 年，不同省的年度科普经费使用额和年度科普经费筹集额之间差距较大，但各省的年度科普经费使用额和年度科普经费筹集额基本持平（图 3-12）。广东和北京的科普经费筹集额与科普经费使用额大幅超过其他省，筹集额与使用额均超过 25 亿元。

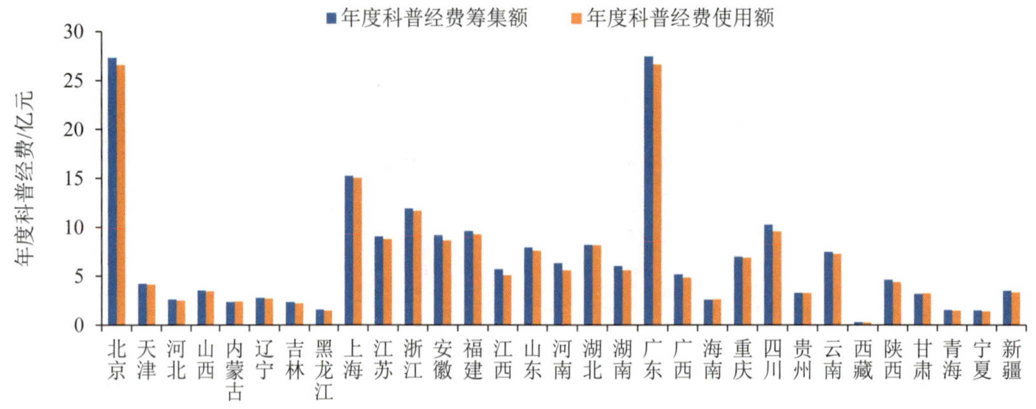

图 3-12　2023 年各省年度科普经费筹集额与使用额

（2）年度科普经费使用额构成

从科普经费使用额的具体构成来看（图 3-13），科普活动支出是各省科普经费最主要的使用方向。各省的经费具体使用情况存在较明显的差异。西藏、内蒙古、河北、贵州、江西的科普活动支出占比均超过 50%。海南和广东的科普场馆基建支出占比相对较大，均超过 30%。安徽和新疆的科普展品、设施支出占比均超过 20%。

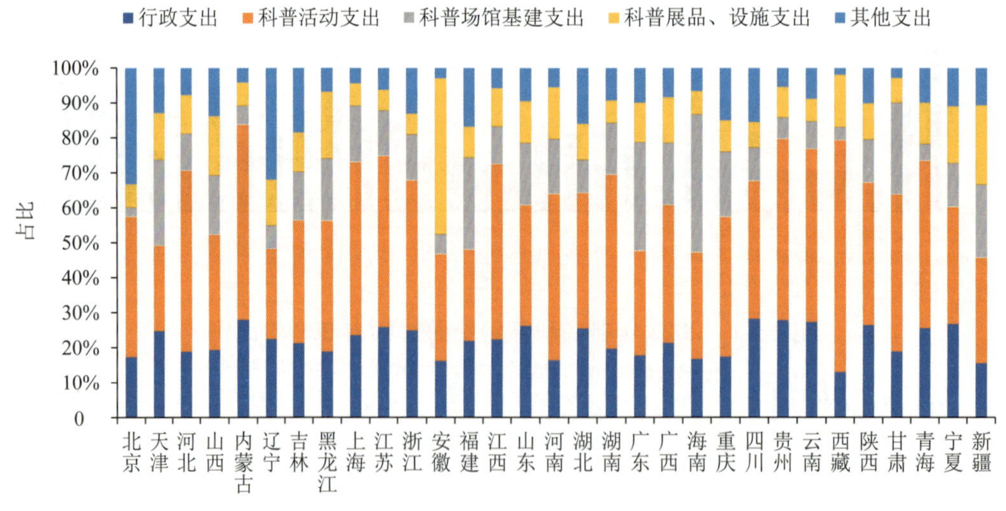

图 3-13　2023 年各省科普经费使用额构成

1）科普活动支出

2023 年，全国科普活动支出 81.87 亿元，占科普经费使用额的 39.42%。全国科普活动支出高于 2022 年，占科普经费使用额的比例略低于 2022 年。从各省科普活动支出情况来看，北京、广东、上海和浙江是科普活动经费使用额居前 4 位的省，科普活动支出均超 5 亿元。全国各省科普活动支出占该省科普经费使用额比例普遍较高，比例最高的是西藏（66.26%），另外，内蒙古、河北、贵州和江西的比例均超过 50%（图 3-14）。

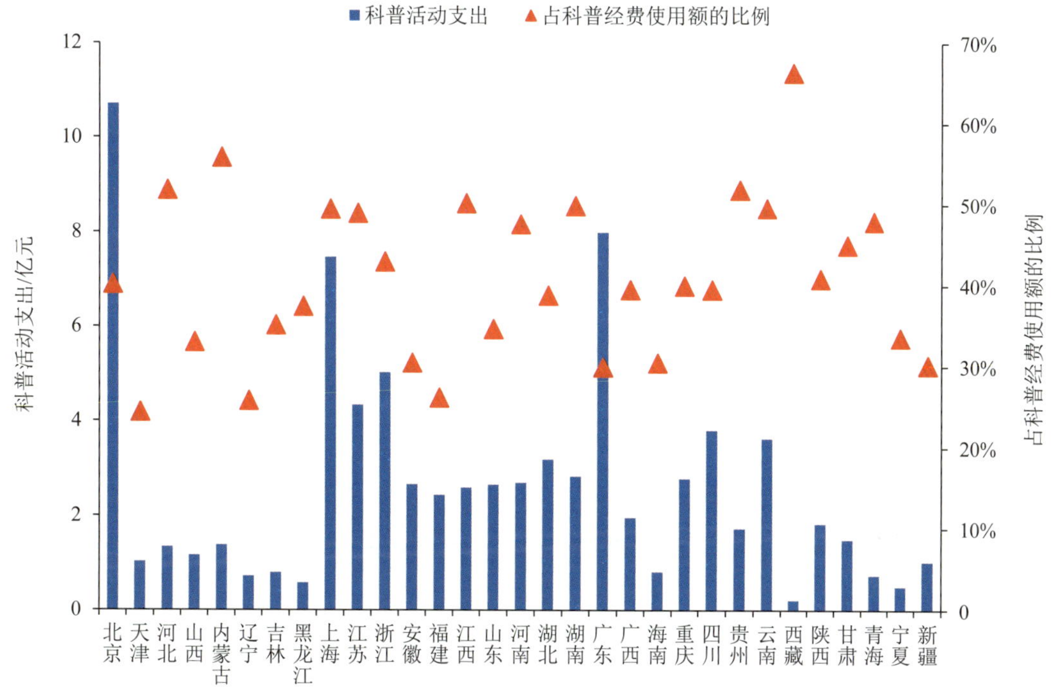

图 3-14　2023 年各省科普活动支出及其占科普经费使用额的比例

2）科普场馆基建支出

2023 年，全国用于科普场馆基建支出的经费总额达 31.37 亿元，占科普经费使用额的比例为 15.10%，与 2022 年相比有所增加。海南和广东的科普场馆基建支出比例高于其他省，均超过 30%，分别为 39.47%和 30.96%。从绝对数量来看，广东远高于其他省，达到 8.26 亿元（图 3-15）。

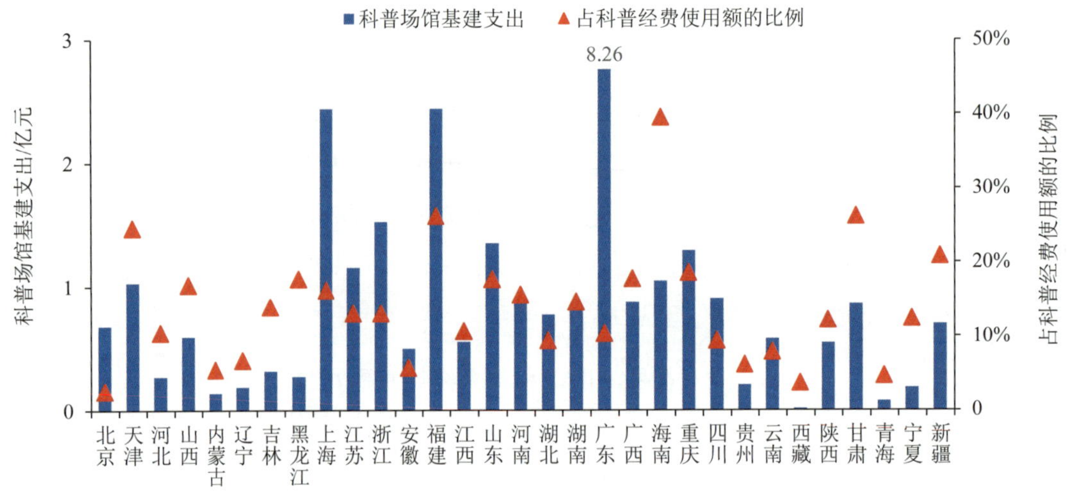

图 3-15 2023 年各省科普场馆基建支出及其占科普经费使用额的比例

注：广东科普场馆基建支出为图示高度数值的 3 倍。

3）科普展品、设施支出

2023 年，全国用于科普展品、设施支出的经费总额达 22.72 亿元，与 2022 年相比有所增加。科普展品、设施经费资源分布呈现地区差异性，安徽和新疆的科普展品、设施支出占比高于其他省，分别达到 44.64%和 22.81%。从绝对数量来看，安徽和广东居前 2 位，分别为 3.89 亿元和 3.04 亿元（图 3-16）。

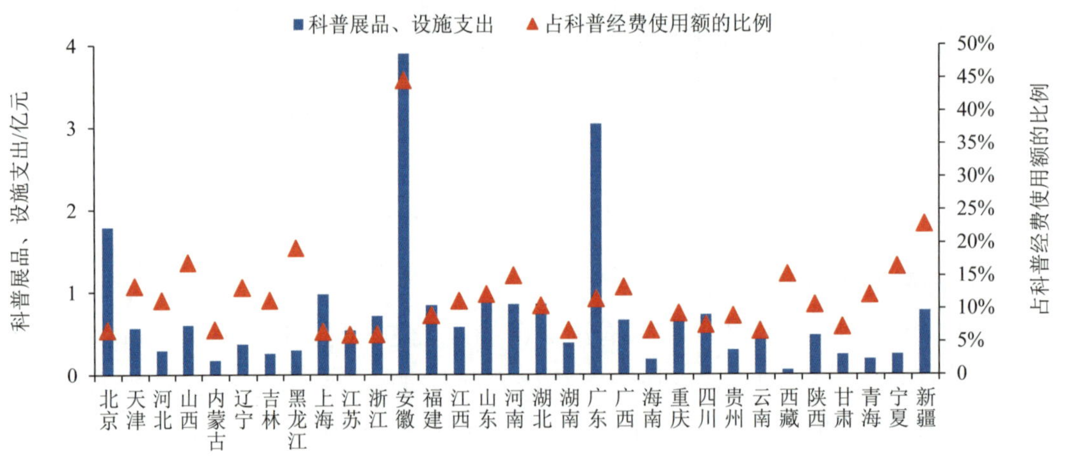

图 3-16 2023 年各省科普展品、设施支出及其占科普经费使用额的比例

4）行政支出

2023 年，全国用于科普行政支出的经费总额达 44.68 亿元，与 2022 年相比增加了 4.49 亿元。具体来看，四川、内蒙古、贵州、云南、宁夏、陕西、山东、

江苏、青海和湖北 10 省的科普行政支出比例均在 25%以上。从绝对数量来看，广东和北京的科普行政支出高于其他省，均在 4 亿元以上（图 3-17）。

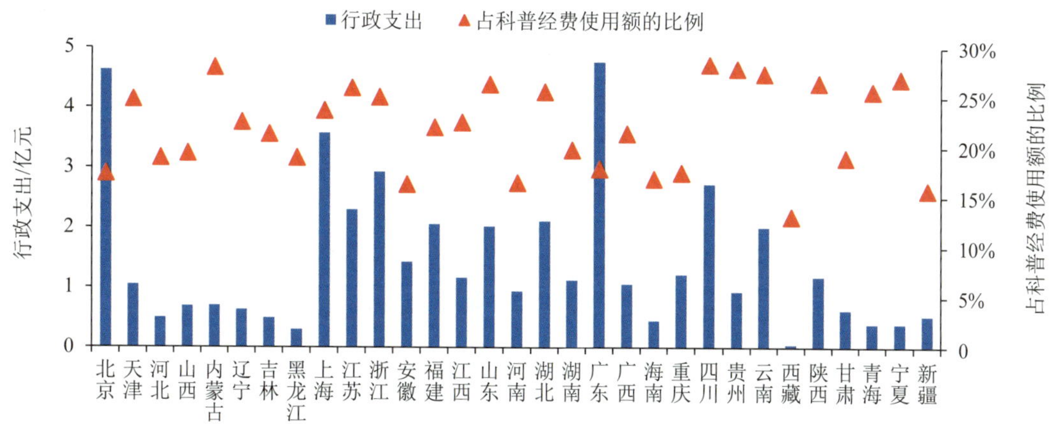

图 3-17　2023 年各省行政支出及其占科普经费使用额的比例

3.3　部门科普经费筹集及使用

3.3.1　科普经费筹集

从各部门科普经费筹集额来看，2023 年，科协组织的科普经费筹集额最高，达 87.78 亿元，比 2022 年增加 16.07%。科技管理部门的科普经费筹集额次之，为 27.06 亿元，相较于 2022 年减少 2.00%（图 3-18）。

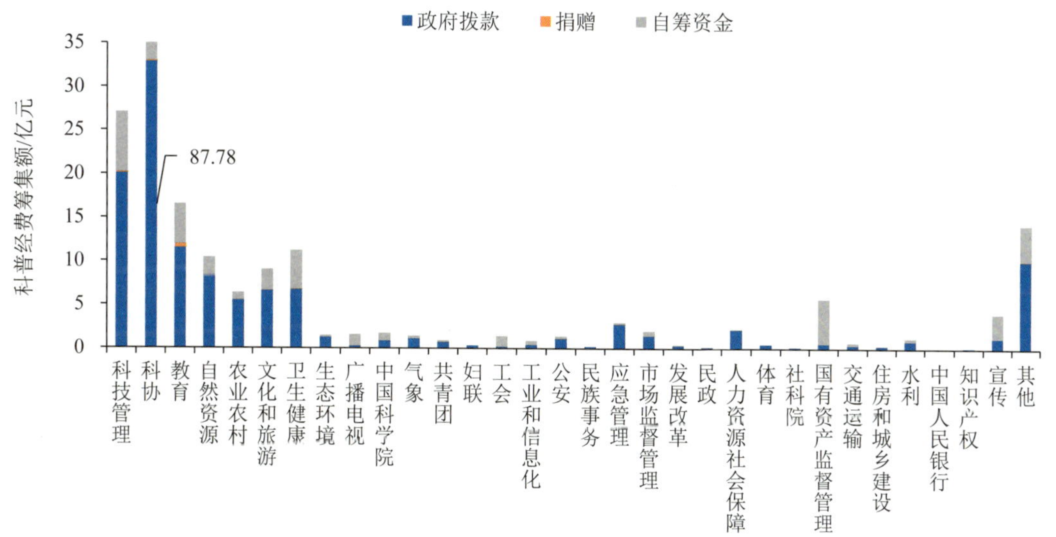

图 3-18　2023 年各部门科普经费筹集额

注：科协组织科普经费筹集额的实际值为图示高度数值的 2.5 倍。

从科普经费筹集额的构成来看，绝大多数部门的科普经费最主要来源是政府拨款（图3-19）。其中，科协组织的政府拨款额高达82.06亿元，占该部门科普经费筹集额的比例为93.48%。自筹资金在科普经费筹集额中也具有较为重要的地位。其中，科技管理部门的自筹资金最高，达6.89亿元，占该部门科普经费筹集额的比例为25.47%。

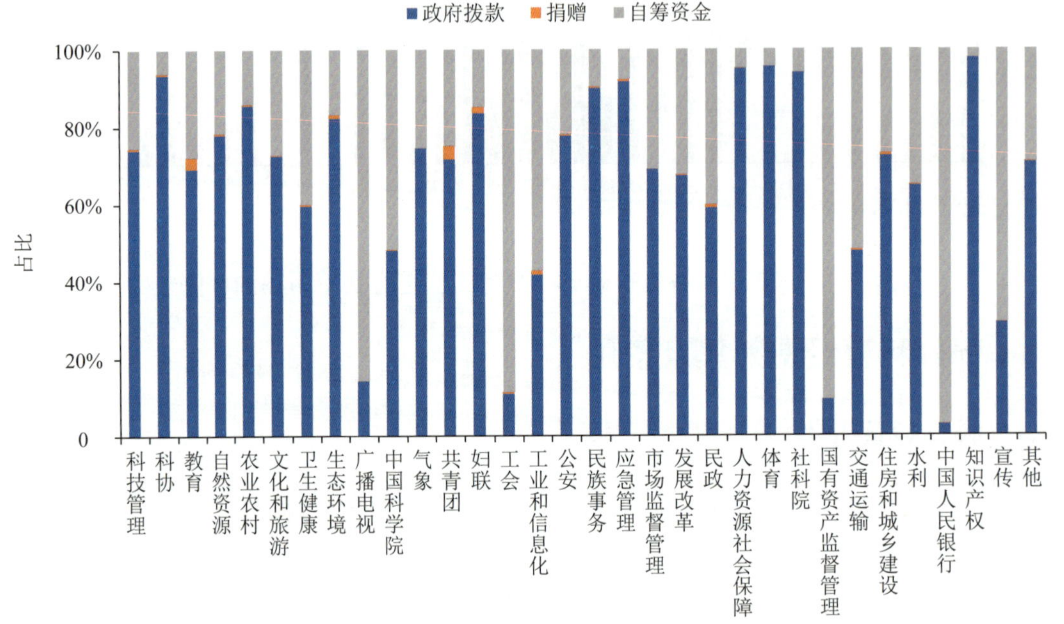

图3-19　2023年各部门科普经费筹集额构成情况

知识产权、体育、人力资源社会保障、社科院、科协、应急管理和民族事务7个部门的科普经费筹集额中，来自政府拨款的比例均高于90%，表明政府拨款在这些部门的科普经费筹集中起主导作用。广播电视、工会、国有资产监督管理和中国人民银行4个部门的政府拨款占筹集额的比例低于20%（图3-20）。

各部门的科普经费筹集额中，自筹资金所占比例平均值为34.08%，该值较2022年有所降低。中国人民银行、国有资产监督管理、工会、广播电视和宣传5个部门的自筹资金比例较高，均超过70%。其中，中国人民银行系统和国有资产监督管理部门均超过了90%，分别为97.14%和90.74%。知识产权、体育、人力资源社会保障、科协、社科院、应急管理和民族事务7个部门的自筹资金比例较低，不足10%（图3-21）。

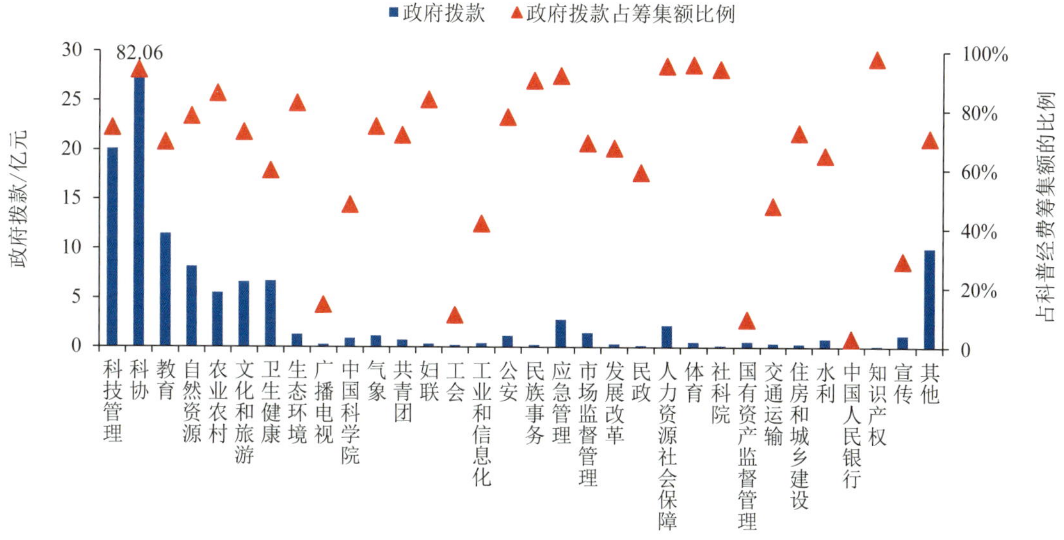

图 3-20 2023 年各部门政府拨款及其占科普经费筹集额的比例

注：科协组织政府拨款额为图示高度数值的 3 倍。

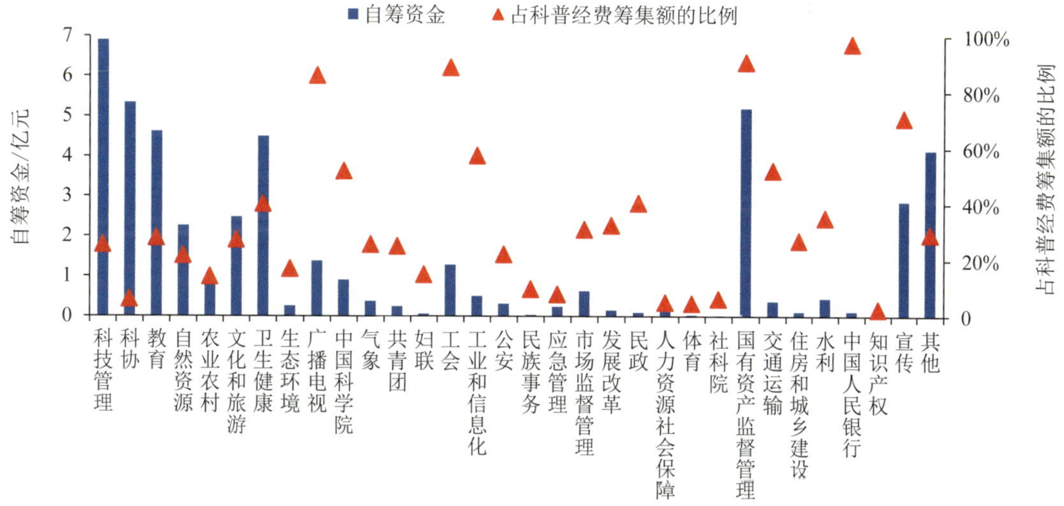

图 3-21 2023 年各部门自筹资金及其占科普经费筹集额的比例

从捐赠额来看，各部门科普经费中的社会参与程度较低（图 3-22）。教育部门和科协组织的捐赠额居全国前 2 位，分别达到 4896.99 万元和 4022.96 万元。科技管理部门的捐赠额次之，为 1317.58 万元。其他部门的捐赠额均在 600 万元以下。各部门的科普经费筹集额中捐赠比例均较小，平均只有 0.53%。其中，共青团组织的捐赠额占科普经费筹集额比例最高，为 3.52%。其次是教育部门，为 2.96%。妇联组织、工业和信息化部门捐赠额的占比分别为 1.62%、1.02%，其他部门均低于 1.00%。

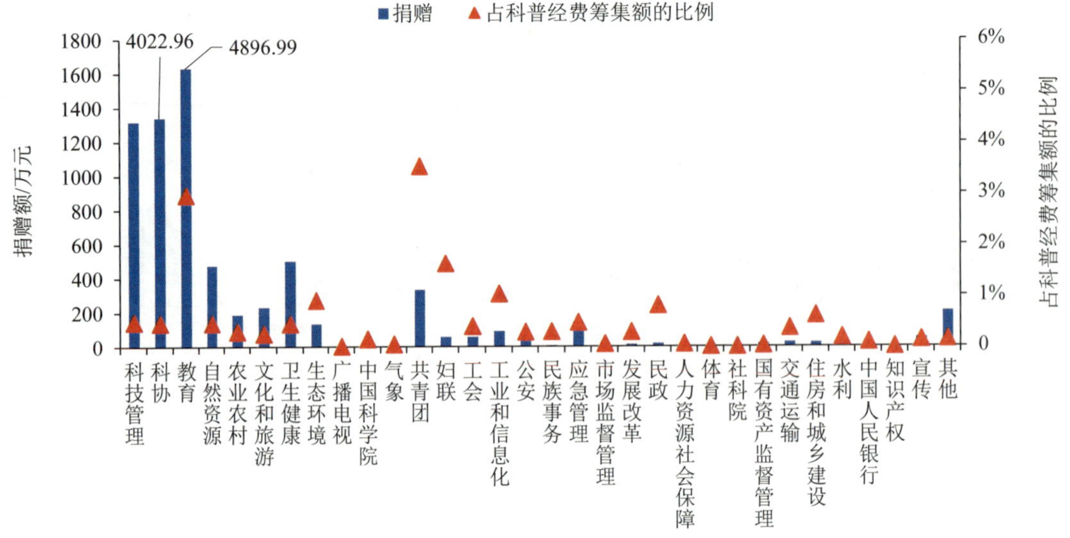

图 3-22　2023 年各部门捐赠额及其占科普经费筹集额的比例

注：科协组织和教育部门的捐赠额为图示高度数值的 3 倍。

3.3.2　科普经费使用

各部门在科普经费的具体支出项目上各有侧重（图 3-23）。共青团组织和中国科学院系统的行政支出占比较高，均超过 30%。中国人民银行系统和工会组织的科普活动支出占比较高，均在 90%以上。国有资产监督管理部门和交通运输部门用于科普展品、设施支出的科普经费比例明显高于其他部门，均超过 30%。

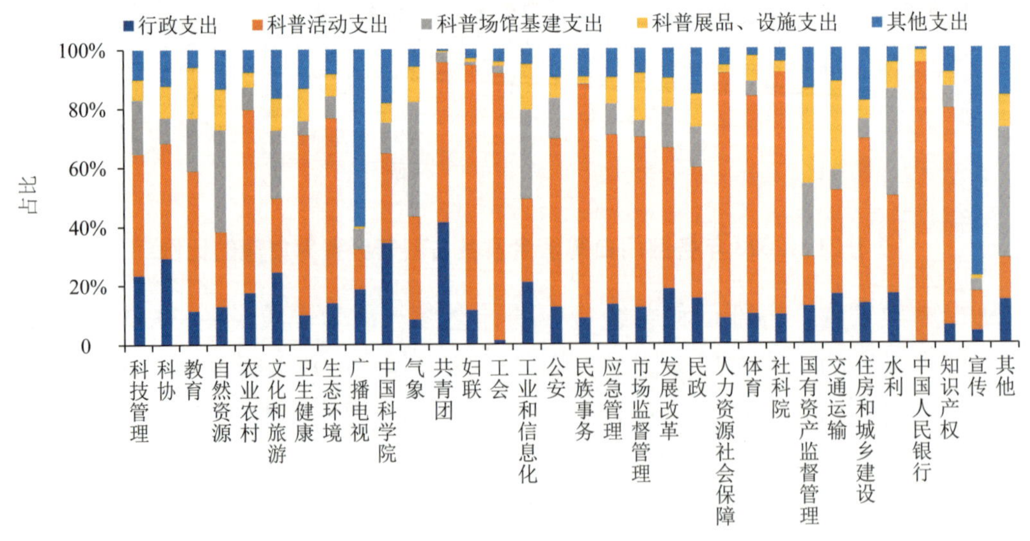

图 3-23　2023 年各部门科普经费支出构成情况

2023 年，科普活动支出是各部门科普经费最主要的支出项目（图 3-24）。科协、科技管理、教育和卫生健康 4 个部门的科普活动支出规模较多，其中，科协组织的科普活动支出为 32.81 亿元。中国人民银行、工会、人力资源社会保障、妇联和社科院 5 个部门的科普活动支出占科普经费使用额的比例较高，均在 80% 以上。其中，中国人民银行系统科普活动支出所占比例最高，达到 94.50%。各部门科普活动支出占科普经费使用额的比例平均值为 50.47%。

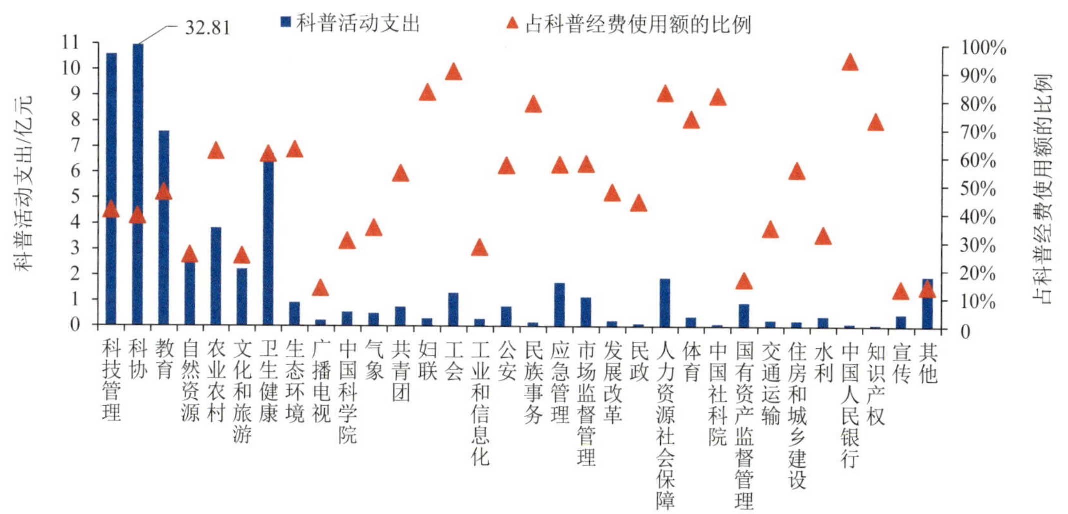

图 3-24　2023 年各部门科普活动支出及其占科普经费使用额的比例

注：科协组织科普活动支出为图示高度数值的 3 倍。

2023 年，科协组织的科普场馆基建支出规模居全国首位，达到 7.13 亿元。科技管理部门和自然资源部门的科普场馆基建支出也超过 3 亿元。从科普场馆基建支出占科普经费使用额的比例来看，大部分部门的比例低于 30%（图 3-25）。

2023 年，科协组织和教育部门的科普展品、设施支出排在前 2 位，科普展品、设施支出均超过 2.5 亿元。科协组织和教育部门的科普展品、设施支出总和占全国科普展品、设施支出总额的 52.22%。从科普展品、设施支出占科普经费使用额的比例来看，国有资产监督管理、交通运输、教育、市场监督管理及工业和信息化 5 个部门均高于 15%（图 3-26）。

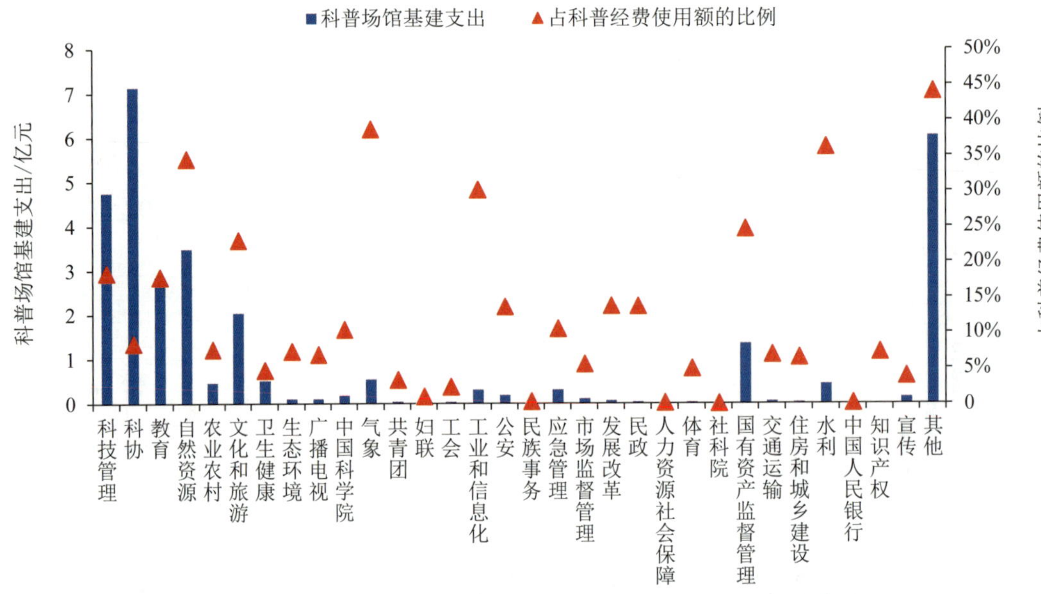

图 3-25 2023 年各部门科普场馆基建支出及其占科普经费使用额的比例

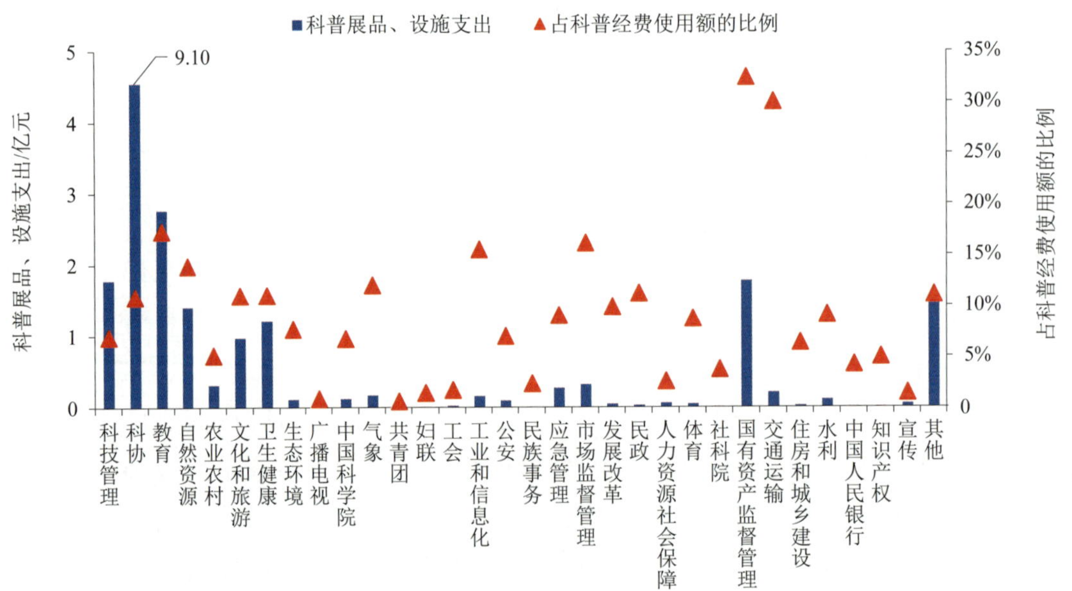

图 3-26 2023 年各部门科普展品、设施支出及其占科普经费使用额的比例

注：科协组织科普展品、设施支出为图示高度数值的 2 倍。

2023 年，科普行政支出额最多的部门是科协组织，支出额为 24.64 亿元；其次为科技管理部门，支出额为 6.05 亿元；文化和旅游、其他、教育、自然资源、卫生健康及农业农村 6 个部门的行政支出也均超过 1 亿元。这些部门的科普行政支出总和占全国科普行政支出总额的 89.97%。从科普行政支出占科普经费使用额的比例来看，共青团组织和中国科学院系统的占比均高于 30%（图 3-27）。

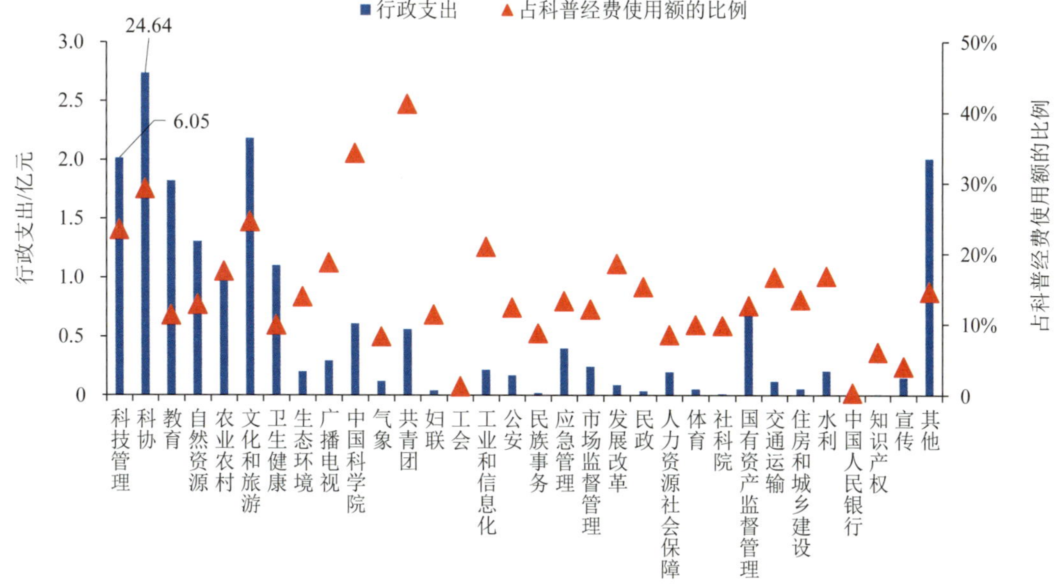

图 3-27　2023 年各部门行政支出及其占科普经费使用额的比例

注：科协组织行政支出为图示高度数值的 9 倍，科技管理部门行政支出为图示高度数值的 3 倍。

4 科普传媒

图书、期刊、报纸、广播、电视、网络等各类传播渠道是科学知识、科学精神有效传播的关键途径。随着大数据、人工智能、云计算、物联网等技术的飞速发展，传媒领域正经历着革命性的变革。一方面，新技术为人们提供了更加方便、生动、多样、激动人心的视听感受；另一方面，科普内容的传播方式、途径、平台和使用场景也变得越来越多样化。传统媒体已经在时代浪潮的推动下，进入了融合新技术新手段、新渠道新载体、新平台新场景、新理念新模式的融媒体时代，即整合图书、期刊、报纸、广播、电视、网络等传统媒体和新媒体资源，形成了包括智能终端、网络直播等在内的多种信息传播方式。

传统的科普传播方式往往以单向传递为主，公众被动接受信息，难以与传播者进行互动。在融媒体时代，公众可以通过社交媒体、短视频平台等新媒体渠道，主动获取和分享科普信息，与传播者形成互动。这种多元化的传播方式不仅提高了科普信息的传播效率，也增强了公众对科普内容的兴趣和参与度。在这一背景下，科普图书、期刊等传统媒体在满足公众需求方面已显现出一定的局限性，而网络化媒体因其发布迅速、覆盖广泛、表现形式灵活等特点则可以快速响应公众的需求，成为科普传媒矩阵中具有广泛影响力的重要阵地。

2023 年，全国共出版科普图书 7332 种，出版总册数为 4989.74 万册，平均每万人口拥有科普图书 354 册；出版各类科普期刊 510 种，出版总册数为 6622.92 万册，平均每万人口拥有科普期刊 470 册；发行科技类报纸 8026.41 万份，平均每万人口拥有科技类报纸 569 份。2023 年，全国科普（技）电视节目播放总时长为 22.69 万小时，电台科普（技）节目播放总时长为 24.85 万小时；建设科普网站 2045 个；建设科普类微博 1513 个，粉丝数量 2.86 亿个；建设科普类微信公众号 9561 个，关注数量 10.45 亿个。

4.1 科普图书、科普期刊和科技类报纸

4.1.1 科普图书

在科普统计中，科普图书[1]的“种数”以年度为界线，即一种图书在同一年度内无论印刷多少次，只在第一次印制时计算种数。科普图书的出版与推广对国民科学素养的提升具有不可忽视的作用。2023 年科普图书市场涌现出多本备受瞩目的作品，多个权威机构发布科普图书榜单和推荐信息，如全国优秀科普作品、中华优秀科普图书榜等，涵盖国防科普、人工智能、科学家精神、生命健康等多个类别，为公众提供丰富多样的阅读选择。

2023 年，全国共出版科普图书 7332 种，出版总册数 4989.74 万册，单品种图书平均出版量为 6805 册。从区域分布来看，2023 年东部地区的科普图书出版情况优于中部和西部地区，科普图书出版种数及册数占据科普图书出版的主要份额。

科普图书出版种数方面，东部地区出版科普图书 5223 种，占全国科普图书出版种数的 71.24%；中部地区出版科普图书 1061 种，占全国科普图书出版种数的 14.47%；西部地区出版科普图书 1048 种，占全国科普图书出版种数的 14.29%（图 4-1）。

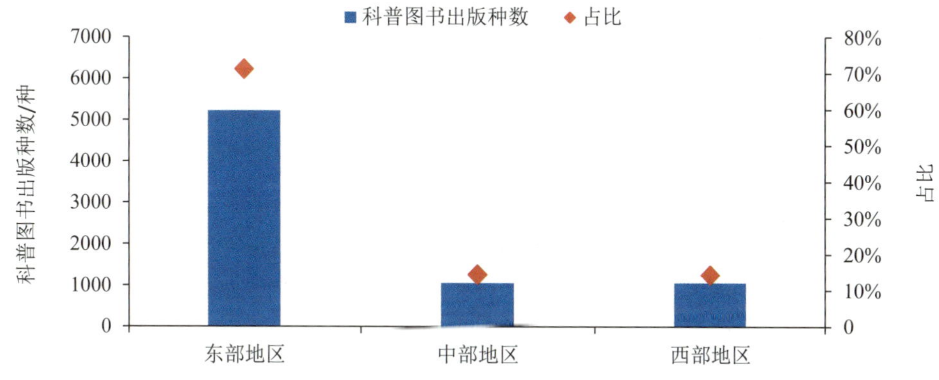

图 4-1 2023 年东部、中部和西部地区科普图书出版种数及占比

科普图书出版册数方面，东部地区出版科普图书 3524.17 万册，占全国科普图书出版总册数的 70.63%；中部地区出版科普图书 568.62 万册，占全国科普图书

[1] 科普图书是普及科学技术的通俗读物，是科普传媒的重要组成部分。科普图书是以非专业人员为阅读对象，以普及科学知识、倡导科学方法、传播科学思想、弘扬科学精神为目的，并在新闻出版机构登记、有正式书号的科技类图书。

出版总册数的 11.39%；西部地区出版科普图书 896.96 万册，占全国科普图书出版总册数的 17.98%（图 4-2）。

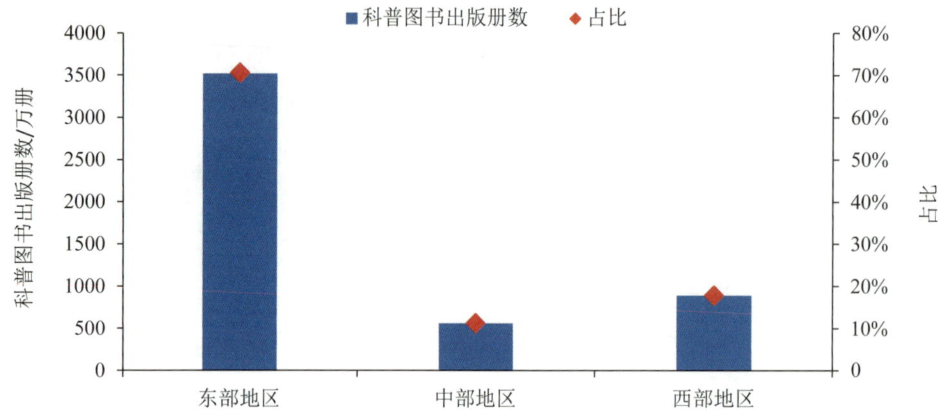

图 4-2　2023 年东部、中部和西部地区科普图书出版册数及占比

单品种科普图书出版册数的多少可以反映科普图书的受欢迎程度。2023 年东部地区单品种科普图书出版册数为 6747 册，比 2022 年有所下降；中部地区单品种科普图书出版册数为 5359 册，较 2022 年有所回升；西部地区单品种科普图书出版册数为 8559 册，近 5 年连续保持增长趋势（图 4-3）。

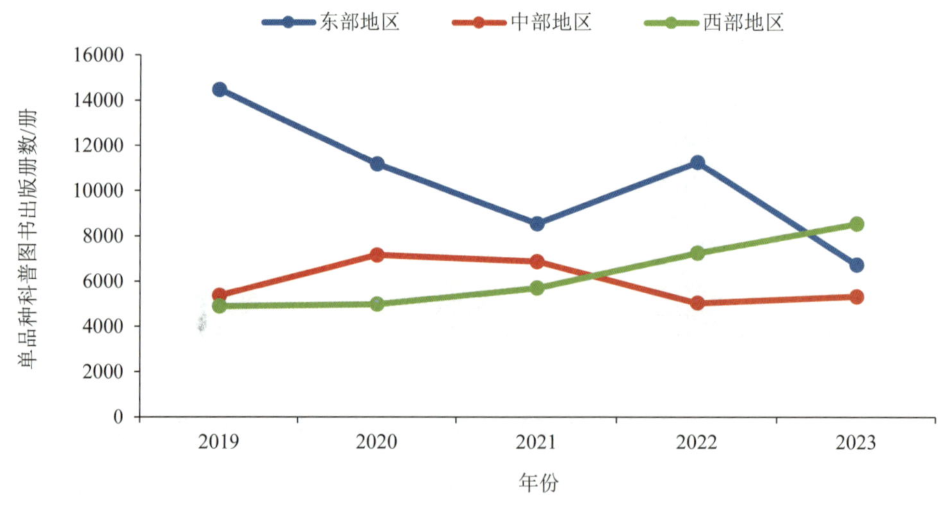

图 4-3　2019—2023 年东部、中部和西部地区单品种科普图书出版册数

2023 年北京科普图书出版种数和出版册数均列全国首位（图 4-4）。科普图书出版种数排在前 5 位的省分别是北京（3800 种）、吉林（530 种）、上海（447 种）、广东（248 种）和江西（233 种）；出版册数排在前 5 位的省分别是北京

（2556.98 万册）、广西（541.96 万册）、吉林（327.59 万册）、广东（257.38 万册）和上海（219.95 万册）。

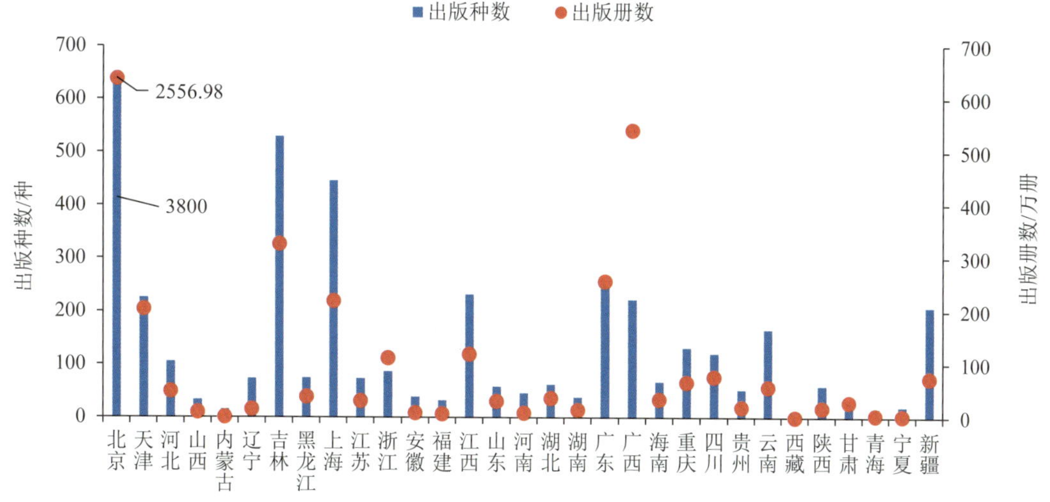

图 4-4　2023 年各省科普图书出版种数和出版册数

注：北京科普图书出版种数为图示高度数值的 6 倍，出版册数为图示高度数值的 4 倍。

获得 2023 年度国家科学技术进步奖的科普作品

为推动科普事业的发展和科技创新的繁荣，2004 年科技部将科普项目纳入国家科学技术进步奖的奖励范围，2005 年国家科学技术进步奖首次开展了科普著作类项目的受理和评审工作。2023 年，中国妇女出版社有限公司出版的图书《话说生命之宫（上、下卷）》和中央广播电视总台制作的大型科普节目《加油！向未来》均获国家科学技术进步奖二等奖。

《话说生命之宫（上、下卷）》是获奖项目中唯一一部医学科普作品。全书分上、下两卷，采用中国古典小说的章回体结构，共 112 回、60 余万字，围绕子宫，深入浅出地普及了女性最需要的健康知识，被《人民日报》、中央广播电视总台等选载或制作成节目二次传播，对于维护女性健康、保护生育能力和助力健康中国具有重要意义。

由中央广播电视总台央视综合频道和央视创造传媒联合出品的大型科普节目《加油！向未来》，是首次获得国家科学技术进步奖的电视节目类别作品，也是电视综艺能够获得的最高科学奖项。节目主要是把科学原理用舞台化的科学实验形式呈现出来，普及科学知识、传播科学精神、激发科学热情。节目以新语态见证并记录了科学的魅力和国家的科技突破，以新模式参与并推动了科学资源集聚和人才成长，以实际行动服务于加快建设科技强国的大局，向全民普及科学知识，掀起了全社会“爱科学、学科学、用科学”的“科学热”。

4.1.2 科普期刊

科普期刊是指面向社会发行，并得到国家新闻出版主管部门批准，持有国内统一连续出版物号的科学技术普及性刊物。随着新媒体的兴起和科普内容的多样化，读者获取科普信息的渠道日益增多，传统科普期刊的发行量也因此受到了一定的冲击。尽管如此，一些特色鲜明、内容丰富的科普期刊仍然能够保持较好的发行态势，吸引了一部分忠实的读者。例如，《家庭医生》、《中国国家地理》及《博物》2023 年发行量位居前三，成为广大读者探索科学世界、增长知识见闻的首选读物。

2023 年，全国科普期刊出版种数为 510 种，全国科普期刊出版总册数为 6622.92 万册。从区域分布来看，2023 年东部地区的科普期刊出版种数和出版册数均明显高于中部和西部地区。

科普期刊出版种数方面，东部地区出版科普期刊 309 种，占全国科普期刊出版种数的 60.59%；中部地区出版科普期刊 102 种，占全国科普期刊出版种数的 20.00%；西部地区出版科普期刊 99 种，占全国科普期刊出版种数的 19.41%（图 4-5）。

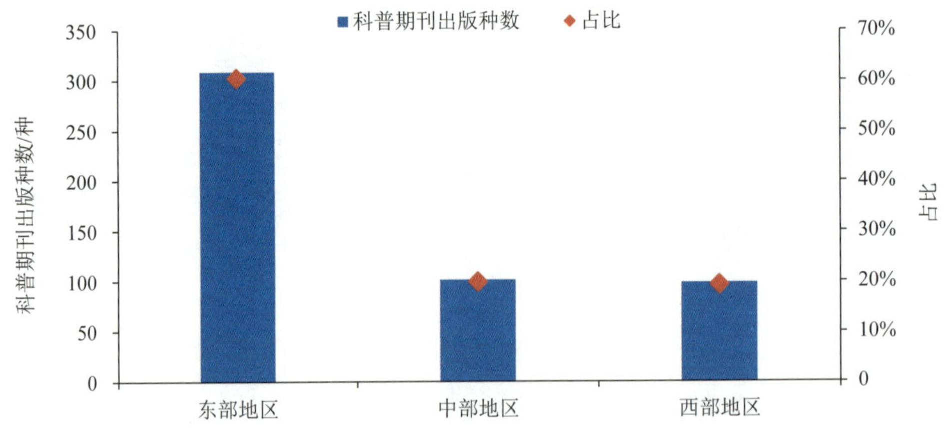

图 4-5　2023 年东部、中部和西部地区科普期刊出版种数及占比

科普期刊出版册数方面，东部地区科普期刊出版册数 4199.39 万册，占全国科普期刊出版总册数的 63.41%；中部地区科普期刊出版册数 1000.82 万册，占全国科普期刊出版总册数的 15.11%；西部地区科普期刊出版册数 1422.7 万册，占全国科普期刊出版总册数的 21.48%（图 4-6）。

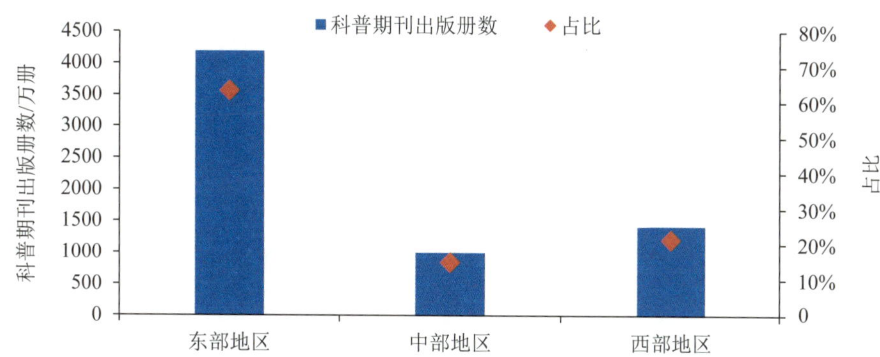

图 4-6　2023 年东部、中部和西部地区科普期刊出版册数及占比

2023 年科普期刊出版种数排在前 5 位的省分别是天津（135 种）、北京（61 种）、江西（48 种）、广东（31 种）和上海（26 种）。出版册数排在前 5 位的省分别是北京（1440.11 万册）、广东（1101.64 万册）、湖南（485.47 万册）、上海（482.06 万册）和重庆（437.02 万册）（图 4-7）。

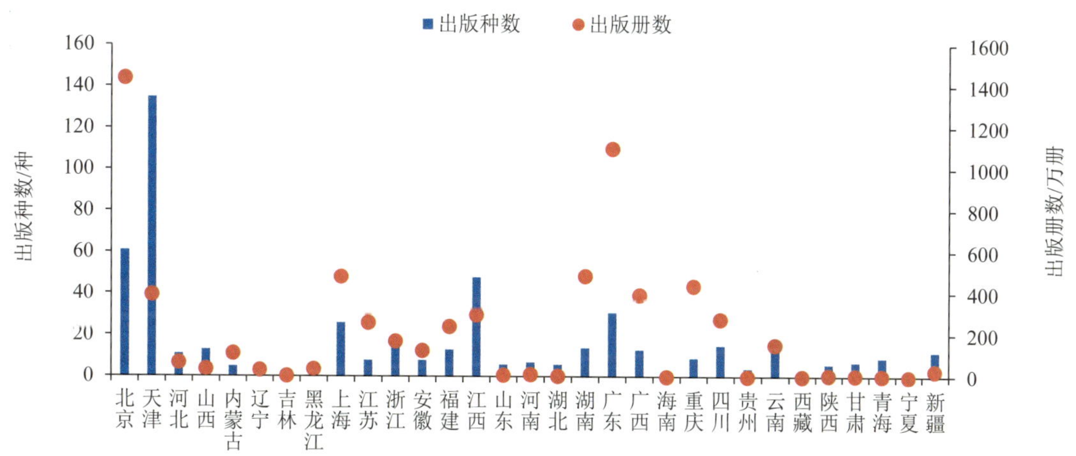

图 4-7　2023 年各省科普期刊出版种数和出版册数

4.1.3　科技类报纸

2023 年，全国共发行科技类报纸 8026.41 万份，比 2022 年减少 357.83 万份。东部、中部和西部地区发行的科技类报纸分别占科技类报纸总发行量的 56.49%、

26.69%和16.82%。科技类报纸发行量排在前5位的省分别是北京（2622.75万份）、山西（978.84万份）、上海（846.95万份）、湖北（679.31万份）和广东（386.81万份）（图4-8）。

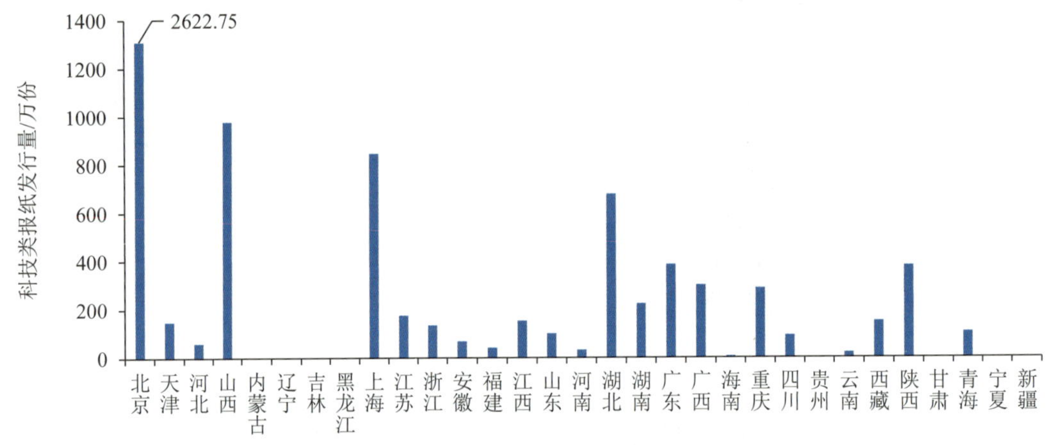

图4-8 2023年各省科技类报纸发行量

注：北京科技类报纸发行量为图示高度数值的2倍。

4.2 科普读物和资料

科普读物和资料是指在科普活动中发放的科普性图书、手册等正式和非正式出版物。2023年全国在各类科普活动中共发放科普读物和资料3.49亿份。其中，相当一部分通过非正式出版物或资料的形式分发，这种分发方式更贴合科普活动的针对性、时效性和便捷快速的特性。

与2022年相比，2023年东部、中部和西部地区发放的科普读物和资料数量均有所减少（图4-9）。

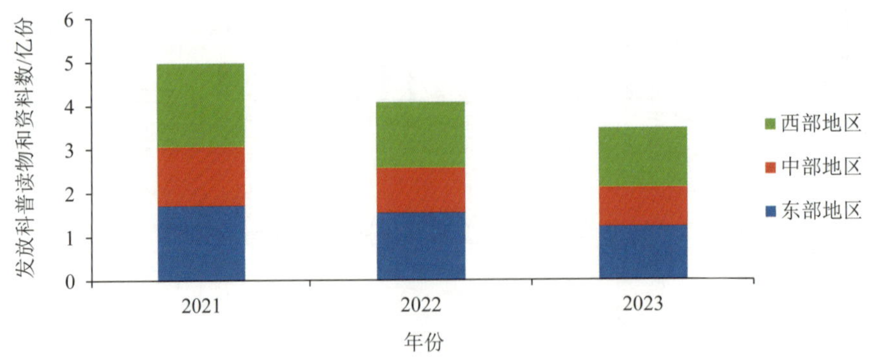

图4-9 2021—2023年东部、中部和西部地区发放科普读物和资料数量

2023 年，全国发放科普读物和资料数量排在前 5 位的省分别是云南（3461.73 万份）、广东（2577.62 万份）、湖北（2541.86 万份）、广西（1974.25 万份）和浙江（1872.63 万份）（图 4-10）。

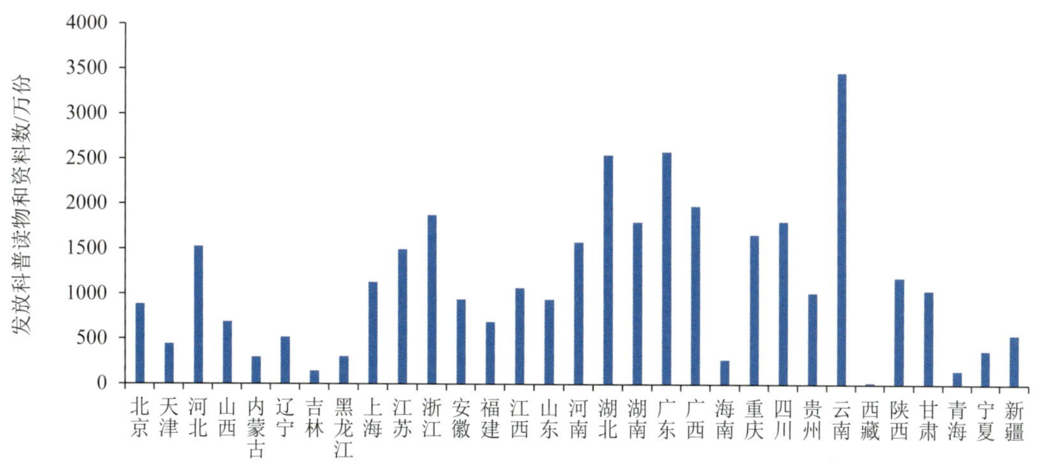

图 4-10　2023 年各省发放科普读物和资料数量

4.3　电视台、电台科普（技）节目

科普（技）节目是通过电视台、电台等媒体机构，面向社会公众播出的具有教育意义的节目类型，核心目的在于普及科学知识、推广科学方法、传播科学思想并弘扬科学精神。通过采用生动活泼的讲解方式、直观的演示手段及丰富的互动环节，帮助观众深入理解各类科学知识，培养科学的思维方式与探索精神，进而提升全民科学素养。电视与广播作为社会信息传播的关键渠道，肩负着向公众传递科技新知的重要使命，而科普节目正是实现这一使命的有效途径之一。

科普节目不再局限于传统的科学知识普及，而是更加注重内容的创新和深度挖掘，以满足观众日益增长的求知欲和好奇心。2023 年由中国科学院学部工作局、教育部基础教育司联合打造的第四季《科学公开课》，以“传播科学思想·培养科学兴趣”为宗旨，通过中小学生能理解、愿意听的方式，深入浅出地普及基础及前沿科学知识，传播科学思想，培养青少年对科学的好奇心。

广州市科协与广州市广播电视台联合打造的全媒体新科普节目《实验室奇妙夜》，集结了青少年科技爱好者跟随科学家走进广州乃至粤港澳大湾区的顶尖实验室，通过现场对话、探究实验的互动模式共同探寻科学的奥秘，并以全媒体创新的电视综艺手法将科技科普融入节目内容创作中。

在传播渠道方面，科普（技）节目也展现出新的特征和动向，除了传统的电视和广播渠道外，还通过在线教育平台、视频网站等多种渠道进行传播，实现更广泛的观众覆盖。湖南教育电视台通过电视大屏、“湖南教育发布”APP、“学习强国”APP、易班网、抖音、微信公众号、视频号等平台端口和多个内容矩阵，开展融媒体科普宣传。其推出的“我是接班人”网络大课堂、《科技大发现》等节目，吸引了大量观众通过不同渠道观看和参与。

在新技术应用方面，湖南广播电视台基于“5G高新视频多场景应用国家广播电视总局重点实验室”自主研发的人工智能广播体系，可通过智能抓取、智能编排、智能播报、智能监控、云端分发，一键式自动化生成新闻、资讯等播出内容，签约全国27个省（自治区、直辖市）700家广播电台，向全国电台分发，形成联合制播网络，打通合作链路和传播渠道，合力创造优质科普内容产品。

4.3.1 电视台科普（技）节目

电视作为公众获取科技信息的重要渠道，一直以来都扮演着至关重要的角色。广电部门对于科普事业的发展给予了长期的大力支持，并在有条件的电视台开辟了专门的科普（技）栏目，以满足公众对于科技知识的需求。

2023年，全国电视台共播放科普（技）节目22.69万小时，比2022年增加3.88万小时。其中，东部地区电视台播放8.77万小时，比2022年增加2.48万小时；中部地区电视台播放5.34万小时，比2022年减少0.44万小时；西部地区电视台播放8.58万小时，比2022年增加1.84万小时（图4-11）。

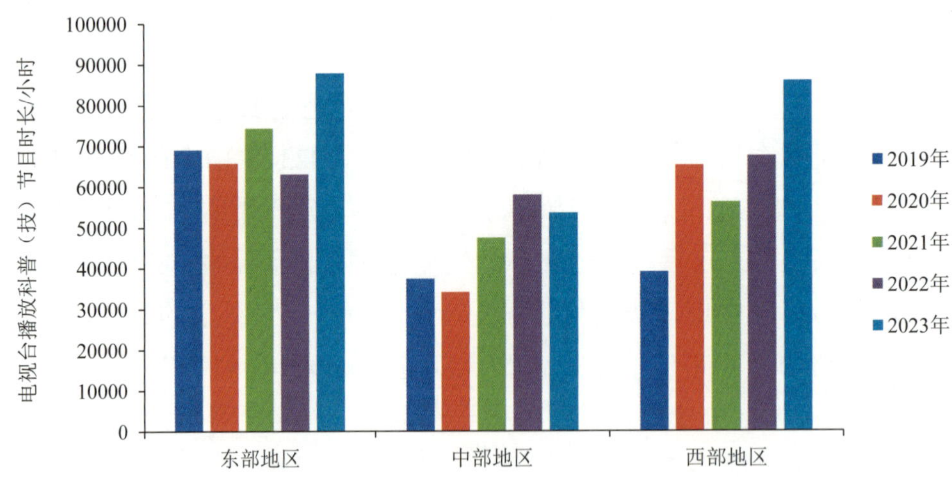

图4-11　2019—2023年东部、中部和西部地区电视台播放科普（技）节目时长

从各省来看，云南的电视台科普（技）节目播放时间最长（30974 小时），居全国首位，随后依次为新疆（18102 小时）、山东（16463 小时）、山西（15216 小时）、湖北（15059 小时）、北京（14654 小时）、福建（13135 小时）、陕西（9614 小时）、广东（9181 小时）和上海（8832 小时）的电视台（图 4-12）。

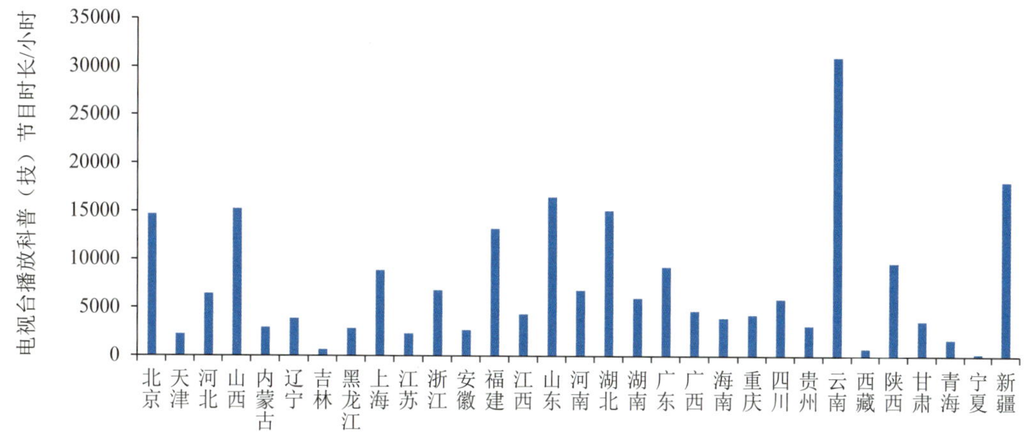

图 4-12　2023 年各省电视台播放科普（技）节目时长

4.3.2　电台科普（技）节目

2023 年，全国广播电台共播放科普（技）节目 24.85 万小时，比 2022 年增加 8.39 万小时。其中，东部地区广播电台播放 8.81 万小时，比 2022 年增加 1.86 万小时；中部地区广播电台播放 11.00 万小时，比 2022 年增加 6.45 万小时；西部地区广播电台播放 5.04 万小时，比 2022 年增加 776 小时（图 4-13）。

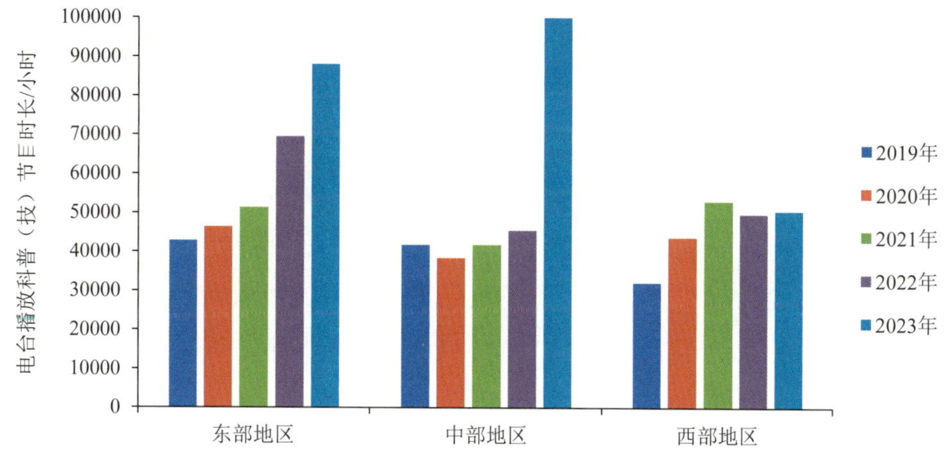

图 4-13　2019—2023 年东部、中部和西部地区广播电台播放科普（技）节目时长

从各省情况来看，湖南的广播电台科普（技）节目播放时间最长（66970小时），随后依次为福建（23252小时）、湖北（18327小时）、广东（14689小时）、新疆（13421小时）、云南（11055小时）、上海（10651小时）、山西（10599小时）、山东（10070小时）和北京（9781小时）的广播电台（图4-14）。

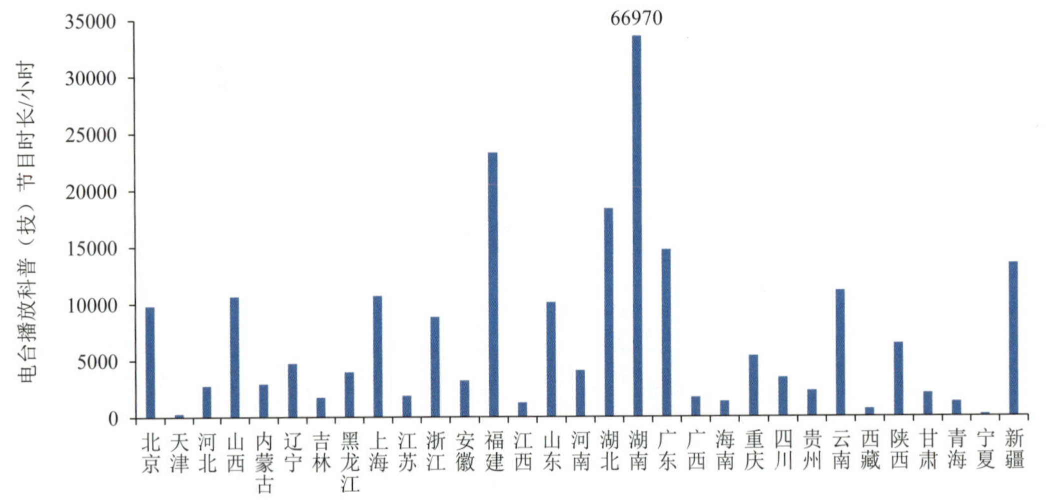

图4-14　2023年各省广播电台播放科普（技）节目时长

注：湖南的广播电台播放科普（技）节目时长为图示高度数值的2倍。

4.4　网络科普传媒

4.4.1　科普网站

科普网站是指以提供科学、权威、准确的科普信息和相关资讯为主要内容的专业科普网站，政府机关的电子政务网站不在统计范围之内。

2024年中国互联网络信息中心（CNNIC）发布的《第53次中国互联网络发展状况统计报告》显示，截至2023年12月，中国网民规模达10.92亿人，互联网普及率达77.5%，较2022年12月增长2480万人。网民使用手机上网的比例达99.9%，使用台式电脑、笔记本电脑、电视和平板电脑上网的比例分别为33.9%、30.3%、22.5%和 26.6%。2023年我国网民总体规模的扩大和互联网普及率的提升为我国科学普及提供了更广阔的空间和更多的可能性，互联网平台成了科学普及的重要渠道和手段。

截至2023年底，我国共建成科普网站2045个。全国科普网站数量分布的区域分析显示，东部地区在科普网站拥有量上占据明显优势，占全国总建设数量的近一半；其次是西部地区，占比为26.75%，中部地区拥有科普网站数量最少，占比为23.47%（图4-15）。

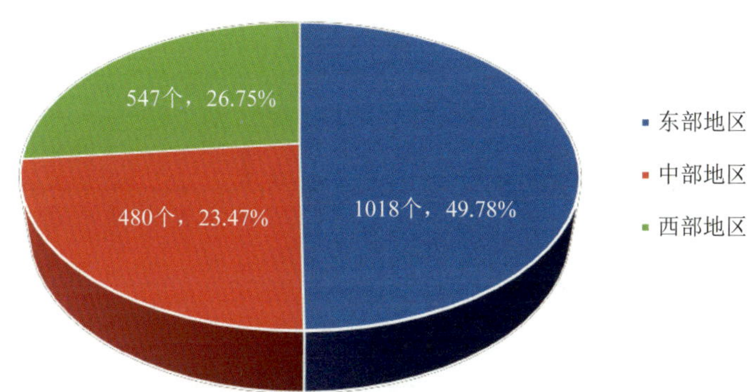

图4-15　2023年东部、中部和西部地区科普网站数量及其所占比例

从各省情况来看，科普网站建设数量超过100个的省有广东（230个）、北京（180个）、四川（121个）、上海（114个）和江苏（101个）（图4-16）。

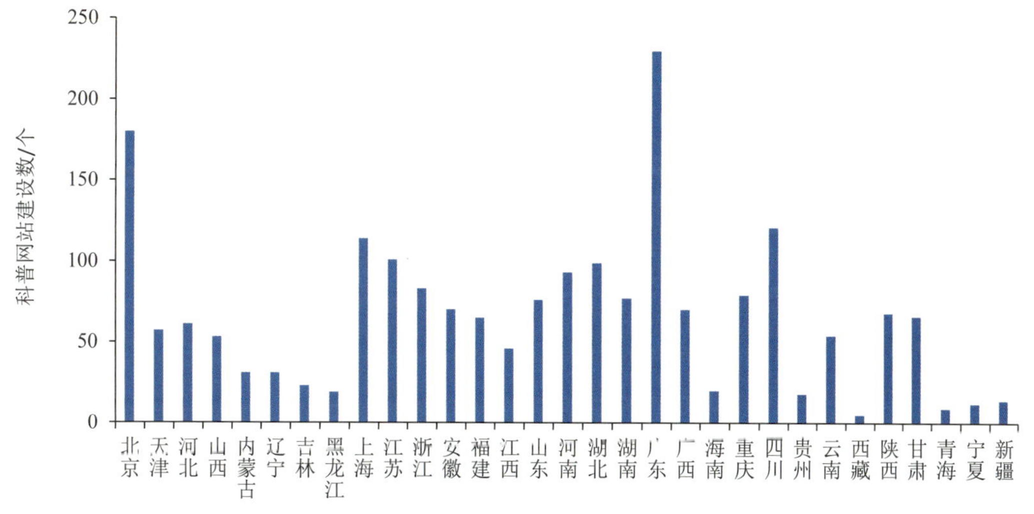

图4-16　2023年各省科普网站建设数量

从各部门情况来看，科普网站建设数量最多的是卫生健康部门（425个）；其后是教育部门和科协组织，科普网站建设数量分别为389个和324个；其他数量较多的部门还有文化和旅游部门、科技管理部门和自然资源部门，数量均在100个以上（图4-17）。

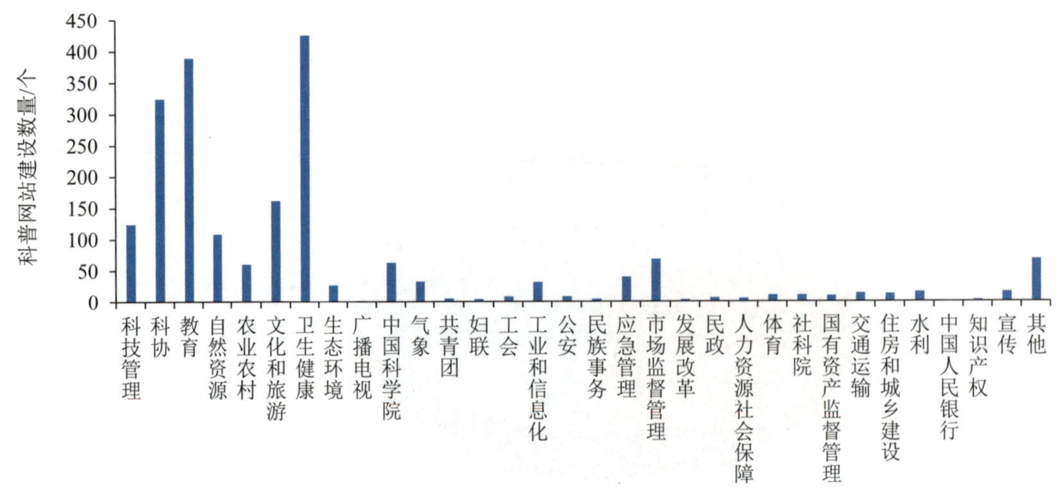

图 4-17　2023 年各部门科普网站建设数量

4.4.2　科普类微博、微信公众号

科普类微博、微信公众号是指以普及科学知识、倡导科学方法、传播科学思想、弘扬科学精神为主要目的的微博、微信公众号。科普类微博和微信公众号作为互联网时代的新型科普传播平台，以广泛的受众基础、高效的传播速度、强大的互动功能和个性化的推荐机制为特点，极大地提升了科普工作的精确度和成效。

2023 年全国共建设科普类微博 1513 个，发文量 152.00 万篇，阅读量达 180.20 亿次，粉丝数量 2.86 亿个；科普类微信公众号 9561 个，发文量 209.04 万篇，阅读量达 38.94 亿次，关注数量 10.45 亿个。

从区域分布来看，2023 年东部地区的科普类微博数量、科普类微信公众号数量最多，中部地区的科普类微博数量、科普类微信公众号数量最少（图 4-18）。

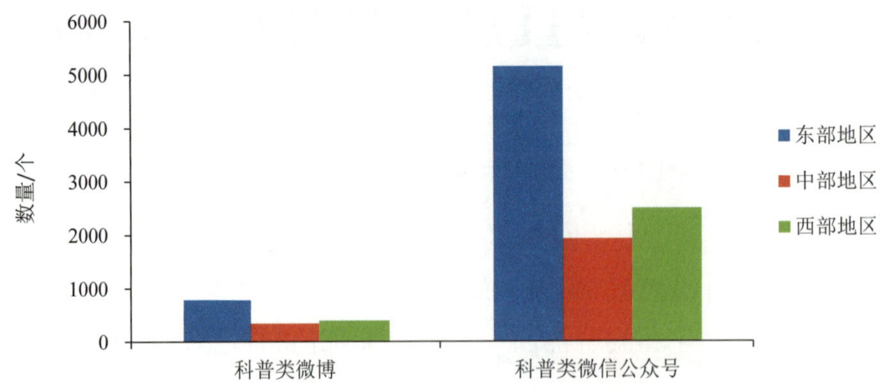

图 4-18　2023 年东部、中部和西部地区的科普类微博、微信公众号数量

从各省情况看，2023 年科普类微博建设数量最多的省是北京（237 个），其他科普类微博建设数量较多的省分别是湖北（152 个）、广东（123 个）和上海（111 个）（图 4-19）。

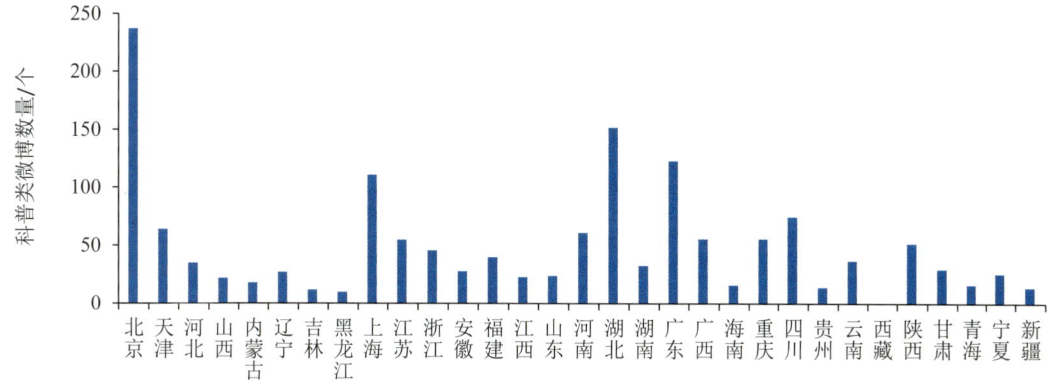

图 4-19　2023 年各省科普类微博数量

2023 年科普类微信公众号建设数量最多的省是广东（1102 个），其他科普类微信公众号建设数量较多的省分别是北京（933 个）、上海（842 个）、重庆（504 个）、天津（443 个）、四川（442 个）、江苏（417 个）和湖北（404 个）（图 4-20）。

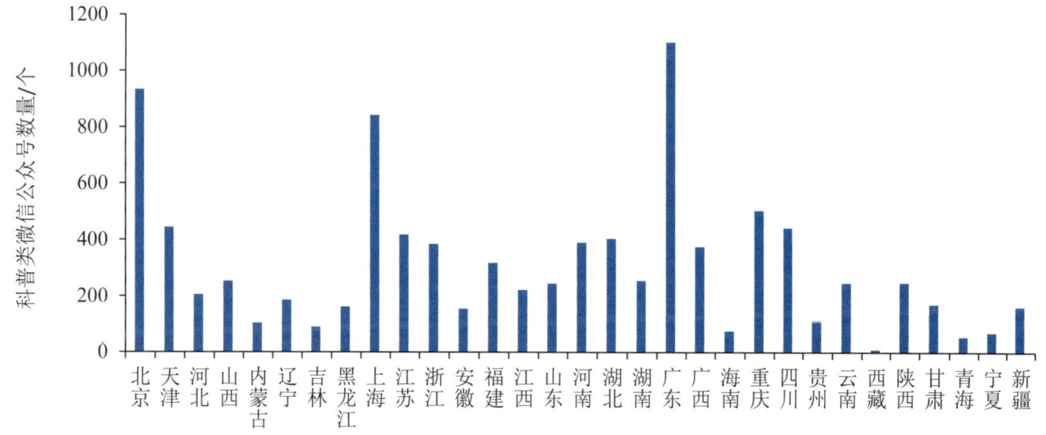

图 4-20　2023 年各省科普类微信公众号数量

从各部门情况看，2023 年科普类微博建设数量最多的部门是卫生健康部门（410 个），其他科普类微博建设数量较多的部门分别是气象部门（167 个）、文化和旅游部门（127 个）、生态环境部门（126 个）、科协组织（102 个）和教育部门（101 个）（图 4-21）。

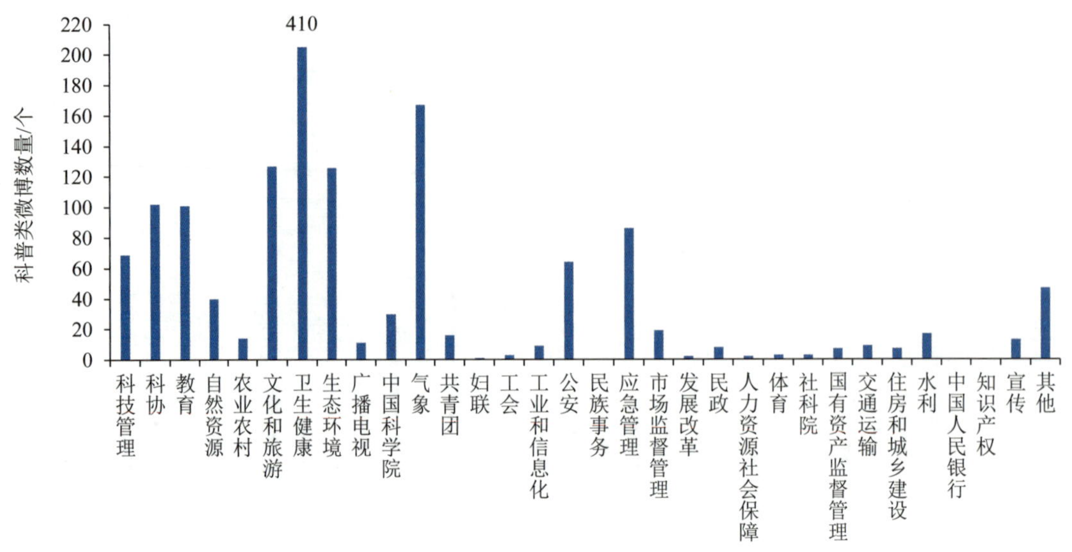

图 4-21　2023 年各部门科普类微博数量

注：卫生健康部门的科普类微博数量为图示高度数值的 2 倍。

2023 年科普类微信公众号建设数量最多的部门是卫生健康部门(3773 个)，其他科普类微信公众号建设数量较多的部门分别是教育部门（1429 个）、科协组织（791 个）、科技管理部门（545 个）、自然资源部门（388 个）及文化和旅游部门（379 个）（图 4-22）。

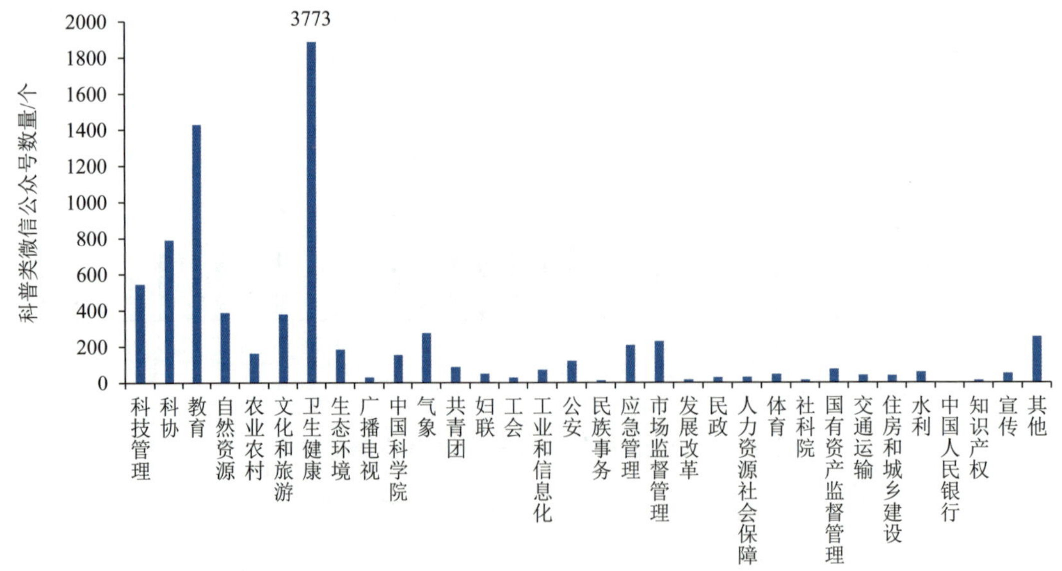

图 4-22　2023 年各部门科普类微信公众号数量

注：卫生健康部门建设的科普类微信公众号数量为图示高度数值的 2 倍。

4.4.3 网络科普视频

网络科普视频作为一种近年来新兴的科普形式，广泛发布于科普网站、网络电视、腾讯视频、微博视频、抖音、快手、B 站、小红书、微信视频号等各大网络平台。这些视频通过动画、实景拍摄、解说等多种表现手法，生动直观地展示科普知识，帮助观众更轻松地理解复杂的概念和信息。

根据 2024 年中国互联网络信息中心（CNNIC）发布的《第 53 次中国互联网络发展状况统计报告》，截至 2023 年 12 月，中国网络视频用户规模为 10.67 亿人，较 2022 年 12 月增长 3613 万人，占网民整体的 97.7%。其中，短视频用户规模为 10.53 亿人，较 2022 年 12 月增长 4145 万人，占网民整体的 96.4%。短视频凭借其短小精悍、易于传播的特点成为网络传媒中的热门传播媒介。

2023 年，全国各单位共发布 55.28 万个网络科普视频，播放量为 280.04 亿次。其中，发布数量最多的部门是卫生健康部门，发布数量超 15 万个，其次为科协组织和教育部门，发布数量均超过 5 万个。其他发布数量较多的部门还有广播电视部门、气象部门、宣传部门、农业农村部门、文化和旅游部门及公安部门，发布数量均超过 2 万个。

网络科普视频播放量最多的部门是气象部门，其次是卫生健康部门，播放量均在 40 亿次以上。超过 10 亿次播放量的部门还有科协组织、公安部门、宣传部门、广播电视部门、应急管理部门、市场监督管理部门。

5　科普活动

科普活动是促进公众理解科学的重要载体，科普活动主要包括科技活动周，科普（技）讲座，科普（技）展览，科普（技）竞赛，青少年科普，科研机构、大学向社会开放情况，科普国际交流，实用技术培训和重大科普活动。

2023 年全国各地各相关部门和机构积极举办各类科普活动，采取线上和线下相结合的形式，活动覆盖面广、内容丰富、形式多样、可参与性强，产生了广泛的影响力。4 月，科技部、中央宣传部和中国科协联合发布了《关于举办 2023 年全国科技活动周的通知》，提出开展以“热爱科学 崇尚科学”为主题的全国科技活动周，并指出要切实发挥主流媒体和新媒体作用，加大对科技活动周的宣传报道力度，不断强化科技活动周的传播效果。5 月，中国科学院举办以“砥砺二十载•科学新征程”为主题的第二十届公众科学日活动，通过开放科研场地、开展线上直播等形式，举办了精彩纷呈的科普活动。7 月，国家体育总局办公厅发布《关于开展 2023 年“全民健身日”主题活动和“体育宣传周”相关活动的通知》，在全国范围内广泛开展全民健身活动，鼓励体育总局各项目中心及相关单位通过各种灵活多样的方式举办赛事活动，推动项目普及发展。同月，中国科协等 21 部门联合发布《关于举办 2023 年全国科普日活动的通知》，组织开展以“提升全民科学素质，助力科技自立自强”为主题的全国科普日活动。11 月，国务院食安办等 28 部门发布《关于开展 2023 年全国食品安全宣传周活动的通知》，以食品安全论坛、食育大会、媒体训练营等多种形式举办各类活动，吸引各界人士参与。

科技活动周是向公众宣传科学知识、提升国民科学素质的一项重要活动，历年来在活动举办内容和形式上不断创新，吸引众多公众参与。2023 年，科技活动周共举办线上线下科普专题活动 12.65 万次，比 2022 年增加 6.21%，其中线下举办 11.54 万次，线上举办 1.11 万次；线上线下参加人数为 4.48 亿人次，比 2022 年减少 16.74%，其中线下参加人数为 4444.58 万人次，线上参加人数为 4.04 亿人次。

全国举办线上线下科普（技）讲座 130.54 万次，比 2022 年增加 18.56%，参加人数为 19.26 亿人次，比 2022 年减少 16.94%；举办线上线下科普（技）展览 10.75 万次，比 2022 年增加 10.84%，参观人数为 5.14 亿人次，比 2022 年增加 123.44%；举办线上线下科普（技）竞赛 4.13 万次，比 2022 年增加 7.31%，参加人数为 5.66 亿人次，比 2022 年增加 79.69%。

全国科研机构、大学开放单位数量为 8391 个，比 2022 年增加 29.95%；参观人数为 1964.17 万人次，比 2022 年增长 21.62%。

科普国际交流线上线下共举办 1315 次，比 2022 年增加 95.10%；参加人数为 1150.76 万人次，比 2022 年减少 48.73%。

各地举办青少年科技夏（冬）令营活动 2.69 万次，比 2022 年增加 288.81%，参加人数为 147.13 万人次，比 2022 年减少 7.36%；青少年科技兴趣小组成立数量为 12.74 万个，比 2022 年减少 5.94%，参加人数为 877.33 万人次，比 2022 年增加 1.65%。

全国实用技术培训共举办 34.89 万次，吸引 3378.74 万人次参加，举办次数和参加人数分别比 2022 年减少 3.99%和 6.02%。

全国开展线下 1000 人次及以上或线上 100 万人次及以上规模的重大科普活动 1.13 万次，比 2022 年增加 4.13%。

5.1 科技活动周

科技活动周是中国政府于 2001 年批准设立的大规模群众性科学技术活动。根据国务院批复，每年 5 月的第 3 周为“科技活动周”，由科技部会同党中央、国务院有关部门和单位组成科技活动周组委会，同期在全国范围内组织实施。科技活动周围绕科技创新和经济社会发展热点及群众关心的焦点，通过举办一系列丰富多彩、形式多样的群众性科普活动，让公众在参与中感受科技的魅力，促进公众理解科学、支持科技创新。科技活动周作为全国公众参与度最高、覆盖面最广、社会影响力最大的品牌科普活动，是推动全国科普工作的标志性活动和重要载体。

2023 年是全面贯彻党的二十大精神的开局之年，是实施“十四五”规划承上启下的关键之年。为落实习近平总书记关于科技创新的重要论述，加强国家科普能力建设，深入实施全民科学素质行动，大力弘扬科学家精神，树立热爱科学、崇尚科学的社会风尚，科技部、中央宣传部、中国科协共同主办了2023年全国科技活动周。

2023年科技活动周的主题是“热爱科学 崇尚科学”。主要内容如下。

①突出宣传党的二十大精神。各地方各部门要广泛宣传习近平总书记高瞻远瞩、统揽全局的战略思想，以及对科技创新的战略擘画，重点宣传党的二十大关于“加快实现高水平科技自立自强”的战略部署。要以线上线下多渠道宣传新时代十年以来在以习近平同志为核心的党中央坚强领导下，我国取得的科技体制改革创新、重大科技创新成果等内容。

②深入宣传中共中央办公厅、国务院办公厅印发的《关于新时代进一步加强科学技术普及工作的意见》（以下简称《意见》）精神。各地方各部门要通过全国科技活动周广泛宣传《意见》精神和内涵，坚持把科学普及放在与科技创新同等重要的位置，强化全社会科普责任，提升科普能力和全民科学素质，推动科普全面融入经济、政治、文化、社会、生态文明建设，构建社会化协同、数字化传播、规范化建设、国际化合作的新时代科普生态。

③大力弘扬科学家精神。各地方各部门要把弘扬科学家精神融入各类科技活动，推动在全社会形成尊重知识、崇尚创新、尊重人才的浓厚氛围。要创新宣传方式和手段，采用多种形式开展科学家精神的宣传报道，强化传播效果、扩大传播范围。要积极呼吁和引导广大科技工作者发挥自身优势和专长，积极参与科普活动。各地方科技管理部门、科协要共同开展“全国科技工作者日”活动，用好科学家精神教育基地、学风传承工作室、全国科普教育基地等阵地，不断强化面向基层一线科技工作者的联系和服务举措。

④广泛开展面向公众的特色科技活动。各地方科技管理部门要强化统筹、预先部署，支持和动员相关部门因地制宜开展特色科普活动，同步组织开展金融科技周、农业科技周、粮食和物资储备科技周、职业教育活动周、公众科学日、气象科技周、林草科技周、交通运输科技周等活动。要广泛开展面向基层的特色活动，组织广大科技工作者和科普工作者，深入田间地头、厂矿企业、社区农村、中小学校开展形式多样的科普服务活动。要重点面向青少年开展形式多样的科普活动，不断激发青少年的好奇心、想象力、探求欲。

2023年全国科技活动周暨北京科技周启动式5月20日在北京举办。科技部组织开展科学之夜、科技列车行、全国科普讲解大赛、全国科普微视频大赛、全国科学实验展演汇演、全国优秀科普作品推荐、科普援藏、全国优秀科普展品巡展暨流动科技馆进基层、科普进校园、“全国中小学生创·造活动”、“一带一路”科普活动等重大科普示范活动。各部门、各地方根据自身优势和特点，举办各具特色的群众性科技活动。相关部门组织开展“科研机构、大学向社会开放”“科学使者进社区（农村、企业、学校、军营）”等活动。部队举办“军营开放”等活动。各地方同步举办具有区域优势和特点的群众性科技活动。积极开展港澳科普活动。科技部联动相关部门、地方开展“轮值主场”活动，以人工智能、生物多样性、碳中和碳达峰、航天科技、海洋科技等为主题，组织开展特色科普活动。

2023年，北京科技周主场展览设在北京城市绿心森林公园活力汇室内和室外空间。室内重点展示人工智能、生物技术、“双碳”科技等国家重大科技创新成就，以及全国科普工作联席会议成员单位特色科技成果、北京市优秀科创成果。场外重点展示公众能够充分体验互动的特色科普成果，配合开展以生物安全为重点的国家安全教育。

科技活动周

根据《国务院关于同意设立“科技活动周”的批复》（国函〔2001〕30号），自2001年起，每年5月的第3周为“科技活动周”，在全国开展多系列、多层次的群众性科学技术活动。2001—2023年，科技活动周已成功举办了23届，已经成为集中宣传党和国家科技方针政策的重要阵地，集中展示我国最新科技成果的重要平台，以及政府部门与社会各界共同推动科普工作的重要载体。

全国科技活动周主题

2001年——科技在我身边
2002年——科技创造未来
2003年——依靠科学，战胜非典
2004年——科技以人为本，全面建设小康
2005年——科技以人为本，全面建设小康
2006年——携手建设创新型国家
2007年——携手建设创新型国家

2008 年——携手建设创新型国家
2009 年——携手建设创新型国家
2010 年——携手建设创新型国家
2011 年——携手建设创新型国家
2012 年——携手建设创新型国家
2013 年——科技创新•美好生活
2014 年——科学生活　创新圆梦
2015 年——创新创业　科技惠民
2016 年——创新引领　共享发展
2017 年——科技强国　创新圆梦
2018 年——科技创新　强国富民
2019 年——科技强国　科普惠民
2020 年——科技战疫　创新强国
2021 年——百年回望：中国共产党领导科技发展
2022 年——走进科技，你我同行
2023 年——热爱科学　崇尚科学

5.1.1 科普专题活动

2023 年全国科技活动周期间，共举办科普专题活动 12.65 万次，比 2022 年增加 6.21%；参加科技活动周的公众达 4.48 亿人次，比 2022 年减少 16.74%；2023 年全国科技活动周每万人口参加人数为 3180 人次，比 2022 年减少 16.61%（表 5-1）。

表 5-1　2021—2023 年全国科技活动周主要指标

指标	2021 年	2022 年	2023 年	2022—2023 年增长率
科普专题活动举办次数/次	111563	119059	126454	6.21%
参加人数/万人次	59287.24	53836.43	44826.15	-16.74%
每万人口参加人数/人次	4197	3813	3180	-16.61%

从地区来看，东部地区举办科技活动周科普专题活动 5.68 万次，继续保持领先，其中线下举办 5.14 万次，线上举办 5404 次；中部地区举办科技活动周科普专题活动 2.60 万次，其中线下举办 2.39 万次，线上举办 2090 次；西部地区举办科技活动周科普专题活动 4.37 万次，其中线下举办 4.01 万次，线上举办 3569 次（图 5-1）。2023 年东部、中部、西部地区举办科技活动周科普专题活

动次数分别占全国总次数的44.89%、20.57%和34.54%，科技活动周科普专题活动举办次数分别比2022年增加10.19%、7.65%和0.68%。

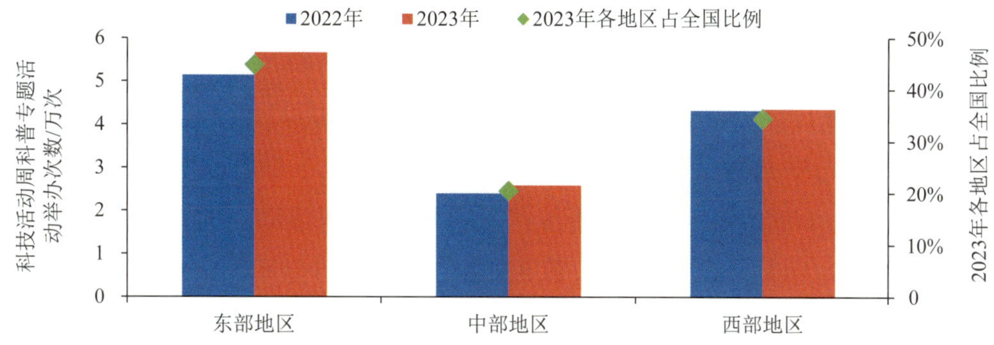

图 5-1 2022 年和 2023 年东部、中部和西部地区科技活动周科普专题活动举办次数及 2023 年占比

2023年，东部地区科技活动周参加人数继续保持领先地位，其次是西部地区，之后是中部地区。东部地区科技活动周科普专题活动参加人数为3.70亿人次，占全国科技活动周科普专题活动参加人数的82.45%，其中线下参加人数为1845.10万人次，线上参加人数为3.51亿人次；西部地区科技活动周参加人数为4527.28万人次，占全国科技活动周参加人数的10.10%，其中线下参加人数为1621.41万人次，线上参加人数为2905.86万人次；中部地区科技活动周参加人数为3340.55万人次，占全国科技活动周参加人数的7.45%，其中线下参加人数为978.07万人次，线上参加人数为2362.48万人次（图5-2）。与2022年相比，3个地区活动参加人数均有所下降。其中，西部地区降幅最大，比2022年下降28.19%，东部和中部地区分别下降15.45%和12.53%。

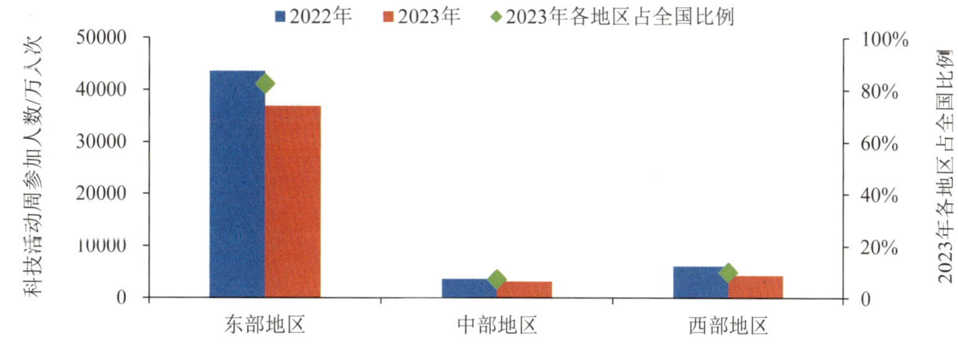

图 5-2 2022 年和 2023 年东部、中部和西部地区科技活动周参加人数及 2023 年占比

从部门来看，教育、科协、科技管理和卫生健康4个部门组织开展科技活动周科普专题活动次数均超过1万次，合计占全国科普专题活动总次数的62.08%。教育部门举办科普专题活动2.89万次，处于领先，线下举办次数为2.60万次，线上举办次数为2936次；科协组织和科技管理部门举办次数相近；科协组织举办科普专题活动1.87万次，其中线下举办次数为1.79万次，线上举办次数为748次；科技管理部门举办科普专题活动1.77万次，其中线下举办次数为1.67万次，线上举办次数为1005次；卫生健康部门举办科普专题活动1.32万次，其中线下举办次数为1.19万次，线上举办次数为1235次（图5-3）。

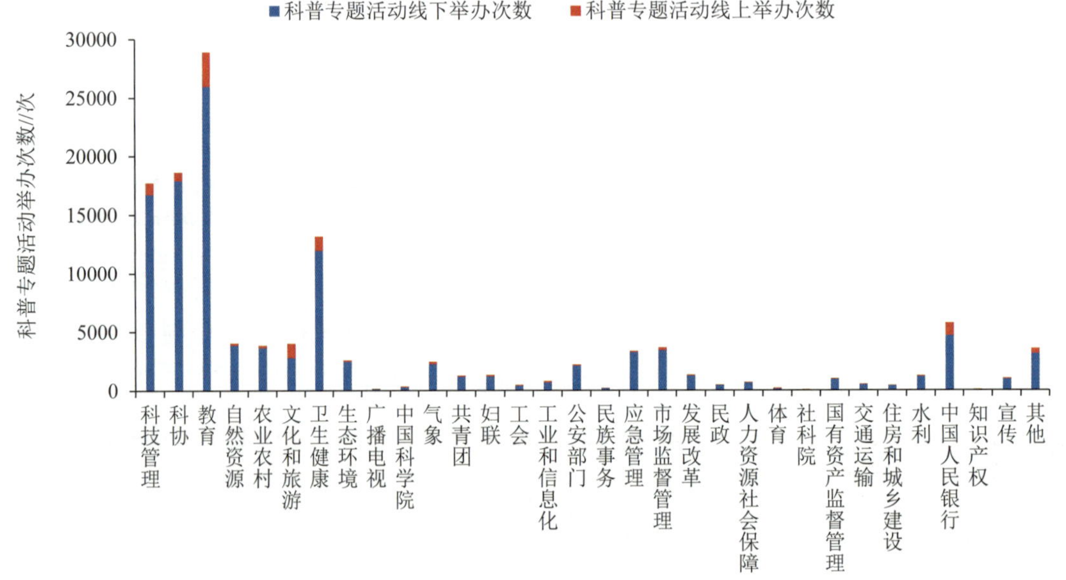

图5-3 2023年各部门科技活动周科普专题活动举办次数

2023年气象部门和科技管理部门组织开展的科技活动周科普专题活动参加人数表现亮眼，均超过6000万人次（图5-4）。气象部门总参加人数为8234.47万人次，其中线下参加人数为59.43万人次，线上参加人数为8175.05万人次。例如，中国气象局直属企业华风气象传媒集团联合多家单位发起“守护行动”碳中和科普活动，线上参加人数超过7500万人次。科技管理部门总参加人数为6776.42万人次，其中线下参加人数为507.67万人次，线上参加人数为6268.74万人次。例如，福建省科技厅举办的“2023年福建科技活动周主场活动暨启动仪式”“探秘海洋世界”等线上专题直播活动，共吸引超过400万人次观看。从线下参加人数来看，教育部门吸引的线下参加人数最多。2023年教育部门总参加人数为 1997.86 万人次，线下参与 1375.84 万人次，是唯一一个线下参加人数超 1000 万人次的部门。例如，上海市 288 所高中阶段学校组织学生前往中国兵器博览馆参加轻武器射击、枪械解析等国防科普活动，超过 32 万人次参加。此外，其他部门中包含社科联、企业等众多不同性质的单位，科技活动周科普专题活动总参加人数展现出一定优势，如北京市社会科学界联合会举办的“2023 北京社会科学普及周”活动，线上参加人数达到 1.34 亿人次。

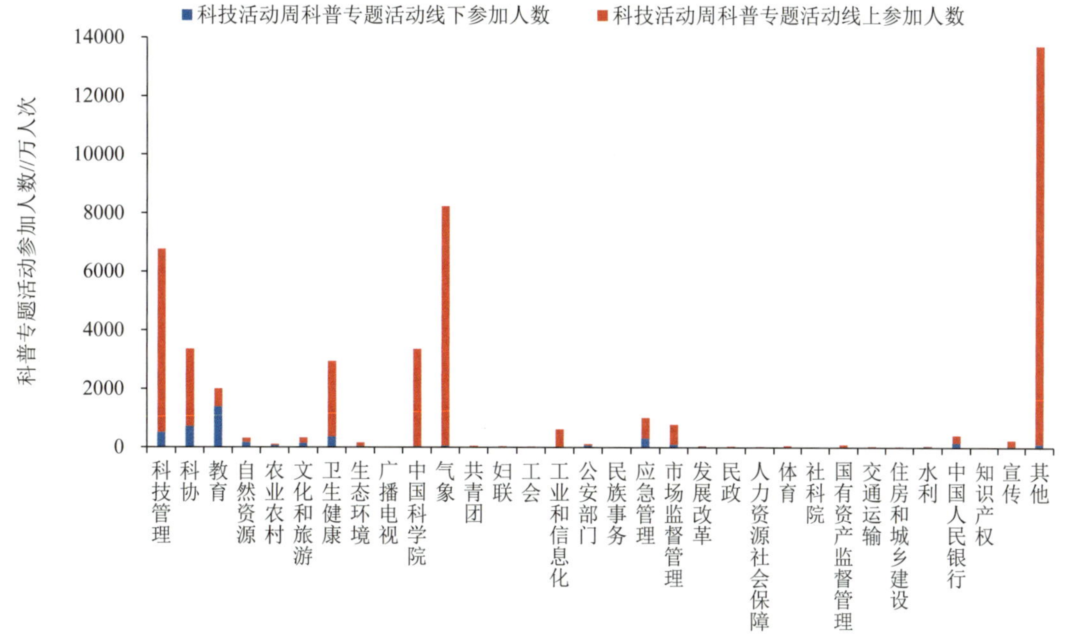

图 5-4　2023 年各部门科技活动周科普专题活动参加人数

从行政级别来看，级别越高举办科普专题活动的次数越少。2023 年中央部门级单位举办科普专题活动 3332 次，其中线下举办 2545 次，线上举办 787 次；省级单位举办科普专题活动 1.88 万次，其中线下举办 1.59 万次，线上举办 2856 次；地市级单位举办科普专题活动 3.53 万次，其中线下举办 3.16 万次，线上举办 3693 次；县级单位举办科普专题活动 6.90 万次，其中线下举办 6.53 万次，线上举办 3727 次。从参加人数来看，省级单位科普专题活动参加人数最多，在 2 亿人次以上。其次是中央部门级，参加人数为 1.19 亿人次。地市级和县级参加人数分别为 9006.39 万人次和 2788.04 万人次（图 5-5）。

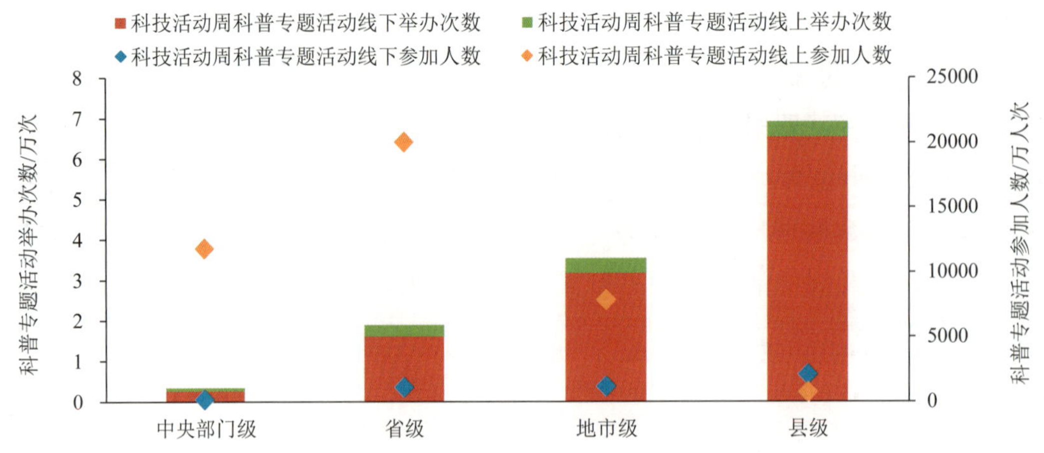

图 5-5　2023 年各级别科技活动周科普专题活动举办次数和参加人数

从各省来看，科技活动周科普专题活动举办次数较多的省和参加人数较多的省之间存在较大差异。科普专题活动举办次数居前 5 位的省分别是江苏、广东、新疆、天津和上海，举办次数均在 6000 次以上，合计占全国科普专题活动举办总次数的 30.81%。江苏举办科普专题活动 9060 次，其中线下举办 8668 次，线上举办 392 次；广东举办科普专题活动 8152 次，其中线下举办 7292 次，线上举办 860 次；新疆举办科普专题活动 8003 次，其中线下举办 7700 次，线上举办 303 次；天津举办科普专题活动 7723 次，其中线下举办 7005 次，线上举办 718 次；上海举办科普专题活动 6022 次，其中线下举办 5267 次，线上举办 755 次（图 5-6）。

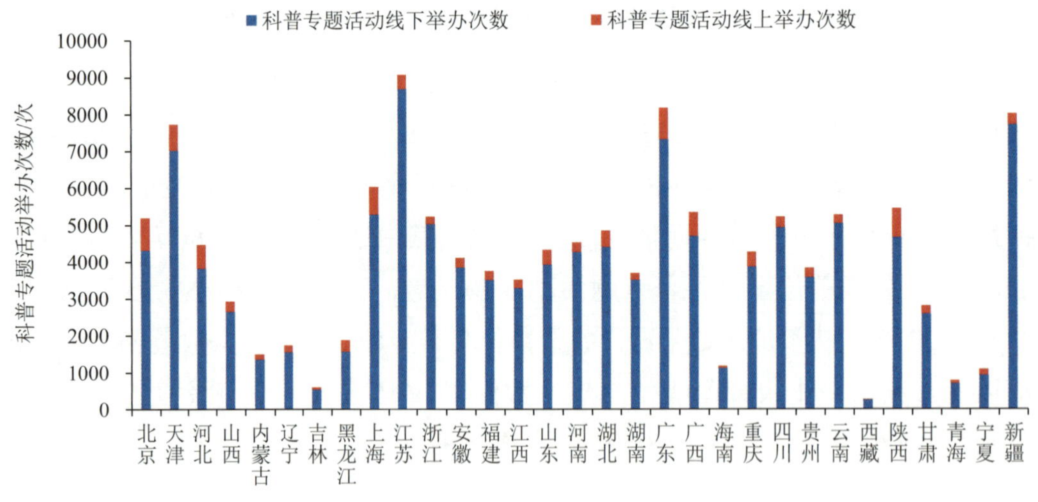

图 5-6　2023 年各省科技活动周科普专题活动举办次数

科技活动周科普专题活动参加人数居前 4 位的省分别是北京、广东、重庆和上海，参加人数均在 2000 万人次以上，合计参加人数占全国科普专题活动参加总人数的 79.43%。北京参加人数为 2.48 亿人次，是唯一一个参加人数超 1 亿人次的省，其中线下参加人数为 183.01 万人次，线上参加人数为 24622.26 万人次。广东科普专题活动参加人数为 6416.88 万人次，居全国第 2 位，其中线下参加人数为 307.84 万人次，线上参加人数为 6109.04 万人次；重庆科普专题活动参加人数为 2337.54 万人次，其中线下参加人数为 385.90 万人次，线上参加人数为 1951.63 万人次；上海科普专题活动参加人数为 2046.58 万人次，其中线下参加人数为 279.22 万人次，线上参加人数为 1767.36 万人次。湖南和湖北科普专题活动参加人次相近，分别为 1089.55 万人次和 1071.36 万人次。其他 25 个省的科普专题活动参加人数均在 1000 万人次以下（图 5-7）。

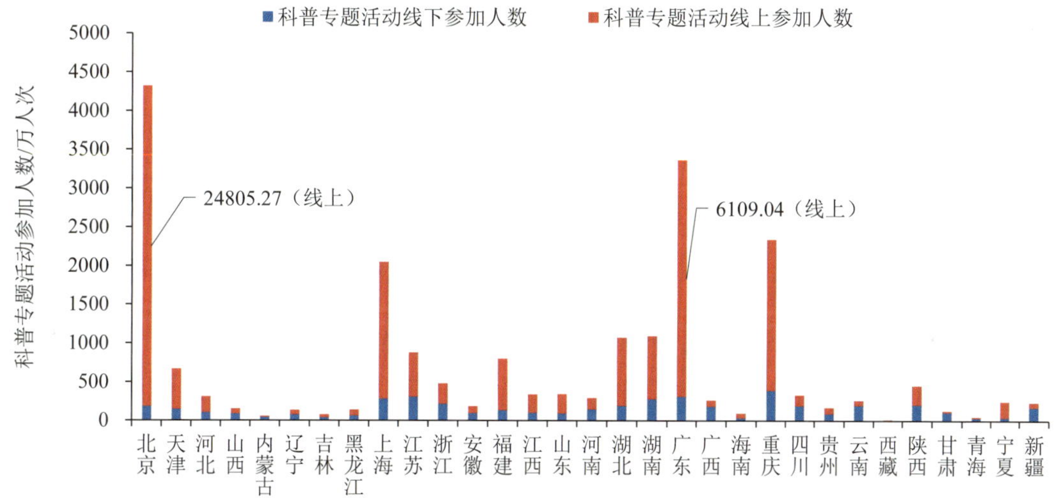

图 5-7 2023 年各省科技活动周科普专题活动参加人数

注：北京在科技活动周期间科普专题活动线上参加人数为图示高度数值的 6 倍，广东在科技活动周期间科普专题活动线上参加人数为图示高度数值的 2 倍。

5.1.2 科技活动周经费

2023 年全国科技活动周经费支出总额达 4.35 亿元，比 2022 年增加 19.26%。从地区来看，东部地区科技活动周经费支出最高，为 2.05 亿元，比 2022 年增加 26.15%，约占全国科技活动周经费支出总额的一半（47.24%）；西部和中部地区科技活动周经费支出相近，分别为 1.24 亿元和 1.05 亿元（图 5-8），分别占全国科技活动周经费支出总额的 28.59% 和 24.17%，比 2022 年分别增加 7.71% 和 21.72%。

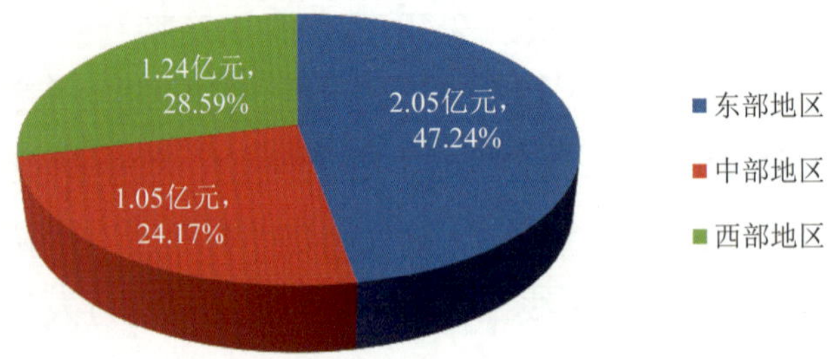

图 5-8　2023 年东部、中部和西部地区科技活动周经费支出及占比

从各省来看，广东和北京科技活动周经费支出处于领先地位，分别为 4632.11 万元和 4436.58 万元；湖南以 3469.28 万元的科技活动周经费支出居第 3 位；上海和重庆的科技活动周经费支出较为接近，分别为 2414.79 万元和 2162.40 万元。其他 26 个省的科技活动周经费支出均在 2000 万元以下（图 5-9）。

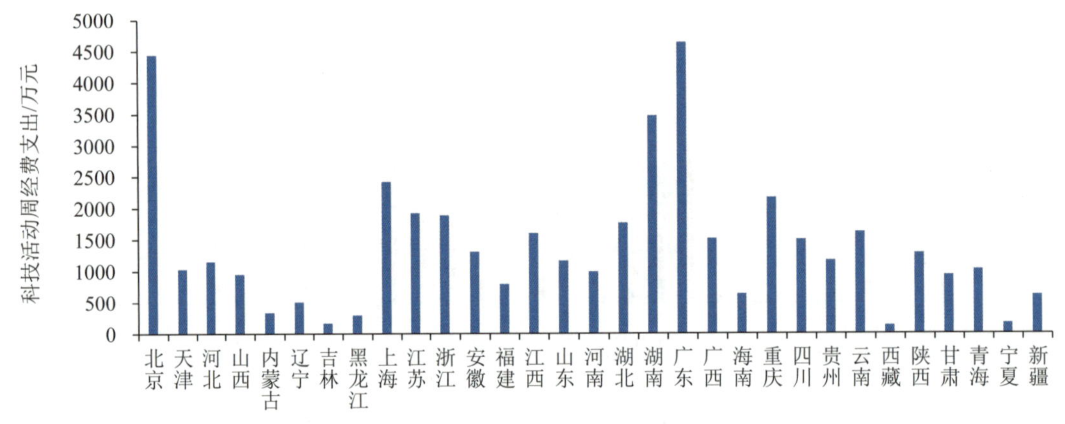

图 5-9　2023 年各省科技活动周经费支出

从部门来看，科技活动周经费支出居前 3 位的部门分别是科技管理、教育和科协，合计占全国科技活动周经费支出总额的 59.85%。其中，科技管理部门是科技活动周经费支出唯一一个超 1 亿元的部门，达 1.12 亿元。其次是教育部门，科技活动周经费支出为 9438.05 万元。科协组织以 5383.91 万元的经费支出排在第 3 位。此外，卫生健康、文化和旅游、自然资源、农业农村、市场监督管理和国有资产监督管理 6 个部门科技活动周经费支出介于 1000 万～2500 万元，其他部门均在 1000 万元以下（图 5-10）。

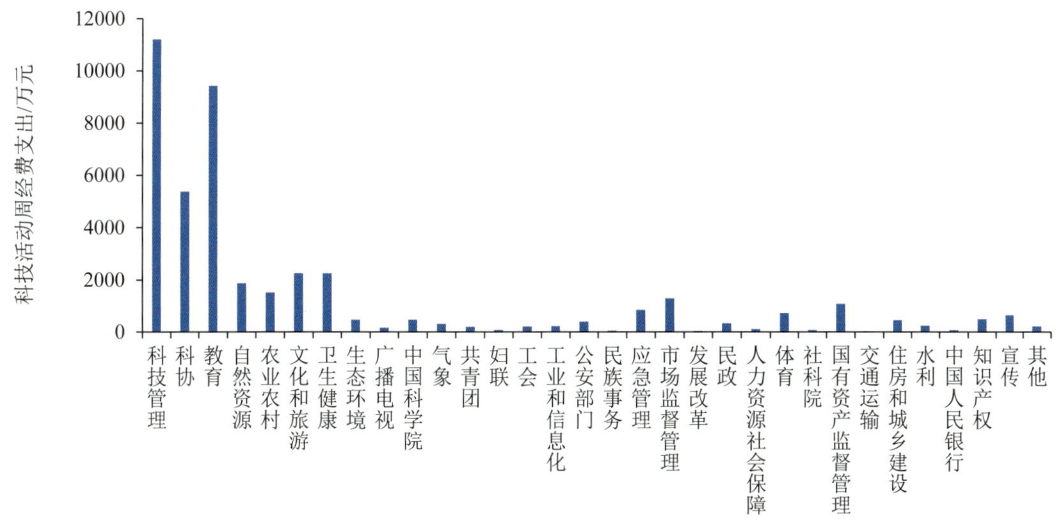

图 5-10　2023 年各部门科技活动周经费支出

从行政级别来看，地市级和县级单位科技活动周经费支出相对较高，分别为 1.55 亿元和 1.51 亿元，分别占全国科技活动周经费支出总额的 35.60%和 34.66%（图 5-11）。其次是省级单位，科技活动周经费支出 1.11 亿元，占全国科技活动周经费支出总额的 25.43%。中央部门级单位科技活动周经费支出最少，为 1870.83 万元，占全国科技活动周经费支出总额的 4.3%，但比 2022 年增加 64.72%，增长率最高。

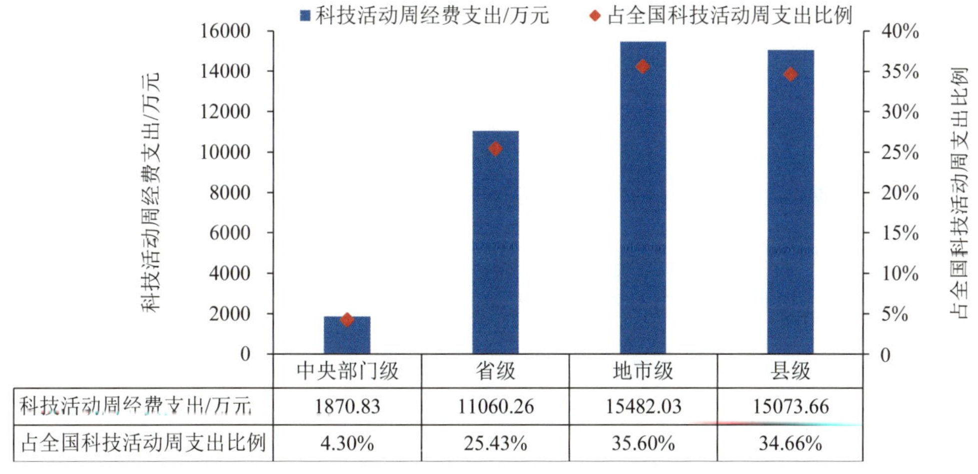

	中央部门级	省级	地市级	县级
科技活动周经费支出/万元	1870.83	11060.26	15482.03	15073.66
占全国科技活动周支出比例	4.30%	25.43%	35.60%	34.66%

图 5-11　2023 年各级别科技活动周经费支出及占比

2023 年全国科技活动周人均经费支出为 0.31 元。北京、青海、上海等 13 个省的科技活动周人均经费支出高于全国水平，且北京和青海的领先优势明显，科技活动周人均经费支出分别为 2.03 元和 1.72 元。其他 29 个省的科技活动周人均经费支出均在 1 元以下（图 5-12）。

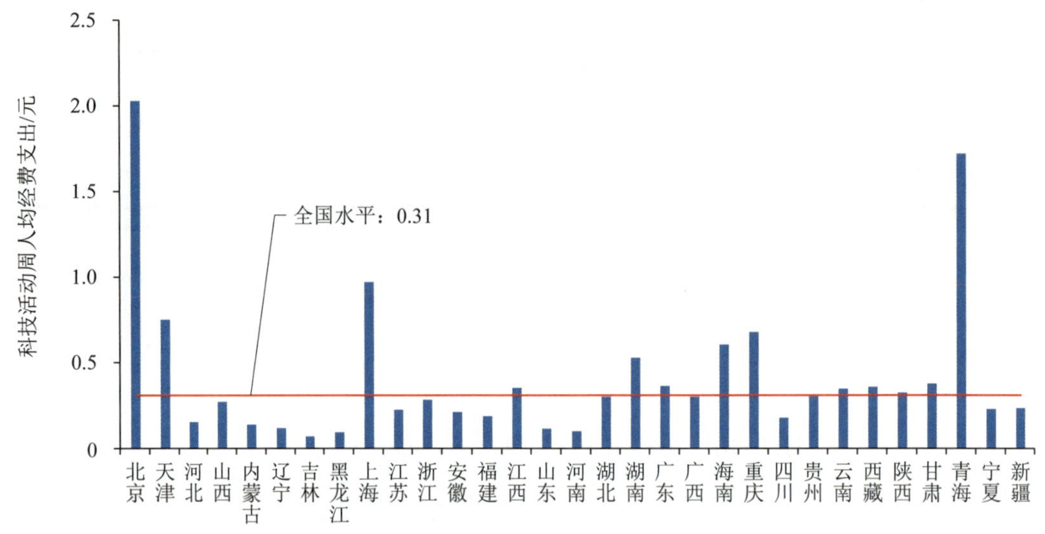

图 5-12　2023 年各省科技活动周人均经费支出

5.2　科普（技）讲座、展览和竞赛

5.2.1　整体概况

2023 年，全国共开展科普（技）讲座、展览和竞赛 3 类科普活动 145.42 万次，比 2022 年增加 17.61%，其中线下举办次数为 134.50 万次，线上举办次数为 10.92 万次；参加人数达 30.06 亿人次，比 2022 年增加 4.95%，其中线下参加人数为 3.63 亿人次，线上参加人数为 26.42 亿人次。

在 3 类科普活动中，科普（技）讲座举办次数最多，达 130.54 万次，占 3 类科普活动举办总次数的 89.77%，其中线下举办次数为 120.96 万次，线上举办次数为 9.58 万次。共吸引 19.26 亿人次参加，占 3 类科普活动参加人数的 64.09%，其中线下参加人数为 1.40 亿人次，线上参加人数为 17.86 亿人次。科普（技）展览举办次数次之，为 10.75 万次，占 3 类科普活动举办总次数的 7.39%，其中线下举办次数为 9.94 万次，线上举办次数为 8111 次。共吸引 5.14 亿人次参观，占 3 类科普活动参加人数的 17.08%，其中线下参观人数为 2.04 亿人次，线上参观人数为 3.10 亿人次。科普（技）竞赛举办次数最少，为 4.13 万次，占 3 类科普活动举办总次数的 2.84%，其中线下举办次数为 3.60 万次，线上举办次数为 5327

次。共吸引 5.66 亿人次参加，占 3 类科普活动参加人数的 18.82%，其中线下参加人数为 1948.52 万人次，线上参加人数为 5.46 亿人次（表 5–2）。

表 5–2 2021—2023 年科普（技）讲座、展览和竞赛开展情况

活动类型	举办次数/万次			参加人数/亿人次		
	2021 年	2022 年	2023 年	2021 年	2022 年	2023 年
科普（技）讲座	103.82	110.10	130.54	33.80	23.19	19.26
科普（技）展览	10.07	9.70	10.75	2.05	2.30	5.14
科普（技）竞赛	3.68	3.85	4.13	7.26	3.15	5.66

除科普（技）讲座外，科普（技）展览和科普（技）竞赛每场科普活动平均参加人数均呈现上升趋势。2023 年，科普（技）讲座平均每场参加人数为 1476 人次，比 2022 年减少 631 人次；科普（技）展览平均每场参观人数为 4777 人次，比 2022 年增加 2407 人次；科普（技）竞赛活动平均每场参加人数为 1.37 万人次，比 2022 年增加 5518 人次。

5.2.2 科普（技）讲座

2023 年全国科普（技）讲座举办次数比 2022 年有所增长，但参加人数有所下降，主要表现为线下举办次数和参加人数增长，线上举办次数和参加人数减少。共举办科普（技）讲座 130.54 万次，比 2022 年增加 20.44 万次，增幅为 18.56%，其中线下举办 120.96 万次，增幅为 25.76%，线上举办 9.58 万次，降幅为 31.18%；参加人数为 19.26 亿人次，比 2022 年降低 3.93 亿人次，降幅为 16.94%，其中线下参加人数为 1.40 亿人次，增幅为 38.87%，线上参加人数为 17.86 亿人次，降幅为 19.48%。科普（技）讲座全国每万人口参加人数为 1.37 万人次，比 2022 年降低 16.82%。

从部门来看，举办科普（技）讲座次数居前 3 位的部门分别是卫生健康、科协和教育，这 3 个部门的讲座次数均在 10 万次以上。卫生健康部门举办的线上、线下科普（技）讲座次数均居首位，共举办 54.20 万次，占全国总次数的 41.52%，其中线下举办次数为 50.61 万次，线上举办次数为 3.59 万次。科协组织举办科普（技）讲座 15.50 万次，占全国总次数的 11.87%，其中线下举办次数为 14.85 万次，线上举办次数为 6540 次。教育部门举办科普（技）讲座 12.74 万次，占全国总次数的 9.76%，其中线下举办次数为 11.23 万次，线上举办次数为 1.51 万

次。科技管理和农业农村 2 个部门举办次数接近，分别为 7.50 万次和 7.10 万次。其他 27 个部门的举办次数均在 5 万次以下（图 5-13）。

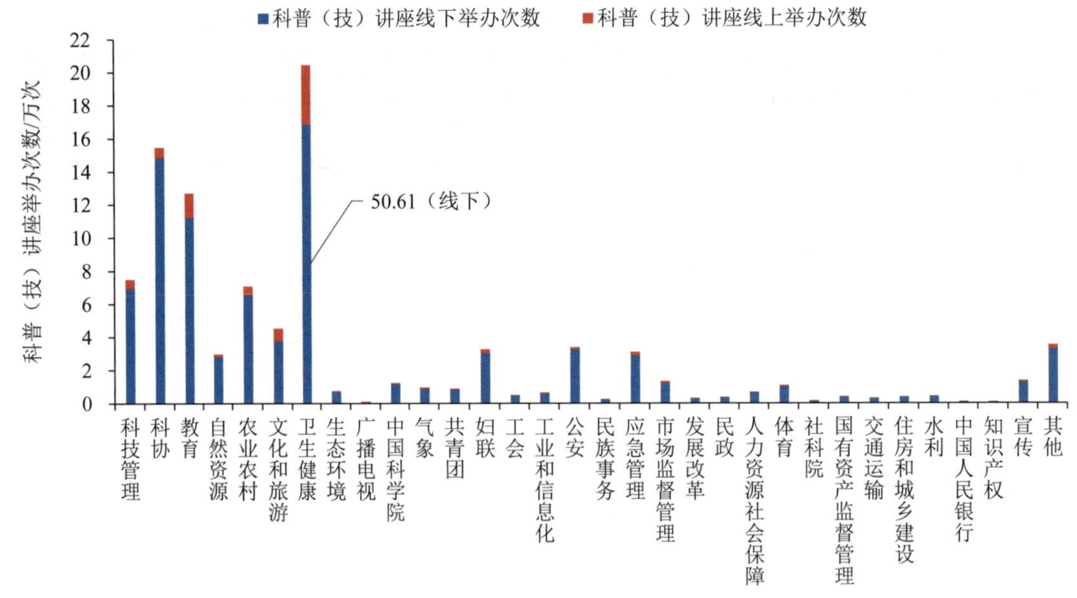

图 5-13 2023 年各部门科普（技）讲座举办次数

注：卫生健康部门线下科普（技）讲座举办次数为图示高度数值的 3 倍。

科普（技）讲座参加人数居前 5 位的部门分别是卫生健康、科协、体育、中国科学院和教育，参加人数均在 1 亿人次以上。卫生健康部门和科协组织的科普（技）讲座参加人数领先优势明显，分别为 3.71 亿人次和 3.22 亿人次，合计占全国参加总人数的 36.01%。体育部门科普（技）讲座参加人数为 2.71 亿人次，以线上参加为主，线下参加人数仅 61.70 万人次，其中国家体育总局体育科学研究所举办的以“科学减脂”“体姿改善”“近视防控”“心理健康”为主题的线上直播讲座，共吸引 2.35 亿人次参与。中国科学院系统科普（技）讲座的参加人数为 1.79 亿人次，线下参加人数为 117.31 万人次，线上参加人数为 1.78 亿人次。教育部门科普（技）讲座参加人数为 1.45 亿人次，线下参加人数为 2169.37 万人次，线上参加人数为 1.23 亿人次。其他 27 个部门的科普（技）讲座参加人数均在 8000 万人次以下（图 5-14）。

从各省来看，举办科普（技）讲座居前 2 位的省是广东和浙江，分别举办 11.22 万次和 10.99 万次，领先优势明显。其中，广东举办次数比 2022 年（6.10 万次）增加 83.95%，增幅较大。主要是举办的线下科普（技）讲座（10.24 万次）比 2022

年（5.00 万次）增加超 1 倍，其中，东莞市卫生健康局、东莞市消防救援支队、深圳市卫生健康委员会和宝安区卫生健康局线下举办科普（技）讲座次数均在 2000 次以上。其次是四川和新疆，分别举办 7.45 万次和 7.29 万次。江苏、山东、北京、上海、云南、河南、湖北和重庆 8 个省举办科普（技）讲座次数介于 5 万～7 万次。其他 19 个省举办科普（技）讲座次数均在 4 万次以下（图 5-15）。

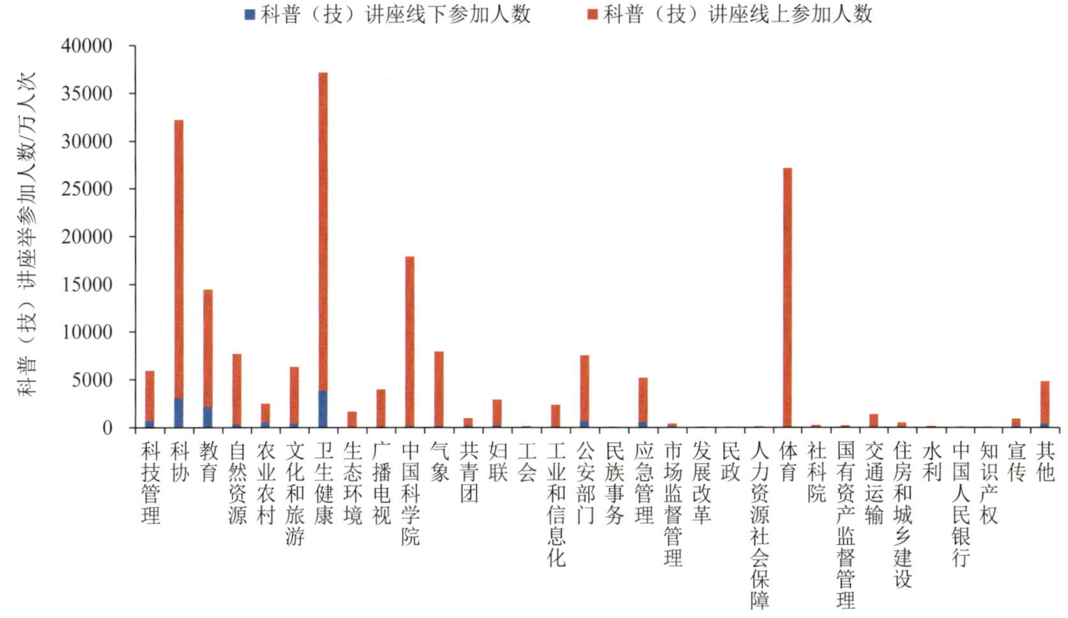

图 5-14　2023 年各部门科普（技）讲座参加人数

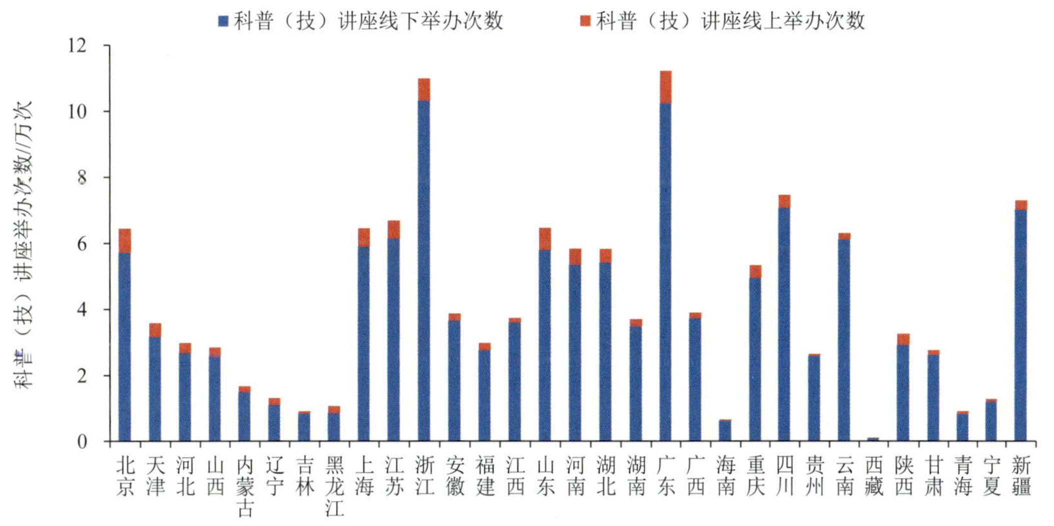

图 5-15　2023 年各省科普（技）讲座举办次数

科普（技）讲座参加人数居前 5 位的省分别是北京、广东、上海、湖南和浙江（图 5-16），这 5 个省参加人数均在 1 亿人次以上，5 个省参加人数加和占全国参加总人数的 67.47%。北京科普（技）讲座参加人数领先其他省，达 7.21 亿人次，其中线上参加人数为 7.13 亿人次，占其总参加人数的 98.88%。例如，国家体育总局体育科学研究所举办的以“科学减脂”“体姿改善”“近视防控”“心理健康”为主题的线上直播讲座，吸引 2.35 亿人次参与；中国科学院物理研究所举办的“科学公开课”线上讲座，吸引 7000 万人次参与；北京科学中心（北京青少年科技中心）举办的“院士专家讲科学”系列线上讲座，吸引超 6500 万人次参与。广东科普（技）讲座参加人数为 1.92 亿人次，排第 2 位。上海、湖南和浙江的参加人数介于 1.2 亿～1.4 亿人次。其他 26 个省的科普（技）讲座的参加人数均在 9000 万人次以下。从增长率来看，江西 2022—2023 年科普（技）讲座参加人数增长率超过 400%，居全国首位，2023 年共吸引 5673.72 万人次参加，主要是参加线上科普（技）讲座的人数大幅增加。例如，赣州市章贡区妇女联合会举办的家庭教育主题相关线上讲座，吸引了超 2300 万人次参加；江西武夷山国家级自然保护区管理局联合江西广播电视台都市频道举办的“江西有座武夷山”“全国生态日”大型融媒体直播讲座，共吸引 2100 万人次观看。

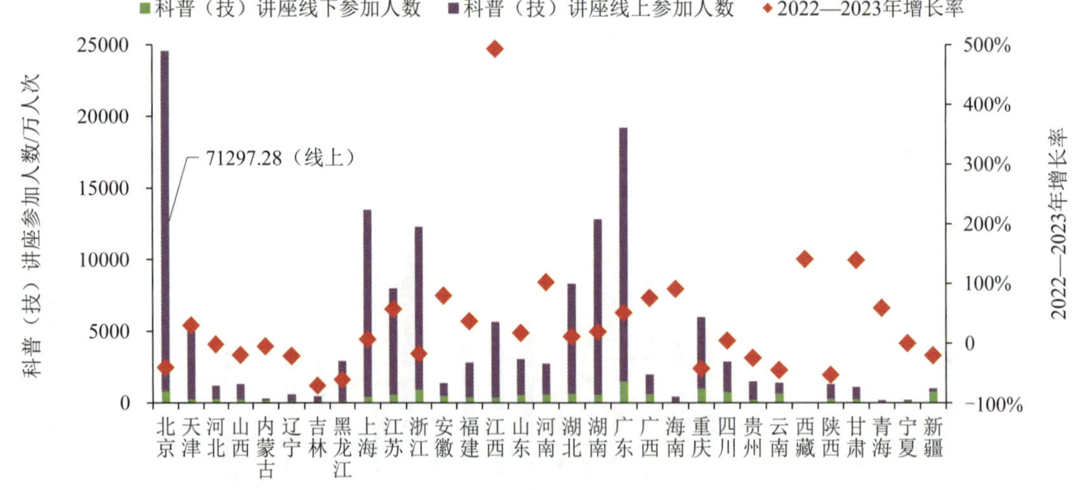

图 5-16　2023 年各省科普（技）讲座参加人数及增长率

注：北京科普（技）讲座线上参加人数为图示高度数值的 3 倍。

5.2.3 科普（技）展览

2023 年全国科普（技）展览的举办次数和参观人数较 2022 年均有所增加。科普（技）展览举办次数为 10.75 万次，比 2022 年增加 10.84%，其中线下举办次数为 9.94 万次，线上举办次数为 8111 次；参观人数为 5.14 亿人次，比 2022 年增加 123.44%，其中线下参观人数为 2.04 亿人次，线上参观人数为 3.10 亿人次。全国科普（技）展览每万人口参观人数为 3643 人次，比 2022 年增加 123.77%。

从部门来看，举办科普（技）展览次数居前 3 位的部门分别是教育、科协及文化和旅游，这 3 个部门举办次数均在 1 万次以上，合计占全国总次数的 51.93%。教育部门举办科普（技）展览次数为 2.41 万次，继续保持领先，其中线下举办次数为 2.26 万次，线上举办次数为 1552 次；科协及文化和旅游 2 个部门分别举办科普（技）展览次数 1.83 万次和 1.35 万次。科技管理、卫生健康、自然资源和公安 4 个部门的举办次数介于 0.5 万～1 万次。其他 25 个部门的举办次数均在 5000 次以下（图 5-17）。

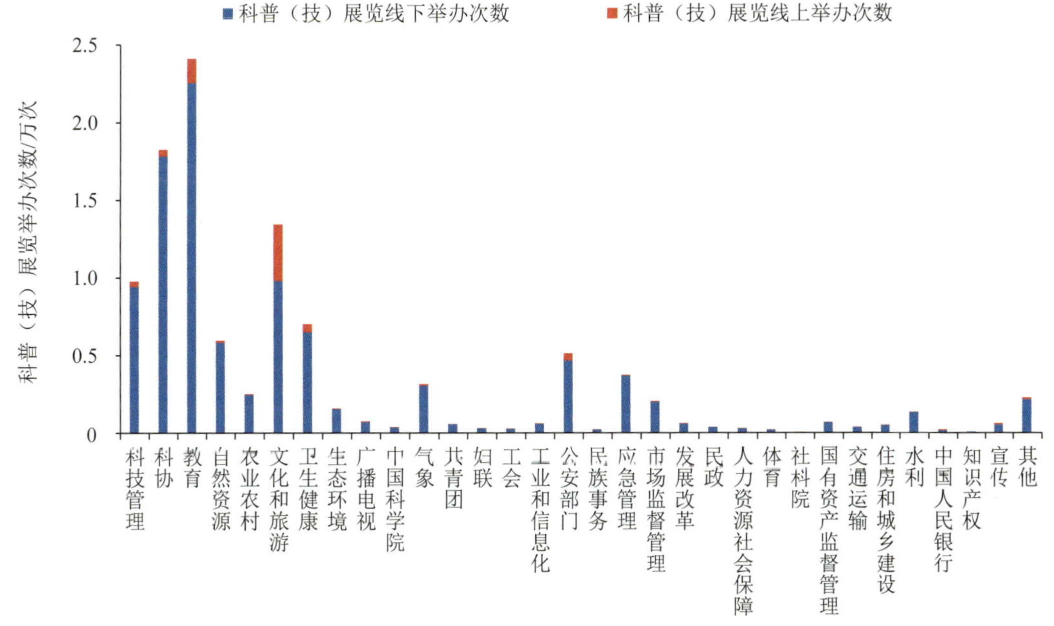

图 5-17 2023 年各部门科普（技）展览举办次数

科协组织科普（技）展览参观人数为 2.41 亿人次，是全国唯一一个参观人数超 1 亿人次的部门，占全国参观总人数的 46.96%，比 2022 年增加 474.21%，主要原因在于北京科学中心（北京青少年科技中心）和贵州省科学技术协会举办的线上科普展览吸引众多观众参与。其中，贵州省科学技术协会举办的首届贵州科技节吸引了 770 万人次线上参观。文化和旅游部门以参观人数为 7826.99 万人次，排第 2 位，88.84%为线下参观人数，如中国国家博物馆举办的“新中国首座大型低速回流风洞”“科技的力量”等线下展览吸引超 670 万人次参观；广东省博物馆（广州鲁迅纪念馆）举办的“小昆虫　大世界—精美昆虫标本展”“本草拾趣”等线下展览吸引超 460 万人次参观；自贡恐龙博物馆、天津自然博物馆和成都大熊猫繁育研究基地举办的各类线下展览均吸引超 300 万人次参观。其他 30 个部门的参观人数均在 3500 万人次以下（图 5-18）。

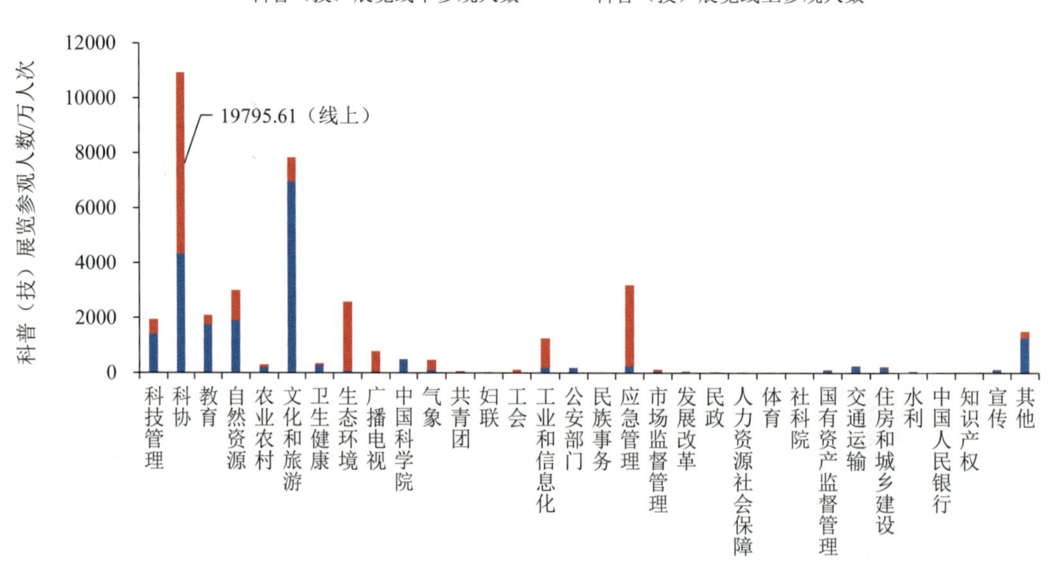

图 5-18　2023 年各部门科普（技）展览参观人数

注：科协科普（技）展览线上参观人数为图示高度数值的 3 倍。

从各省来看，科普（技）展览举办次数居前 6 位的省分别是广东、湖北、浙江、新疆、江苏和河南，举办次数均在 5000 次以上。广东举办科普（技）展览 1.05 万次，是全国唯一一个举办次数超 1 万次的省，其中线下举办次数为 9995 次，线上举办次数为 496 次。湖北和浙江举办科普（技）展览的次数分别为 7108 次和 6389 次。2022—2023 年科普（技）展览举办次数增长率最高的省是海南，增幅为 154.85%（图 5-19）。主要是由于海口市教育局填报的海口市各中小学线下科普展览 256 次；海南省科学技术协会举办的全国科普日主场活动科普展和学会科普专题展 141 次。

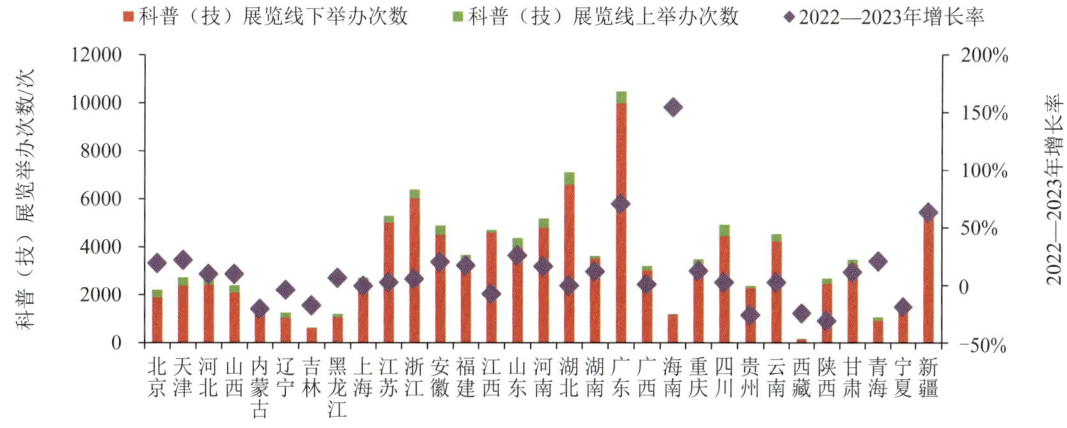

图 5-19 2023 年各省科普（技）展览举办次数及增长率

科普（技）展览参观人数居前 4 位的省是北京、上海、广东和湖北，参观人数均在 3000 万人次以上。北京科普（技）展览的参观人数遥遥领先，达 2.20 亿人次，比 2022 年增长 952.17%，其中线下参观人数为 2262.16 万人次，线上参观人数为 1.97 亿人次。主要是由于北京科学中心举办的“首都青少年科幻嘉年华”“北京科学嘉年华”线上展览活动，吸引了超 1.7 亿人次参观。上海和广东科普（技）展览的参观人数接近，分别为 4685.16 万人次和 4639.65 万人次。湖北科普(技)展览的参观人数为 3447.81 万人次，其中线下参观人数为 622.06 万人次，线上参观人数为 2825.75 万人次。其他 27 个省的参观人数均在 2000 万人次以下（图 5-20）。

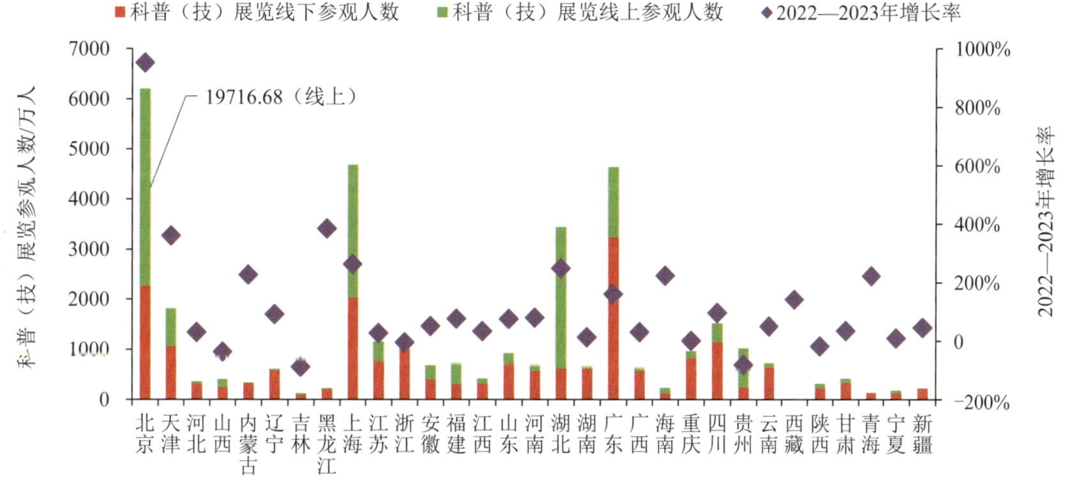

图 5-20 2023 年各省科普（技）展览参观人数及增长率

注：北京科普（技）展览线上参观人数为图示高度数值的 5 倍。

5.2.4 科普（技）竞赛

2023年全国科普（技）竞赛举办次数和参加人数比2022年均有所增长。举办科普（技）竞赛4.13万次，比2022年增加2815次，增幅为7.31%，其中线下举办次数为3.60万次，线上举办次数为5327次；参加人数为5.66亿人次，比2022年增加2.51亿人次，增幅为79.69%，其中线下参加人数为1948.52万人次，线上参加人数为5.46亿人次。全国科普（技）竞赛每万人口参加人数为4014人次，比2022年增加79.95%。

从部门来看，举办科普（技）竞赛次数居前5位的部门分别是教育、科协、卫生健康、科技管理和工会，举办次数均在1500次以上。教育部门共举办科普（技）竞赛2.53万次，占全国总次数的61.14%，断层式领先其他部门，其中线下举办次数为2.27万次，线上举办次数为2597次；科协组织举办科普（技）竞赛4548次，占全国总次数的11.01%，其中线下举办次数为4033次，线上举办次数为515次；卫生健康、科技管理和工会3个部门科普（技）竞赛举办次数分别为2230次、1810次和1654次。其他24个部门的举办次数均在1000次以下（图5-21）。

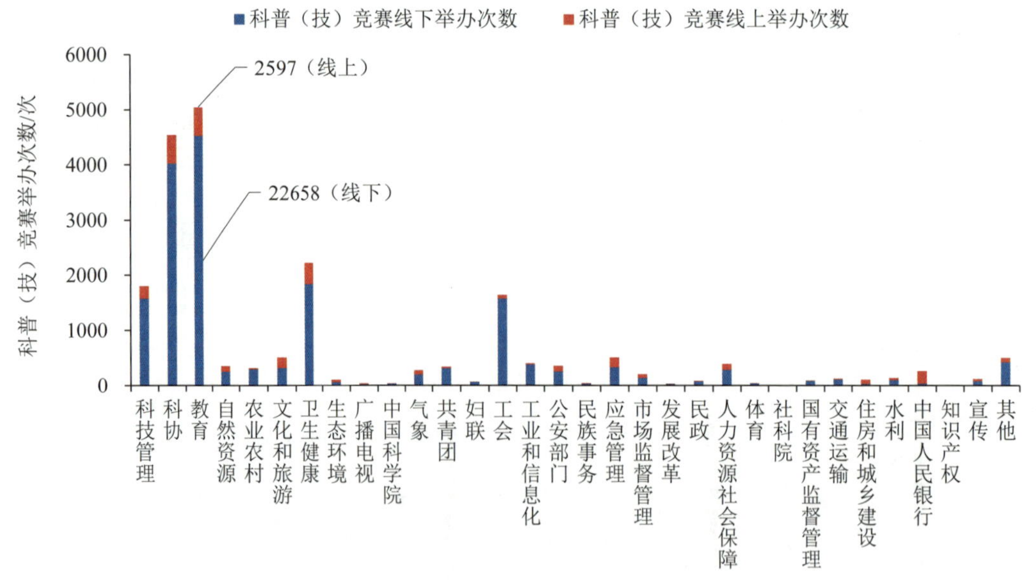

图5-21 2023年各部门科普（技）竞赛举办次数

注：教育部门科普（技）竞赛线上与线下举办次数均为图示高度数值的5倍。

科普（技）竞赛参加人数居前2位的部门分别是应急管理部门和科协组织。应急管理部门举办竞赛的参加人数为3.30亿人次，占全国参加总人数的58.40%，其中线下参加人数为25.68万人次，线上参加人数为3.30亿人次，主要是由于河北省应急管理厅举办的2023年应急安全知识网络竞赛线上参加人数超过3亿人次。科协组织举办竞赛的参加人数为1.12亿人次，占全国参加总人数的19.88%，其中线下参加人数为576.30万人次，线上参加人数为1.07亿人次。例如，重庆市科学技术协会举办的重庆市青少年科技模型大赛、重庆市青少年科技创新大赛等线下竞赛超过74万人次参加；天津科学技术馆（天津市青少年科技中心）举办的“2023年中国创新方法大赛”与福建省科普服务中心举办的“2023年福建省全民科学素质网络竞赛”线上参加人数均超过2000万人次。卫生健康部门科普（技）竞赛的参加人数为3912.86万人次，工业和信息化部门科普（技）竞赛的参加人数为2083.95万人次。其他28个部门的参加人数均在2000万人次以下（图5-22）。

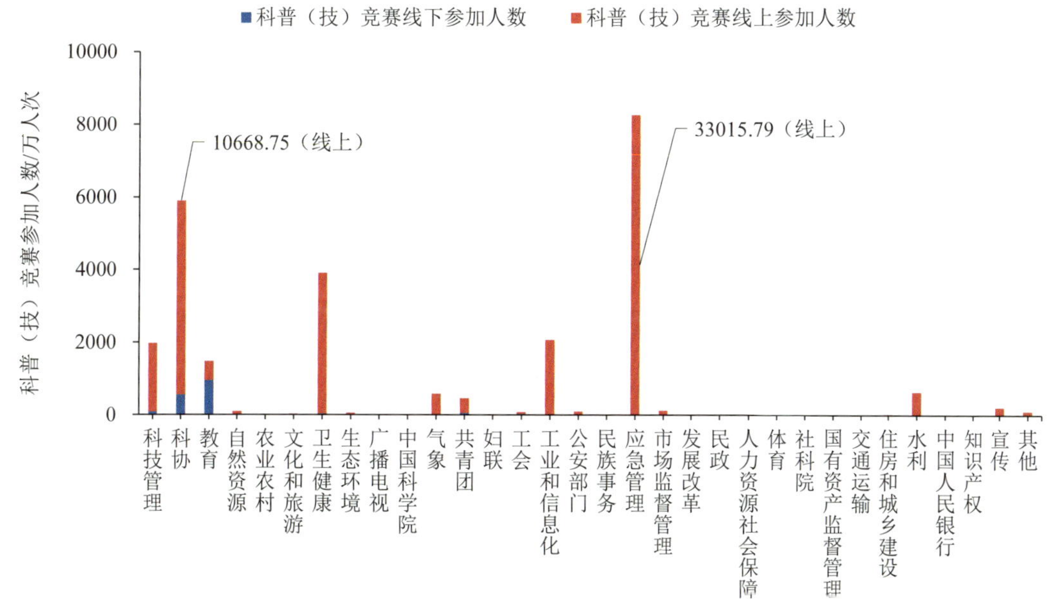

图5-22　2023年各部门科普（技）竞赛参加人数

注：科协组织科普（技）竞赛线上参加人数为图示高度数值的2倍，应急管理部门科普（技）竞赛线上参加人数为图示高度数值的4倍。

从各省来看，科普（技）竞赛举办次数居前5位的省分别是广东、江苏、浙江、上海和北京，举办次数均在2000次以上。广东举办科普（技）竞赛5024次，是全国唯一一个举办次数超5000次的省，其中线下举办次数为4477次，线上举办次数为547次（图5-23）。

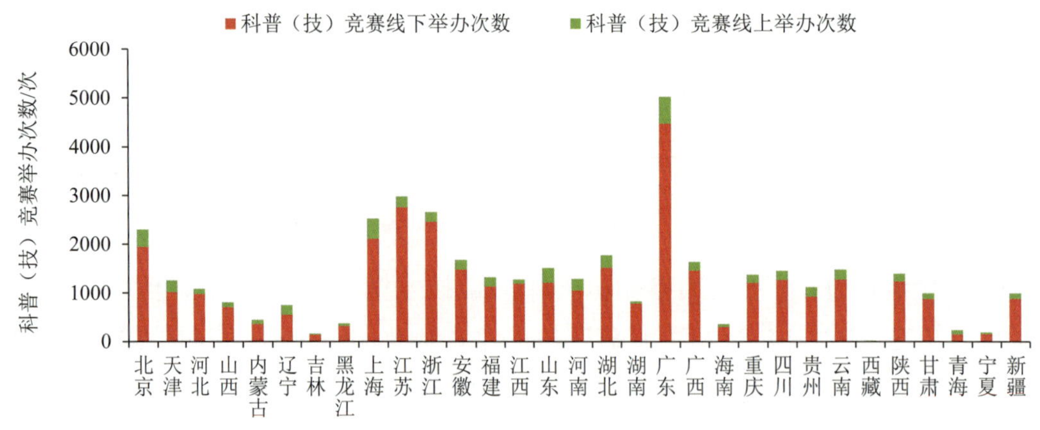

图 5-23　2023 年各省科普（技）竞赛举办次数

科普（技）竞赛参加人数居前 4 位的省是河北、北京、湖北和天津，参加人数均在 3000 万人次以上。河北科普（技）竞赛的参加人数最多，达 3.04 亿人次，比 2022 年增长 3224.81%，这与河北省应急管理厅举办的 2023 年全省应急安全知识网络竞赛活动有关，该活动持续时间较长（2023 年 5 月 12 日至 10 月 31 日），社会参与度高，吸引超过 3 亿人次线上参加。北京科普（技）竞赛的参加人数为 5021.70 万人次，其中线下参加人数为 127.46 万人次，线上参加人数为 4894.25 万人次。湖北和天津参加人数分别为 3240.02 万人次和 3113.91 万人次。广东、江苏和福建参加人数介于 2000 万～3000 万人次，其他 24 个省的参加人数均在 1200 万人次以下（图 5-24）。

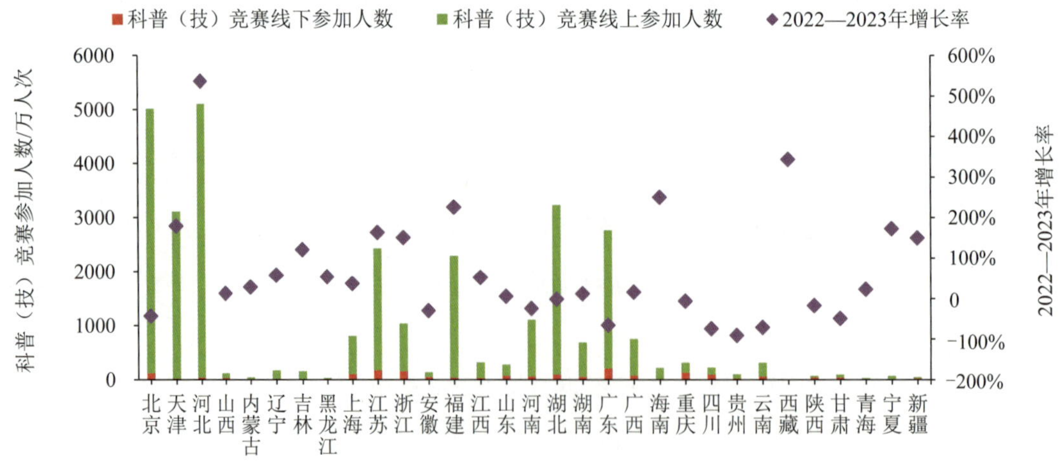

图 5-24　2023 年各省科普（技）竞赛参加人数及增长率

注：河北科普（技）竞赛线上参加人数及增长率均为图示高度数值的 6 倍。

5.3 青少年科普活动

5.3.1 青少年科普活动概况

2023年，全国共成立青少年科技兴趣小组12.74万个，比2022年减少5.94%；参加人数为877.33万人次，比2022年增加1.65%。全国共开展科技夏（冬）令营活动2.69万次，比2022年增加288.81%；参加人数为147.13万人次，比2022年减少7.36%（表5-3）。

表5-3 2022—2023年青少年科普活动开展情况

活动类型	活动次（个）数			参加人数		
	2022年	2023年	2022—2023年增长率	2022年/万人次	2023年/万人次	2022—2023年增长率
青少年科技兴趣小组	13.55万个	12.74万个	-5.94%	863.10	877.33	1.65%
科技夏(冬)令营	0.69万次	2.69万次	288.81%	158.82	147.13	-7.36%

5.3.2 青少年科技兴趣小组

2023年，东部、中部和西部3个地区成立青少年科技兴趣小组个数均比2022年减少，但东部和西部2个地区的参加人数比2022年增多。东部地区成立青少年科技兴趣小组6.24万个，比2022年减少0.46%，占全国成立青少年科技兴趣小组总数的48.92%；中部地区成立青少年科技兴趣小组3.40万个，比2022年减少8.46%，占全国成立青少年科技兴趣小组总数的26.65%；西部地区成立青少年科技兴趣小组3.11万个，比2022年减少12.93%，占全国成立青少年科技兴趣小组总数的24.43%（图5-25）。

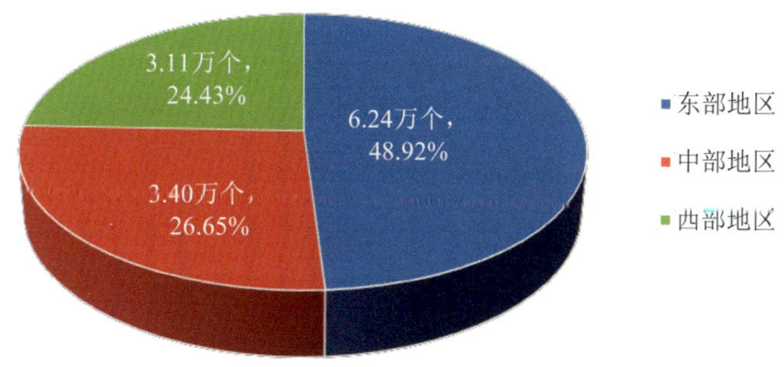

图5-25 2023年东部、中部和西部地区青少年科技兴趣小组成立个数及占比

从参加人数来看，东部地区青少年科技兴趣小组参加人数为412.45万人次，比2022年增加11.18%，占全国青少年科技兴趣小组参加总人数的47.01%；中部地区参加人数为197.21万人次，比2022年减少13.38%，占全国青少年科技兴趣小组参加总人数的22.48%；西部地区参加人数为267.67万人次，比2022年增加1.22%，占全国青少年科技兴趣小组参加总人数的30.51%（图5-26）。

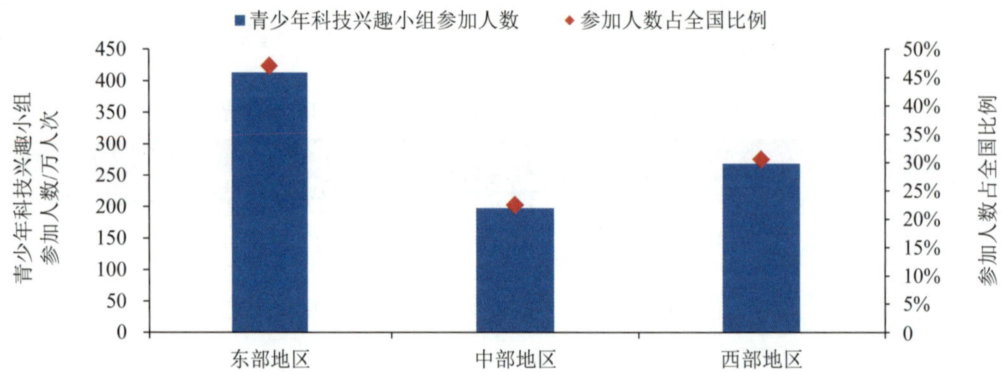

图5-26　2023年东部、中部和西部地区青少年科技兴趣小组参加人数及其所占比例

从各省来看，成立青少年科技兴趣小组数量居前3位的省分别是广东、江苏和浙江，数量均在1万个以上。湖北成立青少年科技兴趣小组数量为8718个，山东和河南成立青少年科技兴趣小组数量分别为6890个和6823个，其他24个省的成立数量均在5500个以下。青少年科技兴趣小组参加人数居前4位的省是广东、浙江、江苏和四川，参加人数均在50万人次以上，其中广东以87.54万人次居首位（图5-27）。

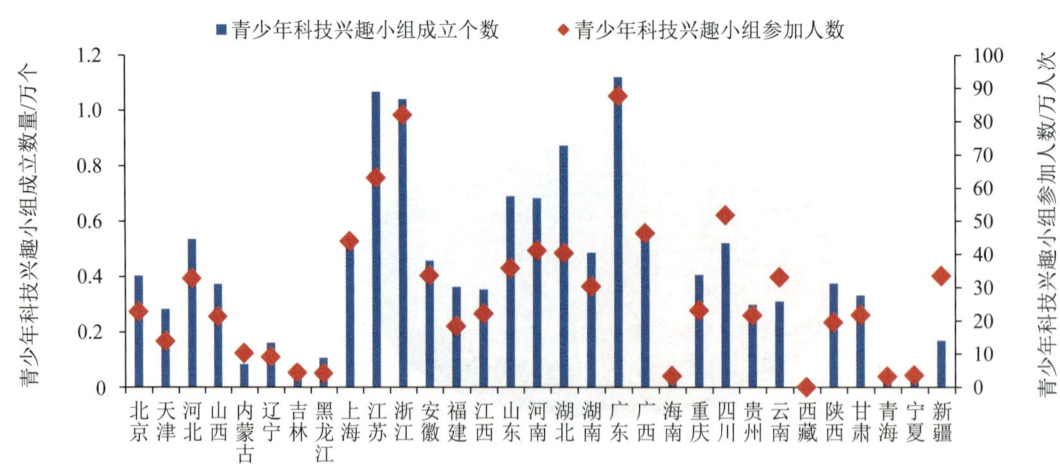

图5-27　2023年各省青少年科技兴趣小组成立数量及参加人数

从部门来看，成立青少年科技兴趣小组数量和参加人数居前 3 位的部门分别是教育、科协和共青团，成立小组数量均在 5500 个以上，参加人数均在 55 万人次以上。教育部门青少年科技兴趣小组成立数量和参加人数均遥遥领先其他部门，成立青少年科技兴趣小组 9.93 万个，活动参加人数为 665.43 万人次。科协组织成立青少年科技兴趣小组 1.49 万个，活动参加人数为 83.11 万人次，是青少年科技兴趣小组的第二主力。共青团组织成立青少年科技兴趣小组 5652 个，参加人数为 56.52 万人次（图 5-28）。

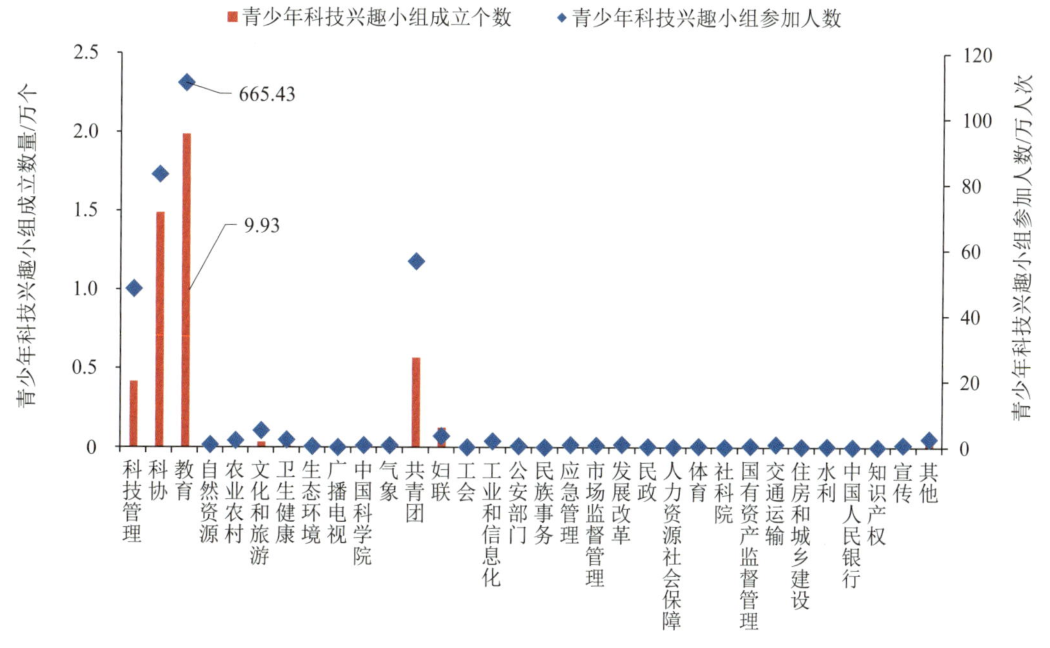

图 5-28　2023 年各部门青少年科技兴趣小组成立数量及参加人数

注：教育部门青少年科技兴趣小组成立数量为图示高度数值的 5 倍，参加人数为图示高度的 6 倍。

5.3.3　科技夏（冬）令营

2023 年，东部地区科技夏（冬）令营参加人数比 2022 年出现下滑，中部和西部地区参加人数比 2022 年均有所增加。东部地区科技夏（冬）令营参加人数为 94.76 万人次，比 2022 年下降 13.41%，占全国参加总人数的 64.41%。中部地区科技夏（冬）令营参加人数为 16.75 万人次，比 2022 年增加 15.38%，占全国参加总人数的 11.39%。西部地区科技夏（冬）令营参加人数为 35.61 万人次，比 2022 年增加 2.14%，占全国参加总人数的 24.20%（图 5-29）。

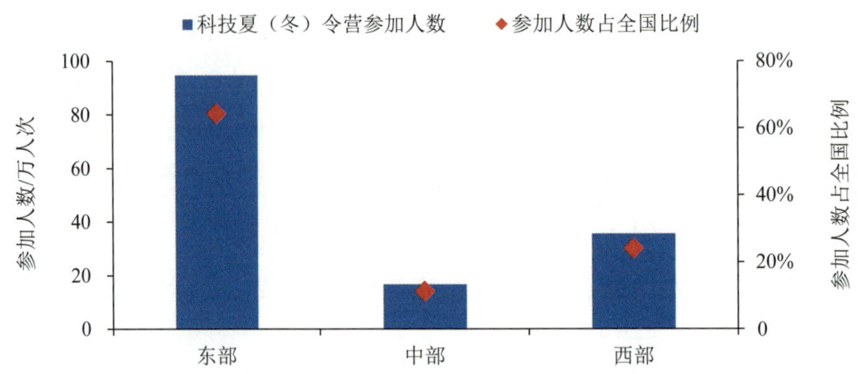

图 5-29　2023 年东部、中部和西部地区科技夏（冬）令营参加人数及其所占比例

从各省来看，举办科技夏（冬）令营活动次数居前 5 位的省分别是云南、浙江、广东、福建和江苏，举办次数均在 800 次以上。云南省以 1.68 万次断层领先，主要是由于中国科学院西双版纳热带植物园 2023 年推出的研学夏（冬）令营活动吸引了大量游客踊跃报名，并且同一天内有大量重叠批次，总举办次数达 1.67 万次，吸引超 11 万人次参加。科技夏（冬）令营参加人数居前 5 位的省分别是江苏、云南、北京、上海和辽宁，参加人数均在 10 万人次以上，其中江苏和云南分别为 15.54 万人次和 15.40 万人次（图 5-30）。江苏省苏州市太仓市科技馆举办的“七彩夏日”“缤纷冬日”科技夏（冬）令营活动吸引超过 6 万人次参加。

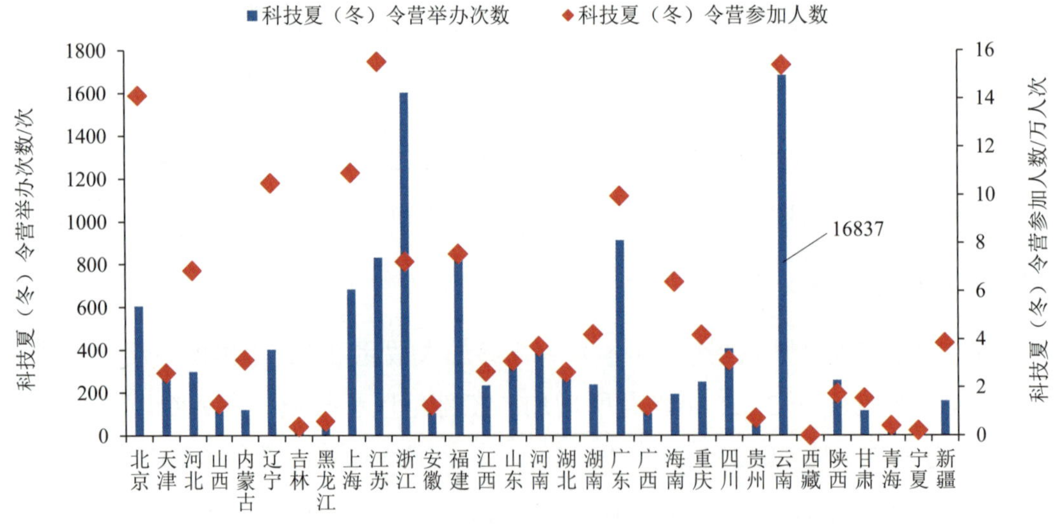

图 5-30　2023 年各省科技夏（冬）令营举办次数及参加人数

注：云南省举办科技夏（冬）令营活动次数为图示高度数值的 10 倍。

从部门来看，举办科技夏（冬）令营活动次数居前 4 位的部门分别是中国科学院、教育、科协及文化和旅游，举办次数均在 1000 次以上。中国科学院系统以举办次数 1.68 万次科技夏（冬）令营断层领先其他部门，占全国总举办次数的 62.43%。科技夏（冬）令营参加人数居前 3 位的部门分别是教育、科协和中国科学院，参加人数均在 20 万人次以上。教育部门参加人数遥遥领先，为 43.74 万人次。科协组织和中国科学院系统参加人数分别为 28.31 万人次和 23.34 万人次（图 5-31）。

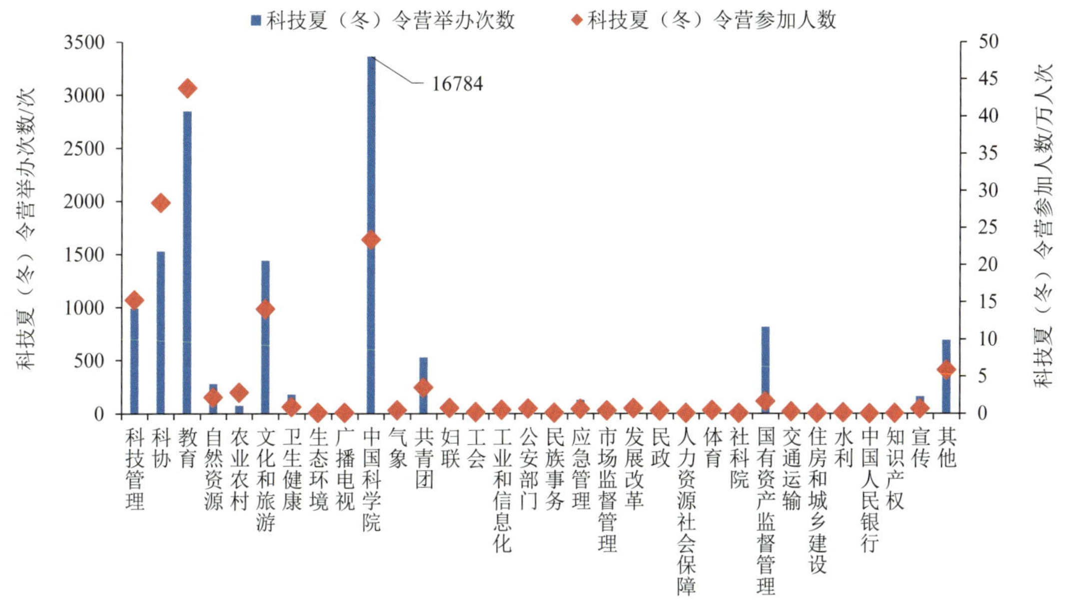

图 5-31 2023 年各部门科技夏（冬）令营举办次数及参加人数

注：中国科学院系统举办科技夏（冬）令营活动次数为图示高度数值的 5 倍。

5.4 科研机构、大学向社会开放情况

自 2006 年科技部等部门联合发布《关于科研机构和大学向社会开放开展科普活动的若干意见》以来，越来越多的科研机构、大学已经将向社会开放作为一项工作制度。开放范围包括科研机构和大学中的实验室、工程中心、技术中心、野外站（台）等研究实验基地；各类仪器中心、分析测试中心、自然科技资源库（馆）、科学数据中心（网）、科技文献中心（网）、科技信息服务中心（网）等科研基础设施；非涉密的科研仪器设施、实验和观测场所；科技类博物馆、标本馆、陈列馆、天文台（馆、站）和植物园等。开放活动激发了公众特别是青少

年的科学兴趣，让他们走进科学殿堂，近距离接触科研活动，感受科技创新魅力，播下科学的种子。

2023年全国共有8391个科研机构、大学向社会开放，比2022年增加29.95%；通过线上开放引流，吸引了1964.17万人次参观，比2022年增长21.62%，平均每个开放单位接待参观人数为2341人次，比2022年减少160人次。

从地区来看，2023年东部地区科研机构、大学向社会开放单位数量和参观人数均最多，西部地区次之，中部地区最少。东部地区科研机构、大学向社会开放单位数3931个，占全国开放单位总数的46.85%，比2022年增加42.95%；参观人数为854.26万人次，占全国总参观人数的43.49%，比2022年减少10.33%。西部地区开放单位数量为2456个，占全国开放单位总数的29.27%，比2022年增加18.42%；参观人数为682.02万人次，占全国总参观人数的34.72%，比2022年增长 98.65%。中部地区开放单位数量为 2004 个，占全国开放单位总数的23.88%，比2022年增加22.72%；参观人数为427.89万人次，占全国总参观人数的21.78%，比2022年增加34.16%（图5-32）。

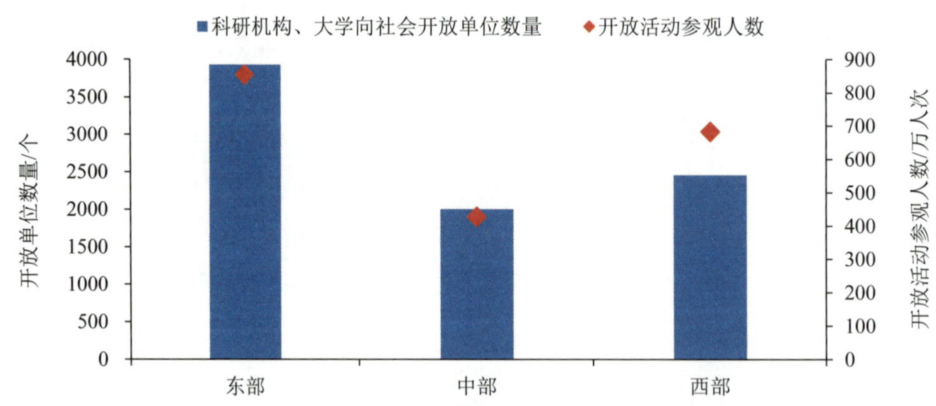

图5-32 2023年东部、中部和西部地区开放单位数量及参观人数

从各省来看，科研机构、大学向社会开放单位数量居前2位的省分别是广东和江苏，数量分别为777个和632个。其他29个省的开放单位数量均在500个以下。开放活动参观人数居前2位的省分别是云南（376.49万人次）和北京（321.25万人次），参观人数均在300万人次以上。广东排在第3位，参观人数为238.90万人次。其他28个省的开放活动参观人数均在200万人次以下（图5-33）。

从部门来看，科研机构、大学向社会开放单位数量居前3位的部门分别是教育、科技管理和市场监督管理，开放单位数量均在600个以上。教育部门开放单

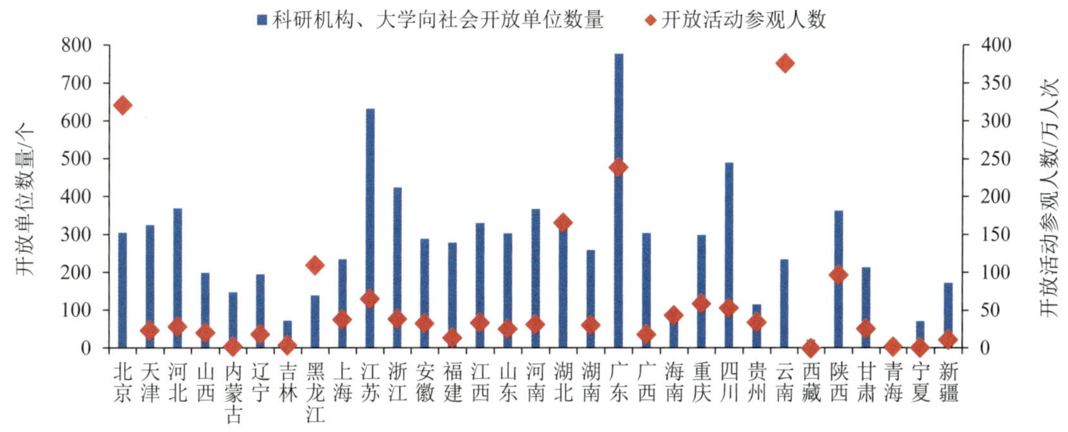

图 5-33　2023 年各省开放单位数量及参观人数

位数量为 4005 个，是唯一一个开放单位数量超 4000 个的部门，领先优势明显（图 5-34）。从参观人数来看，中国科学院系统举办的开放活动参观人数最多，共吸引了 723.97 万人次参观，其中中国科学院高能物理研究所和中国科学院西双版纳热带植物园开放活动参观人数均超过 200 万人次。教育部门以 431.24 万人次排第二。其后农业农村、自然资源及工业和信息化部门参观人数分别为 150.71 万人次、149.53 万人次和 120.71 万人次。其他 27 个部门的参观人数均在 100 万人次以下（图 5-34）。

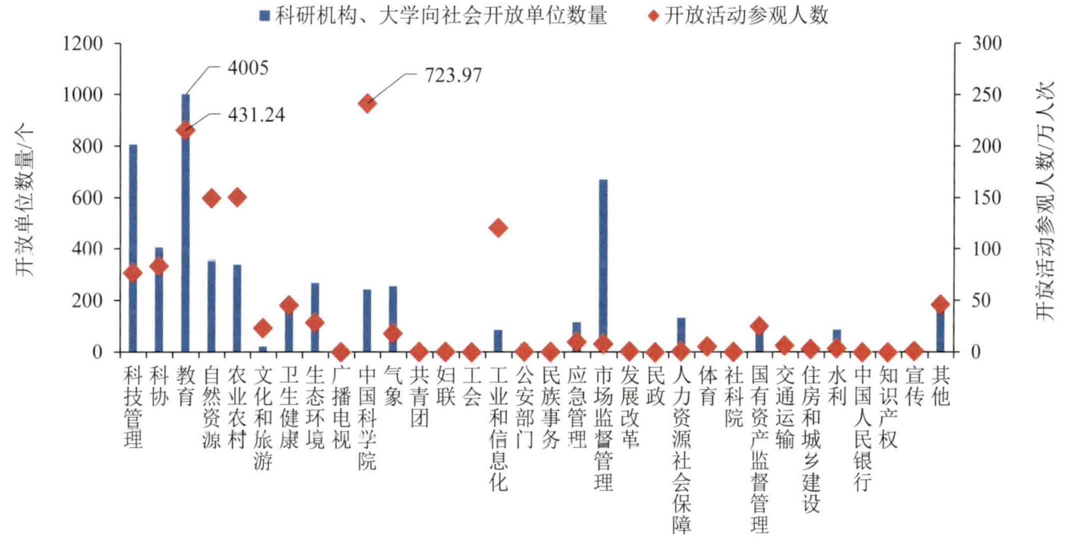

图 5-34　2023 年各部门开放单位数量及参观人数

注：教育部门开放单位数量为图示高度数值的 4 倍，参观人数为图示高度数值的 2 倍；中国科学院系统参观人数为图示高度数值的 3 倍。

5.5 科普国际交流

科普国际交流有利于促进国际科学传播的理论研究和发展实践，是提升我国科技软实力的重要载体。

2023 年，全国共举办科普国际交流活动 1315 次，比 2022 年增加 95.10%，其中，线下举办 1095 次，线上举办 220 次；参加人数为 1150.76 万人次，比 2022 年减少 48.73%，其中线下参加人数为 381.71 万人次，线上参加人数为 769.05 万人次。线下参加人数较 2022 年增长 1928.82%，主要原因是 2023 年天津自然博物馆举办的第十届中法环境月展览吸引超过 300 万人次参加。

从地区来看，东部地区科普国际交流活动举办次数和参加人数均最多，共举办科普国际交流活动 784 次，比 2022 年增加 81.48%。其中，线下举办次数为 660 次，线上举办次数为 124 次；科普国际交流活动参加人数为 1121.37 万人次，占全国参加总人数的 97.45%，其中，线下参加人数为 357.22 万人次，线上参加人数达 764.15 万人次。西部地区科普国际交流活动举办次数次之，共举办科普国际交流活动 313 次，比 2022 年增加 92.02%。其中，线下举办次数为 243 次，线上举办次数为 70 次。科普国际交流活动参加人数为 13.32 万人次，比 2022 年增加 309.12%。其中，线下参加人数为 8.88 万人次，线上参加人数为 4.44 万人次。参加人数的增长主要是由于广西壮族自治区科学技术馆举办的“中国流动科技馆马来西亚国际巡展”等 4 次线下国际交流活动，共吸引 4.13 万人次参加。中部地区举办科普国际交流活动 218 次，比 2022 年增加 175.95%。其中，线下举办次数为 192 次，线上举办次数为 26 次；科普国际交流活动参加人数为 16.07 万人次，比 2022 年增加 1417.64%，其中，线下参加人数为 15.61 万人次，线上参加人数为 4619 人次（图 5-35）。参加人数大幅增长的主要原因是湖南省地质博物馆联合法国驻武汉总领事馆 2023 年 9 月举办的第十届“中法环境月”专题线下展览——“肥沃的土壤，隐秘的生命”，吸引了 12.80 万人次参加。

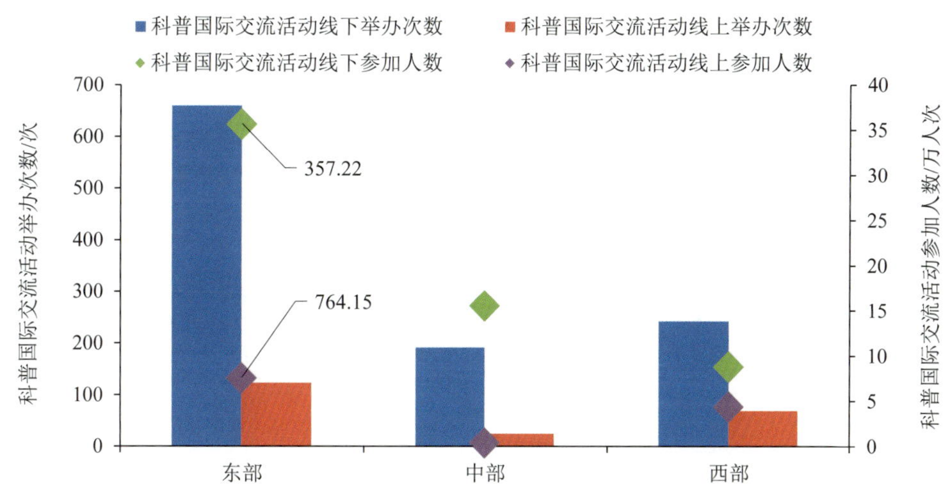

图 5-35　2023 年东部、中部和西部地区科普国际交流活动举办次数及参加人数

注：东部地区科普国际交流活动线上参加人数为图示高度数值的 100 倍，线下参加人数为图示高度数值的 10 倍。

从各省来看，科普国际交流活动举办次数居前 2 位的省分别是广东和北京，活动举办次数均在 150 次以上。广东科普国际交流活动举办次数为 198 次，居领先地位，其中，线下举办次数为 181 次，线上举办次数为 17 次。北京科普国际交流活动举办次数为 160 次，其中，线下举办次数为 120 次，线上举办次数为 40 次。上海和湖南科普国际交流活动举办次数相近，分别为 97 次和 92 次（图 5-36）。

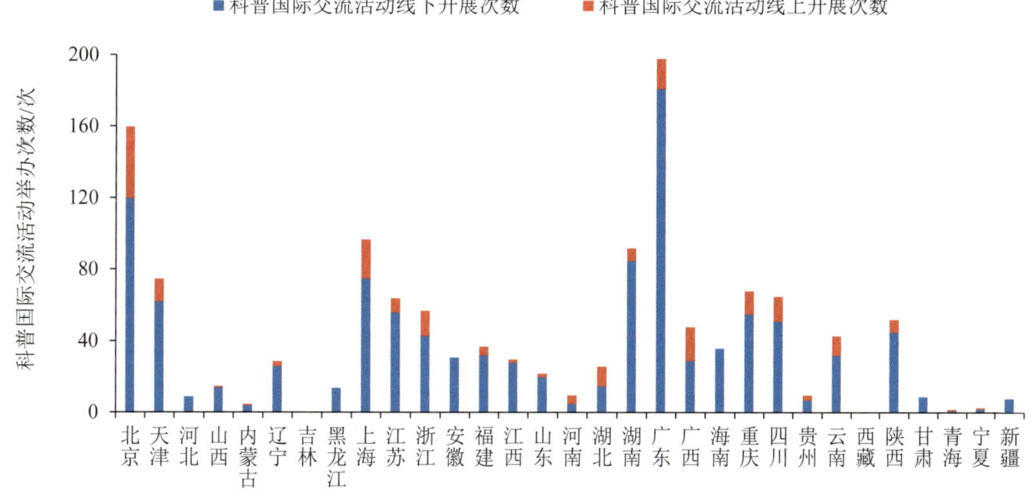

图 5-36　2023 年各省科普国际交流活动举办次数

科普国际交流活动参加人数居前 3 位的省分别是浙江、天津和北京，参加人数均在 250 万人次以上。浙江举办的科普国际交流活动参加人数为 467.79 万人次，其中线下参加人数为 6075 人次，线上参加人数为 467.19 万人次。线上参加人数主要是温州市科学技术协会举办的“菠萝科学奖”“科学分享”线上活动，吸引超 460 万人次参加。天津举办科普国际交流活动的参加人数为 305.76 万人次，其中线下参加人数为 304.01 万人次，线上参加人数为 1.76 万人次。北京举办的科普国际交流活动参加人数为 298.06 万人次，其中，线下参加人数为 5.88 万人次，线上参加人数为 292.18 万人次（图 5-37）。

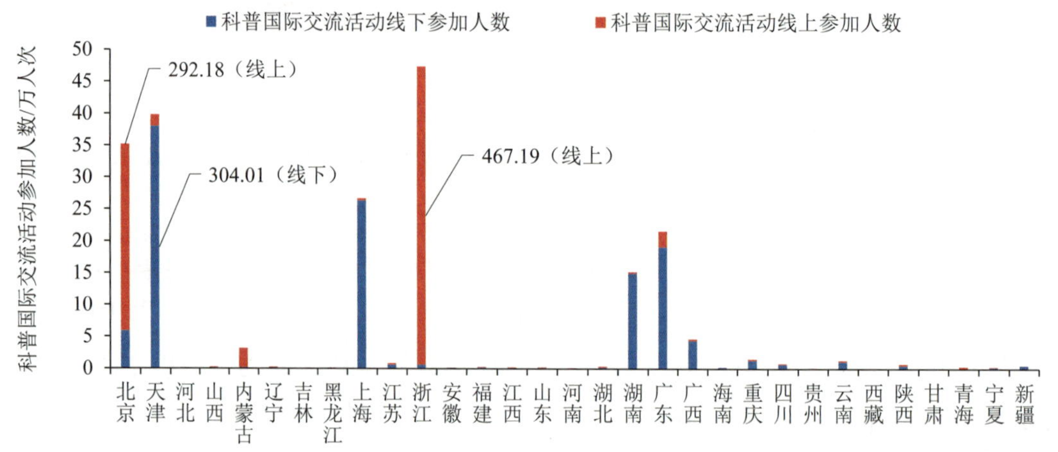

图 5-37　2023 年各省科普国际交流活动参加人数

注：天津科普国际交流活动线下参加人数为图示高度数值的 8 倍，浙江和北京科普国际交流活动线上参加人数为图示高度数值的 10 倍。

从部门来看，科普国际交流活动举办次数居前 3 位的部门分别是教育、科协和科技管理，活动次数均在 100 次以上。教育部门科普国际交流活动举办次数为 534 次，是唯一一个举办活动超 500 次的部门，其中线下举办次数为 439 次，线上举办次数为 95 次；科协组织科普国际交流活动举办次数为 195 次，其中线下举办次数为 151 次，线上举办次数为 44 次。科技管理部门科普国际交流活动举办次数为 105 次，其中线下举办次数为 94 次，线上举办次数为 11 次（图 5-38）。

科普国际交流活动参加人数居前 3 位的部门分别是科协、文化和旅游及自然资源，参加人数均在 200 万人次以上。科协组织举办的国际交流活动参加人数为 557.91 万人次，是唯一一个参加人数超 500 万人次的部门，其中线下参加人数为 5.68 万人次，线上参加人数为 552.23 万人次。文化和旅游部门参加人数为 307.20

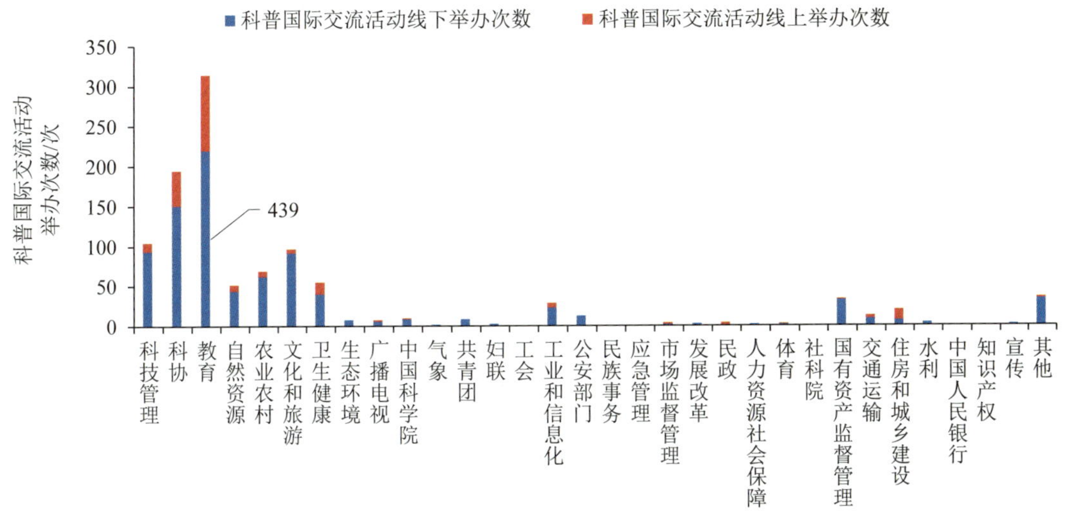

图 5-38　2023 年各部门科普国际交流活动举办次数

注：教育部门科普国际交流活动线下举办次数为图示高度数值的 2 倍。

万人次，以线下参加的形式为主，线下参加人数为 306.88 万人次，线上参加人数为 3159 人次。自然资源部门举办的国际交流活动参加人数为 215.85 万人次，其中线下参加人数为 13.51 万人次，线上参加人数为 202.34 万人次。其他 29 个部门的科普国际交流活动参加人数均在 25 万人次以下（图 5-39）。

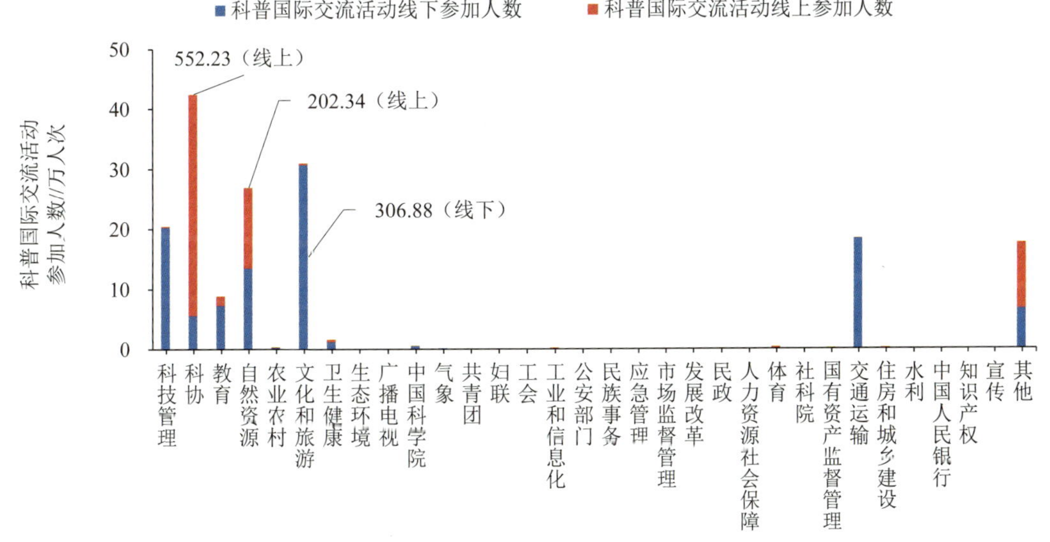

图 5-39　2023 年各部门科普国际交流活动参加人数

注：科协组织和自然资源部门科普国际交流活动线上参加人数为图示高度数值的 15 倍；文化和旅游部门科普国际交流活动线下参加人数为图示高度数值的 10 倍。

5.6 实用技术培训

2023 年，全国共举办实用技术培训 34.89 万次，参加人数为 3378.74 万人次，比 2022 年分别减少 3.99%和 6.02%。

从地区来看，西部地区实用技术培训举办次数和参加人数最多，东部地区次之，中部地区最少。西部地区举办实用技术培训 19.14 万次，占全国举办总次数的 54.85%，参加人数为 1673.72 万人次，占全国参加总人数的 49.54%；东部地区举办实用技术培训 8.69 万次，占全国举办总次数的 24.89%，参加人数为 876.13 万人次，占全国参加总人数的 25.93%；中部地区举办实用技术培训 7.07 万次，占全国举办总次数的 20.26%，参加人数为 828.89 万人次，占全国参加总人数的 24.53%（图 5-40）。

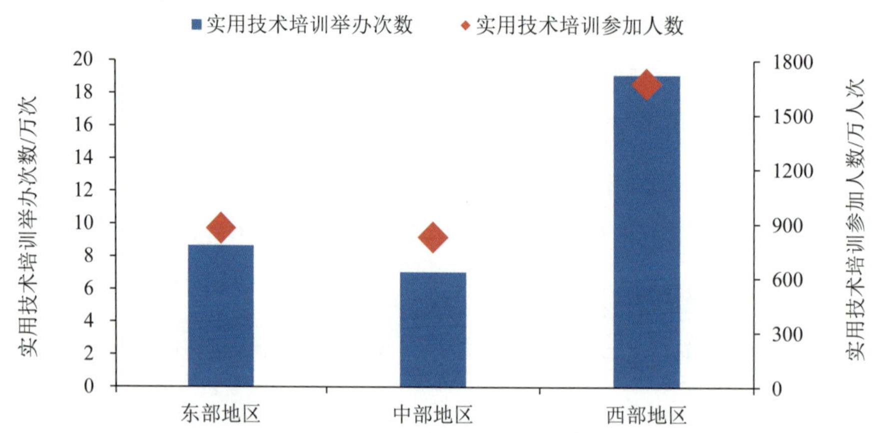

图 5-40 2023 年东部、中部和西部地区实用技术培训举办次数及参加人数

从各省来看，实用技术培训举办次数居前 3 位的省分别是新疆、云南和陕西，举办次数均在 2 万次以上。新疆是唯一一个实用技术培训举办次数超 5 万次的省，为 5.60 万次。云南举办实用技术培训的次数为 3.53 万次，陕西为 2.54 万次。实用技术培训参加人数居前 3 位的省是新疆（416.94 万人次）、陕西（396.60 万人次）和湖北（344.38 万人次），合计占全国参加总人数的 34.27%（图 5-41）。

从部门来看，实用技术培训活动举办次数居前 5 位的部门是农业农村、科协、科技管理、自然资源和人力资源社会保障，举办次数均在 3 万次以上，总计占全国举办总次数的 74.33%。从参加人数来看，农业农村部门和科协组织的参加人数领先于其他部门，均在 600 万人次以上。农业农村部门举办实用技术培训次数为 10.08 万次，是唯一一个举办次数超 10 万次的部门，参加人数为 793.79 万人

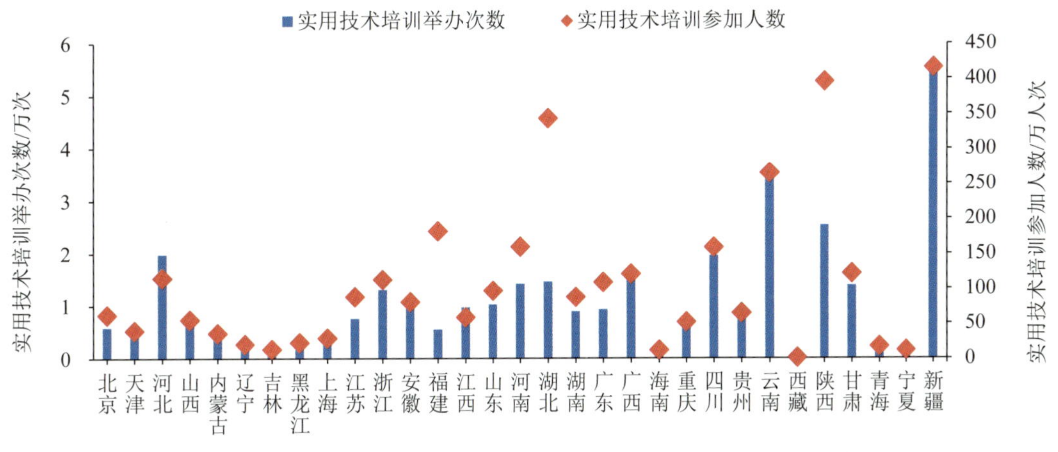

图 5-41　2023 年各省实用技术培训举办次数及参加人数

次。科协组织举办实用技术培训次数为 4.53 万次，参加人数为 667.03 万人次。科技管理部门举办实用技术培训次数为 4.29 万次，参加人数为 336.47 万人次。自然资源部门和人力资源社会保障部门举办实用技术培训次数相近，分别为 3.89 万次和 3.15 万次，其中自然资源部门的参加人数更多，为 276.40 万人次，人力资源社会保障部门的参加人数为 161.46 万人次（图 5-42）。

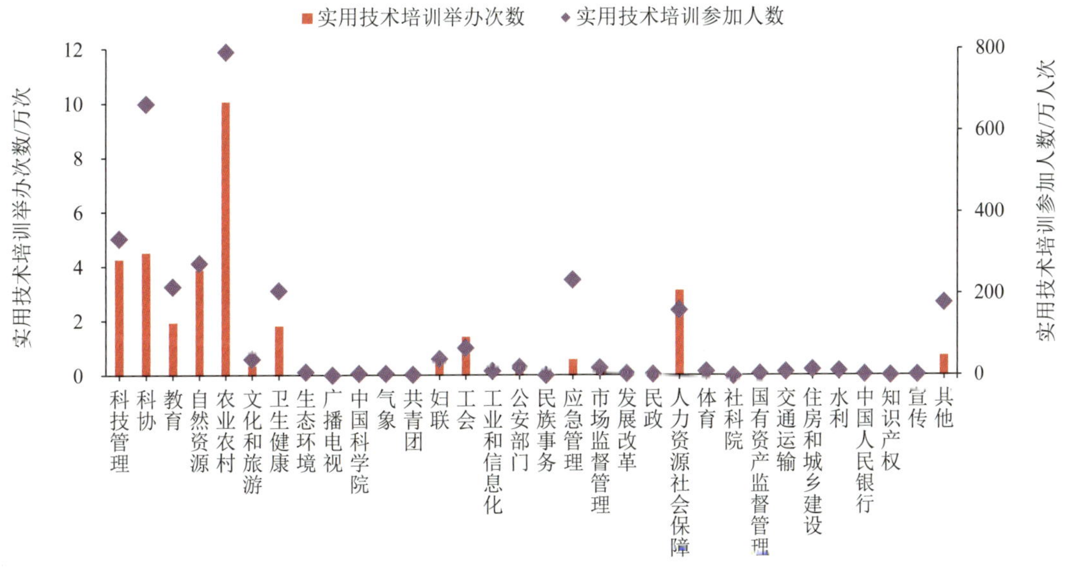

图 5-42　2023 年各部门实用技术培训举办次数及参加人数

5.7 重大科普活动

2023 年，全国举办线下 1000 人次及以上或线上 100 万人次及以上规模的重大科普活动1.13万次，比2022年增加4.13%。从地区来看，2023年东部、中部和西部地区举办次数均出现不同程度的上升。西部地区继续位居第一，举办重大科普活动4264次，比2022年增加1.64%，占全国重大科普活动举办总次数的37.66%。东部地区举办重大科普活动4172次，比2022年增加5.73%，占全国重大科普活动举办总次数的36.84%。中部地区举办重大科普活动2887次，比2022年增加5.63%，占全国重大科普活动举办总次数的25.50%（图5-43）。

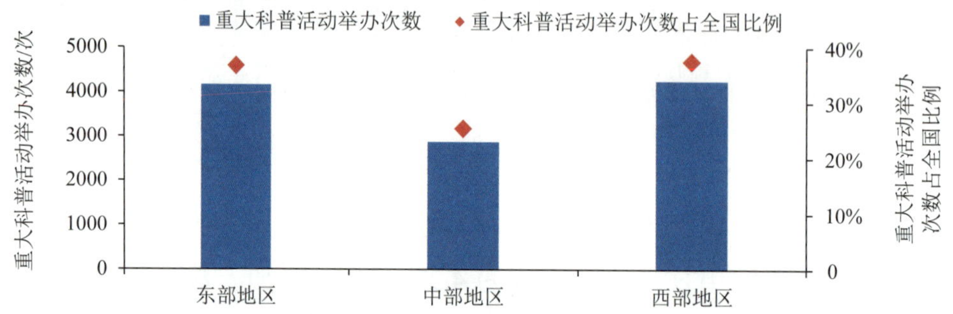

图5-43 2023年东部、中部和西部地区重大科普活动举办次数及其所占比例

从各省来看，重大科普活动举办次数居前3位的省分别是广东、云南和四川，活动举办次数均在600次以上。广东举办重大科普活动次数为1062次，居领先地位，比2022年增加41.79%。云南举办重大科普活动次数为693次，比2022年增加24.42%。四川举办重大科普活动604次，比2022年增加9.62%。河南、甘肃和湖北3省举办重大科普活动次数介于500～600次，其他25个省的重大科普活动举办次数均在500次以下（图5-44）。

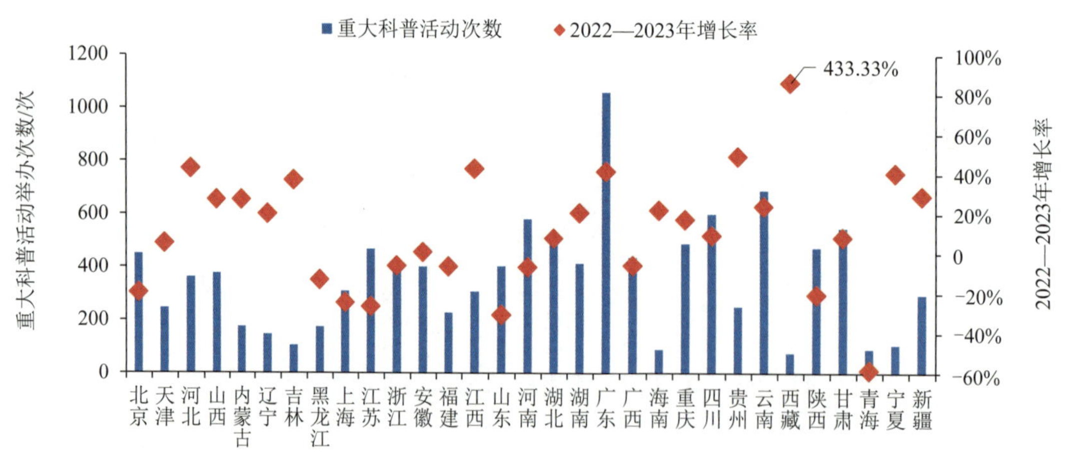

图5-44 2023年各省重大科普活动举办次数及增长率

注：西藏举办重大科普活动的增长率为图示高度数值的5倍。

从部门来看，重大科普活动举办次数居前 3 位的部门分别是科协、教育和科技管理，活动举办次数均在 1000 次以上。科协组织举办重大科普活动次数为 3743 次，居全国首位，比 2022 年增加 0.86%。教育部门举办重大科普活动次数为 1713 次，比 2022 年增加 28.41%。科技管理部门举办重大科普活动次数为 1120 次，比 2022 年增加 7.80%。其他 29 个部门的重大科普活动举办次数均在 800 次以下（图 5-45）。

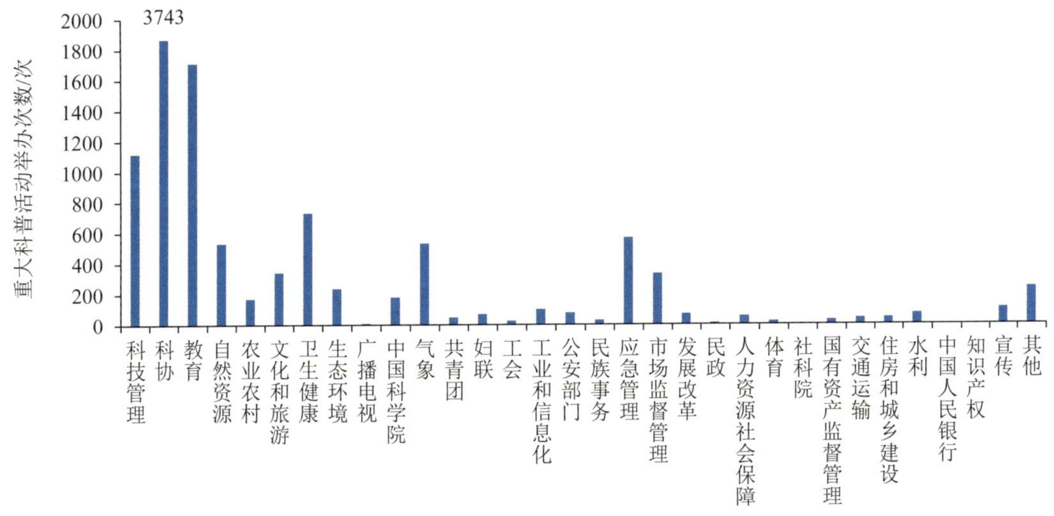

图 5-45　2023 年各部门重大科普活动举办次数

注：科协组织举办重大科普活动的次数为图示高度数值的 2 倍。

附　录

附录1　2023年度全国科普统计调查方案

一、科普统计的内容和任务

科普统计是国家科技统计的重要组成部分。通过开展全国科普统计调查，可以使政府管理部门及时掌握国家科普资源概况，更好地监测国家科普工作质量，为政府制定科普政策提供依据。全国科普统计的内容包括：科普人员、科普场地、科普经费、科普传媒、科普活动以及科学教育6个方面。

二、科普统计的范围

本次统计的范围包括中央和国家机关各有关单位，省级、市级、县级党委和人民政府有关部门及其直属单位，社会团体等机构和组织。

统计填报单位主要包括：

1. 中央和国家机关各有关单位：中央宣传部（含国家新闻出版署）、国家发展改革委（含国家粮食和储备局、国家数据局）、教育部、科技部、工业和信息化部、国家民委、公安部、民政部、人力资源社会保障部、自然资源部（含国家林草局）、生态环境部、住房城乡建设部、交通运输部（含中国民航局、国家铁路局、国家邮政局）、水利部、农业农村部、文化和旅游部、国家卫生健康委、应急管理部（含中国地震局、国家矿山安监局）、中国人民银行、国务院国资委、市场监管总局（含国家药监局）、国家知识产权局、广电总局、体育总局、中国科学院、社科院、中国气象局、共青团中央、全国总工会、全国妇联、中国科协等。

2. 省级单位：省委宣传部（含新闻出版局）、发展改革委（含粮食和储备局、数据局）、教育厅、科技厅、工业和信息化厅（委）、民委、公安厅、民政厅、人力资源社会保障厅、自然资源厅（含林草局）、生态环境厅、住房城乡建设厅、交通运输厅（含邮政局）、水利厅、农业农村厅、文化和旅游厅、卫生健康委、应急管理厅（含地震局、矿山安监局）、国资委、市场监管局（含药监局）、知识产权局、广电局、体育局、科学院、社科院、气象局、共青团、工会、妇联、科协等。

3. 市级单位：市委宣传部（含新闻出版局）、发展改革委（局）（含粮食和储备局、数据局）、教育局、科技局、工业和信息化局（委）、民委、公安局、民政局、人力资源社会保障局、自然资源局（含林草局）、生态环境局、住房城乡建设局、交通运输局（含邮政局）、水利局、农业农村局、文化和旅游局、卫生健康委、应急管理局（含地震局、矿山安监局）、国资委、市场监管局（含药监局）、知识产权局、广电局、体育局、科学院、社科院、气象局、共青团、工会、妇联、科协等。

4. 县级单位：县委宣传部（含新闻出版局）、发展改革委（局）（含粮食和储备局、数据局）、教育局、科技局、工业和信息化局（委）、民委、公安局、民政局、人力资源社会保障局、自然资源局（含林草局）、生态环境局、住房城乡建设局、交通运输局（含邮政局）、水利局、农业农村局、文化和旅游局、卫生健康委、应急局（含地震局、矿山安监局）、国资委、市场监管局（含药监局）、知识产权局、广电局、体育局、气象局、共青团、工会、妇联、科协等。

三、科普统计的组织

科普统计由科技部牵头，会同有关部门共同组织实施。科技部负责制定统计方案，提出工作要求，指导和协调中央和国家机关各有关部门科技主管司局和各省科技厅（委、局）的统计工作。中国科学技术信息研究所负责具体统计实施工作。

各地方科技行政管理部门牵头组织本地方行政区域内各单位的科普统计。

四、科普统计的工作方式

全国科普统计按中央和国家机关各有关部门及省、市、县分级实施，采取条块结合的方式。

1. 科技部负责全国科普统计。包括：向中央和国家机关各有关部门科技主管司局以及省科技行政管理部门布置科普统计任务，开展统计人员在线填报培训，审核数据，汇总全国科普统计数据，形成国家科普统计年度报告。

2. 中央和国家机关各有关部门科技主管司局负责本单位及其直属机构的科普统计。包括：向直属机构布置科普统计任务，对统计人员进行培训，审核数据；将本部门已填报的数据汇总后盖章的纸质调查表报送科技部。

3. 省科技厅（委、局）负责本省科普统计。包括：向本省同级有关部门、所属各市科技局布置科普统计任务，对统计人员在线填报培训，审核数据；将本省已填报的数据汇总后盖章的纸质调查表报送科技部。

4. 市科技局负责本市科普统计。包括：向本市同级有关部门、所属县科技局布置科普统计任务，对统计人员进行培训，审核数据；将本市已填报的数据汇总后盖章的纸质调查表报送科技厅（委、局）。

5. 县科技行政管理部门负责本县科普统计。包括：向本县同级有关部门布置科普统计任务，对统计人员进行培训，审核数据；将本县已填报的数据汇总后盖章的纸质调查表报送市科技局。

五、在线填报系统

2023 年度全国科普统计工作实行在线填报数据，各填报单位可在科普统计信息管理系统（https://kptj.istic.ac.cn）登录填报、审核、提交数据。

科普统计培训 PPT 及培训教材可在科普统计信息管理系统下载。

六、填报时间

2024 年 6 月 30 日前，各地方、各部门完成在线填报及数据的审核、汇总与提交。

七、数据的修正和反馈

全国科普统计数据填报完成后，科技部将组织专家对填报数据进行审核，就上报数据质量进行评估。对数据质量存在问题的，将要求进行核实和修正。

八、注意事项

凡在“科普场地”报表中填写“科普场馆”数据的单位，需确保该场馆的数据单独填报，即该“科普场馆”如果有涉及科普人员、科普场地、科普经费、科普传媒、科普活动、科学教育的数据，均应当单独填报，不得与单位的其他数据汇总后填报。

附件

2023年度科普统计调查表

中华人民共和国科学技术部制定

国家统计局批准

本报表制度根据《中华人民共和国统计法》的有关规定制定

《中华人民共和国统计法》第七条规定：国家机关、企业事业单位和其他组织及个体工商户和个人等统计调查对象，必须依照本法和国家有关规定，真实、准确、完整、及时地提供统计调查所需的资料，不得提供不真实或者不完整的统计资料，不得迟报、拒报统计资料。

《中华人民共和国统计法》第九条规定：统计机构和统计人员对在统计工作中知悉的国家秘密、商业秘密和个人信息，应当予以保密。

《中华人民共和国统计法》第二十五条规定：统计调查中获得的能够识别或者推断单个统计调查对象身份的资料，任何单位和个人不得对外提供、泄露，不得用于统计以外的目的。

填报说明

（一）调查目的

为了掌握国家科普资源基本状况，了解国家科普工作运行质量；切实履行科技部门的职责，建立有序的工作制度，特制定本调查制度。

（二）调查对象和统计范围

国家机关、社会团体和企事业单位等机构和组织。

（三）调查内容

本调查制度主要调查上述对象的科普人员、科普场地、科普经费、科普传媒、科普活动、科学教育 6 个方面。

（四）调查频率和时间

本调查制度为年报。报告期为 1 月 1 日至 12 月 31 日。

（五）调查方法

本调查制度采用全面调查方法。

（六）组织实施

由科技部牵头，会同有关部门共同组织实施。科技部负责制定统计方案，提出工作要求，指导和协调党中央、国务院有关部门和省科技行政管理部门的统计工作。中国科学技术信息研究所负责具体统计实施工作。

（七）填报和报送要求

填报单位需严格按照报表所规定的指标含义、指标解释进行填报。

本调查制度实行统一的统计分类标准编码，各有关部门必须严格执行。

（八）质量控制

本调查制度针对统计业务流程的各环节进行质量管理和控制。

（九）统计资料公布及数据共享

本调查制度综合统计数据每年 12 月向社会公布。

（十）统计信息共享的内容、方式、时限、渠道、责任单位和责任人

本调查制度综合统计数据可与其他政府部门及本系统内共享使用，按照协

定方式共享，在最终审定数据 10 个工作日后可以共享，共享责任单位为科技部相关司局，共享责任人为科技部相关司局工作负责人。

（十一）使用名录库情况

与国家统计局建立衔接联动机制，本制度使用国家基本单位名录库补充完善调查单位基本信息，加强名录库信息互惠共享。

报表目录

序号	表名	指标个数
表 1	科普人员	14
表 2	科普场地	32
表 3	科普经费	13
表 4	科普传媒	26
表 5	科普活动	35
表 6	科学教育	19
合计		139

调查表式

（一）调查单位基本情况

表号：　KP-000
制定机关：　科学技术部
批准机关：　国家统计局
批准文号：　国统制〔2022〕11 号
有效期至：　2025 年 1 月

20　　年

<table>
<tr><td>101</td><td colspan="4">统一社会信用代码□□□□□□□□□□□□□□□□□□
尚未领取统一社会信用代码的填写原组织机构代码号：
□□□□□□□□-□</td><td>102</td><td colspan="2">单位详细名称</td></tr>
<tr><td>103</td><td colspan="3">机构主管部门类别代码（见说明）□□</td><td>104</td><td colspan="3">所属国民经济行业分类门类代码（见说明）□</td></tr>
<tr><td rowspan="5">105</td><td colspan="7">机构属性</td></tr>
<tr><td>政府部门</td><td>事业单位</td><td colspan="3">人民团体</td><td>企业</td><td>其他</td></tr>
<tr><td>□国家机关</td><td>□科研院所</td><td colspan="3">□中央机构编制部门直接管理类</td><td>□全民所有制企业</td><td>□其他</td></tr>
<tr><td></td><td>□高等教育机构</td><td colspan="3">□民政部门登记类</td><td>□非全民所有制企业</td><td></td></tr>
<tr><td></td><td>□其他</td><td colspan="3"></td><td></td><td></td></tr>
<tr><td>106</td><td colspan="7">单位级别
中央级□　　省级□　　市级□　　区县级□</td></tr>
<tr><td>107</td><td colspan="7">单位所在地及区划
　　省（自治区、直辖市）　　地（区、市、州、盟）　　县（区、市、旗）
区划代码　□□□□□□□□□□□□</td></tr>
<tr><td>108</td><td colspan="7">单位经费来源情况：
□财政全额拨款　　□财政差额拨款　　□自收自支</td></tr>
<tr><td>109</td><td colspan="4">法定代表人（单位负责人）</td><td colspan="3">填表人</td></tr>
<tr><td>110</td><td colspan="7">联系方式
长途区号　□□□□□　　移动电话　□□□□□□□□□□□
固定电话　□□□□-□□□□□□□□　　传真号码　□□□□-□□□□□□□□
邮政编码　□□□□□□</td></tr>
</table>

单位负责人：　　统计负责人：　　填表人：　　联系电话：　　报出日期：20　　年　月　日

说明：

1. 机构主管部门类别代码：宣传部门（含新闻出版部门）（40）、发展改革部门[含粮食和储备系统（23）]（25）、教育部门（03）、科技管理部门（01）、工业和信息化部门（19）、民族事务部门（21）、公安部门（20）、民政部门（26）、人力资源社会保障部门（27）、自然资源部门[含林业和草原系统（11）]（04）、生态环境部门（09）、住房和城乡建设部门（34）、交通运输部门（含民用航空系统、铁路系统、邮政系统）（33）、水利部门（35）、农业农村部门（05）、文化和旅游部门（06）[旅游部门（12）合并到文化部门（06）]、卫生健康部门（07）[计生部门（08）合并到卫生部门（07）]、应急管理部门[含地震系统（14）、矿山安全监察系统]（22）、中国人民银行（36）、国有资产监督管理部门（32）、市场监督管理部门[含药品监督管理系统（29）]（24）、知识产权部门（37）、广电部门（10）、体育部门（28）、中国科学院所属部门（13）、社科院所属部门（31）、气象部门（15）、共青团组织（16）、工会组织（18）、妇联组织（17）、科协组织（02）、其他部门（30）。

2. 国民经济行业分类门类代码（GB/T 4754—2017）：A 农、林、牧、渔业；B 采矿业；C 制造业；D 电力、热力、燃气及水生产和供应业；E 建筑业；F 批发和零售业；G 交通运输、仓储和邮政业；H 住宿和餐饮业；I 信息传输、软件和信息技术服务业；J 金融业；K 房地产业；L 租赁和商务服务业；M 科学研究和技术服务业；N 水利、环境和公共设施管理业；O 居民服务、修理和其他服务业；P 教育；Q 卫生和社会工作；R 文化、体育和娱乐业；S 公共管理、社会保障和社会组织；T 国际组织。

3. 为减轻基层填报负担，将基本单位名录库信息维护到联网直报系统中，已获取的调查单位名录信息加载到调查系统中，企业无须重复填报，如有变更可更新相关信息。

（二）科普人员

表号：KP-001
制定机关：科学技术部
批准机关：国家统计局
批准文号：国统制〔2022〕11 号
有效期至：2025 年 1 月

统一社会信用代码□□□□□□□□□□□□□□□□□□
尚未领取统一社会信用代码的填写原组织机构代码号□□□□□□□□-□
单位详细名称： 20 年

指标名称	计量单位	代码	数量
甲	乙	丙	1
一、科普专职人员	人	KR100	
其中：中级职称及以上或本科及以上学历人员	人	KR110	
女性	人	KR120	
农村科普人员	人	KR130	
管理人员	人	KR140	
科普创作（研发）人员	人	KR150	
科普讲解（辅导）人员	人	KR160	
二、科普兼职人员	人	KR200	
其中：中级职称及以上或本科及以上学历人员	人	KR210	
女性	人	KR220	
农村科普人员	人	KR230	
科普讲解（辅导）人员	人	KR240	
当年实际投入工作量	人天	KR250	
三、注册科普（技）志愿者	人	KR300	

单位负责人： 统计负责人： 填表人： 联系电话： 报出日期：20 年 月 日

说明：主要平衡关系

KR110≤KR100，KR120≤KR100，KR130≤KR100，KR140≤KR100，KR150≤KR100，KR160≤KR100。

KR210≤KR200，KR220≤KR200，KR230≤KR200，KR240≤KR200。

（三）科普场地

表号：KP-002
制定机关：科学技术部
批准机关：国家统计局
批准文号：国统制〔2022〕11 号
有效期至：2025 年 1 月

统一社会信用代码□□□□□□□□□□□□□□□□□□□□

尚未领取统一社会信用代码的填写原组织机构代码号□□□□□□□□-□

单位详细名称：　　　　　　　　　　20　　年

指标名称	计量单位	代码	数量
甲	乙	丙	1
一、科普场馆	—	—	—
1. 科技馆	个	KC110	
建筑面积	平方米	KC111	
展厅面积	平方米	KC112	
当年参观人数	人次	KC113	
常设展品	件套	KC114	
门票收入	万元	KC116	
2. 科学技术类博物馆	个	KC120	
建筑面积	平方米	KC121	
展厅面积	平方米	KC122	
当年参观人数	人次	KC123	
常设展品	件套	KC124	
门票收入	万元	KC126	
3. 青少年科技馆站	个	KC130	
建筑面积	平方米	KC131	
展厅面积	平方米	KC132	
当年参观人数	人次	KC133	
常设展品	件套	KC134	
二、非场馆类科普场地	—	—	—
1. 个数	个	KC210	
2. 科普展厅面积	平方米	KC220	
3. 当年参观人数	人次	KC230	
三、公共场所科普宣传设施	—	—	—
1. 城市社区科普（技）活动场所	个	KC310	
当年服务人数	人次	KC311	
2. 农村科普（技）活动场所	个	KC320	
当年服务人数	人次	KC321	
3. 流动科普宣传设施	—	—	—
科普宣传专用车	辆	KC330	

续表

指标名称	计量单位	代码	数量
甲	乙	丙	1
当年服务人数	人次	KC331	
流动科技馆站	个	KC332	
当年服务人数	人次	KC333	
4. 科普宣传专栏	个	KC340	
当年内容更新次数	次	KC341	
四、科普基地	—	—	—
1. 国家级科普基地	个	KC410	
2. 省级科普基地	个	KC420	

单位负责人：　　统计负责人：　　填表人：　　联系电话：　　报出日期：20　　年　月　日

说明：

1. 主要平衡关系：KC112<KC111；KC122<KC121；KC132<KC131。

2. 科普场馆必须是以上列举的三类。青少年科技馆站必须专门用于开展面向青少年的科普宣传教育。

3. 建筑面积（KC111、KC121、KC131）：建筑面积在 500 平米以下的，出租用于他用（商业经营等）或已丧失科普功能的，均不在此项统计范围内。

4. 展厅面积（KC112、KC122、KC132）：指用于各类展览的实际使用面积，不含公共设施、办公室和用于其他用途的使用面积。

5. 当年参观人数（KC113、KC123、KC133）：如果有参观票据，以票根上的年度内数字为准。如果没有参观票据，则以馆内统计的人数为准。馆内没有过任何统计，则填报零。不可随意填报。

6. 场馆数量不能出现大于 1 的情况，每个场馆要单独填报。

7. 场馆常设展品的件套数，以完整呈现一个展出物品为一件套。

（四）科普经费

表号：KP-003
制定机关：科学技术部
批准机关：国家统计局
批准文号：国统制〔2022〕11号
有效期至：2025年1月

统一社会信用代码□□□□□□□□□□□□□□□□□□
尚未领取统一社会信用代码的填写原组织机构代码号□□□□□□□□-□
单位详细名称：　　20　年

指标名称	计量单位	代码	金额
甲	乙	丙	1
一、当年科普经费筹集额	万元	KJ100	
1. 政府拨款	万元	KJ110	
其中：科普专项经费	万元	KJ111	
2. 捐赠	万元	KJ120	
3. 自筹资金	万元	KJ130	
二、当年科普经费使用额	万元	KJ200	
1. 行政支出	万元	KJ210	
2. 科普活动支出	万元	KJ220	
其中：科技活动周经费支出	万元	KJ221	
3. 科普场馆基建支出	万元	KJ230	
其中：政府拨款支出	万元	KJ231	
4. 科普展品、设施支出	万元	KJ233	
5. 其他支出	万元	KJ240	

单位负责人：　　统计负责人：　　填表人：　　联系电话：　　报出日期：20　年　月　日

说明：

1. 主要平衡关系：KJ100＝KJ110＋KJ120＋KJ130；KJ200＝KJ210＋KJ220＋KJ230＋KJ233＋KJ240；KJ110≥KJ111；KJ220≥KJ221；KJ230≥KJ231。

2. 经费部分，所有单位均为万元。

（五）科普传媒

表号：KP-004
制定机关：科学技术部
批准机关：国家统计局
批准文号：国统制〔2022〕11 号
有效期至：2025 年 1 月

统一社会信用代码□□□□□□□□□□□□□□□□□□
尚未领取统一社会信用代码的填写原组织机构代码号□□□□□□□□-□
单位详细名称：　　　　　　　　　　　　20　　年

指标名称	计量单位	代码	数量
甲	乙	丙	1
一、科普图书	—	—	—
1. 当年出版种数	种	KM110	
2. 当年出版总册数	册	KM120	
二、科普期刊	—	—	—
1. 当年出版种数	种	KM210	
2. 当年出版总册数	册	KM220	
三、科技类报纸当年发行总份数	份	KM400	
四、科普电影	—	—	—
1. 当年放映片源数量	部	KM040	
其中：国产数量	部	KM0401	
进口数量	部	KM0402	
2. 当年观众数量	人次	KM041	
五、电视台当年播出科普（技）节目时长	小时	KM500	
六、电台当年播出科普（技）节目时长	小时	KM600	
七、科普网站	—	—	—
1. 建设数量	个	KM700	
2. 当年访问数量	次	KM710	
3. 当年发文数量	篇	KM720	
八、当年发放科普读物和资料	份	KM800	
九、科普类微博	—	—	—
1. 建设数量	个	KM010	
2. 当年发文数量	篇	KM011	
3. 当年阅读数量	次	KM012	
4. 粉丝数量	个	KM013	
十、科普类微信公众号	—	—	—
1. 建设数量	个	KM020	
2. 当年发文数量	篇	KM021	

续表

指标名称	计量单位	代码	数量
甲	乙	丙	1
3. 当年阅读数量	次	KM022	
4. 关注数量	个	KM023	
十一、网络科普视频	—	—	—
1. 当年发布数量	个	KM030	
2. 当年发布时长	小时	KM031	
3. 当年播放数量	次	KM032	

单位负责人： 统计负责人： 填表人： 联系电话： 报出日期：20 年 月 日

说明：

1. 主要平衡关系：KM040＝KM0401＋KM0402。

2. 科普传媒是指各填报单位产出的科普作品，而不是填报单位订阅的资料。

3. 科普图书需要取得ISBN编号，科普期刊和科技类报纸需要取得国内统一连续出版物号，科普电影需要取得电影片公映许可证。

4. KM500和KM600由广播电视部门和宣传部门填报。

（六）科普活动

表号：　KP-004
制定机关：　科学技术部
统一社会信用代码□□□□□□□□□□□□□□□□□□　批准机关：　国家统计局
尚未领取统一社会信用代码的填写原组织机构代码号□□□□□□□□-□　批准文号：　国统制〔2022〕11 号
单位详细名称：　20　年　有效期至：　2025 年 1 月

指标名称	计量单位	代码	数量
甲	乙	丙	1
一、科普（技）讲座	—	—	—
1. 当年线下举办次数	次	KH110	
当年线下参加人数	人次	KH120	
2. 当年线上举办次数	次	KH130	
当年线上参加人数	人次	KH140	
二、科普（技）展览	—	—	—
1. 当年专题展览线下举办次数	次	KH210	
当年线下参观人数	人次	KH220	
2. 当年专题展览线上举办次数	次	KH230	
当年线上参观人数	人次	KH240	
三、科普（技）竞赛	—	—	—
1. 当年线下举办次数	次	KH310	
当年线下参加人数	人次	KH320	
2. 当年线上举办次数	次	KH330	
当年线上参加人数	人次	KH340	
四、科普国际交流	—	—	—
1. 当年线下举办次数	次	KH410	
当年线下参加人数	人次	KH420	
2. 当年线上举办次数	次	KH430	
当年线上参加人数	人次	KH440	
五、青少年科普	—	—	
1. 青少年科技兴趣小组	—	—	—
当年成立个数	个	KH511	
当年参加人数	人次	KH512	

续表

指标名称	计量单位	代码	数量
甲	乙	丙	1
2. 科技夏（冬）令营	—	—	—
当年举办次数	次	KH521	
当年参加人数	人次	KH522	
3. 青少年主题科普活动	—	—	
当年举办次数	次	KH531	
当年参加人数	人次	KH532	
六、老年人科普			
1. 当年科普主题活动举办次数	次	KH010	
2. 当年参加人数	人次	KH020	
七、科技活动周	—	—	—
1. 科普专题活动线下举办次数	次	KH610	
线下参加人数	人次	KH620	
2. 科普专题活动线上举办次数	次	KH630	
线上参加人数	人次	KH640	
八、科研机构、大学向社会开放	—	—	—
1. 当年开放单位个数	个	KH710	
2. 当年参观人数	人次	KH720	
九、当年举办实用技术培训次数	次	KH810	
当年参加人数	人次	KH820	
十、当年重大科普活动次数	次	KH900	
十一、科普研发	—	—	—
当年获批市级及以上科普项目数量	项	KH030	
其中：当年获批省、部级及以上科普项目数量	项	KH0301	

单位负责人：　　统计负责人：　　填表人：　　联系电话：　　报出日期：20　　年　月　日

说明：

1. 主要平衡关系：KH030≥KH0301。

2. 填报单位组织的科普活动，参加的活动不在统计范围内。

3. 多主办单位的活动由第一主办单位填报。如果第一填报单位不在调查统计范围内的，可以由第二主办单位填报，以此类推。

（七）科学教育

表号：KP-006
制定机关：科学技术部
批准机关：国家统计局
批准文号：国统制〔2022〕11 号
有效期至：2025 年 1 月

统一社会信用代码□□□□□□□□□□□□□□□□□□
尚未领取统一社会信用代码的填写原组织机构代码号□□□□□□□□-□
单位详细名称：　　　　　　　　　　　　　20　　年

指标名称	计量单位	代码	数量
甲	乙	丙	1
一、师资队伍	—	—	—
1. 义务教育	—	—	—
本校全职科学教师数量	人	KX111	
本校兼职科学教师数量	人	KX112	
当年科学教育外聘专家数量	人	KX113	
2. 高中阶段教育	—	—	—
本校全职科学教育教师数量	人	KX121	
本校兼职科学教育教师数量	人	KX122	
当年科学教育外聘专家数量	人	KX123	
3. 高等教育	—	—	—
本校全职科学教育教师数量	人	KX131	
本校兼职科学教育教师数量	人	KX132	
当年科学教育外聘专家数量	人	KX133	
二、教学情况	—	—	—
1. 义务教育阶段科学教育	—	—	—
当年课程课时	节	KX211	
其中：当年校外课时	节	KX2111	
当年学生数量	人	KX212	
2. 高中阶段科学教育	—	—	—
当年课程课时	节	KX221	
其中：当年校外课时	节	KX2211	
当年学生数量	人	KX222	
3. 高等科学教育人才培养	—	—	—
当年本科专业学生数量	人	KX231	

续表

指标名称	计量单位	代码	数量
甲	乙	丙	1
当年研究生专业学生数量	人	KX232	
三、中小学科普（技）活动场所	—	—	—
1. 场所数量	个	KX310	
2. 当年服务学生数量	人	KX320	

单位负责人：　　统计负责人：　　填表人：　　联系电话：　　报出日期：20　　年　月　日

说明：

主要平衡关系：KX211≥KX2111；KX221≥KX2211。

附录 2　2023 年全国科普统计分类数据统计表

各项统计数据均未包括香港特别行政区、澳门特别行政区和台湾地区的数据。新疆统计数据包含新疆生产建设兵团统计数据。

科普宣传专用车、科普图书、科普期刊、科普网站、科普国际交流情况均由市级以上（含市级）填报单位的数据统计得出。

非场馆类科普场地指标数据以及科普电影、网络科普视频、科普研发、科学教育等相关指标数据，此次暂未列入。

东部、中部和西部地区的划分：东部地区包括北京、天津、河北、辽宁、上海、江苏、浙江、福建、山东、广东和海南 11 个省和直辖市；中部地区包括山西、吉林、黑龙江、安徽、江西、河南、湖北和湖南 8 个省；西部地区包括内蒙古、广西、重庆、四川、贵州、云南、西藏、陕西、甘肃、青海、宁夏和新疆 12 个省、自治区和直辖市。

附表 2-1 2023 年各省科普人员 单位：人
Appendix table 2-1: S&T popularization personnel by region in 2023 Unit: person

地 区 Region	科普专职人员 Full time S&T popularization personnel		
	人员总数 Total	中级职称及以上或大学本科及以上学历人员 With title of medium-rank or above / with college graduate or above	女性 Female
全 国 Total	293191	194954	128907
东 部 Eastern	113649	81868	54667
中 部 Middle	82674	50770	32868
西 部 Western	96868	62316	41372
北 京 Beijing	9247	7465	5338
天 津 Tianjin	5116	4092	2777
河 北 Hebei	11378	7389	5291
山 西 Shanxi	9064	5443	4489
内蒙古 Inner Mongolia	7138	4496	2810
辽 宁 Liaoning	8104	5961	4047
吉 林 Jilin	6708	4033	2650
黑龙江 Heilongjiang	5810	3678	2454
上 海 Shanghai	7855	5965	4181
江 苏 Jiangsu	13472	10239	6385
浙 江 Zhejiang	13858	10551	6742
安 徽 Anhui	12193	7427	4024
福 建 Fujian	6076	4226	2573
江 西 Jiangxi	8672	5060	3298
山 东 Shandong	14351	9913	6228
河 南 Henan	11851	7612	5447
湖 北 Hubei	13362	8369	5128
湖 南 Hunan	15014	9148	5378
广 东 Guangdong	22004	14735	10138
广 西 Guangxi	8530	5938	4038
海 南 Hainan	2188	1332	967
重 庆 Chongqing	9036	6722	4373
四 川 Sichuan	17364	10452	7512
贵 州 Guizhou	7657	5219	2825
云 南 Yunnan	11218	8026	5098
西 藏 Xizang	1722	570	619
陕 西 Shaanxi	11967	7320	4867
甘 肃 Gansu	8929	5804	3496
青 海 Qinghai	1217	820	541
宁 夏 Ningxia	2401	1506	1257
新 疆 Xinjiang	9689	5443	3936

附表 2-1　续表　　　　Continued

地　区　Region	科普专职人员　Full time S&T popularization personnel			
	农村科普人员 Rural S&T popularization personnel	管理人员 S&T popularization administrators	科普创作（研发）人员 S&T popularization creators（researchers）	科普讲解（辅导）人员 S&T popularization docents (tutors)
全　国　Total	73379	48876	22249	52263
东　部　Eastern	21025	19353	10670	20639
中　部　Middle	24948	14042	4550	15008
西　部　Western	27406	15481	7029	16616
北　京　Beijing	644	1778	1585	1595
天　津　Tianjin	408	906	794	1344
河　北　Hebei	2886	1797	589	1449
山　西　Shanxi	2035	1570	489	1744
内蒙古　Inner Mongolia	2202	1378	440	1246
辽　宁　Liaoning	2058	1384	530	1396
吉　林　Jilin	2221	944	255	1988
黑龙江　Heilongjiang	1568	1100	325	678
上　海　Shanghai	793	1565	1021	1778
江　苏　Jiangsu	2459	2453	1115	2213
浙　江　Zhejiang	2644	1750	677	2319
安　徽　Anhui	4447	1619	500	1871
福　建　Fujian	1454	1079	436	781
江　西　Jiangxi	2713	1593	393	1441
山　东　Shandong	4038	2443	1130	2153
河　南　Henan	3181	2187	724	2336
湖　北　Hubei	3782	2353	813	2376
湖　南　Hunan	5001	2676	1051	2574
广　东　Guangdong	3259	3664	2614	5050
广　西　Guangxi	2364	1268	660	1360
海　南　Hainan	382	534	179	561
重　庆　Chongqing	1664	1533	1339	2398
四　川　Sichuan	5580	2856	1352	2671
贵　州　Guizhou	2581	1273	421	1150
云　南　Yunnan	3102	1747	600	2094
西　藏　Xizang	923	139	41	331
陕　西　Shaanxi	3600	1794	821	1797
甘　肃　Gansu	2043	1603	427	1285
青　海　Qinghai	166	199	95	163
宁　夏　Ningxia	631	419	213	437
新　疆　Xinjiang	2550	1272	620	1684

附表 2-1 续表 Continued

地 区 Region	科普兼职人员 Part time S&T popularization personnel		
	人员总数 Total	年度实际投入工作量/人天 Annual actual workload (man-day)	中级职称及以上或大学本科及以上学历人员 With title of medium-rank or above / with college graduate or above
全 国 Total	1863055	29408171	1154994
东 部 Eastern	797895	12766542	502368
中 部 Middle	469381	7430962	287776
西 部 Western	595779	9210667	364850
北 京 Beijing	50640	805235	36087
天 津 Tianjin	39599	714201	31058
河 北 Hebei	65929	1252848	39396
山 西 Shanxi	44024	520992	29962
内蒙古 Inner Mongolia	27486	354123	17852
辽 宁 Liaoning	31267	617986	19887
吉 林 Jilin	13079	223974	7527
黑龙江 Heilongjiang	23830	164876	16072
上 海 Shanghai	50936	988159	37615
江 苏 Jiangsu	92175	2325091	60617
浙 江 Zhejiang	144096	1944151	79452
安 徽 Anhui	79282	1187011	47817
福 建 Fujian	65108	952601	40537
江 西 Jiangxi	59819	955623	35805
山 东 Shandong	88229	1358666	51742
河 南 Henan	96522	1618123	58248
湖 北 Hubei	86586	1638204	53597
湖 南 Hunan	66239	1122159	38748
广 东 Guangdong	157956	1638983	99060
广 西 Guangxi	78187	989853	48115
海 南 Hainan	11960	168621	6917
重 庆 Chongqing	63843	1235199	39714
四 川 Sichuan	104232	1727707	58583
贵 州 Guizhou	48351	783550	31843
云 南 Yunnan	91293	1385826	58932
西 藏 Xizang	3786	60813	1456
陕 西 Shaanxi	67453	1000783	38897
甘 肃 Gansu	42668	519933	27183
青 海 Qinghai	12642	535726	8578
宁 夏 Ningxia	13490	227068	8816
新 疆 Xinjiang	42348	390086	24881

附表 2-1 续表 Continued

地 区 Region	科普兼职人员 Part time S&T popularization personnel			注册科普志愿者 Registered S&T popularization volunteers
	女性 Female	农村科普人员 Rural S&T popularization personnel	科普讲解（辅导）人员 S&T popularization docents (tutors)	
全 国 Total	851196	391810	336331	8045302
东 部 Eastern	377775	140589	143240	2523345
中 部 Middle	206234	117373	81027	3766739
西 部 Western	267187	133848	112064	1755218
北 京 Beijing	29544	7011	12104	125915
天 津 Tianjin	23141	5669	10744	231516
河 北 Hebei	31741	18161	12418	76824
山 西 Shanxi	24728	6563	8694	128504
内蒙古 Inner Mongolia	12780	5688	4337	187071
辽 宁 Liaoning	15583	5643	8183	76824
吉 林 Jilin	4690	3984	1688	696899
黑龙江 Heilongjiang	11939	4282	5194	24331
上 海 Shanghai	28329	2823	8684	401970
江 苏 Jiangsu	39803	20577	14625	366786
浙 江 Zhejiang	67819	24351	16193	142816
安 徽 Anhui	32620	19375	10445	295473
福 建 Fujian	27759	12059	9114	91352
江 西 Jiangxi	26205	11948	8174	375522
山 东 Shandong	37764	24447	13304	321938
河 南 Henan	42867	28334	19340	1699655
湖 北 Hubei	36168	24159	13937	208968
湖 南 Hunan	27017	18728	13555	337387
广 东 Guangdong	71579	17282	35799	600648
广 西 Guangxi	38778	16025	12067	147036
海 南 Hainan	4713	2566	2072	86756
重 庆 Chongqing	30234	11656	18622	321037
四 川 Sichuan	45730	30220	19586	243295
贵 州 Guizhou	18662	9181	7463	82580
云 南 Yunnan	40147	23931	14187	202001
西 藏 Xizang	1246	1811	1093	922
陕 西 Shaanxi	29529	12699	11982	278265
甘 肃 Gansu	17127	9137	7264	43518
青 海 Qinghai	6435	969	3849	32225
宁 夏 Ningxia	6623	3127	1324	97718
新 疆 Xinjiang	19896	9404	10290	119550

附表 2-2 2023 年各省科普场地

Appendix table 2-2: S&T popularization venues and facilities by region in 2023

地 区 Region	科技馆/个 S&T museums or centers	建筑面积/平方米 Construction area (m^2)	展厅面积/平方米 Exhibition area (m^2)	当年参观人数/人次 Visitors
全 国 Total	703	5711106	2918961	97975551
东 部 Eastern	273	2612049	1298547	48523813
中 部 Middle	194	1583282	814533	28393979
西 部 Western	236	1515775	805881	21057759
北 京 Beijing	13	159392	67479	5525275
天 津 Tianjin	5	49908	31126	1607515
河 北 Hebei	24	147471	83646	3928282
山 西 Shanxi	9	67813	34608	1292920
内蒙古 Inner Mongolia	43	252646	141058	2199756
辽 宁 Liaoning	20	254025	96098	4244790
吉 林 Jilin	18	108891	50790	1561623
黑龙江 Heilongjiang	17	135383	86489	1311853
上 海 Shanghai	25	178599	111109	1210579
江 苏 Jiangsu	18	194067	98124	3271907
浙 江 Zhejiang	24	344584	151619	4849657
安 徽 Anhui	33	322726	150793	4961805
福 建 Fujian	34	274217	125197	6305351
江 西 Jiangxi	17	196305	92740	3832057
山 东 Shandong	43	487114	256847	7187662
河 南 Henan	31	347648	170722	8284528
湖 北 Hubei	53	282382	159548	4454126
湖 南 Hunan	16	122134	68843	2695067
广 东 Guangdong	44	420588	244602	8159704
广 西 Guangxi	10	160087	71548	2797309
海 南 Hainan	23	102084	32700	2233091
重 庆 Chongqing	19	106266	53662	2519156
四 川 Sichuan	29	259233	126195	3738120
贵 州 Guizhou	14	84574	49447	1181789
云 南 Yunnan	33	116230	69133	1185103
西 藏 Xizang	2	1000	270	6500
陕 西 Shaanxi	22	135651	78247	1662340
甘 肃 Gansu	17	70055	43345	2021707
青 海 Qinghai	4	48108	25915	410350
宁 夏 Ningxia	9	83295	35539	1416266
新 疆 Xinjiang	34	198630	111522	1919363

附表 2-2 续表 Continued

地 区 Region	科学技术类博物馆/个 S&T related museums	建筑面积/平方米 Construction area (m^2)	展厅面积/平方米 Exhibition area (m^2)	当年参观人数/人次 Visitors	青少年科技馆站/个 Teenage S&T museums
全 国 Total	1076	7774811	3681339	170858043	519
东 部 Eastern	515	4034823	1831706	94094730	190
中 部 Middle	248	1372316	698075	27622095	143
西 部 Western	313	2367672	1151558	49141218	186
北 京 Beijing	68	834003	338986	22852488	15
天 津 Tianjin	19	243118	95325	8910046	4
河 北 Hebei	43	271632	120990	4333510	16
山 西 Shanxi	23	130899	61361	1670095	26
内蒙古 Inner Mongolia	18	202376	81775	6022850	17
辽 宁 Liaoning	33	231961	107081	3823529	9
吉 林 Jilin	9	76874	35930	1161206	9
黑龙江 Heilongjiang	34	144381	78949	1491048	14
上 海 Shanghai	98	705745	369622	14911681	25
江 苏 Jiangsu	56	373651	166675	10247703	27
浙 江 Zhejiang	56	459655	194879	6417032	33
安 徽 Anhui	31	143134	63072	2043327	31
福 建 Fujian	28	96733	56982	2046970	9
江 西 Jiangxi	37	176961	89425	3300661	10
山 东 Shandong	34	314378	160682	6981480	15
河 南 Henan	35	106918	70035	1678260	18
湖 北 Hubei	36	257673	139030	4582293	24
湖 南 Hunan	43	335476	160273	11695205	11
广 东 Guangdong	68	407020	187952	11172529	31
广 西 Guangxi	26	177523	83581	4703152	10
海 南 Hainan	12	96927	32532	2397762	6
重 庆 Chongqing	34	198483	107093	3634759	25
四 川 Sichuan	54	291169	158374	11424679	37
贵 州 Guizhou	21	212698	91422	3242092	11
云 南 Yunnan	53	407431	185028	7638006	18
西 藏 Xizang	1	33000	12000	150000	3
陕 西 Shaanxi	33	223315	121639	3302421	24
甘 肃 Gansu	29	291275	170110	4484698	16
青 海 Qinghai	8	75132	30945	925430	3
宁 夏 Ningxia	17	121568	59484	2123152	5
新 疆 Xinjiang	19	133702	50107	1489979	17

附表 2-2 续表 Continued

地 区 Region	城市社区科普（技）活动场所/个 Urban community S&T popularization sites	农村科普（技）活动场所/个 Rural S&T popularization sites	科普宣传专用车/辆 S&T popularization vehicles	科普宣传专栏/个 S&T popularization information bulletin boards
全 国 Total	48009	161889	1203	259355
东 部 Eastern	22143	64167	451	106082
中 部 Middle	13250	53441	340	73169
西 部 Western	12616	44281	412	80104
北 京 Beijing	1554	1665	90	6239
天 津 Tianjin	1538	2924	61	2510
河 北 Hebei	1385	9500	21	8261
山 西 Shanxi	1231	4289	18	8064
内蒙古 Inner Mongolia	770	873	38	2761
辽 宁 Liaoning	870	915	11	1982
吉 林 Jilin	265	1645	7	1142
黑龙江 Heilongjiang	383	1293	17	1696
上 海 Shanghai	2269	1026	24	6874
江 苏 Jiangsu	4117	7243	37	14575
浙 江 Zhejiang	3500	12980	19	19139
安 徽 Anhui	2150	5451	35	9486
福 建 Fujian	1195	2908	5	6159
江 西 Jiangxi	1767	8577	27	7571
山 东 Shandong	2491	16282	38	16629
河 南 Henan	2431	12509	93	19660
湖 北 Hubei	3171	10663	92	13923
湖 南 Hunan	1852	9014	51	11627
广 东 Guangdong	2888	8332	139	22093
广 西 Guangxi	1164	6447	30	9510
海 南 Hainan	336	392	6	1621
重 庆 Chongqing	1249	2687	81	8012
四 川 Sichuan	2827	8544	28	10536
贵 州 Guizhou	721	2453	13	2699
云 南 Yunnan	1825	7539	76	20095
西 藏 Xizang	63	253	17	230
陕 西 Shaanxi	1262	6010	46	6766
甘 肃 Gansu	1037	4481	25	8899
青 海 Qinghai	169	131	14	2330
宁 夏 Ningxia	435	1184	13	1686
新 疆 Xinjiang	1094	3679	31	6580

附表 2-3 2023 年各省科普经费 单位：万元

Appendix table 2-3: S&T popularization funds by region in 2023 Unit: 10000 yuan

地 区 Region		年度科普经费筹集额 Annual funding for S&T popularization	政府拨款 Government funds	科普专项经费 Special funds	捐赠 Donates	自筹资金 Self-raised funds
全 国	Total	2150600	1671108	811806	12927	466565
东 部	Eastern	1210536	887788	445788	7723	315026
中 部	Middle	432934	372515	171529	1616	58803
西 部	Western	507129	410805	194489	3588	92736
北 京	Beijing	273558	196310	118349	781	76468
天 津	Tianjin	42442	15558	4469	78	26805
河 北	Hebei	26587	22249	11141	106	4232
山 西	Shanxi	35668	30074	12789	24	5570
内蒙古	Inner Mongolia	23991	22881	13736	18	1092
辽 宁	Liaoning	28156	23686	6052	16	4455
吉 林	Jilin	23950	17596	9583	26	6327
黑龙江	Heilongjiang	16266	13157	5891	98	3011
上 海	Shanghai	152573	107909	42879	1204	43460
江 苏	Jiangsu	90820	69170	38500	237	21413
浙 江	Zhejiang	119430	101727	40792	554	17149
安 徽	Anhui	92133	86234	26587	152	5748
福 建	Fujian	96344	64076	26921	3249	29019
江 西	Jiangxi	57669	49273	31469	175	8220
山 东	Shandong	79712	66140	29290	73	13499
河 南	Henan	63921	57045	26960	60	6816
湖 北	Hubei	82383	69121	35558	913	12349
湖 南	Hunan	60945	50016	22691	168	10761
广 东	Guangdong	274827	199951	114538	1425	73450
广 西	Guangxi	52318	42159	20699	846	9313
海 南	Hainan	26087	21012	12858	0	5076
重 庆	Chongqing	70393	46639	18390	369	23385
四 川	Sichuan	103083	87794	42953	330	14959
贵 州	Guizhou	32989	29748	9798	248	2993
云 南	Yunnan	75412	57202	25334	319	17892
西 藏	Xizang	3456	3343	2800	88	25
陕 西	Shaanxi	46775	38307	17130	91	8376
甘 肃	Gansu	32018	29631	10448	82	2305
青 海	Qinghai	15889	13586	7169	353	1949
宁 夏	Ningxia	15533	15091	10904	5	437
新 疆	Xinjiang	35272	24423	15129	839	10009

附表 2-3 续表 Continued

地　区 Region	年度科普经费使用额 Annual expenditure	行政支出 Administrative expenditure	科普活动支出 Activities expenditure	科技活动周经费支出 S&T week expenditure
全　国 Total	2077038	446845	818702	43487
东　部 Eastern	1180472	247842	444479	20541
中　部 Middle	406697	81581	164527	10510
西　部 Western	489869	117422	209697	12435
北　京 Beijing	266399	46189	107103	4437
天　津 Tianjin	41812	10363	10201	1027
河　北 Hebei	25652	4849	13300	1149
山　西 Shanxi	34936	6764	11544	945
内蒙古 Inner Mongolia	24594	6878	13726	334
辽　宁 Liaoning	27614	6203	7126	501
吉　林 Jilin	22491	4791	7903	164
黑龙江 Heilongjiang	15211	2878	5695	289
上　海 Shanghai	150821	35615	74595	2415
江　苏 Jiangsu	88474	22893	43314	1919
浙　江 Zhejiang	116932	29175	50169	1881
安　徽 Anhui	87151	14159	26547	1302
福　建 Fujian	93128	20461	24343	788
江　西 Jiangxi	51539	11556	25851	1595
山　东 Shandong	76454	20067	26465	1162
河　南 Henan	56528	9291	26895	987
湖　北 Hubei	82184	20975	31851	1759
湖　南 Hunan	56658	11166	28242	3469
广　东 Guangdong	266777	47579	79822	4632
广　西 Guangxi	49259	10519	19442	1513
海　南 Hainan	26409	4448	8042	631
重　庆 Chongqing	69523	12138	27776	2162
四　川 Sichuan	96220	27197	37977	1496
贵　州 Guizhou	33123	9226	17171	1165
云　南 Yunnan	73160	19984	36244	1620
西　藏 Xizang	3173	413	2103	130
陕　西 Shaanxi	44503	11757	18166	1283
甘　肃 Gansu	32842	6223	14763	930
青　海 Qinghai	15243	3899	7302	1022
宁　夏 Ningxia	14629	3922	4904	167
新　疆 Xinjiang	33599	5267	10123	613

附表 2-3　续表　　　　Continued

地　区 Region	年度科普经费使用额 Annual expenditure			
	科普场馆基建支出 Infrastructure expenditures	政府拨款支出 Government expenditures	科普展品、设施支出 Exhibits & facilities expenditures	其他支出 Others
全　国 Total	313703	197225	227152	270636
东　部 Eastern	203465	137225	101695	182992
中　部 Middle	46885	33925	76658	37045
西　部 Western	63352	26076	48798	50599
北　京 Beijing	6757	1953	17841	88508
天　津 Tianjin	10262	374	5577	5408
河　北 Hebei	2663	1422	2872	1968
山　西 Shanxi	5895	4741	5914	4819
内蒙古 Inner Mongolia	1336	308	1650	1004
辽　宁 Liaoning	1848	1129	3622	8816
吉　林 Jilin	3119	2861	2514	4164
黑龙江 Heilongjiang	2688	1710	2916	1034
上　海 Shanghai	24359	14099	9702	6551
江　苏 Jiangsu	11506	3040	5301	5460
浙　江 Zhejiang	15206	11841	7045	15337
安　徽 Anhui	4952	2953	38908	2585
福　建 Fujian	24363	17874	8315	15646
江　西 Jiangxi	5474	3391	5709	2947
山　东 Shandong	13486	9588	9263	7173
河　南 Henan	8796	7802	8441	3105
湖　北 Hubei	7678	4691	8503	13176
湖　南 Hunan	8282	5776	3754	5214
广　东 Guangdong	82592	67745	30401	26383
广　西 Guangxi	8723	5613	6491	4084
海　南 Hainan	10422	8159	1755	1742
重　庆 Chongqing	12873	4620	6391	10346
四　川 Sichuan	9006	3934	7172	14867
贵　州 Guizhou	2030	1363	2914	1783
云　南 Yunnan	5755	2841	4769	6408
西　藏 Xizang	116	97	481	60
陕　西 Shaanxi	5407	2505	4688	4485
甘　肃 Gansu	8590	2548	2351	916
青　海 Qinghai	713	166	1829	1500
宁　夏 Ningxia	1814	538	2399	1591
新　疆 Xinjiang	6990	1542	7663	3556

附表 2-4　2023 年各省科普传媒

Appendix table 2-4: S&T popularization media by region in 2023

地　区 Region	科普图书 S&T popularization books		科普期刊 S&T popularization journals	
	出版种数/种 Types of publications	出版总册数/册 Total copies	出版种数/种 Types of publications	出版总册数/册 Total copies
全　国 Total	7332	49897400	510	66229165
东　部 Eastern	5223	35241657	309	41993943
中　部 Middle	1061	5686185	102	10008180
西　部 Western	1048	8969558	99	14227042
北　京 Beijing	3800	25569768	61	14401106
天　津 Tianjin	227	2053975	135	3940400
河　北 Hebei	106	500720	11	675300
山　西 Shanxi	34	106700	13	358252
内蒙古 Inner Mongolia	16	16000	5	1125140
辽　宁 Liaoning	74	163200	1	325134
吉　林 Jilin	530	3275857	2	38000
黑龙江 Heilongjiang	75	395720	4	371100
上　海 Shanghai	447	2199517	26	4820560
江　苏 Jiangsu	74	315850	8	2600250
浙　江 Zhejiang	87	1126672	15	1705240
安　徽 Anhui	40	94850	8	1261860
福　建 Fujian	33	78581	13	2415260
江　西 Jiangxi	233	1198313	48	2967548
山　东 Shandong	59	311580	6	84650
河　南 Henan	47	96800	7	118520
湖　北 Hubei	63	370460	6	38200
湖　南 Hunan	39	147485	14	4854700
广　东 Guangdong	248	2573801	31	11016443
广　西 Guangxi	223	5419648	13	3949244
海　南 Hainan	68	347993	2	9600
重　庆 Chongqing	132	665129	9	4370206
四　川 Sichuan	121	769705	15	2775850
贵　州 Guizhou	53	199801	4	9600
云　南 Yunnan	166	576300	17	1531412
西　藏 Xizang	7	14700	2	4300
陕　西 Shaanxi	60	184320	6	77840
甘　肃 Gansu	22	291800	7	61100
青　海 Qinghai	18	47600	9	35950
宁　夏 Ningxia	21	35850	0	0
新　疆 Xinjiang	209	748705	12	286400

附表 2-4　续表　　Continued

地　区 Region	科技类报纸年发行总份数/份 S&T newspaper circulation	电视台播出科普（技）节目时间/小时 Broadcasting time of S&T popularization programs on TV (h)	电台播出科普（技）节目时间/小时 Broadcasting time of S&T popularization programs on radio (h)	科普网站数/个 S&T popularization websites (unit)	发放科普读物和资料/份 Number of S&T popularization readings and materials
全　国 Total	80264092	226888	248484	2045	348555272
东　部 Eastern	45342212	87697	88065	1018	123208314
中　部 Middle	21422551	53413	109959	480	90350841
西　部 Western	13499329	85778	50460	547	134996117
北　京 Beijing	26227447	14654	9781	180	8821131
天　津 Tianjin	1500000	2229	264	57	4397991
河　北 Hebei	617385	6400	2720	61	15238538
山　西 Shanxi	9788420	15216	10599	53	6865915
内蒙古 Inner Mongolia	12199	2910	2895	31	2941623
辽　宁 Liaoning	24522	3842	4677	31	5146348
吉　林 Jilin	0	637	1712	23	1422446
黑龙江 Heilongjiang	10762	2818	3915	19	3022300
上　海 Shanghai	8469534	8832	10651	114	11294894
江　苏 Jiangsu	1763965	2281	1854	101	14905968
浙　江 Zhejiang	1356409	6770	8795	83	18726291
安　徽 Anhui	702039	2649	3155	70	9330035
福　建 Fujian	432601	13135	23252	65	6860577
江　西 Jiangxi	1546700	4325	1230	46	10606416
山　东 Shandong	1008300	16463	10070	76	9350940
河　南 Henan	333930	6754	4051	93	15721138
湖　北 Hubei	6793078	15059	18327	99	25418620
湖　南 Hunan	2247622	5955	66970	77	17963971
广　东 Guangdong	3868096	9181	14689	230	25776157
广　西 Guangxi	3012658	4630	1664	70	19742458
海　南 Hainan	73953	3910	1312	20	2689479
重　庆 Chongqing	2879076	4250	5328	79	16591204
四　川 Sichuan	934572	5864	3402	121	18052056
贵　州 Guizhou	19750	3124	2236	18	10095318
云　南 Yunnan	219849	30974	11055	54	34617334
西　藏 Xizang	1520000	746	612	5	136267
陕　西 Shaanxi	3819060	9614	6398	68	11778613
甘　肃 Gansu	18800	3619	2008	66	10354383
青　海 Qinghai	1061605	1713	1248	9	1468277
宁　夏 Ningxia	670	232	163	12	3720862
新　疆 Xinjiang	1090	18102	13421	14	5477722

附表 2-5 2023 年各省科普活动

Appendix table 2-5: S&T popularization activities by region in 2023

地 区 Region	科普（技）讲座 S&T popularization lectures			
	举办次数/次 Number of lectures		参加人数/人次 Number of participants	
	线下 Offline	线上 Online	线下 Offline	线上 Online
全 国 Total	1209607	95814	140168707	1786142719
东 部 Eastern	545153	53102	59095789	1329192139
中 部 Middle	258257	20064	30985950	326572998
西 部 Western	406197	22648	50086968	130377582
北 京 Beijing	57246	7300	8048415	712972815
天 津 Tianjin	31698	4244	2498855	52880729
河 北 Hebei	26891	3006	2729745	9492999
山 西 Shanxi	25801	2766	2373532	11059313
内蒙古 Inner Mongolia	15040	1728	1496100	1676897
辽 宁 Liaoning	11158	2023	1074249	5006725
吉 林 Jilin	8605	645	692732	3831429
黑龙江 Heilongjiang	8674	2130	991188	28382368
上 海 Shanghai	59095	5444	4196707	130750551
江 苏 Jiangsu	61487	5448	5787370	74075314
浙 江 Zhejiang	103203	6721	9088555	114003875
安 徽 Anhui	36602	2067	4856643	9138900
福 建 Fujian	27658	2088	4025197	24249211
江 西 Jiangxi	36008	1387	3822185	52915030
山 东 Shandong	57990	6717	5608152	25165342
河 南 Henan	53508	4870	5976820	21773316
湖 北 Hubei	54220	4078	6489145	76833526
湖 南 Hunan	34839	2121	5783705	122639116
广 东 Guangdong	102365	9795	15129030	177019716
广 西 Guangxi	37222	1712	6248907	13791454
海 南 Hainan	6362	316	909514	3574862
重 庆 Chongqing	49568	3759	10061998	49916842
四 川 Sichuan	70701	3825	7617527	21426813
贵 州 Guizhou	25791	613	2157101	13021960
云 南 Yunnan	61054	1951	6733084	7306757
西 藏 Xizang	874	82	239116	66416
陕 西 Shaanxi	29218	3251	2946901	10090816
甘 肃 Gansu	26186	1343	2688401	8443298
青 海 Qinghai	8409	765	824055	1226182
宁 夏 Ningxia	12046	795	1252856	985919
新 疆 Xinjiang	70088	2824	7820922	2424228

附表 2-5　续表　　　　　　Continued

地　区 Region	科普（技）展览 S&T popularization exhibitions			
	专题展览次数/次 Number of exhibitions		参观人数/人次 Number of participants	
	线下 Offline	线上 Online	线下 Offline	线上 Online
全　国 Total	99393	8111	203575590	309972952
东　部 Eastern	39310	3681	124218715	257639504
中　部 Middle	27796	1967	31029503	35322646
西　部 Western	32287	2463	48327372	17010802
北　京 Beijing	1888	315	22621635	197166798
天　津 Tianjin	2389	346	10607514	7562258
河　北 Hebei	2424	205	3236282	423180
山　西 Shanxi	2086	313	2532935	1574035
内蒙古 Inner Mongolia	1259	74	3364687	14378
辽　宁 Liaoning	1038	221	5809291	330092
吉　林 Jilin	617	11	1001476	264842
黑龙江 Heilongjiang	1063	138	2150895	165071
上　海 Shanghai	2295	433	20344211	26507420
江　苏 Jiangsu	5012	290	7458218	4122063
浙　江 Zhejiang	6032	357	9941440	638867
安　徽 Anhui	4514	377	4032168	2834879
福　建 Fujian	3109	561	3100724	3958250
江　西 Jiangxi	4605	109	3228778	1022765
山　东 Shandong	3959	418	7425232	1860765
河　南 Henan	4808	385	5714498	916430
湖　北 Hubei	6585	523	6220575	28257534
湖　南 Hunan	3518	111	6148178	287090
广　东 Guangdong	9995	496	32418791	13977694
广　西 Guangxi	3031	188	5686016	752915
海　南 Hainan	1169	39	1255377	1092117
重　庆 Chongqing	3213	282	8276803	1362978
四　川 Sichuan	4453	478	11456184	3734273
贵　州 Guizhou	2299	90	2466261	7742975
云　南 Yunnan	4247	301	6430199	849060
西　藏 Xizang	153	17	80723	686
陕　西 Shaanxi	2471	224	2319040	911772
甘　肃 Gansu	3294	188	3315325	944498
青　海 Qinghai	928	144	1354411	76096
宁　夏 Ningxia	1419	303	1353209	513834
新　疆 Xinjiang	5520	174	2224514	107337

附表 2-5 续表 Continued

地 区 Region	科普（技）竞赛 S&T popularization competitions			
	举办次数/次 Number of competitions		参加人数/人次 Number of participants	
	线下 Offline	线上 Online	线下 Offline	线上 Online
全 国 Total	35977	5327	19485225	546364431
东 部 Eastern	18956	2819	10074875	476032053
中 部 Middle	7196	1004	3653004	54752507
西 部 Western	9825	1504	5757346	15579871
北 京 Beijing	1951	352	1274567	48942455
天 津 Tianjin	1023	236	262042	30877015
河 北 Hebei	980	104	431263	303883999
山 西 Shanxi	711	103	381441	892401
内蒙古 Inner Mongolia	360	85	106447	354227
辽 宁 Liaoning	549	200	177884	1613673
吉 林 Jilin	142	22	51507	1531662
黑龙江 Heilongjiang	319	49	100075	265944
上 海 Shanghai	2114	414	1083229	7027267
江 苏 Jiangsu	2757	224	1756450	22586011
浙 江 Zhejiang	2463	192	1603510	8832679
安 徽 Anhui	1482	194	523434	909076
福 建 Fujian	1135	187	400752	22551359
江 西 Jiangxi	1191	87	357148	2923119
山 东 Shandong	1209	303	796997	2038645
河 南 Henan	1055	238	684429	10450512
湖 北 Hubei	1518	256	986875	31413328
湖 南 Hunan	778	55	568095	6366465
广 东 Guangdong	4477	547	2164679	25547957
广 西 Guangxi	1464	176	830235	6773153
海 南 Hainan	298	60	123502	2130993
重 庆 Chongqing	1214	160	1368031	1843371
四 川 Sichuan	1274	181	1021855	1277605
贵 州 Guizhou	929	189	312050	756249
云 南 Yunnan	1279	204	683538	2537815
西 藏 Xizang	12	1	6122	1199
陕 西 Shaanxi	1237	156	502933	297908
甘 肃 Gansu	872	126	465741	560709
青 海 Qinghai	149	83	37452	311372
宁 夏 Ningxia	157	33	118345	654261
新 疆 Xinjiang	878	110	304597	212002

附表 2-5　续表　　Continued

地　区 Region	科技活动周 Science & technology week			
	科普专题活动次数/次 Number of events		参加人数/人次 Number of participants	
	线下　Offline	线上　Online	线下　Offline	线上　Online
全　国 Total	115391	11063	44445812	403815684
东　部 Eastern	51369	5404	18451010	351132242
中　部 Middle	23917	2090	9780657	23624814
西　部 Western	40105	3569	16214145	29058628
北　京 Beijing	4304	880	1830100	246222636
天　津 Tianjin	7005	718	1422598	5205293
河　北 Hebei	3799	660	978295	2100821
山　西 Shanxi	2630	289	825681	686342
内蒙古 Inner Mongolia	1341	153	364842	147456
辽　宁 Liaoning	1541	196	701787	636391
吉　林 Jilin	526	70	326511	399218
黑龙江 Heilongjiang	1550	318	554688	853647
上　海 Shanghai	5267	755	2792175	17673610
江　苏 Jiangsu	8668	392	3037903	5708252
浙　江 Zhejiang	5007	208	2130013	2661533
安　徽 Anhui	3828	272	960412	909322
福　建 Fujian	3478	267	1332402	6628208
江　西 Jiangxi	3269	232	993007	2379995
山　东 Shandong	3903	413	885573	2526108
河　南 Henan	4243	265	1458673	1448846
湖　北 Hubei	4386	444	1906929	8806698
湖　南 Hunan	3485	200	2754756	8140746
广　东 Guangdong	7292	860	3078413	61090361
广　西 Guangxi	4679	647	1801288	847497
海　南 Hainan	1105	55	261751	679029
重　庆 Chongqing	3849	399	3859042	19516310
四　川 Sichuan	4911	289	1888042	1413908
贵　州 Guizhou	3560	260	858112	845377
云　南 Yunnan	5024	232	1953731	629205
西　藏 Xizang	244	15	39597	4491
陕　西 Shaanxi	4638	791	2034668	2468648
甘　肃 Gansu	2564	225	1048645	211643
青　海 Qinghai	686	89	335118	151911
宁　夏 Ningxia	909	166	344182	2142441
新　疆 Xinjiang	7700	303	1686878	679741

附表 2-5 续表 Continued

地 区 Region	成立青少年科技兴趣小组 Teenage S&T interest groups		科技夏（冬）令营 Summer /winter science camps	
	兴趣小组数/个 Number of groups	参加人数/人次 Number of participants	举办次数/次 Number of camps	参加人数/人次 Number of participants
全 国 Total	127437	8773335	26886	1471256
东 部 Eastern	62350	4124498	7040	947591
中 部 Middle	33958	1972128	1458	167547
西 部 Western	31129	2676709	18388	356118
北 京 Beijing	4018	227443	605	141345
天 津 Tianjin	2813	138392	299	26059
河 北 Hebei	5341	327236	298	68558
山 西 Shanxi	3721	212937	114	13162
内蒙古 Inner Mongolia	834	102573	119	31517
辽 宁 Liaoning	1600	91339	402	104928
吉 林 Jilin	702	43809	34	3720
黑龙江 Heilongjiang	1065	41467	59	5943
上 海 Shanghai	5239	438784	683	109100
江 苏 Jiangsu	10655	630654	831	155394
浙 江 Zhejiang	10393	818916	1601	72294
安 徽 Anhui	4559	335645	105	12618
福 建 Fujian	3620	183952	868	75449
江 西 Jiangxi	3519	221045	233	26549
山 东 Shandong	6890	358212	349	30935
河 南 Henan	6823	411344	413	37165
湖 北 Hubei	8718	402837	263	26345
湖 南 Hunan	4851	303044	237	42045
广 东 Guangdong	11206	875442	911	99660
广 西 Guangxi	5471	463273	105	12374
海 南 Hainan	575	34128	193	63869
重 庆 Chongqing	4049	230586	250	41804
四 川 Sichuan	5200	517610	407	31202
贵 州 Guizhou	2982	216656	65	7324
云 南 Yunnan	3091	330678	16837	154045
西 藏 Xizang	8	238	9	179
陕 西 Shaanxi	3740	195229	257	17395
甘 肃 Gansu	3310	217713	115	15577
青 海 Qinghai	363	31373	34	4062
宁 夏 Ningxia	389	35406	29	2161
新 疆 Xinjiang	1692	335374	161	38478

附表 2-5　续表　　Continued

地　区 Region	科普国际交流 International S&T popularization communication		科研机构、大学向社会开放 Scientific institutions and universities open to the public	
	举办次数/次 Number of events	参加人数/人次 Number of participants	开放单位数/个 Number of open units	参观人数/人次 Number of participants
全　国 Total	1315	11507638	8391	19641665
东　部 Eastern	784	11213728	3931	8542573
中　部 Middle	218	160703	2004	4278876
西　部 Western	313	133207	2456	6820216
北　京 Beijing	160	2980557	305	3212491
天　津 Tianjin	75	3057640	325	232219
河　北 Hebei	9	404	369	285386
山　西 Shanxi	15	1223	199	201715
内蒙古 Inner Mongolia	5	31187	147	23913
辽　宁 Liaoning	29	1530	195	183003
吉　林 Jilin	0	0	72	40419
黑龙江 Heilongjiang	14	1052	139	1096263
上　海 Shanghai	97	266137	235	377852
江　苏 Jiangsu	64	7971	632	649911
浙　江 Zhejiang	57	4677937	424	386436
安　徽 Anhui	31	1157	289	326184
福　建 Fujian	37	2502	279	135593
江　西 Jiangxi	30	1329	330	333612
山　东 Shandong	22	1334	303	254409
河　南 Henan	10	675	367	314185
湖　北 Hubei	26	3418	349	1659750
湖　南 Hunan	92	151849	259	306748
广　东 Guangdong	198	215324	777	2388973
广　西 Guangxi	48	46250	304	184745
海　南 Hainan	36	2392	87	436300
重　庆 Chongqing	68	14974	299	589921
四　川 Sichuan	65	8124	490	533290
贵　州 Guizhou	10	461	116	341896
云　南 Yunnan	43	13117	235	3764885
西　藏 Xizang	0	0	22	2071
陕　西 Shaanxi	52	7451	363	972781
甘　肃 Gansu	9	497	214	256530
青　海 Qinghai	2	3280	22	22780
宁　夏 Ningxia	3	2460	71	11026
新　疆 Xinjiang	8	5406	173	116378

附表 2-5　续表　　Continued

地　区　Region	举办实用技术培训 Practical skill trainings		重大科普活动次数/次 Number of major S&T popularization activities
	举办次数/次 Number of trainings	参加人数/人次 Number of participants	
全　国　Total	348897	33787416	11323
东　部　Eastern	86850	8761346	4172
中　部　Middle	70666	8288893	2887
西　部　Western	191381	16737177	4264
北　京　Beijing	5972	628836	451
天　津　Tianjin	5197	404980	247
河　北　Hebei	19940	1154265	362
山　西　Shanxi	7139	563355	377
内蒙古　Inner Mongolia	4211	371240	177
辽　宁　Liaoning	3951	212425	148
吉　林　Jilin	2155	138279	107
黑龙江　Heilongjiang	1839	236972	175
上　海　Shanghai	3730	299594	310
江　苏　Jiangsu	7671	888180	469
浙　江　Zhejiang	13125	1136490	396
安　徽　Anhui	11743	815468	402
福　建　Fujian	5573	1830298	229
江　西　Jiangxi	9776	596120	309
山　东　Shandong	10328	974928	405
河　南　Henan	14309	1608330	583
湖　北　Hubei	14715	3443833	519
湖　南　Hunan	8990	886536	415
广　东　Guangdong	9388	1102677	1062
广　西　Guangxi	15538	1221087	438
海　南　Hainan	1975	128673	93
重　庆　Chongqing	6950	530443	491
四　川　Sichuan	19677	1598204	604
贵　州　Guizhou	9787	659290	254
云　南　Yunnan	35256	2659464	693
西　藏　Xizang	276	23165	80
陕　西　Shaanxi	25437	3966017	476
甘　肃　Gansu	14017	1229492	549
青　海　Qinghai	2272	181858	94
宁　夏　Ningxia	1963	127558	110
新　疆　Xinjiang	55997	4169359	298

附录 3　2022 年全国科普统计分类数据统计表

各项统计数据均未包括香港特别行政区、澳门特别行政区和台湾地区的数据。新疆统计数据包含新疆生产建设兵团统计数据。

科普宣传专用车、科普图书、科普期刊、科普网站、科普国际交流情况均由市级以上（含市级）填报单位的数据统计得出。

非场馆类科普场地指标数据以及科普电影、网络科普视频、科普研发、科学教育等相关指标数据，此次暂未列入。

东部、中部和西部地区的划分：东部地区包括北京、天津、河北、辽宁、上海、江苏、浙江、福建、山东、广东和海南 11 个省和直辖市；中部地区包括山西、吉林、黑龙江、安徽、江西、河南、湖北和湖南 8 个省；西部地区包括内蒙古、广西、重庆、四川、贵州、云南、西藏、陕西、甘肃、青海、宁夏和新疆 12 个省、自治区和直辖市。

附表 3-1　2022 年各省科普人员　　单位：人

Appendix table 3-1: S&T popularization personnel by region in 2022　　Unit: person

地　区 Region	科普专职人员 Full time S&T popularization personnel		
	人员总数 Total	中级职称及以上或大学本科及以上学历人员 With title of medium-rank or above / with college graduate or above	女性 Female
全　国 Total	273931	177404	116399
东　部 Eastern	97493	69948	46081
中　部 Middle	87043	52080	33465
西　部 Western	89395	55376	36853
北　京 Beijing	8620	7105	4940
天　津 Tianjin	5013	4019	2579
河　北 Hebei	10549	6821	4542
山　西 Shanxi	8138	4728	3944
内蒙古 Inner Mongolia	7434	4394	2703
辽　宁 Liaoning	8264	6187	3861
吉　林 Jilin	6429	3858	2458
黑龙江 Heilongjiang	4960	3238	2184
上　海 Shanghai	7348	5494	3866
江　苏 Jiangsu	12548	9776	6181
浙　江 Zhejiang	12504	8959	6039
安　徽 Anhui	11619	7261	3724
福　建 Fujian	5610	3796	2340
江　西 Jiangxi	8356	4851	3095
山　东 Shandong	13081	8697	5559
河　南 Henan	18805	10909	7897
湖　北 Hubei	13239	8154	4946
湖　南 Hunan	15497	9081	5217
广　东 Guangdong	12302	8066	5439
广　西 Guangxi	6592	4491	2933
海　南 Hainan	1654	1028	735
重　庆 Chongqing	8191	6085	3860
四　川 Sichuan	16709	9432	6937
贵　州 Guizhou	6029	3897	2222
云　南 Yunnan	10547	7542	4730
西　藏 Xizang	886	273	240
陕　西 Shaanxi	12082	7191	4747
甘　肃 Gansu	7632	4944	3118
青　海 Qinghai	1276	892	510
宁　夏 Ningxia	2510	1496	1302
新　疆 Xinjiang	9507	4739	3551

附表 3-1　续表　　Continued

地　区　Region	科普专职人员　Full time S&T popularization personnel			
	农村科普人员 Rural S&T popularization personnel	管理人员 S&T popularization administrators	科普创作（研发）人员 S&T popularization creators（researchers）	科普讲解（辅导）人员 S&T popularization docents (tutors)
全　国　Total	72804	48093	20364	46621
东　部　Eastern	18701	17530	9273	17101
中　部　Middle	28591	15005	4782	14876
西　部　Western	25512	15558	6309	14644
北　京　Beijing	534	1565	1689	1476
天　津　Tianjin	345	933	938	1230
河　北　Hebei	3075	1715	526	1174
山　西　Shanxi	2012	1433	456	1462
内蒙古　Inner Mongolia	2072	1358	389	1242
辽　宁　Liaoning	2084	1709	582	1385
吉　林　Jilin	1795	1000	262	1997
黑龙江　Heilongjiang	1117	985	315	754
上　海　Shanghai	752	1566	887	1942
江　苏　Jiangsu	2365	2394	1259	2173
浙　江　Zhejiang	2449	1675	675	2074
安　徽　Anhui	4277	1632	558	1842
福　建　Fujian	1350	1064	510	797
江　西　Jiangxi	2563	1572	402	1266
山　东　Shandong	3583	2238	923	1907
河　南　Henan	7098	2919	1015	3028
湖　北　Hubei	4341	2294	720	2242
湖　南　Hunan	5388	3170	1054	2285
广　东　Guangdong	1912	2275	1128	2528
广　西　Guangxi	2229	1173	450	1100
海　南　Hainan	252	396	156	415
重　庆　Chongqing	1486	1535	1387	2072
四　川　Sichuan	5491	3087	1333	2367
贵　州　Guizhou	1747	1204	378	1005
云　南　Yunnan	2869	1892	624	1699
西　藏　Xizang	537	128	22	72
陕　西　Shaanxi	3698	1715	788	1572
甘　肃　Gansu	1745	1604	380	1064
青　海　Qinghai	206	205	115	201
宁　夏　Ningxia	667	533	174	535
新　疆　Xinjiang	2765	1124	269	1715

附表 3-1 续表 Continued

地 区 Region	科普兼职人员 Part time S&T popularization personnel		
	人员总数 Total	年度实际投入工作量/人天 Annual actual workload (man-day)	中级职称及以上或大学本科及以上学历人员 With title of medium-rank or above / with college graduate or above
全 国 Total	1722790	30502667	1048602
东 部 Eastern	690360	12606904	434647
中 部 Middle	442487	7955263	264489
西 部 Western	589943	9940500	349466
北 京 Beijing	50139	756362	38342
天 津 Tianjin	39322	716056	31666
河 北 Hebei	59551	1216550	34651
山 西 Shanxi	41840	581857	28244
内蒙古 Inner Mongolia	32698	459813	19181
辽 宁 Liaoning	29007	641965	17601
吉 林 Jilin	14932	279837	9202
黑龙江 Heilongjiang	19233	186406	12680
上 海 Shanghai	41254	935981	29959
江 苏 Jiangsu	88001	2622344	59407
浙 江 Zhejiang	121733	2051746	66718
安 徽 Anhui	77821	1199343	48494
福 建 Fujian	61114	972472	37448
江 西 Jiangxi	49010	965167	28180
山 东 Shandong	82125	1315156	49265
河 南 Henan	92838	1659647	54130
湖 北 Hubei	85602	1808743	49791
湖 南 Hunan	61211	1274262	33768
广 东 Guangdong	108712	1199282	64978
广 西 Guangxi	67295	1030428	41810
海 南 Hainan	9402	178991	4612
重 庆 Chongqing	65909	1411656	37794
四 川 Sichuan	106333	1952877	59812
贵 州 Guizhou	51983	985359	32946
云 南 Yunnan	92513	1515357	56417
西 藏 Xizang	2273	45333	986
陕 西 Shaanxi	63311	1018476	36306
甘 肃 Gansu	39249	510724	24165
青 海 Qinghai	12345	526420	7812
宁 夏 Ningxia	13373	157627	8539
新 疆 Xinjiang	42661	326431	23698

附表 3-1　续表　　Continued

地　区　Region	科普兼职人员　Part time S&T popularization personnel			注册科普志愿者 Registered S&T popularization volunteers
	女性 Female	农村科普人员 Rural S&T popularization personnel	科普讲解（辅导）人员 S&T popularization docents (tutors)	
全　国　Total	763270	402079	320619	6867092
东　部　Eastern	316048	141207	132012	2107260
中　部　Middle	185006	119812	75495	3374697
西　部　Western	262216	141060	113112	1385135
北　京　Beijing	28889	5687	10829	108867
天　津　Tianjin	23542	5381	12916	209715
河　北　Hebei	27594	18864	12715	71493
山　西　Shanxi	21888	6601	7440	117073
内蒙古　Inner Mongolia	16050	7887	5480	170889
辽　宁　Liaoning	14321	5427	7089	74551
吉　林　Jilin	5921	4972	2922	654020
黑龙江　Heilongjiang	9033	4024	4351	22748
上　海　Shanghai	22635	2499	6717	348909
江　苏　Jiangsu	39438	19142	14151	436074
浙　江　Zhejiang	50012	24969	17051	233352
安　徽　Anhui	29654	20249	10136	398303
福　建　Fujian	25328	13242	7970	102737
江　西　Jiangxi	19681	11163	7741	230772
山　东　Shandong	34274	27523	12190	322042
河　南　Henan	41494	29164	18522	1403084
湖　北　Hubei	34330	24518	12471	172819
湖　南　Hunan	23005	19121	11912	375878
广　东　Guangdong	46244	16758	28862	191911
广　西　Guangxi	31609	16071	11506	112889
海　南　Hainan	3771	1715	1522	7609
重　庆　Chongqing	30518	14996	19272	87600
四　川　Sichuan	46438	31837	21391	224001
贵　州　Guizhou	19426	12017	10090	67579
云　南　Yunnan	39027	24100	14590	195825
西　藏　Xizang	695	757	828	668
陕　西　Shaanxi	28025	13393	11059	242349
甘　肃　Gansu	15273	8792	7065	39512
青　海　Qinghai	5767	893	3929	47183
宁　夏　Ningxia	6980	3532	1424	106825
新　疆　Xinjiang	22408	6785	6478	89815

附表 3-2 2022 年各省科普场地

Appendix table 3-2: S&T popularization venues and facilities by region in 2022

地 区 Region	科技馆/个 S&T museums or centers	建筑面积/平方米 Construction area (m^2)	展厅面积/平方米 Exhibition area (m^2)	当年参观人数/人次 Visitors
全 国 Total	694	5337789	2745335	51245042
东 部 Eastern	279	2498734	1232238	24620723
中 部 Middle	194	1375837	738537	14503788
西 部 Western	221	1463218	774560	12120531
北 京 Beijing	15	218501	90691	2595418
天 津 Tianjin	3	46908	29326	370595
河 北 Hebei	22	135421	71246	585503
山 西 Shanxi	9	79113	35421	618248
内蒙古 Inner Mongolia	38	236254	121080	1114050
辽 宁 Liaoning	18	215684	100847	1257920
吉 林 Jilin	19	110206	52293	667164
黑龙江 Heilongjiang	19	128597	80822	1092714
上 海 Shanghai	25	188587	114761	808843
江 苏 Jiangsu	25	228117	108112	2921334
浙 江 Zhejiang	27	306609	138678	3255123
安 徽 Anhui	31	207983	106294	3192243
福 建 Fujian	33	267131	123580	3800546
江 西 Jiangxi	15	189251	86019	1565693
山 东 Shandong	44	381698	210519	4485115
河 南 Henan	33	248671	145142	3310603
湖 北 Hubei	53	304825	165406	2559680
湖 南 Hunan	15	107191	67140	1497443
广 东 Guangdong	40	354868	200698	3628150
广 西 Guangxi	9	143697	58337	1286861
海 南 Hainan	27	155210	43780	912176
重 庆 Chongqing	20	113591	69037	1972591
四 川 Sichuan	27	245254	140293	2407602
贵 州 Guizhou	15	82333	48247	879450
云 南 Yunnan	26	101124	59210	734030
西 藏 Xizang	3	3000	1870	6500
陕 西 Shaanxi	25	138891	73148	972465
甘 肃 Gansu	14	89410	41955	528067
青 海 Qinghai	4	47513	19828	136871
宁 夏 Ningxia	10	86745	45489	1033583
新 疆 Xinjiang	30	175406	96066	1048461

附表 3-2 续表 Continued

地 区 Region	科学技术类博物馆/个 S&T related museums	建筑面积/平方米 Construction area (m^2)	展厅面积/平方米 Exhibition area (m^2)	当年参观人数/人次 Visitors	青少年科技馆站/个 Teenage S&T museums
全 国 Total	989	7488500	3479061	81872239	569
东 部 Eastern	478	3825035	1731877	37620886	192
中 部 Middle	215	1312078	647216	18822454	169
西 部 Western	296	2351387	1099968	25428899	208
北 京 Beijing	65	637020	259493	4969126	18
天 津 Tianjin	13	230826	83939	3142020	4
河 北 Hebei	35	260568	110028	1526701	21
山 西 Shanxi	19	97501	58511	439251	29
内蒙古 Inner Mongolia	18	241575	80530	1210292	18
辽 宁 Liaoning	34	241744	109116	1922172	11
吉 林 Jilin	9	77274	35750	435833	11
黑龙江 Heilongjiang	28	123542	71919	630425	16
上 海 Shanghai	108	755108	393212	4819230	22
江 苏 Jiangsu	50	355522	159501	4818080	33
浙 江 Zhejiang	50	447970	179932	4005591	37
安 徽 Anhui	26	125736	53242	1031312	27
福 建 Fujian	33	129787	71286	1916187	10
江 西 Jiangxi	34	171926	73022	2907240	14
山 东 Shandong	35	279195	144604	3194171	15
河 南 Henan	24	59593	38666	1367727	21
湖 北 Hubei	36	268765	144493	4917899	27
湖 南 Hunan	39	387741	171613	7092767	24
广 东 Guangdong	46	349302	168028	6471595	12
广 西 Guangxi	26	172594	80064	2648263	16
海 南 Hainan	9	137993	52738	836013	9
重 庆 Chongqing	40	250616	142944	3867857	27
四 川 Sichuan	54	324626	167744	6181189	47
贵 州 Guizhou	17	203428	84386	1972257	7
云 南 Yunnan	47	415685	166596	4425891	24
西 藏 Xizang	1	2935	2348	110000	1
陕 西 Shaanxi	30	201494	124013	1857623	24
甘 肃 Gansu	21	199271	101060	999920	15
青 海 Qinghai	6	49539	17597	145349	5
宁 夏 Ningxia	18	131574	67488	1334117	4
新 疆 Xinjiang	18	158050	65198	676141	20

附表 3-2　续表　　　Continued

地　区 Region	城市社区科普（技）活动场所/个 Urban community S&T popularization sites	农村科普（技）活动场所/个 Rural S&T popularization sites	科普宣传专用车/辆 S&T popularization vehicles	科普宣传专栏/个 S&T popularization information bulletin boards
全　国 Total	48744	166857	1118	259592
东　部 Eastern	21655	64723	377	113432
中　部 Middle	14324	55936	281	65663
西　部 Western	12765	46198	460	80497
北　京 Beijing	1061	1404	80	6074
天　津 Tianjin	1344	2867	67	2629
河　北 Hebei	1348	9233	23	12188
山　西 Shanxi	1499	3530	15	7979
内蒙古 Inner Mongolia	903	1276	61	2906
辽　宁 Liaoning	969	1529	13	1998
吉　林 Jilin	254	1654	23	985
黑龙江 Heilongjiang	410	1029	24	2109
上　海 Shanghai	2215	1052	23	6139
江　苏 Jiangsu	4396	8157	45	15346
浙　江 Zhejiang	3348	12892	23	21793
安　徽 Anhui	1831	5167	32	8021
福　建 Fujian	1173	3655	14	6823
江　西 Jiangxi	1799	7888	24	8046
山　东 Shandong	2419	16897	28	25214
河　南 Henan	2977	14678	84	18491
湖　北 Hubei	3367	12202	30	11288
湖　南 Hunan	2187	9788	49	8744
广　东 Guangdong	3071	6548	56	14079
广　西 Guangxi	1416	6889	28	8343
海　南 Hainan	311	489	5	1149
重　庆 Chongqing	1024	2535	73	7127
四　川 Sichuan	2528	10553	31	11325
贵　州 Guizhou	670	1151	11	1919
云　南 Yunnan	1817	7703	62	20246
西　藏 Xizang	21	257	16	85
陕　西 Shaanxi	1510	6893	85	11554
甘　肃 Gansu	771	3247	28	7886
青　海 Qinghai	95	145	15	2365
宁　夏 Ningxia	682	2375	6	1807
新　疆 Xinjiang	1328	3174	44	4934

附表 3-3　2022 年各省科普经费　　单位：万元

Appendix table 3-3: S&T popularization funds by region in 2022　Unit: 10000 yuan

地　区 Region	年度科普经费筹集额 Annual funding for S&T popularization	政府拨款 Government funds	科普专项经费 Special funds	捐赠 Donates	自筹资金 Self-raised funds
全　国 Total	1909976	1542996	748042	8621	358360
东　部 Eastern	1048343	824147	415003	3952	220244
中　部 Middle	360111	304582	154968	1985	53544
西　部 Western	501522	414266	178072	2684	84572
北　京 Beijing	264876	201153	123895	721	63001
天　津 Tianjin	43833	16113	4586	20	27700
河　北 Hebei	29351	23999	12287	274	5078
山　西 Shanxi	27189	22675	10454	384	4130
内蒙古 Inner Mongolia	20881	19844	12304	22	1015
辽　宁 Liaoning	20937	16750	5034	29	4158
吉　林 Jilin	17699	16403	8331	8	1287
黑龙江 Heilongjiang	17061	14429	5249	361	2270
上　海 Shanghai	136635	102114	39302	1158	33363
江　苏 Jiangsu	95932	76809	39398	274	18850
浙　江 Zhejiang	117731	102921	38078	662	14148
安　徽 Anhui	52388	43837	20991	406	8144
福　建 Fujian	78725	60309	28011	235	18181
江　西 Jiangxi	62135	52846	27102	230	9059
山　东 Shandong	84468	72672	37380	130	11665
河　南 Henan	50204	42620	25442	98	7486
湖　北 Hubei	80810	68783	38359	314	11714
湖　南 Hunan	52626	42989	19040	183	9453
广　东 Guangdong	134818	114501	57284	443	19874
广　西 Guangxi	49895	40277	18258	139	9479
海　南 Hainan	41037	36806	29747	6	4225
重　庆 Chongqing	67264	48347	16561	225	18692
四　川 Sichuan	96722	81986	39520	661	14075
贵　州 Guizhou	34055	28340	9439	401	5313
云　南 Yunnan	81108	66504	33530	553	14051
西　藏 Xizang	2768	2690	1955	70	8
陕　西 Shaanxi	52352	40527	15829	76	11749
甘　肃 Gansu	34948	32154	6693	80	2713
青　海 Qinghai	16252	14273	7000	122	1857
宁　夏 Ningxia	14386	13558	6425	166	662
新　疆 Xinjiang	30891	25767	10558	168	4957

附表 3-3 续表 Continued

地 区 Region	年度科普经费使用额 Annual expenditure	行政支出 Administrative expenditure	科普活动支出 Activities expenditure	科技活动周经费支出 S&T week expenditure
全 国 Total	1900441	401900	798259	36463
东 部 Eastern	1053521	232140	402076	16284
中 部 Middle	366502	66569	171393	8635
西 部 Western	480418	103191	224791	11545
北 京 Beijing	259258	39920	119647	3365
天 津 Tianjin	43348	9790	8725	719
河 北 Hebei	28941	5479	13598	1396
山 西 Shanxi	25145	6064	12170	824
内蒙古 Inner Mongolia	19964	4493	10768	248
辽 宁 Liaoning	19675	6261	6276	385
吉 林 Jilin	24900	3408	8710	113
黑龙江 Heilongjiang	16435	3004	5156	189
上 海 Shanghai	140626	55599	48421	1695
江 苏 Jiangsu	94081	24490	47298	1734
浙 江 Zhejiang	118541	29048	48571	1330
安 徽 Anhui	49094	11269	22236	993
福 建 Fujian	83002	13529	26215	592
江 西 Jiangxi	52750	8057	29629	1365
山 东 Shandong	84951	15816	20803	1573
河 南 Henan	64796	7260	26627	1204
湖 北 Hubei	79397	17231	35464	1625
湖 南 Hunan	53986	10276	31401	2321
广 东 Guangdong	141265	29863	55526	2978
广 西 Guangxi	45571	9052	24162	1279
海 南 Hainan	39833	2344	6995	516
重 庆 Chongqing	68451	11899	30942	2043
四 川 Sichuan	94544	22253	39453	1344
贵 州 Guizhou	32657	8593	17402	2068
云 南 Yunnan	77834	18475	46070	1865
西 藏 Xizang	1554	187	871	88
陕 西 Shaanxi	50777	9138	20635	1134
甘 肃 Gansu	32602	6817	13279	341
青 海 Qinghai	15030	4793	5698	355
宁 夏 Ningxia	13177	3047	5333	220
新 疆 Xinjiang	28257	4443	10178	560

附表 3-3　续表　　Continued

地　区 Region	年度科普经费使用额 Annual expenditure			
	科普场馆基建支出 Infrastructure expenditures	政府拨款支出 Government expenditures	科普展品、设施支出 Exhibits & facilities expenditures	其他支出 Others
全　国 Total	276703	146695	196455	227124
东　部 Eastern	162854	104683	109614	146838
中　部 Middle	54095	20548	41804	32642
西　部 Western	59755	21463	45038	47644
北　京 Beijing	5538	2597	21649	72504
天　津 Tianjin	14012	425	6182	4638
河　北 Hebei	3133	1431	3722	3009
山　西 Shanxi	1400	476	2421	3090
内蒙古 Inner Mongolia	1627	696	1869	1207
辽　宁 Liaoning	1690	395	3828	1620
吉　林 Jilin	4048	3516	3495	5239
黑龙江 Heilongjiang	3249	1693	4129	896
上　海 Shanghai	22633	14957	7798	6174
江　苏 Jiangsu	11580	4601	6144	4569
浙　江 Zhejiang	16868	14081	11855	12198
安　徽 Anhui	7189	4671	5913	2487
福　建 Fujian	19161	12607	6082	18015
江　西 Jiangxi	3341	2591	7035	4689
山　东 Shandong	12578	10571	24186	11568
河　南 Henan	21968	1647	6345	2596
湖　北 Hubei	8010	4460	9169	9523
湖　南 Hunan	4890	1496	3296	4123
广　东 Guangdong	28062	17239	16548	11265
广　西 Guangxi	3349	1628	4545	4464
海　南 Hainan	27598	25779	1619	1277
重　庆 Chongqing	10187	3488	7425	7998
四　川 Sichuan	9552	4441	6918	16368
贵　州 Guizhou	2836	2373	1834	1992
云　南 Yunnan	5742	2122	4652	2896
西　藏 Xizang	57	42	188	252
陕　西 Shaanxi	7107	1225	8171	5727
甘　肃 Gansu	9104	871	2718	684
青　海 Qinghai	1994	951	1209	1335
宁　夏 Ningxia	1683	734	2323	791
新　疆 Xinjiang	6517	2893	3186	3932

附表 3-4　2022 年各省科普传媒

Appendix table 3-4: S&T popularization media by region in 2022

地　区 Region	科普图书 S&T popularization books		科普期刊 S&T popularization journals	
	出版种数/种 Types of publications	出版总册数/册 Total copies	出版种数/种 Types of publications	出版总册数/册 Total copies
全　国 Total	11497	103909618	1042	83018185
东　部 Eastern	6780	76440379	656	64307047
中　部 Middle	3100	15709562	196	9161035
西　部 Western	1617	11759677	190	9550103
北　京 Beijing	3893	25712292	109	30778518
天　津 Tianjin	328	3421335	189	6774674
河　北 Hebei	293	23234827	36	3081854
山　西 Shanxi	27	30800	5	23000
内蒙古 Inner Mongolia	20	76100	4	40900
辽　宁 Liaoning	56	105060	11	829838
吉　林 Jilin	1023	3128340	7	297700
黑龙江 Heilongjiang	96	400495	3	339100
上　海 Shanghai	1049	15852199	78	9445400
江　苏 Jiangsu	298	843618	66	4600883
浙　江 Zhejiang	190	441781	37	1803856
安　徽 Anhui	183	413512	16	1053920
福　建 Fujian	435	5189850	86	2072400
江　西 Jiangxi	796	7519060	57	3717555
山　东 Shandong	28	253000	10	186800
河　南 Henan	127	138994	25	139900
湖　北 Hubei	149	2983540	46	568260
湖　南 Hunan	699	1094821	37	3021600
广　东 Guangdong	135	1098127	30	4146824
广　西 Guangxi	76	121566	27	1264816
海　南 Hainan	75	288290	4	586000
重　庆 Chongqing	339	4948138	38	1727820
四　川 Sichuan	115	1217411	26	3505346
贵　州 Guizhou	108	2812606	11	141400
云　南 Yunnan	367	901959	24	2097551
西　藏 Xizang	1	400	1	100
陕　西 Shaanxi	142	245770	15	121800
甘　肃 Gansu	34	66100	8	51580
青　海 Qinghai	55	40200	13	41050
宁　夏 Ningxia	9	7797	1	820
新　疆 Xinjiang	351	1321630	22	556920

附表 3-4　续表　　　　Continued

地　区 Region	科技类报纸年发行总份数/份 S&T newspaper circulation	电视台播出科普（技）节目时间/小时 Broadcasting time of S&T popularization programs on TV (h)	电台播出科普（技）节目时间/小时 Broadcasting time of S&T popularization programs on radio (h)	科普网站数/个 S&T popularization websites (unit)	发放科普读物和资料/份 Number of S&T popularization readings and materials
全　国 Total	83842426	188065	164564	1788	408900154
东　部 Eastern	44216310	62897	69420	878	155341185
中　部 Middle	28690813	57802	45460	437	103412517
西　部 Western	10935303	67366	49684	473	150146452
北　京 Beijing	23473709	12377	11582	161	14332409
天　津 Tianjin	1951200	2265	279	63	5651279
河　北 Hebei	597447	5478	2244	61	17333571
山　西 Shanxi	4656817	5853	3808	43	8354925
内蒙古 Inner Mongolia	14229	3659	3628	27	3726013
辽　宁 Liaoning	105750	2429	5389	45	5315092
吉　林 Jilin	24500	7440	5913	24	1989528
黑龙江 Heilongjiang	18562	2917	3537	17	2936678
上　海 Shanghai	9074307	8499	3006	108	12172773
江　苏 Jiangsu	2209337	1808	2004	92	29829023
浙　江 Zhejiang	3079141	5235	20292	72	18996710
安　徽 Anhui	895760	3445	6230	63	12456476
福　建 Fujian	567877	3063	2009	63	7659702
江　西 Jiangxi	1252772	4531	1316	43	11657747
山　东 Shandong	1331342	9503	11615	70	10598183
河　南 Henan	712705	5734	3766	84	16571295
湖　北 Hubei	10371663	22862	17064	95	25843134
湖　南 Hunan	10758034	5020	3826	68	23602734
广　东 Guangdong	1826200	11109	8471	134	29490709
广　西 Guangxi	800444	5700	733	58	26425918
海　南 Hainan	0	1131	2529	9	3961734
重　庆 Chongqing	1387039	1769	3740	85	10251386
四　川 Sichuan	2775268	2818	3717	77	24415329
贵　州 Guizhou	15150	4445	1380	13	12077711
云　南 Yunnan	569835	17083	8755	56	30727941
西　藏 Xizang	1500000	26	26	3	225346
陕　西 Shaanxi	3746724	8671	8754	64	15871494
甘　肃 Gansu	18028	10117	3374	57	12018620
青　海 Qinghai	976	3564	1432	9	2370991
宁　夏 Ningxia	1160	618	1155	7	4649425
新　疆 Xinjiang	106450	8896	12990	17	7386278

附表 3-5　2022 年各省科普活动

Appendix table 3-5: S&T popularization activities by region in 2022

地　区 Region	科普（技）讲座 S&T popularization lectures			
	举办次数/次 Number of lectures		参加人数/人次 Number of participants	
	线下 Offline	线上 Online	线下 Offline	线上 Online
全　国 Total	961812	139214	100937827	2218348916
东　部 Eastern	396136	78761	39970193	1722637921
中　部 Middle	219034	26481	25008937	293158541
西　部 Western	346642	33972	35958697	202552454
北　京 Beijing	24815	15195	3484580	1196423560
天　津 Tianjin	26679	6255	2026425	40482898
河　北 Hebei	21540	4187	2063228	10346156
山　西 Shanxi	19442	2983	2134189	14469762
内蒙古 Inner Mongolia	13802	2839	1232797	2096546
辽　宁 Liaoning	9271	3267	906024	6771035
吉　林 Jilin	7388	2344	537931	14857905
黑龙江 Heilongjiang	8093	2930	832558	73027075
上　海 Shanghai	32854	12840	2299646	123715642
江　苏 Jiangsu	50712	8011	4859623	45815457
浙　江 Zhejiang	109407	7972	9698271	138210344
安　徽 Anhui	29744	3540	3667791	4096915
福　建 Fujian	24865	2617	2382421	18233629
江　西 Jiangxi	33550	1389	3780521	5777166
山　东 Shandong	42337	7268	4804133	21248845
河　南 Henan	35989	4941	4257306	9446887
湖　北 Hubei	52006	5511	5315217	69033505
湖　南 Hunan	32822	2843	4483424	102449326
广　东 Guangdong	50036	10937	6573949	119916310
广　西 Guangxi	30335	4018	5346417	6025939
海　南 Hainan	3620	212	871893	1474045
重　庆 Chongqing	37207	4880	3950746	98572206
四　川 Sichuan	65429	5875	5655882	21975898
贵　州 Guizhou	22996	1094	1982915	17951672
云　南 Yunnan	57146	2114	5597717	19574249
西　藏 Xizang	382	31	123206	3297
陕　西 Shaanxi	30413	4899	3010361	24512831
甘　肃 Gansu	19007	1712	2255930	2391177
青　海 Qinghai	4260	1853	438818	846060
宁　夏 Ningxia	9516	686	1395366	826972
新　疆 Xinjiang	56149	3971	4968542	7775607

附表 3-5 续表 Continued

地 区 Region	科普（技）展览 S&T popularization exhibitions			
	专题展览次数/次 Number of exhibitions		参观人数/人次 Number of participants	
	线下 Offline	线上 Online	线下 Offline	线上 Online
全 国 Total	87665	9321	119930954	109905683
东 部 Eastern	31175	3734	59222019	32640418
中 部 Middle	26013	1969	29448253	15327239
西 部 Western	30477	3618	31260682	61938026
北 京 Beijing	1388	456	10091767	10797359
天 津 Tianjin	1872	367	2503588	1436428
河 北 Hebei	2031	359	2083123	727191
山 西 Shanxi	1952	228	5917802	597346
内蒙古 Inner Mongolia	1542	135	1007790	24578
辽 宁 Liaoning	1093	216	2851962	345620
吉 林 Jilin	695	67	1354767	9453022
黑龙江 Heilongjiang	905	219	413691	63863
上 海 Shanghai	2264	471	8876832	4014900
江 苏 Jiangsu	4847	305	7163623	1950418
浙 江 Zhejiang	5451	581	7554509	3605528
安 徽 Anhui	3660	394	2758295	1776827
福 建 Fujian	2950	171	2954633	1055682
江 西 Jiangxi	4978	95	2952642	219239
山 东 Shandong	3240	231	3916546	1399281
河 南 Henan	4130	321	3230447	464865
湖 北 Hubei	6578	531	7667735	2206103
湖 南 Hunan	3115	114	5152874	545974
广 东 Guangdong	5588	554	10522160	7286788
广 西 Guangxi	3010	169	4574463	386177
海 南 Hainan	451	23	703276	21223
重 庆 Chongqing	2759	342	6899135	2693426
四 川 Sichuan	4290	499	5280567	2471454
贵 州 Guizhou	2641	575	2190252	51943134
云 南 Yunnan	3992	426	3849133	998602
西 藏 Xizang	224	0	33617	0
陕 西 Shaanxi	3524	376	2153385	1776020
甘 肃 Gansu	2941	178	2377260	795813
青 海 Qinghai	637	247	402802	40279
宁 夏 Ningxia	1662	449	1023832	677252
新 疆 Xinjiang	3255	222	1468446	131291

附表 3-5 续表 Continued

地 区 Region	科普（技）竞赛 S&T popularization competitions			
	举办次数/次 Number of competitions		参加人数/人次 Number of participants	
	线下 Offline	线上 Online	线下 Offline	线上 Online
全 国 Total	31154	7335	19512895	295392865
东 部 Eastern	15238	4223	9959385	200703136
中 部 Middle	6656	1336	2992675	56986373
西 部 Western	9260	1776	6560835	37703356
北 京 Beijing	1352	642	645907	87383474
天 津 Tianjin	778	334	197399	10925222
河 北 Hebei	949	141	308520	1227766
山 西 Shanxi	676	211	222908	904205
内蒙古 Inner Mongolia	393	106	89446	267095
辽 宁 Liaoning	444	357	142241	989086
吉 林 Jilin	121	50	50030	665446
黑龙江 Heilongjiang	224	99	52286	185511
上 海 Shanghai	1496	741	735969	5153416
江 苏 Jiangsu	2702	286	3652150	5563360
浙 江 Zhejiang	2443	261	1510211	2639759
安 徽 Anhui	1439	215	493248	1541759
福 建 Fujian	1085	273	355302	6687228
江 西 Jiangxi	878	94	313005	1834194
山 东 Shandong	1122	356	783950	1883249
河 南 Henan	1044	268	591810	14101463
湖 北 Hubei	1425	320	643888	32226161
湖 南 Hunan	849	79	625500	5527634
广 东 Guangdong	2694	791	1558853	77675952
广 西 Guangxi	1206	185	1423401	5098794
海 南 Hainan	173	41	68883	574624
重 庆 Chongqing	1038	149	1058195	2337462
四 川 Sichuan	1641	222	1863908	6749481
贵 州 Guizhou	1104	178	306874	10491755
云 南 Yunnan	1276	244	709661	10150228
西 藏 Xizang	1	0	1650	0
陕 西 Shaanxi	1088	278	484285	483144
甘 肃 Gansu	708	141	341160	1635709
青 海 Qinghai	95	99	30339	252638
宁 夏 Ningxia	147	56	117531	165208
新 疆 Xinjiang	563	118	134385	71842

附表 3-5　续表　　Continued

地　区 Region	科技活动周 Science & technology week			
	科普专题活动次数/次 Number of events		参加人数/人次 Number of participants	
	线下　Offline	线上　Online	线下　Offline	线上　Online
全　国 Total	103920	15139	38505621	499858708
东　部 Eastern	43011	8512	15288974	421843692
中　部 Middle	21415	2743	7939479	30249498
西　部 Western	39494	3884	15277168	47765518
北　京 Beijing	2268	1260	712999	289694132
天　津 Tianjin	6211	960	1013015	10154919
河　北 Hebei	3407	771	1041427	2004959
山　西 Shanxi	2365	289	745720	1676616
内蒙古 Inner Mongolia	1203	180	320893	98605
辽　宁 Liaoning	1463	318	588990	283420
吉　林 Jilin	647	119	199225	5057289
黑龙江 Heilongjiang	1168	352	466658	747099
上　海 Shanghai	3223	1419	1319978	8375636
江　苏 Jiangsu	8264	435	3236076	2237180
浙　江 Zhejiang	4882	368	2549912	6409110
安　徽 Anhui	3296	480	888555	2283745
福　建 Fujian	3525	325	1188300	16086146
江　西 Jiangxi	3007	264	845936	3516433
山　东 Shandong	3131	550	695769	2350135
河　南 Henan	4031	544	1413633	1812105
湖　北 Hubei	3937	506	1573402	5356159
湖　南 Hunan	2964	189	1806350	9800052
广　东 Guangdong	4471	811	1983430	82632486
广　西 Guangxi	4118	413	1464346	1689285
海　南 Hainan	2166	1295	959078	1615569
重　庆 Chongqing	2984	352	1732788	6768871
四　川 Sichuan	4499	477	1945368	28329776
贵　州 Guizhou	3544	332	983601	2095601
云　南 Yunnan	6110	285	2814129	1710776
西　藏 Xizang	98	3	15644	650
陕　西 Shaanxi	5634	947	2575240	2052110
甘　肃 Gansu	2478	229	1001668	211682
青　海 Qinghai	458	157	132613	139018
宁　夏 Ningxia	949	161	341919	4274465
新　疆 Xinjiang	7419	348	1948959	394679

附表 3-5 续表 Continued

地 区 Region		成立青少年科技兴趣小组 Teenage S&T interest groups		科技夏（冬）令营 Summer /winter science camps	
		兴趣小组数/个 Number of groups	参加人数/人次 Number of participants	举办次数/次 Number of camps	参加人数/人次 Number of participants
全 国	Total	135484	8630968	6915	1588168
东 部	Eastern	62636	3709669	4070	1094308
中 部	Middle	37098	2276877	1226	145209
西 部	Western	35750	2644422	1619	348651
北 京	Beijing	3532	213758	333	320042
天 津	Tianjin	2592	166066	180	42092
河 北	Hebei	5025	357860	76	6303
山 西	Shanxi	4558	229874	79	7391
内蒙古	Inner Mongolia	788	99548	112	31571
辽 宁	Liaoning	1965	93668	86	22116
吉 林	Jilin	765	49523	10	1270
黑龙江	Heilongjiang	949	38921	96	6965
上 海	Shanghai	5548	365886	400	374517
江 苏	Jiangsu	12494	687801	792	126530
浙 江	Zhejiang	11528	406268	657	73251
安 徽	Anhui	4848	330959	101	11963
福 建	Fujian	2784	214406	641	57150
江 西	Jiangxi	3485	273267	218	41823
山 东	Shandong	6115	386613	288	24869
河 南	Henan	7959	488906	309	27492
湖 北	Hubei	8864	546169	222	27269
湖 南	Hunan	5670	319258	191	21036
广 东	Guangdong	10850	807028	550	39803
广 西	Guangxi	5846	383761	99	20841
海 南	Hainan	203	10315	67	7635
重 庆	Chongqing	4427	223694	171	21714
四 川	Sichuan	6270	523104	309	41194
贵 州	Guizhou	3731	279216	72	7109
云 南	Yunnan	4455	378123	194	22989
西 藏	Xizang	6	12	12	1110
陕 西	Shaanxi	4891	363252	318	152532
甘 肃	Gansu	3094	197541	81	15329
青 海	Qinghai	320	26749	10	499
宁 夏	Ningxia	497	80689	26	2480
新 疆	Xinjiang	1425	88733	215	31283

附表 3-5　续表　　Continued

地　区 Region	科普国际交流 International S&T popularization communication		科研机构、大学向社会开放 Scientific institutions and universities open to the public	
	举办次数/次 Number of events	参加人数/人次 Number of participants	开放单位数/个 Number of open units	参观人数/人次 Number of participants
全　国 Total	674	22447129	6457	16149557
东　部 Eastern	432	22403981	2750	9526810
中　部 Middle	79	10589	1633	3189423
西　部 Western	163	32559	2074	3433324
北　京 Beijing	94	3091862	214	6722509
天　津 Tianjin	36	8825	207	104986
河　北 Hebei	11	1640	198	64103
山　西 Shanxi	6	278	168	74472
内蒙古 Inner Mongolia	1	1100	123	28108
辽　宁 Liaoning	23	86345	131	288680
吉　林 Jilin	1	80	37	10185
黑龙江 Heilongjiang	4	815	57	16936
上　海 Shanghai	62	15135728	99	74007
江　苏 Jiangsu	90	9293	549	515618
浙　江 Zhejiang	53	4009518	337	231960
安　徽 Anhui	3	720	287	128278
福　建 Fujian	12	26601	229	93957
江　西 Jiangxi	8	503	185	153072
山　东 Shandong	10	542	255	431416
河　南 Henan	14	1328	285	260645
湖　北 Hubei	6	1000	370	2356862
湖　南 Hunan	37	5865	244	188973
广　东 Guangdong	37	23450	487	910113
广　西 Guangxi	26	15013	213	118353
海　南 Hainan	4	10177	44	89461
重　庆 Chongqing	47	4560	263	700312
四　川 Sichuan	16	1281	344	603913
贵　州 Guizhou	6	330	118	237932
云　南 Yunnan	8	290	133	194083
西　藏 Xizang	0	0	16	1608
陕　西 Shaanxi	48	7485	316	177618
甘　肃 Gansu	0	0	165	1280547
青　海 Qinghai	1	280	70	11239
宁　夏 Ningxia	0	0	73	6495
新　疆 Xinjiang	10	2220	240	73116

附表 3-5 续表 Continued

地 区 Region		举办实用技术培训 Practical skill trainings		重大科普活动次数/次 Number of major S&T popularization activities
		举办次数/次 Number of trainings	参加人数/人次 Number of participants	
全 国	Total	363394	35950300	10874
东 部	Eastern	83014	13324792	3946
中 部	Middle	72511	7387369	2733
西 部	Western	207869	15238139	4195
北 京	Beijing	4455	481065	480
天 津	Tianjin	5497	892068	225
河 北	Hebei	17364	3978756	296
山 西	Shanxi	7046	732851	343
内蒙古	Inner Mongolia	4919	454845	170
辽 宁	Liaoning	2433	334109	139
吉 林	Jilin	1983	210858	78
黑龙江	Heilongjiang	2278	302717	201
上 海	Shanghai	4471	395345	253
江 苏	Jiangsu	9459	1319057	597
浙 江	Zhejiang	14628	1214868	421
安 徽	Anhui	12773	839123	398
福 建	Fujian	6187	1761318	244
江 西	Jiangxi	8026	582365	230
山 东	Shandong	8640	1150878	464
河 南	Henan	14852	1688411	560
湖 北	Hubei	14423	2085582	506
湖 南	Hunan	11130	945462	417
广 东	Guangdong	7433	1595334	749
广 西	Guangxi	21468	1390590	410
海 南	Hainan	2447	201994	78
重 庆	Chongqing	8424	795644	551
四 川	Sichuan	30958	2188034	557
贵 州	Guizhou	12381	956747	216
云 南	Yunnan	34161	2429341	636
西 藏	Xizang	195	16525	15
陕 西	Shaanxi	25144	2458770	624
甘 肃	Gansu	16008	1174871	583
青 海	Qinghai	1015	72949	123
宁 夏	Ningxia	2532	187506	76
新 疆	Xinjiang	50664	3112317	234

附录 4　2021 年全国科普统计分类数据统计表

各项统计数据均未包括香港特别行政区、澳门特别行政区和台湾地区的数据。

科普宣传专用车、科普图书、科普期刊、科普网站、科普国际交流情况均由市级以上（含市级）填报单位的数据统计得出。

非场馆类科普场地指标数据以及科普电影、网络科普视频、科普研发、科学教育等首次纳入统计调查的相关指标数据，因为理解差异，此次暂未列入。

东部、中部和西部地区的划分：东部地区包括北京、天津、河北、辽宁、上海、江苏、浙江、福建、山东、广东和海南 11 个省和直辖市；中部地区包括山西、吉林、黑龙江、安徽、江西、河南、湖北和湖南 8 个省；西部地区包括内蒙古、广西、重庆、四川、贵州、云南、西藏、陕西、甘肃、青海、宁夏和新疆 12 个省、自治区和直辖市。

附表 4-1　2021 年各省科普人员　　单位：人

Appendix table 4-1: S&T popularization personnel by region in 2021　　Unit: person

地　区 Region	科普专职人员 Full time S&T popularization personnel		
	人员总数 Total	中级职称及以上或大学本科及以上学历人员 With title of medium-rank or above / with college graduate or above	女性 Female
全　国 Total	264339	170517	109738
东　部 Eastern	94399	67596	44351
中　部 Middle	79408	46752	29529
西　部 Western	90532	56169	35858
北　京 Beijing	8796	7233	5004
天　津 Tianjin	4224	3495	2234
河　北 Hebei	10584	6984	4793
山　西 Shanxi	6180	3633	2755
内蒙古 Inner Mongolia	7524	4389	2860
辽　宁 Liaoning	8204	5900	3689
吉　林 Jilin	6533	3748	2759
黑龙江 Heilongjiang	4332	2885	2032
上　海 Shanghai	7466	5531	3981
江　苏 Jiangsu	11142	8569	5168
浙　江 Zhejiang	11200	8349	5151
安　徽 Anhui	10565	6616	3160
福　建 Fujian	5667	3946	2533
江　西 Jiangxi	8242	4618	2977
山　东 Shandong	12583	8165	5280
河　南 Henan	16495	8966	6579
湖　北 Hubei	12576	7993	4578
湖　南 Hunan	14485	8293	4689
广　东 Guangdong	12159	8273	5605
广　西 Guangxi	7073	4405	2980
海　南 Hainan	2374	1151	913
重　庆 Chongqing	8002	5730	3797
四　川 Sichuan	15928	9293	6260
贵　州 Guizhou	6633	4438	2355
云　南 Yunnan	13620	9529	4904
西　藏 Xizang	887	326	353
陕　西 Shaanxi	11766	6650	4376
甘　肃 Gansu	7469	4724	3032
青　海 Qinghai	1442	1011	670
宁　夏 Ningxia	2646	1524	1224
新　疆 Xinjiang	7542	4150	3047

附表 4-1　续表　　Continued

地　区 Region	科普专职人员 Full time S&T popularization personnel			
	农村科普人员 Rural S&T popularization personnel	管理人员 S&T popularization administrators	科普创作（研发）人员 S&T popularization creators（researchers）	科普讲解（辅导）人员 S&T popularization docents (tutors)
全　国 Total	72105	50109	22363	49161
东　部 Eastern	18862	18226	9717	18229
中　部 Middle	26594	14960	4966	14930
西　部 Western	26649	16923	7680	16002
北　京 Beijing	759	1745	1625	1908
天　津 Tianjin	280	896	897	1183
河　北 Hebei	3294	1865	560	1333
山　西 Shanxi	1418	1232	395	899
内蒙古 Inner Mongolia	1978	1537	462	1224
辽　宁 Liaoning	1830	1738	684	1370
吉　林 Jilin	1992	1110	363	2633
黑龙江 Heilongjiang	823	930	343	833
上　海 Shanghai	798	1918	1051	2170
江　苏 Jiangsu	2234	2382	1157	2090
浙　江 Zhejiang	2427	1594	712	1675
安　徽 Anhui	4555	1546	474	1845
福　建 Fujian	1211	1100	508	966
江　西 Jiangxi	2523	1669	380	1401
山　东 Shandong	3473	2342	969	1961
河　南 Henan	5847	2964	1036	2723
湖　北 Hubei	4199	2430	843	2218
湖　南 Hunan	5237	3079	1132	2378
广　东 Guangdong	2123	2196	1391	3027
广　西 Guangxi	2041	1277	542	1296
海　南 Hainan	433	450	163	546
重　庆 Chongqing	1674	1632	1587	2223
四　川 Sichuan	5408	3118	1618	2326
贵　州 Guizhou	2186	1333	458	1151
云　南 Yunnan	3253	2040	802	2270
西　藏 Xizang	497	112	66	185
陕　西 Shaanxi	4282	2045	972	1438
甘　肃 Gansu	1832	1684	410	1351
青　海 Qinghai	192	194	151	222
宁　夏 Ningxia	642	577	234	579
新　疆 Xinjiang	2664	1374	378	1737

附表 4-1 续表 Continued

地 区 Region	科普兼职人员 Part time S&T popularization personnel		
	人员总数 Total	年度实际投入工作量/人天 Annual actual workload (man-day)	中级职称及以上或大学本科及以上学历人员 With title of medium-rank or above / with college graduate or above
全 国 Total	1563130	34549404	944976
东 部 Eastern	641823	14820985	398694
中 部 Middle	399958	8455254	234939
西 部 Western	521349	11273164	311343
北 京 Beijing	44640	1014801	31038
天 津 Tianjin	33253	834668	24726
河 北 Hebei	51130	1296171	28796
山 西 Shanxi	38031	516213	26064
内蒙古 Inner Mongolia	25970	556575	16626
辽 宁 Liaoning	33702	770482	21367
吉 林 Jilin	14806	322069	9926
黑龙江 Heilongjiang	20985	271768	12404
上 海 Shanghai	46267	1387813	28838
江 苏 Jiangsu	88296	2823614	59084
浙 江 Zhejiang	111026	2442444	64777
安 徽 Anhui	58671	1250183	37190
福 建 Fujian	54938	1014607	33955
江 西 Jiangxi	45932	1099753	26414
山 东 Shandong	63785	1589536	38315
河 南 Henan	82455	1924930	44118
湖 北 Hubei	85084	1716337	47696
湖 南 Hunan	53994	1354002	31127
广 东 Guangdong	108340	1487093	64420
广 西 Guangxi	58846	1258057	36096
海 南 Hainan	6446	159756	3378
重 庆 Chongqing	58148	1766721	33501
四 川 Sichuan	100217	1938856	58433
贵 州 Guizhou	48330	1097168	32123
云 南 Yunnan	82719	1725670	50102
西 藏 Xizang	2785	43247	1185
陕 西 Shaanxi	57294	1223975	33536
甘 肃 Gansu	34062	540594	19787
青 海 Qinghai	10801	559401	7511
宁 夏 Ningxia	10650	202334	6277
新 疆 Xinjiang	31527	360568	16166

附表 4-1 续表 Continued

地 区 Region	科普兼职人员 Part time S&T popularization personnel			注册科普志愿者 Registered S&T popularization volunteers
	女性 Female	农村科普人员 Rural S&T popularization personnel	科普讲解（辅导）人员 S&T popularization docents (tutors)	
全 国 Total	692952	375951	310256	4837396
东 部 Eastern	293644	133631	127139	1646916
中 部 Middle	167281	108904	74967	2241022
西 部 Western	232027	133416	108150	949458
北 京 Beijing	25908	4317	10591	49433
天 津 Tianjin	19039	5427	7161	195863
河 北 Hebei	22160	16940	11891	78223
山 西 Shanxi	20419	6032	6874	63676
内蒙古 Inner Mongolia	13053	6771	5700	149559
辽 宁 Liaoning	17401	5308	8484	68433
吉 林 Jilin	5353	3843	2520	623979
黑龙江 Heilongjiang	9488	4542	4662	41327
上 海 Shanghai	26065	3234	7087	84912
江 苏 Jiangsu	38421	19995	15708	468533
浙 江 Zhejiang	46808	24283	14346	190356
安 徽 Anhui	22326	16545	8310	176346
福 建 Fujian	23417	13098	8907	105826
江 西 Jiangxi	18395	11885	7944	168293
山 东 Shandong	26839	21572	10035	204303
河 南 Henan	33929	26517	22788	752372
湖 北 Hubei	36869	20657	10539	117618
湖 南 Hunan	20502	18883	11330	297411
广 东 Guangdong	45501	17661	31462	195622
广 西 Guangxi	26744	14664	12078	79789
海 南 Hainan	2085	1796	1467	5412
重 庆 Chongqing	25312	14591	18488	71010
四 川 Sichuan	45533	30576	20828	204981
贵 州 Guizhou	18877	9854	7568	40832
云 南 Yunnan	35319	23809	15085	165940
西 藏 Xizang	968	1382	1131	968
陕 西 Shaanxi	27435	11881	9661	73316
甘 肃 Gansu	12004	8169	6943	25703
青 海 Qinghai	5168	3205	4037	19903
宁 夏 Ningxia	5142	3021	1344	66169
新 疆 Xinjiang	16472	5493	5287	51288

附表 4-2 2021 年各省科普场地

Appendix table 4-2: S&T popularization venues and facilities by region in 2021

地 区 Region	科技馆/个 S&T museums or centers	建筑面积/平方米 Construction area (m^2)	展厅面积/平方米 Exhibition area (m^2)	当年参观人数/人次 Visitors
全 国 Total	661	5059444	2618248	57899904
东 部 Eastern	285	2475120	1266537	30775228
中 部 Middle	175	1256536	646087	13761133
西 部 Western	201	1327788	705624	13363543
北 京 Beijing	22	246527	130138	3716226
天 津 Tianjin	4	48208	30026	1011655
河 北 Hebei	20	119329	63466	438407
山 西 Shanxi	9	79613	35871	636912
内蒙古 Inner Mongolia	33	239432	114109	1635054
辽 宁 Liaoning	20	233979	111857	1702073
吉 林 Jilin	16	99978	48327	861591
黑龙江 Heilongjiang	18	128839	77122	1162171
上 海 Shanghai	26	174488	111443	3017661
江 苏 Jiangsu	25	227367	106839	2990127
浙 江 Zhejiang	32	315767	147763	4244776
安 徽 Anhui	28	204608	100637	3632265
福 建 Fujian	30	225446	108022	3422746
江 西 Jiangxi	10	139548	57662	678621
山 东 Shandong	42	376303	210801	4600464
河 南 Henan	29	216240	116285	2908893
湖 北 Hubei	49	277159	144317	2090444
湖 南 Hunan	16	110551	65866	1790236
广 东 Guangdong	40	366681	189251	4280515
广 西 Guangxi	9	125003	54004	1655962
海 南 Hainan	24	141025	56931	1350578
重 庆 Chongqing	19	113754	75691	2488701
四 川 Sichuan	28	177174	107613	2310040
贵 州 Guizhou	15	82596	48247	970038
云 南 Yunnan	20	82950	50777	792206
西 藏 Xizang	2	1000	270	6130
陕 西 Shaanxi	23	130261	76728	782120
甘 肃 Gansu	13	87430	27060	813079
青 海 Qinghai	3	41213	18378	338055
宁 夏 Ningxia	9	82285	42523	621507
新 疆 Xinjiang	27	164690	90224	950651

附表 4-2　续表　　Continued

地　区 Region	科学技术类博物馆/个 S&T related museums	建筑面积/平方米 Construction area (m^2)	展厅面积/平方米 Exhibition area (m^2)	当年参观人数/人次 Visitors	青少年科技馆站/个 Teenage S&T museums
全　国 Total	1016	7747889	3594470	105594509	576
东　部 Eastern	489	4037893	1817999	55807547	198
中　部 Middle	207	1398539	675916	16301398	161
西　部 Western	320	2311457	1100555	33485564	217
北　京 Beijing	68	853542	338899	9382250	15
天　津 Tianjin	12	228888	82389	4903646	4
河　北 Hebei	39	223502	106661	2066749	22
山　西 Shanxi	15	131133	86909	509292	27
内蒙古 Inner Mongolia	19	198276	79618	2000421	21
辽　宁 Liaoning	38	263110	120559	2547943	11
吉　林 Jilin	15	102513	46323	832808	12
黑龙江 Heilongjiang	25	146456	80555	586141	13
上　海 Shanghai	109	800974	388611	11082264	24
江　苏 Jiangsu	44	422807	171053	5574318	29
浙　江 Zhejiang	53	416160	197537	3674074	37
安　徽 Anhui	18	96855	42722	1335294	26
福　建 Fujian	36	144716	79836	2409384	10
江　西 Jiangxi	31	177137	61821	1988362	14
山　东 Shandong	35	298552	148088	6144995	20
河　南 Henan	22	60576	38085	1206754	15
湖　北 Hubei	38	285537	147176	2623377	32
湖　南 Hunan	43	398332	172325	7219370	22
广　东 Guangdong	48	361751	170067	7959323	17
广　西 Guangxi	28	183767	82936	3417933	18
海　南 Hainan	7	23891	14299	62601	9
重　庆 Chongqing	34	218044	116612	2941861	26
四　川 Sichuan	49	310239	171220	10651714	43
贵　州 Guizhou	16	208689	88547	1824642	6
云　南 Yunnan	53	423893	179532	4361596	30
西　藏 Xizang	1	3500	2000	110000	2
陕　西 Shaanxi	32	198329	115913	2396161	21
甘　肃 Gansu	34	243089	114071	2856363	20
青　海 Qinghai	5	47009	15893	460003	4
宁　夏 Ningxia	18	125568	61484	1324343	3
新　疆 Xinjiang	31	151054	72729	1140527	23

附表 4-2 续表 Continued

地 区 Region	城市社区科普（技）活动场所/个 Urban community S&T popularization sites	农村科普（技）活动场所/个 Rural S&T popularization sites	科普宣传专用车/辆 S&T popularization vehicles	科普宣传专栏/个 S&T popularization information bulletin boards
全 国 Total	47791	194455	1160	220508
东 部 Eastern	21850	83244	342	101011
中 部 Middle	13557	53765	391	59637
西 部 Western	12384	57446	427	59860
北 京 Beijing	1060	1486	23	6284
天 津 Tianjin	1292	2718	77	2704
河 北 Hebei	1610	8386	31	6228
山 西 Shanxi	1282	3245	20	7867
内蒙古 Inner Mongolia	1000	1971	30	1033
辽 宁 Liaoning	833	2605	32	3277
吉 林 Jilin	322	1894	20	1174
黑龙江 Heilongjiang	444	1117	26	2104
上 海 Shanghai	2264	1282	36	4787
江 苏 Jiangsu	4145	9005	36	20182
浙 江 Zhejiang	3398	13242	18	15436
安 徽 Anhui	1478	5828	31	6548
福 建 Fujian	1257	3906	13	6072
江 西 Jiangxi	1981	4319	37	7208
山 东 Shandong	2679	33387	26	25183
河 南 Henan	2380	14054	130	16997
湖 北 Hubei	3379	12866	32	9592
湖 南 Hunan	2291	10442	95	8147
广 东 Guangdong	3021	6579	41	10096
广 西 Guangxi	1014	8711	41	7861
海 南 Hainan	291	648	9	762
重 庆 Chongqing	1035	1389	79	5432
四 川 Sichuan	2785	13268	52	9868
贵 州 Guizhou	529	1040	9	1469
云 南 Yunnan	1701	9219	38	15234
西 藏 Xizang	42	1130	16	214
陕 西 Shaanxi	1518	7331	85	6310
甘 肃 Gansu	790	2771	33	6321
青 海 Qinghai	125	4415	16	2022
宁 夏 Ningxia	623	2180	4	1423
新 疆 Xinjiang	1222	4021	24	2673

附表 4-3　2021 年各省科普经费　　单位：万元
Appendix table 4-3: S&T popularization funds by region in 2021　　Unit: 10000 yuan

地　区 Region	年度科普经费筹集额 Annual funding for S&T popularization	政府拨款 Government funds	科普专项经费 Special funds	捐赠 Donates	自筹资金 Self-raised funds
全　国 Total	1890722	1502857	664663	16194	371671
东　部 Eastern	1010825	767907	362314	8403	234516
中　部 Middle	399441	338746	114998	2009	58687
西　部 Western	480456	396205	187350	5782	78469
北　京 Beijing	227979	164008	82104	879	63092
天　津 Tianjin	38953	20803	4367	92	18058
河　北 Hebei	31545	25937	14117	374	5233
山　西 Shanxi	32495	21482	7737	242	10770
内蒙古 Inner Mongolia	16954	15756	10116	44	1154
辽　宁 Liaoning	19486	14672	6648	232	4582
吉　林 Jilin	23582	21319	7286	11	2252
黑龙江 Heilongjiang	18821	13379	5755	50	5391
上　海 Shanghai	159772	113501	44809	713	45558
江　苏 Jiangsu	98320	80218	43054	540	17563
浙　江 Zhejiang	103381	90533	36918	538	12310
安　徽 Anhui	43447	37278	17452	540	5629
福　建 Fujian	67803	47429	22777	2489	17885
江　西 Jiangxi	71606	62757	13746	383	8467
山　东 Shandong	99705	80814	46975	2036	16855
河　南 Henan	60342	54832	21202	124	5386
湖　北 Hubei	94483	82838	20270	489	11156
湖　南 Hunan	54664	44860	21549	170	9635
广　东 Guangdong	134636	107688	54820	473	26475
广　西 Guangxi	44353	37971	18243	284	6098
海　南 Hainan	29244	22305	5726	35	6904
重　庆 Chongqing	70650	50720	20385	209	19720
四　川 Sichuan	85635	66295	39069	1916	17424
贵　州 Guizhou	39657	33907	11091	356	5393
云　南 Yunnan	86175	70157	34852	404	15614
西　藏 Xizang	5205	5021	4191	95	89
陕　西 Shaanxi	35225	29709	16147	149	5367
甘　肃 Gansu	28798	26405	10141	55	2338
青　海 Qinghai	16400	14187	6948	137	2077
宁　夏 Ningxia	17233	15622	5739	64	1546
新　疆 Xinjiang	34172	30454	10429	2070	1647

附表 4-3　续表　　Continued

地　区 Region	年度科普经费使用额 Annual expenditure	行政支出 Administrative expenditure	科普活动支出 Activities expenditure	科技活动周经费支出 S&T week expenditure
全　国 Total	1895355	344109	838499	34325
东　部 Eastern	1001690	184084	430988	14368
中　部 Middle	407254	68523	158926	6713
西　部 Western	486411	91502	248584	13244
北　京 Beijing	218043	40185	116217	3497
天　津 Tianjin	37400	9424	11647	555
河　北 Hebei	33571	2693	16962	1106
山　西 Shanxi	32704	4382	12264	784
内蒙古 Inner Mongolia	16288	3017	9896	175
辽　宁 Liaoning	20620	5752	8034	305
吉　林 Jilin	20083	3518	8033	110
黑龙江 Heilongjiang	15603	2597	5634	124
上　海 Shanghai	153814	22225	67637	1314
江　苏 Jiangsu	96823	23109	48090	1272
浙　江 Zhejiang	103941	25769	48647	1216
安　徽 Anhui	60287	17439	19924	487
福　建 Fujian	73525	11964	26785	497
江　西 Jiangxi	63273	6870	25279	948
山　东 Shandong	101999	12666	22559	1233
河　南 Henan	60655	7453	25590	864
湖　北 Hubei	95928	14987	28377	1445
湖　南 Hunan	58722	11277	33825	1951
广　东 Guangdong	141759	27788	55799	2902
广　西 Guangxi	52055	8000	32237	1416
海　南 Hainan	20195	2509	8611	473
重　庆 Chongqing	76924	11713	36109	6824
四　川 Sichuan	87007	16231	42440	1276
贵　州 Guizhou	37608	9170	18768	964
云　南 Yunnan	83659	19877	49320	755
西　藏 Xizang	3801	433	1456	33
陕　西 Shaanxi	37458	7315	19240	725
甘　肃 Gansu	26995	3470	18205	316
青　海 Qinghai	13875	5189	5147	296
宁　夏 Ningxia	16990	2619	5885	193
新　疆 Xinjiang	33750	4468	9881	272

附表 4-3　续表　　　　Continued

地　区 Region	年度科普经费使用额 Annual expenditure			
	科普场馆基建支出 Infrastructure expenditures	政府拨款支出 Government expenditures	科普展品、设施支出 Exhibits & facilities expenditures	其他支出 Others
全　国 Total	333595	176070	193365	185788
东　部 Eastern	162469	80085	104666	119482
中　部 Middle	100802	63970	46056	32947
西　部 Western	70324	32015	42643	33359
北　京 Beijing	5661	2419	10087	45893
天　津 Tianjin	8332	841	4719	3277
河　北 Hebei	8648	6353	2491	2777
山　西 Shanxi	11917	3310	1591	2550
内蒙古 Inner Mongolia	782	291	1575	1018
辽　宁 Liaoning	3066	1348	2236	1532
吉　林 Jilin	4027	3397	837	3667
黑龙江 Heilongjiang	2959	951	3426	986
上　海 Shanghai	36504	25030	12542	14905
江　苏 Jiangsu	14762	7711	5424	5438
浙　江 Zhejiang	8636	4612	10162	10727
安　徽 Anhui	16357	5632	4486	2081
福　建 Fujian	13777	2141	5823	15177
江　西 Jiangxi	8374	4651	16682	6068
山　东 Shandong	22439	12802	35171	9164
河　南 Henan	23220	21542	2700	1691
湖　北 Hubei	28077	23110	12831	11657
湖　南 Hunan	5870	1378	3502	4248
广　东 Guangdong	35168	13629	13832	9173
广　西 Guangxi	2912	1744	3749	5157
海　南 Hainan	5476	3199	2180	1419
重　庆 Chongqing	16102	5336	7749	5251
四　川 Sichuan	15521	7389	6780	6035
贵　州 Guizhou	4382	4229	2157	3131
云　南 Yunnan	6898	1701	3960	3604
西　藏 Xizang	989	44	449	475
陕　西 Shaanxi	3886	1029	3303	3712
甘　肃 Gansu	2200	1223	2077	1044
青　海 Qinghai	903	97	1200	1436
宁　夏 Ningxia	5594	1224	2409	483
新　疆 Xinjiang	10156	7710	7234	2012

附表 4-4　2021 年各省科普传媒

Appendix table 4-4: S&T popularization media by region in 2021

地　区 Region	科普图书 S&T popularization books		科普期刊 S&T popularization journals	
	出版种数/种 Types of publications	出版总册数/册 Total copies	出版种数/种 Types of publications	出版总册数/册 Total copies
全　国 Total	11115	85598881	1100	88346722
东　部 Eastern	6621	56748227	610	72169003
中　部 Middle	2646	18256165	175	7605012
西　部 Western	1848	10594489	315	8572707
北　京 Beijing	3382	26472458	89	13157192
天　津 Tianjin	348	2948175	173	7034465
河　北 Hebei	239	1009280	34	3077430
山　西 Shanxi	25	37300	15	158802
内蒙古 Inner Mongolia	149	350280	14	53400
辽　宁 Liaoning	163	747830	28	857175
吉　林 Jilin	533	4954740	10	302220
黑龙江 Heilongjiang	202	423550	9	325820
上　海 Shanghai	1022	15250828	62	9703324
江　苏 Jiangsu	319	3687721	42	750496
浙　江 Zhejiang	244	1443059	38	1541825
安　徽 Anhui	55	294921	12	1060500
福　建 Fujian	418	2809275	78	1659425
江　西 Jiangxi	790	7701398	57	3699240
山　东 Shandong	30	231100	35	780200
河　南 Henan	173	808100	16	88360
湖　北 Hubei	150	2955926	18	132340
湖　南 Hunan	718	1080230	38	1837730
广　东 Guangdong	352	1750301	26	32773240
广　西 Guangxi	109	691830	23	1204510
海　南 Hainan	104	398200	5	834231
重　庆 Chongqing	440	3763016	85	1114100
四　川 Sichuan	307	2826200	38	3048854
贵　州 Guizhou	40	58200	14	61200
云　南 Yunnan	432	1147246	40	2170957
西　藏 Xizang	41	86192	14	163600
陕　西 Shaanxi	188	973695	25	397030
甘　肃 Gansu	68	368100	22	97152
青　海 Qinghai	13	52900	13	69010
宁　夏 Ningxia	12	6100	1	320
新　疆 Xinjiang	49	270730	26	192574

附表 4-4　续表　　Continued

地　区 Region	科技类报纸年发行总份数/份 S&T newspaper circulation	电视台播出科普（技）节目时间/小时 Broadcasting time of S&T popularization programs on TV (h)	电台播出科普（技）节目时间/小时 Broadcasting time of S&T popularization programs on radio (h)	科普网站数/个 S&T popularization websites (unit)	发放科普读物和资料/份 Number of S&T popularization readings and materials
全　国 Total	94621227	177485	145972	1867	498413796
东　部 Eastern	49676567	74143	51281	918	172382766
中　部 Middle	14766500	47314	41729	429	135042552
西　部 Western	30178160	56028	52962	520	190988478
北　京 Beijing	22322183	10070	7199	183	23144495
天　津 Tianjin	1967633	1893	282	42	5050517
河　北 Hebei	6122627	7375	1785	56	19392205
山　西 Shanxi	5251216	6594	4425	29	8026718
内蒙古 Inner Mongolia	533730	3974	3341	31	6079729
辽　宁 Liaoning	655300	10857	8082	78	5439937
吉　林 Jilin	24240	6374	5431	20	2126169
黑龙江 Heilongjiang	11322	1666	1511	22	3516273
上　海 Shanghai	9683074	10007	2196	127	14528664
江　苏 Jiangsu	3121666	1231	1462	102	33902810
浙　江 Zhejiang	790595	5295	5210	58	17694959
安　徽 Anhui	126501	2867	4809	69	17382365
福　建 Fujian	787064	2189	1771	56	10025755
江　西 Jiangxi	1326404	3594	2075	55	14160530
山　东 Shandong	1266713	8543	11011	54	11005045
河　南 Henan	2382373	3333	2550	74	19774640
湖　北 Hubei	4978011	16931	17566	97	43865776
湖　南 Hunan	666433	5955	3362	63	26190081
广　东 Guangdong	2959712	15704	10777	156	30323815
广　西 Guangxi	11354932	2850	1591	65	24462056
海　南 Hainan	0	979	1506	6	1874564
重　庆 Chongqing	4272282	2320	2319	91	19890711
四　川 Sichuan	2861503	4931	3368	81	27595687
贵　州 Guizhou	2019313	3006	1634	16	14052466
云　南 Yunnan	1928014	18365	10271	73	49828046
西　藏 Xizang	2200000	0	0	3	4457494
陕　西 Shaanxi	3767489	7038	5780	70	16824807
甘　肃 Gansu	1097764	3162	1241	53	13679840
青　海 Qinghai	124636	1581	9875	16	3003159
宁　夏 Ningxia	2120	425	372	11	5216683
新　疆 Xinjiang	16377	8376	13170	10	5897800

附表 4-5　2021 年各省科普活动

Appendix table 4-5: S&T popularization activities by region in 2021

地　区 Region	科普（技）讲座 S&T popularization lectures			
	举办次数/次 Number of lectures		参加人数/人次 Number of participants	
	线下 Offline	线上 Online	线下 Offline	线上 Online
全　国 Total	936149	102035	104961574	3275246173
东　部 Eastern	421328	60077	42755020	2903083625
中　部 Middle	207665	18915	23867810	137084203
西　部 Western	307156	23043	38338744	235078345
北　京 Beijing	38882	15188	6028632	2489604648
天　津 Tianjin	31793	3854	1898806	55479673
河　北 Hebei	19765	2188	2249158	3011510
山　西 Shanxi	17782	2499	1537395	10440210
内蒙古 Inner Mongolia	18810	1544	1950741	39710811
辽　宁 Liaoning	15016	1736	1644009	2102551
吉　林 Jilin	7806	1010	713054	3004652
黑龙江 Heilongjiang	7750	2441	819382	27452169
上　海 Shanghai	59921	5822	6161295	155610584
江　苏 Jiangsu	57081	5812	5330617	23968820
浙　江 Zhejiang	90930	8995	7498887	70790850
安　徽 Anhui	30395	2371	3598700	16188347
福　建 Fujian	20166	2054	2148768	8911126
江　西 Jiangxi	34647	1616	3318088	8836573
山　东 Shandong	38112	5598	3652519	9933081
河　南 Henan	37646	3437	4548723	3451334
湖　北 Hubei	43932	3887	5111568	46478734
湖　南 Hunan	27707	1654	4220900	21232184
广　东 Guangdong	46992	8495	5776100	81416329
广　西 Guangxi	26769	3492	4242357	2523787
海　南 Hainan	2670	335	366229	2254453
重　庆 Chongqing	35897	2550	8032668	62773528
四　川 Sichuan	44929	4690	5177116	15350341
贵　州 Guizhou	17982	508	1813308	9650586
云　南 Yunnan	53036	2060	5051476	18139345
西　藏 Xizang	843	45	93328	63624
陕　西 Shaanxi	25378	3111	3355079	31659767
甘　肃 Gansu	19842	1403	2176133	6247520
青　海 Qinghai	6402	1321	626123	259155
宁　夏 Ningxia	7530	302	1236867	634936
新　疆 Xinjiang	49738	2017	4583548	48064945

附表 4-5　续表　　　　Continued

地　区 Region	科普（技）展览 S&T popularization exhibitions			
	专题展览次数/次 Number of exhibitions		参观人数/人次 Number of participants	
	线下　Offline	线上　Online	线下　Offline	线上　Online
全　国 Total	94133	6553	134737523	70607979
东　部 Eastern	34686	2654	75709179	46427426
中　部 Middle	29217	1895	24667598	9943261
西　部 Western	30230	2004	34360746	14237292
北　京 Beijing	2328	419	11960942	28041123
天　津 Tianjin	1988	219	4229405	559313
河　北 Hebei	2488	86	2517305	107656
山　西 Shanxi	2137	164	1270131	468832
内蒙古 Inner Mongolia	1157	94	1705318	104888
辽　宁 Liaoning	1567	100	4144646	278144
吉　林 Jilin	596	14	1426319	1192638
黑龙江 Heilongjiang	932	163	1014183	92859
上　海 Shanghai	3434	153	12952425	2992285
江　苏 Jiangsu	5021	291	7419452	2117163
浙　江 Zhejiang	4756	399	8719478	2242528
安　徽 Anhui	3547	212	2633995	1639519
福　建 Fujian	2839	157	3498971	1921495
江　西 Jiangxi	4044	106	2944557	623455
山　东 Shandong	3037	338	5601738	343482
河　南 Henan	5709	322	3749414	1221703
湖　北 Hubei	8387	814	5814643	4037537
湖　南 Hunan	3865	100	5814356	666718
广　东 Guangdong	6676	478	14022815	7793558
广　西 Guangxi	3146	120	3742664	1053664
海　南 Hainan	552	14	642002	30679
重　庆 Chongqing	3991	317	9445634	2069535
四　川 Sichuan	4681	282	4873055	773150
贵　州 Guizhou	2093	70	1501146	82319
云　南 Yunnan	4318	375	5881953	8687095
西　藏 Xizang	296	0	95426	0
陕　西 Shaanxi	2435	271	1884997	505569
甘　肃 Gansu	2998	114	2516829	168031
青　海 Qinghai	1094	21	465801	6004
宁　夏 Ningxia	1065	135	1074474	201259
新　疆 Xinjiang	2956	205	1173449	585778

附表 4-5　续表　　Continued

地　区 Region	科普（技）竞赛 S&T popularization competitions			
	举办次数/次 Number of competitions		参加人数/人次 Number of participants	
	线下 Offline	线上 Online	线下 Offline	线上 Online
全　国 Total	31134	5659	22079317	703447731
东　部 Eastern	15889	2944	12260174	573774756
中　部 Middle	6457	950	3942280	79708927
西　部 Western	8788	1765	5876863	49964048
北　京 Beijing	1344	359	1064605	270357102
天　津 Tianjin	989	354	254124	2857333
河　北 Hebei	820	89	291376	238886438
山　西 Shanxi	759	160	341780	5618260
内蒙古 Inner Mongolia	254	75	79650	276106
辽　宁 Liaoning	720	236	261554	220390
吉　林 Jilin	119	18	139612	429461
黑龙江 Heilongjiang	347	70	93717	63236
上　海 Shanghai	1788	378	1092239	29130232
江　苏 Jiangsu	2763	194	3924858	9366945
浙　江 Zhejiang	2382	284	2499691	7326300
安　徽 Anhui	1030	132	417967	1323870
福　建 Fujian	1100	176	472257	1666993
江　西 Jiangxi	774	58	399418	8626116
山　东 Shandong	1001	273	792061	970680
河　南 Henan	1092	207	723890	26664086
湖　北 Hubei	1478	247	589589	15908927
湖　南 Hunan	858	58	1236307	21074971
广　东 Guangdong	2810	578	1558749	12120755
广　西 Guangxi	1196	369	1416217	2362649
海　南 Hainan	172	23	48660	871588
重　庆 Chongqing	1028	170	896833	1809149
四　川 Sichuan	1474	223	1275331	13823477
贵　州 Guizhou	953	191	335903	24996071
云　南 Yunnan	1170	165	650607	4229200
西　藏 Xizang	22	0	7913	0
陕　西 Shaanxi	998	252	536335	733748
甘　肃 Gansu	730	119	328205	1192388
青　海 Qinghai	176	38	96642	15072
宁　夏 Ningxia	153	25	102387	411844
新　疆 Xinjiang	634	138	150840	114344

附表 4-5　续表　　Continued

地　区 Region	科技活动周 Science & technology week			
	科普专题活动次数/次 Number of events		参加人数/人次 Number of participants	
	线下 Offline	线上 Online	线下 Offline	线上 Online
全　国 Total	101034	10529	42977867	549894556
东　部 Eastern	42827	5480	18849890	488704302
中　部 Middle	20480	2065	8900755	35742880
西　部 Western	37727	2984	15227222	25447374
北　京 Beijing	2438	736	1096872	326400835
天　津 Tianjin	5874	552	1409314	15975409
河　北 Hebei	3553	686	1064881	951934
山　西 Shanxi	2492	351	790958	354512
内蒙古 Inner Mongolia	1618	150	771812	24694
辽　宁 Liaoning	2134	230	960772	323390
吉　林 Jilin	700	35	320451	1215832
黑龙江 Heilongjiang	1308	248	546773	296491
上　海 Shanghai	5685	846	3664592	26514070
江　苏 Jiangsu	7045	547	3008834	1866462
浙　江 Zhejiang	3909	310	2961852	6090135
安　徽 Anhui	2952	222	833457	939576
福　建 Fujian	3582	254	1413331	52869717
江　西 Jiangxi	2978	304	1027056	787786
山　东 Shandong	2711	491	879498	1585596
河　南 Henan	3249	465	1511302	1184893
湖　北 Hubei	3759	304	1858247	3896147
湖　南 Hunan	3042	136	2012511	27067643
广　东 Guangdong	4777	800	2081122	56081755
广　西 Guangxi	4054	465	2234383	1380513
海　南 Hainan	1119	28	308822	44999
重　庆 Chongqing	2731	235	1915501	4708748
四　川 Sichuan	5553	464	2275791	7472673
贵　州 Guizhou	3346	149	1056916	2078130
云　南 Yunnan	5912	246	2223310	1199239
西　藏 Xizang	177	13	34418	2856
陕　西 Shaanxi	5927	485	1586119	7753201
甘　肃 Gansu	2861	163	1211386	85824
青　海 Qinghai	680	76	277985	7440
宁　夏 Ningxia	862	274	368104	145239
新　疆 Xinjiang	4006	264	1271497	588817

附表 4-5 续表 Continued

地 区 Region	成立青少年科技兴趣小组 Teenage S&T interest groups		科技夏（冬）令营 Summer /winter science camps	
	兴趣小组数/个 Number of groups	参加人数/人次 Number of participants	举办次数/次 Number of camps	参加人数/人次 Number of participants
全 国 Total	140283	10886897	6849	1756827
东 部 Eastern	62626	4568952	4325	1184650
中 部 Middle	40164	2779186	1018	258468
西 部 Western	37493	3538759	1506	313709
北 京 Beijing	3519	362068	365	504419
天 津 Tianjin	3024	247875	153	25942
河 北 Hebei	5407	396845	78	5370
山 西 Shanxi	4847	259087	66	13348
内蒙古 Inner Mongolia	766	83974	79	12627
辽 宁 Liaoning	2541	147410	131	31138
吉 林 Jilin	931	91714	19	3638
黑龙江 Heilongjiang	760	28886	44	5493
上 海 Shanghai	5065	374877	789	203150
江 苏 Jiangsu	12263	623908	810	125743
浙 江 Zhejiang	9859	502749	409	88005
安 徽 Anhui	6244	334854	130	13118
福 建 Fujian	2510	229927	737	79117
江 西 Jiangxi	3643	356077	221	37872
山 东 Shandong	6292	457952	287	26097
河 南 Henan	8478	554575	178	92037
湖 北 Hubei	9286	631316	195	64792
湖 南 Hunan	5975	522677	165	28170
广 东 Guangdong	11862	1178877	516	90685
广 西 Guangxi	5476	580480	140	118621
海 南 Hainan	284	46464	50	4984
重 庆 Chongqing	4280	227581	179	29965
四 川 Sichuan	6699	777935	267	33088
贵 州 Guizhou	3703	319347	91	8976
云 南 Yunnan	4866	571686	166	22035
西 藏 Xizang	77	2617	4	343
陕 西 Shaanxi	4503	393814	250	29308
甘 肃 Gansu	3494	301485	98	15253
青 海 Qinghai	366	66895	32	2279
宁 夏 Ningxia	1978	127166	37	10253
新 疆 Xinjiang	1285	85779	163	30961

附表 4-5　续表　　　　　Continued

地　区 Region	科普国际交流 International S&T popularization communication		科研机构、大学向社会开放 Scientific institutions and universities open to the public	
	举办次数/次 Number of events	参加人数/人次 Number of participants	开放单位数/个 Number of open units	参观人数/人次 Number of participants
全　国 Total	817	20072862	7377	14711541
东　部 Eastern	424	17924540	3423	10150422
中　部 Middle	165	34629	1716	2905857
西　部 Western	228	2113693	2238	1655262
北　京 Beijing	118	415620	381	6881023
天　津 Tianjin	54	7177	274	132269
河　北 Hebei	10	550	256	69891
山　西 Shanxi	7	345	163	88450
内蒙古 Inner Mongolia	20	44	171	71339
辽　宁 Liaoning	39	122978	278	212004
吉　林 Jilin	22	729	60	25716
黑龙江 Heilongjiang	9	1060	145	29644
上　海 Shanghai	46	11160858	164	135073
江　苏 Jiangsu	61	136678	592	556713
浙　江 Zhejiang	40	6074331	428	279597
安　徽 Anhui	12	1050	188	83570
福　建 Fujian	15	3134	313	71319
江　西 Jiangxi	34	1752	226	169836
山　东 Shandong	6	109	252	393564
河　南 Henan	19	21696	275	189523
湖　北 Hubei	25	1366	384	2050407
湖　南 Hunan	37	6631	275	268711
广　东 Guangdong	19	1957	432	1283170
广　西 Guangxi	41	2095717	191	140992
海　南 Hainan	16	1148	53	135799
重　庆 Chongqing	51	7662	235	151348
四　川 Sichuan	35	1317	522	542139
贵　州 Guizhou	4	667	102	39848
云　南 Yunnan	5	82	146	332636
西　藏 Xizang	0	0	9	971
陕　西 Shaanxi	52	5381	426	177231
甘　肃 Gansu	4	202	217	137936
青　海 Qinghai	0	0	40	10238
宁　夏 Ningxia	0	0	44	6932
新　疆 Xinjiang	16	2621	135	43652

附表 4-5 续表 Continued

地 区 Region	举办实用技术培训 Practical skill trainings		重大科普活动次数/次 Number of major S&T popularization activities
	举办次数/次 Number of trainings	参加人数/人次 Number of participants	
全 国 Total	387816	37348041	12004
东 部 Eastern	97426	10805316	4812
中 部 Middle	78192	7715701	2917
西 部 Western	212198	18827024	4275
北 京 Beijing	8008	1350683	620
天 津 Tianjin	6764	595679	242
河 北 Hebei	14474	1202651	312
山 西 Shanxi	10824	823685	353
内蒙古 Inner Mongolia	4019	539520	177
辽 宁 Liaoning	4362	326051	122
吉 林 Jilin	3008	287594	102
黑龙江 Heilongjiang	3886	719429	202
上 海 Shanghai	6851	587849	441
江 苏 Jiangsu	11716	1161574	768
浙 江 Zhejiang	17542	1397827	484
安 徽 Anhui	10172	690535	407
福 建 Fujian	7339	1828742	254
江 西 Jiangxi	8197	728639	214
山 东 Shandong	9199	1191367	642
河 南 Henan	15180	1633308	715
湖 北 Hubei	14837	1857164	534
湖 南 Hunan	12088	975347	390
广 东 Guangdong	9384	1057720	848
广 西 Guangxi	21349	1552334	503
海 南 Hainan	1787	105173	79
重 庆 Chongqing	9317	1309806	480
四 川 Sichuan	27189	2112038	569
贵 州 Guizhou	13618	1094256	178
云 南 Yunnan	50216	3979890	591
西 藏 Xizang	480	37562	18
陕 西 Shaanxi	25420	2492086	661
甘 肃 Gansu	16325	1609320	548
青 海 Qinghai	1536	110778	220
宁 夏 Ningxia	2783	179045	90
新 疆 Xinjiang	39946	3810389	240

附录 5　2020 年全国科普统计分类数据统计表

各项统计数据均未包括香港特别行政区、澳门特别行政区和台湾地区的数据。

科普宣传专用车、科普图书、科普期刊、科普网站、科普国际交流情况和创新创业中的科普情况均由市级以上（含市级）填报单位的数据统计得出。

非场馆类科普基地，因为理解差异，此次暂未列入。

东部、中部和西部地区的划分：东部地区包括北京、天津、河北、辽宁、上海、江苏、浙江、福建、山东、广东和海南 11 个省和直辖市；中部地区包括山西、吉林、黑龙江、安徽、江西、河南、湖北和湖南 8 个省；西部地区包括内蒙古、广西、重庆、四川、贵州、云南、西藏、陕西、甘肃、青海、宁夏和新疆 12 个省、自治区和直辖市。

附表 5-1　2020 年各省科普人员　单位：人

Appendix table 5-1: S&T popularization personnel by region in 2020　Unit: person

地　区 Region	科普专职人员 Full time S&T popularization personnel		
	人员总数 Total	中级职称及以上或大学本科及以上学历人员 With title of medium-rank or above / with college graduate or above	女性 Female
全　国 Total	248670	155287	97511
东　部 Eastern	91028	59541	39632
中　部 Middle	75909	46611	25912
西　部 Western	81733	49135	31967
北　京 Beijing	8208	6277	4461
天　津 Tianjin	3689	2772	1720
河　北 Hebei	15425	7348	5722
山　西 Shanxi	5693	3490	2743
内蒙古 Inner Mongolia	6668	3933	2660
辽　宁 Liaoning	6886	4817	3150
吉　林 Jilin	6561	3794	2820
黑龙江 Heilongjiang	3964	2719	1781
上　海 Shanghai	7261	5309	3834
江　苏 Jiangsu	10413	7809	4727
浙　江 Zhejiang	9773	7249	4549
安　徽 Anhui	9510	5690	2689
福　建 Fujian	4706	3110	1965
江　西 Jiangxi	7109	4251	2523
山　东 Shandong	12125	7293	4577
河　南 Henan	13778	7574	5234
湖　北 Hubei	16980	12345	4163
湖　南 Hunan	12314	6748	3959
广　东 Guangdong	10756	6735	4188
广　西 Guangxi	5774	3396	2213
海　南 Hainan	1786	822	739
重　庆 Chongqing	5221	3527	2281
四　川 Sichuan	14089	8139	5457
贵　州 Guizhou	5268	3540	1687
云　南 Yunnan	13321	9416	5689
西　藏 Xizang	897	530	214
陕　西 Shaanxi	9137	5343	3390
甘　肃 Gansu	9954	4843	2856
青　海 Qinghai	1127	770	462
宁　夏 Ningxia	2122	1219	931
新　疆 Xinjiang	8155	4479	4127

附表 5-1 续表 Continued

地 区 Region	科普专职人员 Full time S&T popularization personnel		
	农村科普人员 Rural S&T popularization personnel	管理人员 S&T popularization administrators	科普创作人员 S&T popularization creators
全 国 Total	66836	46281	18514
东 部 Eastern	17907	17233	8326
中 部 Middle	24950	13802	4526
西 部 Western	23979	15246	5662
北 京 Beijing	740	1770	1525
天 津 Tianjin	225	667	666
河 北 Hebei	3292	1832	463
山 西 Shanxi	1577	1151	658
内蒙古 Inner Mongolia	1763	1245	346
辽 宁 Liaoning	1433	1626	660
吉 林 Jilin	2141	1141	385
黑龙江 Heilongjiang	751	806	249
上 海 Shanghai	748	1851	1009
江 苏 Jiangsu	2179	2301	1109
浙 江 Zhejiang	2022	1523	653
安 徽 Anhui	4372	1374	345
福 建 Fujian	1097	1117	399
江 西 Jiangxi	2147	1464	325
山 东 Shandong	3606	2271	880
河 南 Henan	4901	2905	784
湖 北 Hubei	4934	2474	882
湖 南 Hunan	4127	2487	898
广 东 Guangdong	2237	1919	829
广 西 Guangxi	1878	1346	406
海 南 Hainan	328	356	133
重 庆 Chongqing	906	1289	938
四 川 Sichuan	5055	2860	1169
贵 州 Guizhou	2408	1124	347
云 南 Yunnan	3189	1980	630
西 藏 Xizang	381	91	12
陕 西 Shaanxi	3138	1741	734
甘 肃 Gansu	1688	1618	363
青 海 Qinghai	83	159	130
宁 夏 Ningxia	570	432	169
新 疆 Xinjiang	2920	1361	418

附表 5-1 续表 Continued

地　区 Region	科普兼职人员 Part time S&T popularization personnel		
	人员总数 Total	年度实际投入工作量/人月 Annual actual workload (person-month)	中级职称及以上或大学本科及以上学历人员 With title of medium-rank or above / with college graduate or above
全　国 Total	1564281	1746568	863695
东　部 Eastern	673093	724876	372643
中　部 Middle	391057	444321	214920
西　部 Western	500131	577371	276132
北　京 Beijing	48371	49628	33306
天　津 Tianjin	28030	30282	18865
河　北 Hebei	61508	68894	30402
山　西 Shanxi	26266	23293	16692
内蒙古 Inner Mongolia	32555	25272	17958
辽　宁 Liaoning	42565	50477	25547
吉　林 Jilin	16844	16348	10833
黑龙江 Heilongjiang	18520	18853	11477
上　海 Shanghai	49402	71202	31528
江　苏 Jiangsu	94659	128957	58537
浙　江 Zhejiang	146100	113621	59767
安　徽 Anhui	51748	61743	29652
福　建 Fujian	60800	56433	34204
江　西 Jiangxi	47673	61171	26699
山　东 Shandong	61793	78830	33772
河　南 Henan	83052	100335	44031
湖　北 Hubei	84273	82560	48437
湖　南 Hunan	62681	80018	27099
广　东 Guangdong	72308	69587	43387
广　西 Guangxi	57906	59599	32685
海　南 Hainan	7557	6965	3328
重　庆 Chongqing	45730	66358	23587
四　川 Sichuan	95661	113993	50419
贵　州 Guizhou	40036	52180	24447
云　南 Yunnan	75495	86669	42743
西　藏 Xizang	2290	1012	932
陕　西 Shaanxi	60423	71107	31700
甘　肃 Gansu	37655	36119	20569
青　海 Qinghai	10438	25296	7409
宁　夏 Ningxia	10758	12595	6321
新　疆 Xinjiang	31184	27171	17362

附表 5-1　续表　　Continued

地　区　Region	科普兼职人员 Part time S&T popularization personnel		注册科普志愿者 Registered S&T popularization volunteers
	女性 Female	农村科普人员 Rural S&T popularization personnel	
全　国　Total	641434	410584	3939678
东　部　Eastern	291097	147496	1431461
中　部　Middle	149194	118390	1845939
西　部　Western	201143	144698	662278
北　京　Beijing	26291	4941	43667
天　津　Tianjin	15215	5712	215703
河　北　Hebei	26780	23261	34552
山　西　Shanxi	12233	5868	22525
内蒙古　Inner Mongolia	13320	8371	156804
辽　宁　Liaoning	20217	6074	52884
吉　林　Jilin	6913	4691	674500
黑龙江　Heilongjiang	7984	5793	109367
上　海　Shanghai	27246	3534	82982
江　苏　Jiangsu	37564	22073	447506
浙　江　Zhejiang	59623	26809	196290
安　徽　Anhui	17626	18563	122809
福　建　Fujian	22069	15521	92303
江　西　Jiangxi	18217	13103	109154
山　东　Shandong	24442	22246	86423
河　南　Henan	32626	28090	494676
湖　北　Hubei	34927	22850	89001
湖　南　Hunan	18668	19432	223907
广　东　Guangdong	29010	14600	175393
广　西　Guangxi	25405	16231	53844
海　南　Hainan	2640	2725	3758
重　庆　Chongqing	18296	11719	62543
四　川　Sichuan	37248	32882	90488
贵　州　Guizhou	14594	10732	44412
云　南　Yunnan	28975	23034	71798
西　藏　Xizang	661	979	385
陕　西　Shaanxi	25326	15908	58075
甘　肃　Gansu	13372	9989	22289
青　海　Qinghai	4510	3052	22148
宁　夏　Ningxia	4949	2951	58848
新　疆　Xinjiang	14487	8850	20644

附表 5-2　2020 年各省科普场地
Appendix table 5-2: S&T popularization venues and facilities by region in 2020

地　区 Region	科技馆/个 S&T museums or centers	建筑面积/平方米 Construction area (m^2)	展厅面积/平方米 Exhibition area (m^2)	当年参观人数/人次 Visitors
全　国 Total	573	4577361	2320463	39344524
东　部 Eastern	263	2336447	1172511	19193626
中　部 Middle	148	1134504	539714	9282171
西　部 Western	162	1106410	608238	10868727
北　京 Beijing	26	256133	130997	1079888
天　津 Tianjin	4	47700	29200	545204
河　北 Hebei	16	127709	68755	362370
山　西 Shanxi	8	57083	26711	197097
内蒙古 Inner Mongolia	27	171241	84882	1181389
辽　宁 Liaoning	18	203052	96470	1886508
吉　林 Jilin	17	115634	59797	511583
黑龙江 Heilongjiang	11	107706	64752	993000
上　海 Shanghai	29	212360	111997	2506156
江　苏 Jiangsu	25	208311	100770	2328643
浙　江 Zhejiang	28	275573	124211	2558386
安　徽 Anhui	23	141617	68949	2432559
福　建 Fujian	29	216929	103923	2315777
江　西 Jiangxi	6	109629	33723	328322
山　东 Shandong	32	315606	177766	1954605
河　南 Henan	21	169473	87087	1718285
湖　北 Hubei	49	333791	141903	2172553
湖　南 Hunan	13	99571	56792	928772
广　东 Guangdong	36	347377	177887	2747373
广　西 Guangxi	7	86227	40111	811020
海　南 Hainan	20	125697	50535	908716
重　庆 Chongqing	13	85093	54765	1880027
四　川 Sichuan	26	159479	95430	2816472
贵　州 Guizhou	11	72416	40937	755492
云　南 Yunnan	16	70815	39300	673562
西　藏 Xizang	2	1000	270	25120
陕　西 Shaanxi	19	118013	64848	644312
甘　肃 Gansu	11	83548	52712	1016561
青　海 Qinghai	3	41213	18378	280029
宁　夏 Ningxia	5	55605	29690	304562
新　疆 Xinjiang	22	161760	86915	480181

附表 5-2　续表　　Continued

地　区 Region	科学技术类博物馆/个 S&T related museums	建筑面积/平方米 Construction area (m^2)	展厅面积/平方米 Exhibition area (m^2)	当年参观人数/人次 Visitors	青少年科技馆站/个 Teenage S&T museums
全　国 Total	952	7014023	3175862	75455345	567
东　部 Eastern	512	3857938	1778703	34480295	193
中　部 Middle	166	1165907	491766	11409634	158
西　部 Western	274	1990178	905393	29565416	216
北　京 Beijing	82	1008468	383666	5056948	18
天　津 Tianjin	11	164610	68173	1418673	4
河　北 Hebei	38	216378	101683	2095514	17
山　西 Shanxi	10	48026	26642	501231	18
内蒙古 Inner Mongolia	17	202648	80459	2784171	31
辽　宁 Liaoning	42	306054	130216	1935779	10
吉　林 Jilin	14	227637	61541	919569	16
黑龙江 Heilongjiang	21	116900	64950	624961	17
上　海 Shanghai	134	832395	449578	8563149	24
江　苏 Jiangsu	44	315178	135445	3782338	34
浙　江 Zhejiang	51	357675	168347	3177050	32
安　徽 Anhui	19	98152	47222	784003	22
福　建 Fujian	36	167538	95905	2400298	19
江　西 Jiangxi	15	97170	20135	1067948	18
山　东 Shandong	23	152083	74853	1703806	16
河　南 Henan	20	44732	29795	568739	17
湖　北 Hubei	34	271668	126422	2396463	31
湖　南 Hunan	33	261622	115059	4546720	19
广　东 Guangdong	47	321569	160945	3736870	16
广　西 Guangxi	22	154214	51162	6778572	19
海　南 Hainan	4	15990	9892	609870	3
重　庆 Chongqing	35	229959	104795	2287900	21
四　川 Sichuan	48	302684	158860	7724854	41
贵　州 Guizhou	12	122436	38304	463702	7
云　南 Yunnan	41	333206	152245	3656935	29
西　藏 Xizang	1	33000	12000	100000	1
陕　西 Shaanxi	28	177530	104770	1919431	22
甘　肃 Gansu	28	198213	92421	2262333	17
青　海 Qinghai	7	55139	18573	278032	3
宁　夏 Ningxia	14	71755	34651	734000	2
新　疆 Xinjiang	21	109394	57153	575486	23

附表 5-2　续表　　　　Continued

地　区 Region	城市社区科普（技）专用活动室/个 Urban community S&T popularization rooms	农村科普（技）活动场地/个 Rural S&T popularization sites	科普宣传专用车/辆 S&T popularization vehicles	科普画廊/个 S&T popularization galleries
全　国 Total	49812	196922	1147	136355
东　部 Eastern	22614	77513	347	76402
中　部 Middle	14842	59973	386	30994
西　部 Western	12356	59436	414	28959
北　京 Beijing	1017	1442	28	1772
天　津 Tianjin	1491	3145	69	1561
河　北 Hebei	1452	7793	51	2909
山　西 Shanxi	789	3359	8	2998
内蒙古 Inner Mongolia	1042	2360	28	1114
辽　宁 Liaoning	1434	3120	36	3843
吉　林 Jilin	513	2598	7	1191
黑龙江 Heilongjiang	504	2642	92	1438
上　海 Shanghai	2632	1323	29	4804
江　苏 Jiangsu	4099	10785	30	15282
浙　江 Zhejiang	3396	15499	15	14546
安　徽 Anhui	1355	5897	29	4346
福　建 Fujian	1385	5608	14	5538
江　西 Jiangxi	2099	5969	20	4873
山　东 Shandong	2445	20601	36	20880
河　南 Henan	2440	15318	110	4560
湖　北 Hubei	3520	14776	74	6447
湖　南 Hunan	3622	9414	46	5141
广　东 Guangdong	3164	7143	33	5051
广　西 Guangxi	1028	8267	75	4206
海　南 Hainan	99	1054	6	216
重　庆 Chongqing	1301	2283	35	3026
四　川 Sichuan	2137	13824	42	4702
贵　州 Guizhou	377	1578	8	436
云　南 Yunnan	1553	9370	29	5217
西　藏 Xizang	33	1138	18	63
陕　西 Shaanxi	1492	6952	79	3105
甘　肃 Gansu	699	3393	25	4374
青　海 Qinghai	78	4407	11	526
宁　夏 Ningxia	562	2397	6	546
新　疆 Xinjiang	2054	3467	58	1644

附表 5-3　2020 年各省科普经费　　单位：万元

Appendix table 5-3: S&T popularization funds by region in 2020　Unit: 10000 yuan

地　区 Region	年度科普经费筹集额 Annual funding for S&T popularization	政府拨款 Government funds	科普专项经费 Special funds	捐赠 Donates	自筹资金 Self-raised funds	其他收入 Others
全　国 Total	1717228	1383933	588205	6190	247624	79482
东　部 Eastern	920637	705165	309526	3092	156498	55882
中　部 Middle	374349	322641	103411	1101	42586	8022
西　部 Western	422242	356127	175268	1998	48540	15578
北　京 Beijing	204185	143475	75599	924	40212	19574
天　津 Tianjin	30312	17325	3944	5	12027	956
河　北 Hebei	35753	22572	12729	64	12034	1083
山　西 Shanxi	20463	17393	8058	13	1955	1102
内蒙古 Inner Mongolia	17338	15628	9832	26	977	707
辽　宁 Liaoning	19623	14667	6730	112	3412	1432
吉　林 Jilin	26654	22143	8391	5	4454	50
黑龙江 Heilongjiang	10918	9884	3872	2	848	183
上　海 Shanghai	163291	119479	39044	1198	28460	14155
江　苏 Jiangsu	90008	72999	39781	284	13452	3272
浙　江 Zhejiang	102471	85933	35224	260	13270	3008
安　徽 Anhui	33519	28801	14025	392	3495	831
福　建 Fujian	81570	69151	22395	98	9624	2698
江　西 Jiangxi	45077	36857	11680	327	6513	1380
山　东 Shandong	64950	49248	14992	31	11249	4421
河　南 Henan	104017	99112	20051	49	4214	641
湖　北 Hubei	79497	69014	18077	133	8748	1603
湖　南 Hunan	54205	39437	19257	179	12358	2231
广　东 Guangdong	110565	94268	53407	116	11204	4976
广　西 Guangxi	37934	33126	14983	55	3500	1253
海　南 Hainan	17910	16049	5682	0	1555	306
重　庆 Chongqing	48218	38393	15588	58	8096	1671
四　川 Sichuan	79619	60799	35121	277	17525	1018
贵　州 Guizhou	38422	33212	13085	294	1987	2929
云　南 Yunnan	72287	61733	33822	505	8516	1534
西　藏 Xizang	5290	5073	4502	113	95	9
陕　西 Shaanxi	39912	33669	19076	165	3457	2621
甘　肃 Gansu	25766	23217	7521	191	1789	568
青　海 Qinghai	17883	15678	7123	63	1137	1005
宁　夏 Ningxia	14474	13159	4078	3	440	872
新　疆 Xinjiang	25100	22439	10537	247	1021	1392

附表 5-3　续表　　Continued

地　区 Region	科技活动周经费筹集额 Funding for S&T week	政府拨款 Government funds	企业赞助 Corporate donates	年度科普经费使用额 Annual expenditure	行政支出 Administrative expenditure	科普活动支出 Activities expenditure
全　国 Total	37949	28271	2240	1719431	313013	816278
东　部 Eastern	16958	13080	1105	938010	182239	443882
中　部 Middle	9219	6246	640	360261	48975	141133
西　部 Western	11772	8945	495	421159	81799	231263
北　京 Beijing	3352	2760	79	209320	39019	122073
天　津 Tianjin	458	279	61	30853	8374	12878
河　北 Hebei	1177	1007	25	37691	5729	25687
山　西 Shanxi	418	264	2	18713	3065	10024
内蒙古 Inner Mongolia	308	250	12	20243	2948	10952
辽　宁 Liaoning	619	319	211	20038	5325	8185
吉　林 Jilin	203	175	0	28878	3221	10954
黑龙江 Heilongjiang	120	98	9	10522	1828	6434
上　海 Shanghai	3461	2562	468	160728	20779	71386
江　苏 Jiangsu	2187	1681	87	89824	19382	46277
浙　江 Zhejiang	1434	1198	14	100796	26793	49919
安　徽 Anhui	1059	678	273	38921	6928	14890
福　建 Fujian	887	564	62	92020	12764	25274
江　西 Jiangxi	1293	890	75	39916	6041	19953
山　东 Shandong	723	430	11	78413	15247	22699
河　南 Henan	1041	733	25	82223	5202	23494
湖　北 Hubei	1962	1219	192	86684	12564	27814
湖　南 Hunan	3123	2190	64	54405	10125	27570
广　东 Guangdong	2275	1941	70	107242	26439	54428
广　西 Guangxi	2693	2233	32	41741	6283	26891
海　南 Hainan	385	340	16	11084	2388	5077
重　庆 Chongqing	1426	920	129	48883	6857	24885
四　川 Sichuan	1423	1003	81	75755	12743	40530
贵　州 Guizhou	1348	1088	9	34996	10376	19905
云　南 Yunnan	1370	1037	20	74116	16060	44174
西　藏 Xizang	338	186	130	4020	232	1755
陕　西 Shaanxi	867	580	61	43070	9346	22363
甘　肃 Gansu	883	758	6	25918	3610	15951
青　海 Qinghai	144	91	8	15733	6214	5369
宁　夏 Ningxia	269	219	0	14136	2991	6372
新　疆 Xinjiang	700	578	8	22548	4139	12115

附表 5-3　续表　　Continued

地　区 Region	年度科普经费使用额 Annual expenditure				
	科普场馆基建支出 Infrastructure expenditures	政府拨款支出 Government expenditures	场馆建设支出 Venue construction expenditures	展品、设施支出 Exhibits & facilities expenditures	其他支出 Others
全　国 Total	414267	190207	237273	117089	175877
东　部 Eastern	200246	68378	114313	58952	111643
中　部 Middle	140254	102693	87737	29473	29900
西　部 Western	73767	19136	35223	28664	34334
北　京 Beijing	10126	1306	2942	5700	38102
天　津 Tianjin	7417	74	3761	2902	2185
河　北 Hebei	4756	1303	1866	1469	1519
山　西 Shanxi	2411	837	985	924	3213
内蒙古 Inner Mongolia	4997	4359	2248	2564	1347
辽　宁 Liaoning	4836	1550	1688	2132	1692
吉　林 Jilin	11852	8079	9137	2647	2851
黑龙江 Heilongjiang	1385	206	528	771	873
上　海 Shanghai	52007	24627	40696	8367	16556
江　苏 Jiangsu	18441	6362	8935	6277	5724
浙　江 Zhejiang	11080	5187	4165	4286	13005
安　徽 Anhui	15449	5844	5127	4198	1654
福　建 Fujian	41279	5565	29539	7282	12704
江　西 Jiangxi	6763	3970	3976	1660	7159
山　东 Shandong	31840	11728	10766	14659	8628
河　南 Henan	50431	47591	46040	3886	3096
湖　北 Hubei	39091	33713	14924	11446	7215
湖　南 Hunan	12871	2454	7019	3941	3839
广　东 Guangdong	15154	8827	7657	5482	11221
广　西 Guangxi	4286	2751	1842	1719	4282
海　南 Hainan	3313	1848	2299	396	307
重　庆 Chongqing	12931	3179	8148	4118	4209
四　川 Sichuan	18656	2880	9986	6710	3826
贵　州 Guizhou	807	1	282	526	3907
云　南 Yunnan	9781	816	7034	2294	4100
西　藏 Xizang	905	152	483	357	1127
陕　西 Shaanxi	7890	1772	2423	3254	3471
甘　肃 Gansu	2748	693	368	1766	3614
青　海 Qinghai	1663	47	720	543	2486
宁　夏 Ningxia	4082	798	1313	1267	691
新　疆 Xinjiang	5020	1689	376	3546	1274

附表 5-4　2020 年各省科普传媒

Appendix table 5-4: S&T popularization media by region in 2020

地　区 Region	科普图书 S&T popularization books		科普期刊 S&T popularization journals	
	出版种数/种 Types of publications	出版总册数/册 Total copies	出版种数/种 Types of publications	出版总册数/册 Total copies
全　国 Total	10756	98535977	1244	131053716
东　部 Eastern	6204	69474580	696	92981018
中　部 Middle	2892	20765358	271	9029985
西　部 Western	1660	8296039	277	29042713
北　京 Beijing	2474	29344865	163	18306135
天　津 Tianjin	286	2573699	180	22174496
河　北 Hebei	197	335205	25	197930
山　西 Shanxi	63	163040	16	86180
内蒙古 Inner Mongolia	78	134500	13	57800
辽　宁 Liaoning	187	887656	38	1014149
吉　林 Jilin	610	4277410	13	353220
黑龙江 Heilongjiang	99	474500	22	4223
上　海 Shanghai	971	15413747	77	9914207
江　苏 Jiangsu	334	4337152	100	4715950
浙　江 Zhejiang	196	1931357	40	3922769
安　徽 Anhui	53	312421	18	54500
福　建 Fujian	869	7038039	23	446562
江　西 Jiangxi	868	8117548	65	4114174
山　东 Shandong	90	655600	12	869100
河　南 Henan	219	2037250	34	126220
湖　北 Hubei	239	2789889	49	253668
湖　南 Hunan	741	2593300	54	4037800
广　东 Guangdong	540	6757370	32	30395520
广　西 Guangxi	114	433700	20	2147970
海　南 Hainan	60	199890	6	1024200
重　庆 Chongqing	284	3441738	57	20391838
四　川 Sichuan	192	1051166	37	1890350
贵　州 Guizhou	85	689930	17	128900
云　南 Yunnan	361	621375	38	3182860
西　藏 Xizang	25	155220	8	26100
陕　西 Shaanxi	246	885200	28	463705
甘　肃 Gansu	105	136400	24	150600
青　海 Qinghai	64	102730	18	73510
宁　夏 Ningxia	14	9700	6	369100
新　疆 Xinjiang	92	634380	11	159980

附表 5-4　续表　　　Continued

地　区　Region	科普（技）音像制品 S&T Popularization audio and video products			科技类报纸年发行总份数/份 S&T newspaper circulation
	出版种数/种 Types of publications	光盘发行总量/张 Total CD copies released	录音、录像带发行总量/盒 Total copies of audio and video publications	
全　国　Total	4279	2314934	190843	157554099
东　部　Eastern	1245	393194	9297	106581906
中　部　Middle	1347	1502816	56395	25143413
西　部　Western	1687	418924	125151	25828780
北　京　Beijing	290	81993	591	55419401
天　津　Tianjin	27	5600	1	2141720
河　北　Hebei	73	8486	0	4363633
山　西　Shanxi	90	375	2012	267413
内蒙古　Inner Mongolia	30	18528	10100	583510
辽　宁　Liaoning	67	151966	305	4044161
吉　林　Jilin	15	16021	0	840
黑龙江　Heilongjiang	187	2969	174	19132
上　海　Shanghai	42	77763	0	12420859
江　苏　Jiangsu	117	8797	4640	12799465
浙　江　Zhejiang	99	8805	96	1358647
安　徽　Anhui	102	19993	1569	238839
福　建　Fujian	90	27981	529	1119476
江　西　Jiangxi	381	1290408	5938	3928266
山　东　Shandong	125	2825	100	2895108
河　南　Henan	205	24510	17402	2874582
湖　北　Hubei	159	20314	3350	6254061
湖　南　Hunan	208	128226	25950	11560280
广　东　Guangdong	307	15316	3035	10019436
广　西　Guangxi	328	56008	22	7749796
海　南　Hainan	8	3662	0	0
重　庆　Chongqing	48	5371	502	2600082
四　川　Sichuan	524	56995	7705	4905561
贵　州　Guizhou	21	1037	265	51344
云　南　Yunnan	159	171634	89301	1985321
西　藏　Xizang	9	6774	350	2126500
陕　西　Shaanxi	71	66383	10613	3554863
甘　肃　Gansu	108	8441	1737	1121761
青　海　Qinghai	33	8173	4500	1057638
宁　夏　Ningxia	54	13224	2	44660
新　疆　Xinjiang	302	6356	54	47744

附表 5-4　续表　　　Continued

地　区 Region	电视台播出科普（技）节目时间/小时 Broadcasting time of S&T popularization programs on TV (h)	电台播出科普（技）节目时间/小时 Broadcasting time of S&T popularization programs on radio (h)	科普网站数/个 S&T popularization websites (unit)	发放科普读物和资料/份 Number of S&T popularization readings and materials
全　国 Total	164626	128314	2732	611923774
东　部 Eastern	65602	46415	1321	258417164
中　部 Middle	33957	38294	631	134853305
西　部 Western	65067	43605	780	218653305
北　京 Beijing	8294	8355	272	15821146
天　津 Tianjin	1898	506	72	7062549
河　北 Hebei	5299	2626	63	18552216
山　西 Shanxi	4689	2694	33	8884889
内蒙古 Inner Mongolia	6863	5678	63	7733736
辽　宁 Liaoning	13219	6945	112	9282929
吉　林 Jilin	6254	5505	24	3428932
黑龙江 Heilongjiang	1716	8508	32	13214615
上　海 Shanghai	8186	1283	219	27281895
江　苏 Jiangsu	685	1480	130	87823087
浙　江 Zhejiang	3059	5135	84	31011673
安　徽 Anhui	2335	6959	61	17620605
福　建 Fujian	5287	2532	98	12436468
江　西 Jiangxi	3559	2103	148	16039439
山　东 Shandong	6541	7235	72	11755854
河　南 Henan	4390	2902	123	19481642
湖　北 Hubei	7228	6868	128	29915661
湖　南 Hunan	3786	2755	82	26267522
广　东 Guangdong	11615	9246	185	32407201
广　西 Guangxi	7439	1353	105	32801041
海　南 Hainan	1519	1072	14	4982146
重　庆 Chongqing	63	838	94	17899759
四　川 Sichuan	5013	1501	180	34753866
贵　州 Guizhou	3510	1199	33	18230008
云　南 Yunnan	25787	8804	84	57566789
西　藏 Xizang	0	0	5	336702
陕　西 Shaanxi	3057	1100	98	18095136
甘　肃 Gansu	5609	6679	71	14181172
青　海 Qinghai	1633	9539	18	3993959
宁　夏 Ningxia	887	370	14	5285057
新　疆 Xinjiang	5206	6544	15	7776080

附表 5-5　2020 年各省科普活动

Appendix table 5-5: S&T popularization activities by region in 2020

地　区 Region	科普（技）讲座 S&T popularization lectures		科普（技）展览 S&T popularization exhibitions	
	举办次数/次 Number of lectures	参加人数/人次 Number of participants	专题展览次数/次 Number of exhibitions	参观人数/人次 Number of participants
全　国 Total	846601	1623223078	110105	320421591
东　部 Eastern	360463	1425136855	35960	225711800
中　部 Middle	211248	107189296	35411	50267655
西　部 Western	274890	90896927	38734	44442136
北　京 Beijing	28976	1073488902	2757	151522228
天　津 Tianjin	22131	41073122	1951	2508050
河　北 Hebei	29345	31206385	2602	3234398
山　西 Shanxi	15807	3251570	1723	1087677
内蒙古 Inner Mongolia	17233	11418428	1249	1796423
辽　宁 Liaoning	15965	3195256	2253	5742548
吉　林 Jilin	8963	1432357	1236	1467634
黑龙江 Heilongjiang	14864	2231421	1258	991483
上　海 Shanghai	50019	184199120	3864	15948426
江　苏 Jiangsu	58258	8663334	5785	14503399
浙　江 Zhejiang	66586	14259148	4885	10429357
安　徽 Anhui	29190	4292513	4151	2459075
福　建 Fujian	17526	4542401	2875	3968123
江　西 Jiangxi	27875	3818538	4425	3741799
山　东 Shandong	28174	8268751	2912	3824185
河　南 Henan	37889	8785111	9817	5403589
湖　北 Hubei	47682	79464686	8892	28636230
湖　南 Hunan	28978	3913100	3909	6480168
广　东 Guangdong	41483	52744864	5758	13720196
广　西 Guangxi	25309	5581924	2928	4576868
海　南 Hainan	2000	3495572	318	310890
重　庆 Chongqing	22913	18214404	3775	11507762
四　川 Sichuan	47122	21031092	4059	7949789
贵　州 Guizhou	16251	1881324	1763	1840354
云　南 Yunnan	44716	12900848	4075	7942993
西　藏 Xizang	470	85804	250	170549
陕　西 Shaanxi	31458	4864212	3591	2470907
甘　肃 Gansu	21762	7598091	11493	3377110
青　海 Qinghai	8012	660558	855	740193
宁　夏 Ningxia	6288	986949	1278	909900
新　疆 Xinjiang	33356	5673293	3418	1159288

附表 5-5　续表　　Continued

地　区 Region	科普（技）竞赛 S&T popularization competitions		科普国际交流 International S&T popularization communication	
	举办次数/次 Number of competitions	参加人数/人次 Number of participants	举办次数/次 Number of events	参加人数/人次 Number of participants
全　国 Total	28178	184043431	884	5733770
东　部 Eastern	14396	84266442	526	5655336
中　部 Middle	6506	80774509	152	18359
西　部 Western	7276	19002480	206	60075
北　京 Beijing	1560	41568214	128	1634029
天　津 Tianjin	555	1938406	67	24593
河　北 Hebei	965	1699433	20	3113
山　西 Shanxi	244	5484444	4	800
内蒙古 Inner Mongolia	407	207329	0	0
辽　宁 Liaoning	717	810711	47	4238
吉　林 Jilin	175	258885	9	348
黑龙江 Heilongjiang	569	192135	1	180
上　海 Shanghai	1663	3248465	89	3903742
江　苏 Jiangsu	3036	14877679	109	17958
浙　江 Zhejiang	2448	3017210	26	30883
安　徽 Anhui	1145	975136	1	5
福　建 Fujian	958	2365041	22	33564
江　西 Jiangxi	753	5434871	26	167
山　东 Shandong	792	1760271	1	5
河　南 Henan	1048	8694694	4	150
湖　北 Hubei	1766	35724941	58	11719
湖　南 Hunan	806	24009403	49	4990
广　东 Guangdong	1577	12850598	9	3117
广　西 Guangxi	822	4682865	24	232
海　南 Hainan	125	130414	8	94
重　庆 Chongqing	472	1767176	44	883
四　川 Sichuan	1277	3209031	20	51602
贵　州 Guizhou	448	3678206	2	60
云　南 Yunnan	1145	2134586	5	1926
西　藏 Xizang	22	6635	0	0
陕　西 Shaanxi	1077	936088	63	2486
甘　肃 Gansu	715	1298937	14	489
青　海 Qinghai	159	47798	0	0
宁　夏 Ningxia	165	832797	2	200
新　疆 Xinjiang	567	201032	32	2197

附表 5-5　续表　　Continued

地　区 Region	成立青少年科技兴趣小组 Teenage S&T interest groups		科技夏（冬）令营 Summer /winter science camps	
	兴趣小组数/个 Number of groups	参加人数/人次 Number of participants	举办次数/次 Number of camps	参加人数/人次 Number of participants
全　国 Total	158026	11217184	7915	42106225
东　部 Eastern	69840	4457958	4618	34907168
中　部 Middle	47233	3017852	1491	6879136
西　部 Western	40953	3741374	1806	319921
北　京 Beijing	2172	161967	264	32842122
天　津 Tianjin	2770	265101	211	106112
河　北 Hebei	8762	456041	85	14237
山　西 Shanxi	3621	201887	37	323979
内蒙古 Inner Mongolia	1082	136405	127	9486
辽　宁 Liaoning	2814	164032	222	67913
吉　林 Jilin	973	54917	34	6206724
黑龙江 Heilongjiang	1958	81238	85	9366
上　海 Shanghai	5346	362593	1050	1557292
江　苏 Jiangsu	14322	863027	989	153125
浙　江 Zhejiang	8366	522413	528	54057
安　徽 Anhui	5543	336299	262	38343
福　建 Fujian	3688	235906	579	39964
江　西 Jiangxi	4005	473237	286	52948
山　东 Shandong	8248	509282	231	33358
河　南 Henan	10340	557597	166	64069
湖　北 Hubei	12155	816006	362	103725
湖　南 Hunan	8638	496671	259	79982
广　东 Guangdong	13098	900169	407	33475
广　西 Guangxi	6006	502247	106	21847
海　南 Hainan	254	17427	52	5513
重　庆 Chongqing	4001	296378	97	20216
四　川 Sichuan	7382	776933	348	59596
贵　州 Guizhou	2511	307025	58	8184
云　南 Yunnan	5161	739750	206	83387
西　藏 Xizang	15	250	6	396
陕　西 Shaanxi	7087	466804	345	36918
甘　肃 Gansu	3986	305612	169	15790
青　海 Qinghai	275	34814	26	1770
宁　夏 Ningxia	2147	97414	19	1593
新　疆 Xinjiang	1300	77742	299	60738

附表 5-5 续表 Continued

地 区 Region	科技活动周 Science & technology week		科研机构、大学向社会开放 Scientific institutions and universities open to the public	
	科普专题活动次数/次 Number of events	参加人数/人次 Number of participants	开放单位数/个 Number of open units	参观人数/人次 Number of participants
全 国 Total	109011	488914414	8328	11555211
东 部 Eastern	45590	410130064	4004	5463920
中 部 Middle	24935	34121509	1870	2014692
西 部 Western	38486	44662841	2454	4076599
北 京 Beijing	2888	328985069	474	746839
天 津 Tianjin	5528	2360787	244	211618
河 北 Hebei	4053	1634011	323	111434
山 西 Shanxi	2755	1172967	210	123264
内蒙古 Inner Mongolia	1707	1344449	133	76057
辽 宁 Liaoning	2277	2080165	381	555165
吉 林 Jilin	987	596146	51	55825
黑龙江 Heilongjiang	1488	2710784	161	35026
上 海 Shanghai	6574	32556425	232	161739
江 苏 Jiangsu	8261	7391060	736	609598
浙 江 Zhejiang	4658	16667610	400	346944
安 徽 Anhui	2812	1374207	219	90707
福 建 Fujian	3405	1949114	383	303643
江 西 Jiangxi	3423	1574271	277	244879
山 东 Shandong	2739	2362242	275	767535
河 南 Henan	4569	2705033	293	224607
湖 北 Hubei	4676	3559930	330	976130
湖 南 Hunan	4225	20428171	329	264254
广 东 Guangdong	4663	13900107	527	1606417
广 西 Guangxi	3811	6606287	202	109384
海 南 Hainan	544	243474	29	42988
重 庆 Chongqing	2610	8384805	238	169582
四 川 Sichuan	5854	8047926	666	2992060
贵 州 Guizhou	2910	1439295	97	34709
云 南 Yunnan	5754	10634933	151	217346
西 藏 Xizang	180	53092	7	1020
陕 西 Shaanxi	5295	3207979	422	197196
甘 肃 Gansu	2934	1507520	273	113289
青 海 Qinghai	1080	646685	77	48058
宁 夏 Ningxia	827	821202	90	42810
新 疆 Xinjiang	5524	1968668	98	75088

附表 5-5　续表　　Continued

地　区 Region	举办实用技术培训 Practical skill trainings		重大科普活动次数/次 Number of major S&T popularization activities
	举办次数/次 Number of trainings	参加人数/人次 Number of participants	
全　国 Total	422381	48933410	13039
东　部 Eastern	99079	12787695	4890
中　部 Middle	83852	14167559	3107
西　部 Western	239450	21978156	5042
北　京 Beijing	6591	2097008	518
天　津 Tianjin	5869	391956	209
河　北 Hebei	10942	1362866	307
山　西 Shanxi	7431	670795	248
内蒙古 Inner Mongolia	7331	896722	363
辽　宁 Liaoning	6397	667428	163
吉　林 Jilin	5470	611324	102
黑龙江 Heilongjiang	5224	1052518	198
上　海 Shanghai	8234	766354	554
江　苏 Jiangsu	16318	1987246	786
浙　江 Zhejiang	17483	1262254	546
安　徽 Anhui	9836	781846	481
福　建 Fujian	7061	1753346	286
江　西 Jiangxi	10085	788314	290
山　东 Shandong	8968	984645	520
河　南 Henan	17085	1651092	704
湖　北 Hubei	17478	2793494	620
湖　南 Hunan	11243	5818176	464
广　东 Guangdong	9520	1381723	886
广　西 Guangxi	25681	2214908	589
海　南 Hainan	1696	132869	115
重　庆 Chongqing	8248	903195	370
四　川 Sichuan	34189	2540508	797
贵　州 Guizhou	16181	1190096	152
云　南 Yunnan	56798	4957111	590
西　藏 Xizang	415	36024	107
陕　西 Shaanxi	24969	2272486	833
甘　肃 Gansu	25859	2371848	582
青　海 Qinghai	2214	237751	347
宁　夏 Ningxia	3572	278284	110
新　疆 Xinjiang	33993	4079223	202

附表 5-6　2020 年创新创业中的科普

Appendix table 5-6: S&T popularization activities in innovation and entrepreneurship in 2020

地　区 Region	众创空间 Maker space		
	数量/个 Number of maker spaces	服务各类人员数量/人 Number of serving for people	孵化科技项目数量/个 Number of incubating S&T projects
全　国 Total	9593	963068	73938
东　部 Eastern	4416	563032	44970
中　部 Middle	2115	204959	11577
西　部 Western	3062	195077	17391
北　京 Beijing	171	38060	1674
天　津 Tianjin	188	20691	3151
河　北 Hebei	518	41307	4692
山　西 Shanxi	144	12788	1114
内蒙古 Inner Mongolia	153	9312	715
辽　宁 Liaoning	344	38073	2906
吉　林 Jilin	124	6522	222
黑龙江 Heilongjiang	123	13434	2693
上　海 Shanghai	1003	142192	14168
江　苏 Jiangsu	690	74144	4151
浙　江 Zhejiang	371	81162	3816
安　徽 Anhui	364	10589	1663
福　建 Fujian	480	41794	3063
江　西 Jiangxi	327	27160	1894
山　东 Shandong	268	19531	2129
河　南 Henan	152	13916	1105
湖　北 Hubei	482	32828	1704
湖　南 Hunan	399	87722	1182
广　东 Guangdong	330	32911	4344
广　西 Guangxi	357	26629	1446
海　南 Hainan	53	33167	876
重　庆 Chongqing	732	31302	1143
四　川 Sichuan	242	27855	1740
贵　州 Guizhou	98	4994	135
云　南 Yunnan	299	23907	765
西　藏 Xizang	53	1743	337
陕　西 Shaanxi	631	36870	9164
甘　肃 Gansu	183	9508	1115
青　海 Qinghai	18	1228	135
宁　夏 Ningxia	64	3917	324
新　疆 Xinjiang	232	17812	372

附表 5-6　续表　　Continued

地　区 Region	创新创业培训 Innovation and entrepreneurship trainings		创新创业赛事 Innovation and entrepreneurship competitions	
	培训次数/次 Number of trainings	参加人数/人次 Number of participants	赛事次数/次 Number of competitions	参加人数/人次 Number of participants
全　国 Total	87318	8467719	6375	2279157
东　部 Eastern	40116	5180257	3647	1314102
中　部 Middle	24144	1471450	1311	472801
西　部 Western	23058	1816012	1417	492254
北　京 Beijing	2751	1357916	350	102361
天　津 Tianjin	1325	73650	186	53193
河　北 Hebei	3054	126776	175	49055
山　西 Shanxi	1903	89475	48	24402
内蒙古 Inner Mongolia	1019	79216	121	21611
辽　宁 Liaoning	2119	162619	906	120236
吉　林 Jilin	2076	89999	64	18553
黑龙江 Heilongjiang	933	75169	73	26048
上　海 Shanghai	7368	1756241	484	59948
江　苏 Jiangsu	5601	270096	592	100236
浙　江 Zhejiang	8883	226504	292	56791
安　徽 Anhui	4187	166561	108	20252
福　建 Fujian	2375	474755	223	631749
江　西 Jiangxi	5295	258771	229	147980
山　东 Shandong	4502	172518	231	48283
河　南 Henan	2727	231043	262	85809
湖　北 Hubei	4428	304714	279	94594
湖　南 Hunan	2595	255718	248	55163
广　东 Guangdong	1217	527472	128	82523
广　西 Guangxi	2436	117545	132	78017
海　南 Hainan	921	31710	80	9727
重　庆 Chongqing	3359	128149	140	35185
四　川 Sichuan	3426	546785	233	110997
贵　州 Guizhou	867	25258	52	19568
云　南 Yunnan	2939	174354	33	14659
西　藏 Xizang	1430	20552	27	2432
陕　西 Shaanxi	4994	183421	356	111537
甘　肃 Gansu	1086	423735	208	45217
青　海 Qinghai	211	13723	20	8488
宁　夏 Ningxia	483	25559	19	9038
新　疆 Xinjiang	808	77715	76	35505

附录6　2019年全国科普统计分类数据统计表

各项统计数据均未包括香港特别行政区、澳门特别行政区和台湾地区的数据。

科普宣传专用车、科普图书、科普期刊、科普网站、科普国际交流情况和创新创业中的科普情况均由市级以上（含市级）填报单位的数据统计得出。

非场馆类科普基地，因为理解差异，此次暂未列入。

东部、中部和西部地区的划分：东部地区包括北京、天津、河北、辽宁、上海、江苏、浙江、福建、山东、广东和海南11个省和直辖市；中部地区包括山西、吉林、黑龙江、安徽、江西、河南、湖北和湖南8个省；西部地区包括内蒙古、广西、重庆、四川、贵州、云南、西藏、陕西、甘肃、青海、宁夏和新疆12个省、自治区和直辖市。

附表 6-1　2019 年各省科普人员　　单位：人

Appendix table 6-1: S&T popularization personnel by region in 2019　　Unit: person

地　区 Region	科普专职人员 Full time S&T popularization personnel		
	人员总数 Total	中级职称及以上或大学本科及以上学历人员 With title of medium-rank or above / with college graduate or above	女性 Female
全　国 Total	250197	151631	98099
东　部 Eastern	93897	60619	40830
中　部 Middle	74414	43497	26820
西　部 Western	81886	47515	30449
北　京 Beijing	8518	6438	4677
天　津 Tianjin	3341	2342	1446
河　北 Hebei	16913	7884	6449
山　西 Shanxi	5659	3351	2804
内蒙古 Inner Mongolia	6431	3712	2508
辽　宁 Liaoning	8593	5531	3466
吉　林 Jilin	6800	3911	2840
黑龙江 Heilongjiang	4081	2854	1904
上　海 Shanghai	7834	5552	4131
江　苏 Jiangsu	10010	7361	4568
浙　江 Zhejiang	11291	9174	6100
安　徽 Anhui	10235	6028	2818
福　建 Fujian	4201	2713	1600
江　西 Jiangxi	7200	4230	2541
山　东 Shandong	11695	6765	4039
河　南 Henan	15599	8409	5961
湖　北 Hubei	12555	7944	4015
湖　南 Hunan	12285	6770	3937
广　东 Guangdong	9934	6231	3713
广　西 Guangxi	5815	3575	2218
海　南 Hainan	1567	628	641
重　庆 Chongqing	5480	3746	2348
四　川 Sichuan	14080	8012	4781
贵　州 Guizhou	5403	3600	1717
云　南 Yunnan	13174	8799	5371
西　藏 Xizang	806	264	215
陕　西 Shaanxi	9474	5050	3225
甘　肃 Gansu	10609	4586	2810
青　海 Qinghai	1077	625	447
宁　夏 Ningxia	1934	1063	802
新　疆 Xinjiang	7603	4483	4007

附表 6-1　续表　　　　Continued

地　区　Region	科普专职人员　Full time S&T popularization personnel		
	农村科普人员 Rural S&T popularization personnel	管理人员 S&T popularization administrators	科普创作人员 S&T popularization creators
全　国　Total	71435	46609	17384
东　部　Eastern	19180	17602	8232
中　部　Middle	27296	14202	3974
西　部　Western	24959	14805	5178
北　京　Beijing	843	1802	1844
天　津　Tianjin	267	711	470
河　北　Hebei	3525	1894	459
山　西　Shanxi	1372	1135	281
内蒙古　Inner Mongolia	1892	1237	428
辽　宁　Liaoning	2109	1949	779
吉　林　Jilin	2435	1193	380
黑龙江　Heilongjiang	810	840	245
上　海　Shanghai	776	1895	1040
江　苏　Jiangsu	2118	2120	889
浙　江　Zhejiang	2167	1647	845
安　徽　Anhui	4636	1632	345
福　建　Fujian	1136	1032	366
江　西　Jiangxi	2322	1479	289
山　东　Shandong	3769	2256	745
河　南　Henan	5924	3096	762
湖　北　Hubei	5373	2407	826
湖　南　Hunan	4424	2420	846
广　东　Guangdong	2172	1993	702
广　西　Guangxi	1682	1043	355
海　南　Hainan	298	303	93
重　庆　Chongqing	1077	1385	797
四　川　Sichuan	5208	3125	1116
贵　州　Guizhou	2389	1113	252
云　南　Yunnan	3103	1817	508
西　藏　Xizang	234	89	10
陕　西　Shaanxi	3199	1651	534
甘　肃　Gansu	2911	1637	424
青　海　Qinghai	107	189	140
宁　夏　Ningxia	580	391	153
新　疆　Xinjiang	2577	1128	461

附表 6-1　续表　　Continued

地　区 Region	科普兼职人员 Part time S&T popularization personnel		
	人员总数 Total	年度实际投入工作量/人月 Annual actual workload (person-month)	中级职称及以上或大学本科及以上学历人员 With title of medium-rank or above / with college graduate or above
全　国 Total	1620371	1855571	879790
东　部 Eastern	722187	786079	398425
中　部 Middle	402355	481669	212130
西　部 Western	495829	587823	269235
北　京 Beijing	57910	55645	40728
天　津 Tianjin	27575	24047	18258
河　北 Hebei	76619	83470	39886
山　西 Shanxi	26980	20071	16158
内蒙古 Inner Mongolia	32643	26885	17334
辽　宁 Liaoning	45881	57617	26840
吉　林 Jilin	16116	24016	9997
黑龙江 Heilongjiang	25060	31559	12934
上　海 Shanghai	50538	77959	30284
江　苏 Jiangsu	107546	144225	69169
浙　江 Zhejiang	159215	144614	62628
安　徽 Anhui	53189	66917	30147
福　建 Fujian	59901	55137	34460
江　西 Jiangxi	48611	64743	27403
山　东 Shandong	60115	77938	32531
河　南 Henan	86139	105427	42138
湖　北 Hubei	83623	79905	47264
湖　南 Hunan	62637	89031	26089
广　东 Guangdong	69751	57393	40717
广　西 Guangxi	52994	54911	29483
海　南 Hainan	7136	8035	2924
重　庆 Chongqing	37146	47498	19304
四　川 Sichuan	98667	121648	50229
贵　州 Guizhou	40141	52942	23649
云　南 Yunnan	74868	97599	41911
西　藏 Xizang	3169	1954	1181
陕　西 Shaanxi	60019	69423	31799
甘　肃 Gansu	39507	32742	21677
青　海 Qinghai	14260	45529	10396
宁　夏 Ningxia	13094	13262	6523
新　疆 Xinjiang	29321	23430	15749

附表 6-1 续表 Continued

地 区 Region	科普兼职人员 Part time S&T popularization personnel		注册科普志愿者 Registered S&T popularization volunteers
	女性 Female	农村科普人员 Rural S&T popularization personnel	
全 国 Total	641016	409655	2817094
东 部 Eastern	301645	143440	1201928
中 部 Middle	142720	118899	1218766
西 部 Western	196651	147316	396400
北 京 Beijing	31983	5654	29575
天 津 Tianjin	14354	4292	174407
河 北 Hebei	23968	17046	24927
山 西 Shanxi	12567	6811	14257
内蒙古 Inner Mongolia	12976	8461	75186
辽 宁 Liaoning	22149	8409	45369
吉 林 Jilin	7097	5130	507844
黑龙江 Heilongjiang	8859	6080	116592
上 海 Shanghai	26351	3821	84344
江 苏 Jiangsu	45180	22690	424445
浙 江 Zhejiang	64577	27196	126770
安 徽 Anhui	18419	19559	158881
福 建 Fujian	22354	15965	105450
江 西 Jiangxi	18378	13790	61316
山 东 Shandong	22974	21540	46266
河 南 Henan	30229	27367	200454
湖 北 Hubei	29245	22978	69791
湖 南 Hunan	17926	17184	89631
广 东 Guangdong	25631	14009	137457
广 西 Guangxi	23142	14745	33727
海 南 Hainan	2124	2818	2918
重 庆 Chongqing	16177	8413	25879
四 川 Sichuan	37503	34908	65542
贵 州 Guizhou	14186	10636	40790
云 南 Yunnan	28721	26019	44701
西 藏 Xizang	922	1332	108
陕 西 Shaanxi	24392	16502	32100
甘 肃 Gansu	13908	11658	19293
青 海 Qinghai	5762	2701	10970
宁 夏 Ningxia	4976	3602	34758
新 疆 Xinjiang	13986	8339	13346

附表 6-2　2019 年各省科普场地

Appendix table 6-2: S&T popularization venues and facilities by region in 2019

地　区 Region	科技馆/个 S&T museums or centers	建筑面积/平方米 Construction area (m^2)	展厅面积/平方米 Exhibition area (m^2)	当年参观人数/人次 Visitors
全　国 Total	533	4200616	2144241	84565244
东　部 Eastern	255	2212049	1099616	45998572
中　部 Middle	137	939488	478368	19625178
西　部 Western	141	1049078	566257	18941494
北　京 Beijing	27	270086	129968	6930673
天　津 Tianjin	4	23942	13880	769456
河　北 Hebei	16	115886	62724	1819605
山　西 Shanxi	6	52883	23741	1268650
内蒙古 Inner Mongolia	22	152602	75796	1851582
辽　宁 Liaoning	19	211975	97959	1988107
吉　林 Jilin	14	104547	52462	2013400
黑龙江 Heilongjiang	9	104954	62677	3112000
上　海 Shanghai	29	217864	114847	6346763
江　苏 Jiangsu	21	175626	86370	3301541
浙　江 Zhejiang	26	238852	110210	5137094
安　徽 Anhui	23	170717	87439	3471097
福　建 Fujian	28	216127	105890	5544957
江　西 Jiangxi	5	55823	29142	676085
山　东 Shandong	29	278859	159853	5832043
河　南 Henan	18	104628	50034	3104715
湖　北 Hubei	49	272665	134980	3349275
湖　南 Hunan	13	73271	37893	2629956
广　东 Guangdong	37	346046	171149	7234851
广　西 Guangxi	7	102197	44087	784142
海　南 Hainan	19	116786	46766	1093482
重　庆 Chongqing	11	89806	59615	3589100
四　川 Sichuan	20	112149	63287	3280574
贵　州 Guizhou	11	67734	36342	1478473
云　南 Yunnan	13	76571	44245	2418159
西　藏 Xizang	1	500	120	5100
陕　西 Shaanxi	18	111736	59601	1055052
甘　肃 Gansu	10	79886	48937	1411400
青　海 Qinghai	3	41213	18378	579310
宁　夏 Ningxia	5	55605	29843	1080728
新　疆 Xinjiang	20	159079	86006	1407874

附表 6-2 续表 Continued

地 区 Region	科学技术类博物馆/个 S&T related museums	建筑面积/平方米 Construction area (m^2)	展厅面积/平方米 Exhibition area (m^2)	当年参观人数/人次 Visitors	青少年科技馆站/个 Teenage S&T museums
全 国 Total	944	7192923	3229741	158024564	572
东 部 Eastern	499	3943054	1780405	86735694	197
中 部 Middle	166	1329645	587940	23810851	159
西 部 Western	279	1920224	861396	47478019	216
北 京 Beijing	83	969296	388381	17304065	14
天 津 Tianjin	9	230498	92794	6673500	4
河 北 Hebei	34	179966	84557	3816241	21
山 西 Shanxi	11	66346	29451	778803	16
内蒙古 Inner Mongolia	22	190316	79459	3736956	22
辽 宁 Liaoning	46	363951	150847	4631596	17
吉 林 Jilin	19	285437	97661	2276004	14
黑龙江 Heilongjiang	20	113878	61050	2344196	11
上 海 Shanghai	135	817555	449066	18046124	24
江 苏 Jiangsu	41	412617	166341	9304172	28
浙 江 Zhejiang	50	396649	166706	8993208	40
安 徽 Anhui	24	107097	55102	1361256	30
福 建 Fujian	30	155336	85281	5823959	14
江 西 Jiangxi	15	97822	22924	1913028	27
山 东 Shandong	21	91764	50543	1421163	18
河 南 Henan	16	118993	55687	2990164	23
湖 北 Hubei	29	261091	152746	4346498	24
湖 南 Hunan	32	278981	113319	7800902	14
广 东 Guangdong	46	308387	137208	9343359	15
广 西 Guangxi	26	149107	49759	12737151	19
海 南 Hainan	4	17035	8680	1378307	2
重 庆 Chongqing	35	279243	139889	6551101	19
四 川 Sichuan	50	301246	153586	6875583	44
贵 州 Guizhou	11	103727	29116	947607	6
云 南 Yunnan	41	266179	127151	7116631	32
西 藏 Xizang	2	53000	12700	78000	2
陕 西 Shaanxi	26	135834	76510	1687383	22
甘 肃 Gansu	26	180252	73734	3689833	16
青 海 Qinghai	6	39717	18273	845668	2
宁 夏 Ningxia	13	95502	41051	1791824	3
新 疆 Xinjiang	21	126101	60169	1420282	29

附表 6-2　续表　　Continued

地　区 Region	城市社区科普（技）专用活动室/个 Urban community S&T popularization rooms	农村科普（技）活动场地/个 Rural S&T popularization sites	科普宣传专用车/辆 S&T popularization vehicles	科普画廊/个 S&T popularization galleries
全　国 Total	54696	247338	1135	144825
东　部 Eastern	25158	94600	404	81810
中　部 Middle	14768	92120	348	35924
西　部 Western	14770	60618	383	27091
北　京 Beijing	1129	1613	39	2430
天　津 Tianjin	1516	3327	65	1507
河　北 Hebei	1126	9652	26	4088
山　西 Shanxi	860	4603	8	2431
内蒙古 Inner Mongolia	1042	2614	32	986
辽　宁 Liaoning	2154	3669	70	3859
吉　林 Jilin	552	2467	15	1093
黑龙江 Heilongjiang	661	2997	63	1415
上　海 Shanghai	3162	1420	33	5633
江　苏 Jiangsu	4761	13336	49	16190
浙　江 Zhejiang	3642	18635	16	16545
安　徽 Anhui	1762	7066	35	4977
福　建 Fujian	1824	7301	23	7543
江　西 Jiangxi	1736	6355	37	5168
山　东 Shandong	2758	26854	39	17858
河　南 Henan	2986	41893	105	8962
湖　北 Hubei	3822	16308	38	6795
湖　南 Hunan	2389	10431	47	5083
广　东 Guangdong	2998	7944	38	5633
广　西 Guangxi	1107	6477	29	2579
海　南 Hainan	88	849	6	524
重　庆 Chongqing	766	2666	49	3416
四　川 Sichuan	2568	16548	26	4851
贵　州 Guizhou	535	2860	11	659
云　南 Yunnan	1433	9831	31	5988
西　藏 Xizang	61	549	20	159
陕　西 Shaanxi	1618	7825	65	3369
甘　肃 Gansu	1145	4562	31	2004
青　海 Qinghai	74	570	13	539
宁　夏 Ningxia	638	1879	8	690
新　疆 Xinjiang	3783	4237	68	1851

附表 6-3　2019 年各省科普经费　　单位：万元
Appendix table 6-3: S&T popularization funds by region in 2019　　Unit: 10000 yuan

地　区 Region		年度科普经费筹集额 Annual funding for S&T popularization	政府拨款 Government funds	科普专项经费 Special funds	捐赠 Donates	自筹资金 Self-raised funds	其他收入 Others
全　国	Total	1855221	1477123	658703	8115	284913	85070
东　部	Eastern	1020288	759542	366731	4279	200639	55829
中　部	Middle	408133	357936	119474	1614	40554	8029
西　部	Western	426800	359646	172498	2222	43720	21212
北　京	Beijing	276991	198263	126187	1403	48763	28561
天　津	Tianjin	31058	19365	5567	31	11012	651
河　北	Hebei	37339	20700	11328	170	15341	1128
山　西	Shanxi	20529	18495	7898	14	1403	618
内蒙古	Inner Mongolia	17185	15436	10609	135	1295	318
辽　宁	Liaoning	21491	16309	8002	117	4058	1007
吉　林	Jilin	24134	23788	9239	5	246	95
黑龙江	Heilongjiang	13348	12318	6024	17	601	412
上　海	Shanghai	178664	113228	46932	1403	56686	7346
江　苏	Jiangsu	94209	74737	44484	227	15019	4226
浙　江	Zhejiang	124255	103282	39583	412	16412	4148
安　徽	Anhui	38095	32764	16747	397	3926	1008
福　建	Fujian	64113	46677	21052	311	13704	3421
江　西	Jiangxi	36724	30396	11026	244	4651	1434
山　东	Shandong	74060	67306	12666	131	4318	2304
河　南	Henan	121508	108682	21144	39	11720	1067
湖　北	Hubei	103626	91311	29802	716	9691	1909
湖　南	Hunan	50168	40183	17595	181	8317	1487
广　东	Guangdong	105209	90768	46014	73	12743	1625
广　西	Guangxi	37119	31363	13160	81	4014	1661
海　南	Hainan	12900	8905	4916	0	2583	1412
重　庆	Chongqing	47615	36754	17211	130	6780	3950
四　川	Sichuan	76231	64686	38970	393	9727	1425
贵　州	Guizhou	48672	42443	12661	383	2528	3318
云　南	Yunnan	63353	49124	22358	234	10465	3530
西　藏	Xizang	4309	3965	2786	33	115	197
陕　西	Shaanxi	43664	37449	21339	347	3392	2475
甘　肃	Gansu	29464	26460	8926	309	2062	633
青　海	Qinghai	20725	18262	6700	2	1681	780
宁　夏	Ningxia	14030	11874	5803	71	522	1563
新　疆	Xinjiang	24435	21830	11974	104	1141	1361

附表 6-3 续表 Continued

地 区 Region	科技活动周经费筹集额 Funding for S&T week	政府拨款 Government funds	企业赞助 Corporate donates	年度科普经费使用额 Annual expenditure	行政支出 Administrative expenditure	科普活动支出 Activities expenditure
全 国 Total	41856	31548	2512	1865295	305826	884227
东 部 Eastern	19959	15497	1278	987105	168690	512476
中 部 Middle	9553	6836	547	402306	55434	153308
西 部 Western	12343	9214	687	475884	81702	218443
北 京 Beijing	4665	3796	202	253270	49656	150396
天 津 Tianjin	767	424	99	31398	6078	8653
河 北 Hebei	943	760	52	40318	6637	25897
山 西 Shanxi	336	290	5	20344	3834	10709
内蒙古 Inner Mongolia	311	212	38	17721	2579	11720
辽 宁 Liaoning	835	478	276	23502	4690	10831
吉 林 Jilin	146	120	0	19491	3317	9302
黑龙江 Heilongjiang	203	162	16	14135	1653	8336
上 海 Shanghai	4431	3577	369	169294	12501	112078
江 苏 Jiangsu	2775	1977	133	91074	17178	51267
浙 江 Zhejiang	1875	1586	13	117873	27446	48521
安 徽 Anhui	898	708	63	41636	8051	21414
福 建 Fujian	965	662	58	70656	10001	27365
江 西 Jiangxi	1293	859	80	34143	8019	19846
山 东 Shandong	420	302	21	73640	7272	18021
河 南 Henan	1119	766	22	113712	7207	22377
湖 北 Hubei	2308	1466	236	105754	14421	34853
湖 南 Hunan	3252	2464	126	53091	8932	26472
广 东 Guangdong	1919	1599	44	104868	26052	54282
广 西 Guangxi	2703	2176	14	38465	8053	20952
海 南 Hainan	365	337	10	11213	1181	5165
重 庆 Chongqing	1488	985	194	46335	5596	20951
四 川 Sichuan	1715	1166	169	105959	15265	43729
贵 州 Guizhou	1648	1396	20	45475	11142	19291
云 南 Yunnan	1275	915	20	63042	14269	36254
西 藏 Xizang	201	48	130	2705	340	1438
陕 西 Shaanxi	897	617	58	43136	9783	24557
甘 肃 Gansu	836	605	13	56287	2247	16896
青 海 Qinghai	229	186	13	19425	3373	6601
宁 夏 Ningxia	265	213	0	13744	3328	6383
新 疆 Xinjiang	776	694	18	23589	5727	9672

附表 6-3　续表　　Continued

地　区 Region	年度科普经费使用额 Annual expenditure				
	科普场馆基建支出 Infrastructure expenditures	政府拨款支出 Government expenditures	场馆建设支出 Venue construction expenditures	展品、设施支出 Exhibits & facilities expenditures	其他支出 Others
全　国 Total	516407	260915	323665	121556	158835
东　部 Eastern	210715	99708	110467	68859	95225
中　部 Middle	164695	131088	115860	22137	28869
西　部 Western	140997	30118	97338	30560	34742
北　京 Beijing	18034	7800	8896	7188	35184
天　津 Tianjin	14519	6033	9644	3673	2148
河　北 Hebei	5309	3652	2422	1738	2475
山　西 Shanxi	1755	523	601	931	4046
内蒙古 Inner Mongolia	1551	177	442	650	1872
辽　宁 Liaoning	6526	1237	2980	3172	1455
吉　林 Jilin	2877	562	876	1707	3995
黑龙江 Heilongjiang	3144	1841	1306	1209	1001
上　海 Shanghai	37764	13972	12172	16333	6951
江　苏 Jiangsu	16636	5036	7247	5429	5993
浙　江 Zhejiang	27182	7460	9178	13912	14725
安　徽 Anhui	9973	7766	3474	3488	2199
福　建 Fujian	22591	8579	12440	6494	10699
江　西 Jiangxi	2726	1183	1411	1429	3553
山　东 Shandong	42657	37110	36707	2727	5689
河　南 Henan	80634	71032	70941	2621	3494
湖　北 Hubei	50419	45729	29854	6871	6061
湖　南 Hunan	13166	2451	7398	3881	4521
广　东 Guangdong	15360	8520	5621	7440	9175
广　西 Guangxi	5482	2827	2569	1903	3978
海　南 Hainan	4136	309	3159	752	731
重　庆 Chongqing	13233	3368	7329	3870	6556
四　川 Sichuan	41252	3029	37041	1943	5713
贵　州 Guizhou	11083	10010	10257	298	3960
云　南 Yunnan	10137	3227	5994	2230	2381
西　藏 Xizang	293	236	56	224	635
陕　西 Shaanxi	5683	1262	2611	2450	3112
甘　肃 Gansu	34532	2373	21164	11925	2613
青　海 Qinghai	8077	67	7763	225	1374
宁　夏 Ningxia	3386	280	373	1960	646
新　疆 Xinjiang	6288	3262	1741	2883	1901

附表 6-4　2019 年各省科普传媒

Appendix table 6-4: S&T popularization media by region in 2019

地　区 Region	科普图书 S&T popularization books		科普期刊 S&T popularization journals	
	出版种数/种 Types of publications	出版总册数/册 Total copies	出版种数/种 Types of publications	出版总册数/册 Total copies
全　国 Total	12468	135272100	1468	99184867
东　部 Eastern	7572	109756196	812	50686339
中　部 Middle	3110	16745128	294	20036879
西　部 Western	1786	8770776	362	28461649
北　京 Beijing	4441	80450246	193	8248811
天　津 Tianjin	255	1401867	180	9706000
河　北 Hebei	208	293010	28	124710
山　西 Shanxi	30	102600	24	190904
内蒙古 Inner Mongolia	92	484790	16	111500
辽　宁 Liaoning	487	1865059	56	8087050
吉　林 Jilin	391	2568647	16	359900
黑龙江 Heilongjiang	193	361461	7	670300
上　海 Shanghai	776	13428834	131	15495845
江　苏 Jiangsu	330	3854094	96	3990718
浙　江 Zhejiang	195	1606924	44	3499210
安　徽 Anhui	70	576051	20	1058200
福　建 Fujian	437	3079333	28	412274
江　西 Jiangxi	951	8490003	65	3597521
山　东 Shandong	101	1091000	8	226800
河　南 Henan	465	1644046	51	12680020
湖　北 Hubei	287	2114906	42	812658
湖　南 Hunan	723	887414	69	667376
广　东 Guangdong	266	2364229	42	429021
广　西 Guangxi	194	785500	29	2307180
海　南 Hainan	76	321600	6	465900
重　庆 Chongqing	281	3274508	61	19673380
四　川 Sichuan	186	691324	38	2025780
贵　州 Guizhou	73	932940	33	324100
云　南 Yunnan	397	572471	45	1053006
西　藏 Xizang	70	101028	15	51150
陕　西 Shaanxi	233	1184580	38	2154600
甘　肃 Gansu	91	227920	26	143631
青　海 Qinghai	31	44030	13	70501
宁　夏 Ningxia	39	87807	11	374860
新　疆 Xinjiang	99	383878	37	171961

附表 6-4 续表 Continued

地 区 Region	科普（技）音像制品 S&T Popularization audio and video products			科技类报纸年发行总份数/份 S&T newspaper circulation
	出版种数/种 Types of publications	光盘发行总量/张 Total CD copies released	录音、录像带发行总量/盒 Total copies of audio and video publications	
全 国 Total	3725	3938983	227576	171364355
东 部 Eastern	1462	1125915	13056	102328647
中 部 Middle	1276	2358186	105138	39765890
西 部 Western	987	454882	109382	29269818
北 京 Beijing	153	475486	630	36049763
天 津 Tianjin	36	9550	101	2608400
河 北 Hebei	33	57422	510	4400902
山 西 Shanxi	87	1611	4	5874065
内蒙古 Inner Mongolia	56	3188	531	687333
辽 宁 Liaoning	154	336165	302	4291246
吉 林 Jilin	16	15428	0	1244
黑龙江 Heilongjiang	20	7645	150	848323
上 海 Shanghai	69	58402	20	18703834
江 苏 Jiangsu	424	16342	4668	17165853
浙 江 Zhejiang	82	23833	904	1679528
安 徽 Anhui	76	21384	10554	137623
福 建 Fujian	35	23162	1029	1201861
江 西 Jiangxi	318	2056118	692	4154374
山 东 Shandong	46	9499	331	8393206
河 南 Henan	366	89668	74881	5078695
湖 北 Hubei	192	23316	2852	10183650
湖 南 Hunan	201	143016	16005	13487916
广 东 Guangdong	395	102289	1561	7834054
广 西 Guangxi	81	20670	14	14935603
海 南 Hainan	35	13765	3000	0
重 庆 Chongqing	55	65726	33873	272418
四 川 Sichuan	145	227611	6958	1663378
贵 州 Guizhou	28	908	311	134858
云 南 Yunnan	212	26101	56714	2416293
西 藏 Xizang	36	38859	630	2030610
陕 西 Shaanxi	46	5928	513	4466730
甘 肃 Gansu	71	33219	6156	1131996
青 海 Qinghai	25	8376	2000	1171001
宁 夏 Ningxia	31	13663	50	271069
新 疆 Xinjiang	201	10633	1632	88529

附表 6-4　续表　　Continued

地　区 Region	电视台播出科普（技）节目时间/小时 Broadcasting time of S&T popularization programs on TV (h)	电台播出科普（技）节目时间/小时 Broadcasting time of S&T popularization programs on radio (h)	科普网站数/个 S&T popularization websites (unit)	发放科普读物和资料/份 Number of S&T popularization readings and materials
全　国 Total	145048	116493	2818	681836212
东　部 Eastern	68864	42814	1383	290294610
中　部 Middle	37268	41677	590	164936517
西　部 Western	38917	32002	845	226605085
北　京 Beijing	7444	5317	273	31161993
天　津 Tianjin	267	747	75	7761501
河　北 Hebei	5108	2668	71	21997335
山　西 Shanxi	5309	4776	40	10536721
内蒙古 Inner Mongolia	7912	5076	59	9195652
辽　宁 Liaoning	2108	3107	114	9961137
吉　林 Jilin	5323	5485	29	8238923
黑龙江 Heilongjiang	4777	8286	46	16548670
上　海 Shanghai	7925	1268	246	32361918
江　苏 Jiangsu	499	1043	138	81994084
浙　江 Zhejiang	3069	3474	98	31710316
安　徽 Anhui	2144	7095	67	19406280
福　建 Fujian	3997	2703	139	13629696
江　西 Jiangxi	7405	2634	71	14494131
山　东 Shandong	6647	8089	71	12560741
河　南 Henan	3052	5828	118	39041857
湖　北 Hubei	5679	5158	133	30658117
湖　南 Hunan	3579	2414	86	26011818
广　东 Guangdong	29408	12758	144	31713668
广　西 Guangxi	440	4	123	33897993
海　南 Hainan	2393	1642	14	15442221
重　庆 Chongqing	561	82	100	19378024
四　川 Sichuan	2995	1168	157	38702876
贵　州 Guizhou	3410	784	31	21668181
云　南 Yunnan	11669	6307	97	46731141
西　藏 Xizang	2	5	13	342622
陕　西 Shaanxi	6040	5352	136	17577662
甘　肃 Gansu	1722	1300	70	16474812
青　海 Qinghai	538	7469	18	7722135
宁　夏 Ningxia	117	313	20	6066820
新　疆 Xinjiang	3513	4143	21	8847166

附表 6-5 2019 年各省科普活动

Appendix table 6-5: S&T popularization activities by region in 2019

地 区 Region	科普（技）讲座 S&T popularization lectures		科普（技）展览 S&T popularization exhibitions	
	举办次数/次 Number of lectures	参加人数/人次 Number of participants	专题展览次数/次 Number of exhibitions	参观人数/人次 Number of participants
全 国 Total	1060320	277625317	136045	360648231
东 部 Eastern	457502	166612234	48748	250369748
中 部 Middle	305417	59466514	40314	45028234
西 部 Western	297401	51546569	46983	65250249
北 京 Beijing	61553	98689108	4449	145857385
天 津 Tianjin	19195	2149183	2334	6310229
河 北 Hebei	30562	3389657	2977	5891406
山 西 Shanxi	16769	1811050	3898	1948271
内蒙古 Inner Mongolia	14280	1579481	1470	5624460
辽 宁 Liaoning	30705	4622987	3001	9576502
吉 林 Jilin	12602	23147133	2127	3151086
黑龙江 Heilongjiang	17260	5205896	1441	2740278
上 海 Shanghai	73651	9476879	5502	23415654
江 苏 Jiangsu	67638	19601029	6664	10468689
浙 江 Zhejiang	69252	11377310	5850	10888672
安 徽 Anhui	34010	3498888	4533	2979901
福 建 Fujian	28193	2934800	3163	9741939
江 西 Jiangxi	27055	3879017	3958	3281535
山 东 Shandong	32959	4902805	4043	5943750
河 南 Henan	116762	9857179	10176	10493039
湖 北 Hubei	53413	8129104	9943	11468346
湖 南 Hunan	27546	3938247	4238	8965778
广 东 Guangdong	41107	6660466	10409	21984126
广 西 Guangxi	24645	3419478	2628	6222000
海 南 Hainan	2687	2808010	356	291396
重 庆 Chongqing	26010	7720275	3757	12463897
四 川 Sichuan	45313	7905786	7898	8953875
贵 州 Guizhou	15245	1755408	1888	1720290
云 南 Yunnan	50952	6626559	5134	11777835
西 藏 Xizang	664	163741	117	99015
陕 西 Shaanxi	37093	4306813	3670	3925659
甘 肃 Gansu	22486	3034220	14512	7899022
青 海 Qinghai	10221	877595	850	2344482
宁 夏 Ningxia	8168	2018139	1586	2722817
新 疆 Xinjiang	42324	12139074	3473	1496897

附表 6-5　续表　　Continued

地　区 Region	科普（技）竞赛 S&T popularization competitions		科普国际交流 International S&T popularization communication	
	举办次数/次 Number of competitions	参加人数/人次 Number of participants	举办次数/次 Number of events	参加人数/人次 Number of participants
全　国 Total	39901	229564967	2637	1103982
东　部 Eastern	23584	154390499	1516	414974
中　部 Middle	7382	46970101	477	77673
西　部 Western	8935	28204367	644	611335
北　京 Beijing	2022	34388938	493	185542
天　津 Tianjin	723	572322	104	32190
河　北 Hebei	1091	89263784	24	2559
山　西 Shanxi	421	6001388	28	3941
内蒙古 Inner Mongolia	577	502536	15	2580
辽　宁 Liaoning	1295	1271427	52	3712
吉　林 Jilin	303	2177292	29	1401
黑龙江 Heilongjiang	679	201111	9	1903
上　海 Shanghai	3522	4525854	272	119168
江　苏 Jiangsu	3395	15161566	160	20548
浙　江 Zhejiang	2543	4736072	95	17213
安　徽 Anhui	1323	3055910	6	623
福　建 Fujian	6215	1262726	176	23280
江　西 Jiangxi	825	1364730	25	4474
山　东 Shandong	1029	1217014	15	3119
河　南 Henan	1048	7636770	28	1305
湖　北 Hubei	1903	17074411	93	13689
湖　南 Hunan	880	9458489	259	50337
广　东 Guangdong	1637	1863616	108	6774
广　西 Guangxi	830	1344715	75	5452
海　南 Hainan	112	127180	17	869
重　庆 Chongqing	696	1430769	106	67190
四　川 Sichuan	1053	3950000	178	39376
贵　州 Guizhou	615	15620968	11	361
云　南 Yunnan	1688	2112749	38	7660
西　藏 Xizang	12	7014	1	15
陕　西 Shaanxi	1442	1052811	153	15753
甘　肃 Gansu	838	1566496	24	1053
青　海 Qinghai	165	59693	3	470010
宁　夏 Ningxia	240	205460	7	130
新　疆 Xinjiang	779	351156	33	1755

附表 6-5 续表 Continued

地　区 Region	成立青少年科技兴趣小组 Teenage S&T interest groups		科技夏（冬）令营 Summer /winter science camps	
	兴趣小组数/个 Number of groups	参加人数/人次 Number of participants	举办次数/次 Number of camps	参加人数/人次 Number of participants
全　国 Total	182547	13821406	13580	2388980
东　部 Eastern	81500	5263404	7988	1330209
中　部 Middle	57845	3656404	2401	453737
西　部 Western	43202	4901598	3191	605034
北　京 Beijing	3791	254326	1461	271743
天　津 Tianjin	3154	319310	347	115593
河　北 Hebei	10620	431507	181	32632
山　西 Shanxi	3331	242244	68	8196
内蒙古 Inner Mongolia	1574	181823	192	35014
辽　宁 Liaoning	5180	257348	305	71719
吉　林 Jilin	1632	125311	82	26608
黑龙江 Heilongjiang	2590	110729	148	16849
上　海 Shanghai	6822	590615	2116	271760
江　苏 Jiangsu	16481	1002342	1305	201144
浙　江 Zhejiang	9333	555711	727	135949
安　徽 Anhui	6533	370604	446	66214
福　建 Fujian	5345	335664	774	72606
江　西 Jiangxi	3905	519792	537	60290
山　东 Shandong	7676	490461	233	45402
河　南 Henan	19537	567314	244	76287
湖　北 Hubei	11934	851118	430	136320
湖　南 Hunan	8383	869292	446	62973
广　东 Guangdong	12753	997458	450	97003
广　西 Guangxi	4218	478429	172	31986
海　南 Hainan	345	28662	89	14658
重　庆 Chongqing	4397	480905	201	35575
四　川 Sichuan	7736	1049177	543	169336
贵　州 Guizhou	2963	750721	91	18708
云　南 Yunnan	5314	535267	446	92992
西　藏 Xizang	7	392	13	1328
陕　西 Shaanxi	6044	436910	456	48011
甘　肃 Gansu	4977	457389	120	10513
青　海 Qinghai	343	32854	23	1490
宁　夏 Ningxia	2488	131423	34	4337
新　疆 Xinjiang	3141	366308	900	155744

附表 6-5　续表　Continued

地　区 Region	科技活动周 Science & technology week		科研机构、大学向社会开放 Scientific institutions and universities open to the public	
	科普专题活动次数/次 Number of events	参加人数/人次 Number of participants	开放单位数/个 Number of open units	参观人数/人次 Number of participants
全　国 Total	118937	201577999	11597	9479673
东　部 Eastern	48860	143036878	6065	4779481
中　部 Middle	25457	28907379	2691	2375833
西　部 Western	44620	29633742	2841	2324359
北　京 Beijing	3764	92461172	1102	468096
天　津 Tianjin	4081	3990895	434	154699
河　北 Hebei	4328	2345112	444	325804
山　西 Shanxi	3053	1036892	214	104122
内蒙古 Inner Mongolia	1709	1195434	138	124322
辽　宁 Liaoning	2692	1739781	614	517520
吉　林 Jilin	1295	568325	92	45176
黑龙江 Heilongjiang	1681	1494679	189	98259
上　海 Shanghai	8475	11537511	671	410886
江　苏 Jiangsu	9179	7174305	975	882196
浙　江 Zhejiang	4671	15631721	637	516719
安　徽 Anhui	3741	1664251	255	175332
福　建 Fujian	4425	2335188	381	171991
江　西 Jiangxi	3537	3100574	287	248378
山　东 Shandong	2836	2820366	240	203160
河　南 Henan	3998	2102426	812	682021
湖　北 Hubei	5018	15998582	543	830338
湖　南 Hunan	3134	2941650	299	192207
广　东 Guangdong	3687	2648724	542	997822
广　西 Guangxi	3564	4178830	219	166122
海　南 Hainan	722	352103	25	130588
重　庆 Chongqing	4031	4954699	437	389833
四　川 Sichuan	5843	3906664	665	667409
贵　州 Guizhou	3047	1608641	101	46809
云　南 Yunnan	6946	5229599	176	346668
西　藏 Xizang	224	50533	8	564
陕　西 Shaanxi	7156	2821532	489	250691
甘　肃 Gansu	3822	2441017	346	154244
青　海 Qinghai	738	509323	56	22822
宁　夏 Ningxia	890	967074	69	59228
新　疆 Xinjiang	6650	1770396	137	95647

附表 6-5 续表 Continued

地 区 Region		举办实用技术培训 Practical skill trainings		重大科普活动次数/次 Number of major S&T popularization activities
		举办次数/次 Number of trainings	参加人数/人次 Number of participants	
全 国	Total	481965	52406575	23515
东 部	Eastern	118752	14130952	8587
中 部	Middle	100233	12291675	6382
西 部	Western	262980	25983948	8546
北 京	Beijing	9529	844519	723
天 津	Tianjin	5568	353540	455
河 北	Hebei	14136	1984115	685
山 西	Shanxi	8381	759416	635
内蒙古	Inner Mongolia	9175	1047003	573
辽 宁	Liaoning	6328	898356	509
吉 林	Jilin	6541	824034	239
黑龙江	Heilongjiang	12949	2399563	361
上 海	Shanghai	10601	813870	1011
江 苏	Jiangsu	17690	1905999	1504
浙 江	Zhejiang	20766	2801471	936
安 徽	Anhui	12599	970920	691
福 建	Fujian	8596	1605752	630
江 西	Jiangxi	9778	771915	479
山 东	Shandong	10525	1662002	679
河 南	Henan	18976	2325492	1021
湖 北	Hubei	19517	2590427	1759
湖 南	Hunan	11492	1649908	1197
广 东	Guangdong	12487	1088816	1370
广 西	Guangxi	20432	1790496	846
海 南	Hainan	2526	172512	85
重 庆	Chongqing	8373	1175634	1165
四 川	Sichuan	46191	4276103	1432
贵 州	Guizhou	18762	1773493	329
云 南	Yunnan	62747	5577268	925
西 藏	Xizang	515	44641	128
陕 西	Shaanxi	29001	2545253	977
甘 肃	Gansu	33484	2590956	932
青 海	Qinghai	2461	299181	446
宁 夏	Ningxia	3872	287369	269
新 疆	Xinjiang	27967	4576551	524

附表 6-6　2019 年创新创业中的科普

Appendix table 6-6: S&T popularization activities in innovation and entrepreneurship in 2019

地　区 Region	众创空间　Maker space		
	数量/个 Number of maker spaces	服务各类人员数量/人 Number of serving for people	孵化科技项目数量/个 Number of incubating S&T projects
全　国 Total	9725	1090230	101223
东　部 Eastern	5032	474735	76859
中　部 Middle	2090	278104	10490
西　部 Western	2603	337391	13874
北　京 Beijing	523	69799	27240
天　津 Tianjin	182	20379	2762
河　北 Hebei	546	45426	4839
山　西 Shanxi	280	25860	1217
内蒙古 Inner Mongolia	155	13430	1030
辽　宁 Liaoning	421	58602	4279
吉　林 Jilin	127	11164	271
黑龙江 Heilongjiang	189	12210	2410
上　海 Shanghai	1298	103606	19238
江　苏 Jiangsu	582	31029	4515
浙　江 Zhejiang	357	43297	4705
安　徽 Anhui	228	13898	1203
福　建 Fujian	501	40807	1865
江　西 Jiangxi	268	97879	1335
山　东 Shandong	231	18742	1929
河　南 Henan	154	12646	1496
湖　北 Hubei	526	25088	1399
湖　南 Hunan	318	79359	1159
广　东 Guangdong	342	30042	4751
广　西 Guangxi	486	29816	2362
海　南 Hainan	49	13006	736
重　庆 Chongqing	205	74125	1604
四　川 Sichuan	478	137384	1541
贵　州 Guizhou	126	7309	1477
云　南 Yunnan	481	26713	2359
西　藏 Xizang	48	1088	335
陕　西 Shaanxi	193	16409	1098
甘　肃 Gansu	178	10503	873
青　海 Qinghai	18	1754	178
宁　夏 Ningxia	45	2741	680
新　疆 Xinjiang	190	16119	337

附表 6-6 续表 Continued

地 区 Region	创新创业培训 Innovation and entrepreneurship trainings		创新创业赛事 Innovation and entrepreneurship competitions	
	培训次数/次 Number of trainings	参加人数/人次 Number of participants	赛事次数/次 Number of competitions	参加人数/人次 Number of participants
全 国 Total	88420	5333597	8697	2837819
东 部 Eastern	40116	2194080	4674	863994
中 部 Middle	26566	1532230	1956	984994
西 部 Western	21738	1607287	2067	988831
北 京 Beijing	6519	391136	376	89524
天 津 Tianjin	1546	77584	136	44630
河 北 Hebei	4463	183880	197	52748
山 西 Shanxi	2186	81628	445	18342
内蒙古 Inner Mongolia	1028	65969	171	28435
辽 宁 Liaoning	2630	256700	1024	120014
吉 林 Jilin	1999	40246	32	13463
黑龙江 Heilongjiang	1976	101033	98	26723
上 海 Shanghai	7489	333032	876	71744
江 苏 Jiangsu	5154	393642	556	87994
浙 江 Zhejiang	6634	204194	388	69130
安 徽 Anhui	1878	75551	274	43252
福 建 Fujian	2699	138666	315	209608
江 西 Jiangxi	4666	235879	245	110577
山 东 Shandong	623	49893	239	39566
河 南 Henan	2381	209975	267	93608
湖 北 Hubei	4992	470044	340	125743
湖 南 Hunan	6488	317874	255	553286
广 东 Guangdong	1461	132918	376	75075
广 西 Guangxi	2302	141825	435	63249
海 南 Hainan	898	32435	191	3961
重 庆 Chongqing	2983	150703	135	59352
四 川 Sichuan	3558	531779	486	612502
贵 州 Guizhou	1593	37880	56	21308
云 南 Yunnan	4583	204287	65	15441
西 藏 Xizang	1446	16000	24	1472
陕 西 Shaanxi	1428	137428	330	100303
甘 肃 Gansu	847	163399	184	44890
青 海 Qinghai	244	26335	25	10819
宁 夏 Ningxia	513	35124	82	21447
新 疆 Xinjiang	1213	96558	74	9613

附录 7　2018 年全国科普统计分类数据统计表

各项统计数据均未包括香港特别行政区、澳门特别行政区和台湾地区的数据。

科普宣传专用车、科普图书、科普期刊、科普网站、科普国际交流情况和创新创业中的科普情况均由市级以上（含市级）填报单位的数据统计得出。

非场馆类科普基地，因为理解差异，此次暂未列入。

东部、中部和西部地区的划分：东部地区包括北京、天津、河北、辽宁、上海、江苏、浙江、福建、山东、广东和海南 11 个省和直辖市；中部地区包括山西、吉林、黑龙江、安徽、江西、河南、湖北和湖南 8 个省；西部地区包括内蒙古、广西、重庆、四川、贵州、云南、西藏、陕西、甘肃、青海、宁夏和新疆 12 个省、自治区和直辖市。

附表 7-1　2018 年各省科普人员　　单位：人

Appendix table 7-1: S&T popularization personnel by region in 2018　　Unit: person

地　区 Region	科普专职人员　Full time S&T popularization personnel		
	人员总数 Total	中级职称及以上或大学本科及以上学历人员 With title of medium-rank or above / with college graduate or above	女性 Female
全　国 Total	223958	136623	88533
东　部 Eastern	89354	56070	37357
中　部 Middle	64853	39354	23725
西　部 Western	69751	41199	27451
北　京 Beijing	8490	6255	4745
天　津 Tianjin	2582	1727	1188
河　北 Hebei	15973	7488	6040
山　西 Shanxi	4792	2644	2259
内蒙古 Inner Mongolia	6422	3934	2792
辽　宁 Liaoning	8675	5641	3580
吉　林 Jilin	4606	3161	1914
黑龙江 Heilongjiang	4053	2795	1854
上　海 Shanghai	8702	6423	4407
江　苏 Jiangsu	9292	6855	3919
浙　江 Zhejiang	7813	5765	3418
安　徽 Anhui	9969	5782	2778
福　建 Fujian	5120	3188	1781
江　西 Jiangxi	7014	4189	2415
山　东 Shandong	12463	7065	4432
河　南 Henan	12356	7137	4999
湖　北 Hubei	10943	7346	3827
湖　南 Hunan	11120	6300	3679
广　东 Guangdong	8867	5116	3258
广　西 Guangxi	6075	2956	2207
海　南 Hainan	1377	547	589
重　庆 Chongqing	5241	3509	2098
四　川 Sichuan	12066	6463	4106
贵　州 Guizhou	4718	3017	1689
云　南 Yunnan	11791	7926	4748
西　藏 Xizang	452	235	173
陕　西 Shaanxi	7722	4717	2800
甘　肃 Gansu	6502	3895	2501
青　海 Qinghai	854	421	444
宁　夏 Ningxia	2201	1052	853
新　疆 Xinjiang	5707	3074	3040

附表 7-1 续表 Continued

地区 Region	科普专职人员 Full time S&T popularization personnel		
	农村科普人员 Rural S&T popularization personnel	管理人员 S&T popularization administrators	科普创作人员 S&T popularization creators
全 国 Total	64697	45175	15523
东 部 Eastern	20181	17554	7450
中 部 Middle	23439	13377	3523
西 部 Western	21077	14244	4550
北 京 Beijing	337	2004	1535
天 津 Tianjin	167	563	352
河 北 Hebei	3911	1874	535
山 西 Shanxi	1134	1076	188
内蒙古 Inner Mongolia	1575	1298	405
辽 宁 Liaoning	2281	1859	635
吉 林 Jilin	1522	1025	345
黑龙江 Heilongjiang	1075	888	187
上 海 Shanghai	1000	2064	1335
江 苏 Jiangsu	2360	2063	848
浙 江 Zhejiang	2114	1533	548
安 徽 Anhui	4734	1635	501
福 建 Fujian	1711	1208	274
江 西 Jiangxi	2412	1495	302
山 东 Shandong	3639	2091	675
河 南 Henan	3956	2818	584
湖 北 Hubei	4663	2142	695
湖 南 Hunan	3943	2298	721
广 东 Guangdong	2323	1990	607
广 西 Guangxi	2446	1265	570
海 南 Hainan	338	305	106
重 庆 Chongqing	1248	1217	679
四 川 Sichuan	3786	2944	736
贵 州 Guizhou	1702	1180	212
云 南 Yunnan	2995	1728	441
西 藏 Xizang	150	108	58
陕 西 Shaanxi	2714	1624	586
甘 肃 Gansu	1439	1319	366
青 海 Qinghai	58	173	81
宁 夏 Ningxia	871	489	129
新 疆 Xinjiang	2093	899	287

附表 7-1　续表　　　　Continued

地　区 Region	科普兼职人员 Part time S&T popularization personnel		
	人员总数 Total	年度实际投入工作量/人月 Annual actual workload (person-month)	中级职称及以上或大学本科及以上学历人员 With title of medium-rank or above / with college graduate or above
全　国 Total	1560912	1805318	822953
东　部 Eastern	711819	751311	375143
中　部 Middle	375730	487604	195978
西　部 Western	473363	566403	251832
北　京 Beijing	52829	51755	35672
天　津 Tianjin	27281	24516	17998
河　北 Hebei	77114	90813	39255
山　西 Shanxi	22184	15554	12819
内蒙古 Inner Mongolia	33554	27364	18037
辽　宁 Liaoning	42260	34302	23700
吉　林 Jilin	14918	20600	9050
黑龙江 Heilongjiang	24069	31087	12612
上　海 Shanghai	48652	81704	31709
江　苏 Jiangsu	96611	138902	56680
浙　江 Zhejiang	142316	116945	56982
安　徽 Anhui	55971	72672	32540
福　建 Fujian	62015	64292	36787
江　西 Jiangxi	44634	64559	24819
山　东 Shandong	91159	88250	36674
河　南 Henan	77041	107002	36863
湖　北 Hubei	70427	76477	39925
湖　南 Hunan	66486	99653	27350
广　东 Guangdong	65131	51507	37324
广　西 Guangxi	52939	63527	24105
海　南 Hainan	6451	8325	2362
重　庆 Chongqing	38238	48951	19302
四　川 Sichuan	90661	115227	47763
贵　州 Guizhou	38160	50235	22173
云　南 Yunnan	70214	95836	39082
西　藏 Xizang	3893	2098	1343
陕　西 Shaanxi	58037	66475	31003
甘　肃 Gansu	38614	35975	21677
青　海 Qinghai	10147	23654	5014
宁　夏 Ningxia	11573	14406	6777
新　疆 Xinjiang	27333	22655	15556

附表 7-1　续表　　Continued

地　区　Region	科普兼职人员　Part time S&T popularization personnel		注册科普志愿者 Registered S&T popularization volunteers
	女性 Female	农村科普人员 Rural S&T popularization personnel	
全　国　Total	621557	443841	2136883
东　部　Eastern	300324	175458	1070998
中　部　Middle	135375	123303	698688
西　部　Western	185858	145080	367197
北　京　Beijing	28190	6451	27300
天　津　Tianjin	15296	3164	14859
河　北　Hebei	33763	28786	32256
山　西　Shanxi	9848	6843	13881
内蒙古　Inner Mongolia	13632	7942	24239
辽　宁　Liaoning	20473	9644	46637
吉　林　Jilin	6471	4552	384271
黑龙江　Heilongjiang	8870	6385	17011
上　海　Shanghai	26795	4278	97532
江　苏　Jiangsu	41113	28262	413658
浙　江　Zhejiang	53107	27617	119645
安　徽　Anhui	20598	21165	34882
福　建　Fujian	23246	17759	62113
江　西　Jiangxi	16380	13670	42459
山　东　Shandong	32797	32871	50760
河　南　Henan	28037	27324	42471
湖　北　Hubei	25832	23414	77410
湖　南　Hunan	19339	19950	86303
广　东　Guangdong	23408	14077	204104
广　西　Guangxi	22885	15147	24110
海　南　Hainan	2136	2549	2134
重　庆　Chongqing	15392	11130	41345
四　川　Sichuan	34832	35066	47179
贵　州　Guizhou	12951	9849	37038
云　南　Yunnan	26619	24839	111508
西　藏　Xizang	1138	1930	156
陕　西　Shaanxi	23100	15323	21532
甘　肃　Gansu	14146	11298	15574
青　海　Qinghai	3552	1513	2100
宁　夏　Ningxia	4980	3814	17444
新　疆　Xinjiang	12631	7229	24972

附表 7-2 2018 年各省科普场地

Appendix table 7-2: S&T popularization venues and facilities by region in 2018

地 区 Region	科技馆/个 S&T museums or centers	建筑面积/平方米 Construction area (m^2)	展厅面积/平方米 Exhibition area (m^2)	当年参观人数/人次 Visitors
全 国 Total	518	3997066	2019388	76365107
东 部 Eastern	262	2256490	1111518	39327551
中 部 Middle	129	791148	405533	16597869
西 部 Western	127	949428	502337	20439687
北 京 Beijing	28	318800	167134	6187673
天 津 Tianjin	4	23942	13880	480963
河 北 Hebei	17	117962	55683	1320116
山 西 Shanxi	4	31600	14339	1084200
内蒙古 Inner Mongolia	20	148864	73406	1592373
辽 宁 Liaoning	19	209431	86870	1940400
吉 林 Jilin	14	95544	43700	862100
黑龙江 Heilongjiang	9	103454	61437	3019500
上 海 Shanghai	31	190854	119025	5930371
江 苏 Jiangsu	23	196821	103613	3523203
浙 江 Zhejiang	26	263844	119518	3774288
安 徽 Anhui	19	134904	68894	2972325
福 建 Fujian	29	209008	103481	4172000
江 西 Jiangxi	5	61623	32942	785993
山 东 Shandong	29	244668	139956	5727246
河 南 Henan	16	108223	65869	3175576
湖 北 Hubei	49	189369	83591	2964466
湖 南 Hunan	13	66431	34761	1733709
广 东 Guangdong	37	378091	154220	5589722
广 西 Guangxi	7	108218	48717	2103206
海 南 Hainan	19	103069	48138	681569
重 庆 Chongqing	10	67524	42505	3576100
四 川 Sichuan	17	88339	53496	3220989
贵 州 Guizhou	11	66834	35592	987690
云 南 Yunnan	12	62554	32120	1268629
西 藏 Xizang	0	0	0	0
陕 西 Shaanxi	14	88607	47361	3504762
甘 肃 Gansu	11	68955	40670	1095463
青 海 Qinghai	3	41213	17753	640619
宁 夏 Ningxia	6	57505	30843	1207856
新 疆 Xinjiang	16	150815	79874	1242000

附表 7-2　续表　　Continued

地　区 Region	科学技术类博物馆/个 S&T related museums	建筑面积/平方米 Construction area (m^2)	展厅面积/平方米 Exhibition area (m^2)	当年参观人数/人次 Visitors	青少年科技馆站/个 Teenage S&T museums
全　国 Total	943	7092019	3237635	142316316	559
东　部 Eastern	499	3970220	1820800	89176652	203
中　部 Middle	160	1240950	510006	19491482	160
西　部 Western	284	1880849	906829	33648182	196
北　京 Beijing	81	988767	392202	20442314	12
天　津 Tianjin	9	189798	83094	4351864	4
河　北 Hebei	36	187448	87225	3899649	16
山　西 Shanxi	9	54080	26654	865600	13
内蒙古 Inner Mongolia	22	268883	114911	2973043	17
辽　宁 Liaoning	46	333384	138957	4157585	18
吉　林 Jilin	18	182167	44067	1959238	16
黑龙江 Heilongjiang	25	150528	80280	2610105	12
上　海 Shanghai	138	827440	459485	18734167	24
江　苏 Jiangsu	41	412116	176094	10404346	38
浙　江 Zhejiang	47	397591	174145	7494118	42
安　徽 Anhui	19	118279	57052	1238853	30
福　建 Fujian	28	168403	88388	4764719	11
江　西 Jiangxi	13	52961	14425	934945	24
山　东 Shandong	21	106874	60757	2079581	23
河　南 Henan	15	114857	32421	1751544	19
湖　北 Hubei	30	303052	164063	5085389	28
湖　南 Hunan	31	265026	91044	5045808	18
广　东 Guangdong	46	333254	145493	11488879	14
广　西 Guangxi	26	98889	58317	2694512	17
海　南 Hainan	6	25145	14960	1359430	1
重　庆 Chongqing	35	266905	142780	5051537	17
四　川 Sichuan	51	237466	139910	7776397	43
贵　州 Guizhou	11	134342	39125	728264	5
云　南 Yunnan	41	337709	146066	6103471	27
西　藏 Xizang	2	41088	14796	120009	1
陕　西 Shaanxi	25	114851	70121	1391576	19
甘　肃 Gansu	34	177368	78266	3652173	16
青　海 Qinghai	6	35630	12626	864000	2
宁　夏 Ningxia	12	53054	31876	1235651	3
新　疆 Xinjiang	19	114664	58035	1057549	29

附表 7-2 续表 Continued

地　区 Region	城市社区科普（技）专用活动室/个 Urban community S&T popularization rooms	农村科普（技）活动场地/个 Rural S&T popularization sites	科普宣传专用车/辆 S&T popularization vehicles	科普画廊/个 S&T popularization galleries
全　国 Total	58648	252747	1365	161541
东　部 Eastern	27908	105679	580	95690
中　部 Middle	16381	76621	259	35502
西　部 Western	14359	70447	526	30349
北　京 Beijing	1246	1682	106	2615
天　津 Tianjin	1516	2647	74	2095
河　北 Hebei	1214	11083	39	4278
山　西 Shanxi	810	8545	35	2718
内蒙古 Inner Mongolia	1143	3236	98	986
辽　宁 Liaoning	2769	4933	21	3777
吉　林 Jilin	729	3091	17	1155
黑龙江 Heilongjiang	939	3954	34	2181
上　海 Shanghai	3423	1643	47	7166
江　苏 Jiangsu	4799	14636	44	16530
浙　江 Zhejiang	3847	20610	149	22974
安　徽 Anhui	1943	8255	38	5213
福　建 Fujian	2180	9509	20	8936
江　西 Jiangxi	1804	7252	37	5477
山　东 Shandong	3713	29293	27	20876
河　南 Henan	2495	13850	29	5723
湖　北 Hubei	4958	18168	26	7490
湖　南 Hunan	2703	13506	43	5545
广　东 Guangdong	3074	8374	46	6095
广　西 Guangxi	1145	6870	26	3445
海　南 Hainan	127	1269	7	348
重　庆 Chongqing	826	3456	91	4100
四　川 Sichuan	3338	20186	64	5058
贵　州 Guizhou	686	3052	7	1056
云　南 Yunnan	1459	11291	25	6385
西　藏 Xizang	77	511	21	106
陕　西 Shaanxi	1956	10419	53	3692
甘　肃 Gansu	937	4871	38	2077
青　海 Qinghai	119	308	10	549
宁　夏 Ningxia	646	2007	19	1008
新　疆 Xinjiang	2027	4240	74	1887

附表 7-3　2018 年各省科普经费　　单位：万元

Appendix table 7-3: S&T popularization funds by region in 2018　　Unit: 10000 yuan

地　区 Region	年度科普经费筹集额 Annual funding for S&T popularization	政府拨款 Government funds	科普专项经费 Special funds	捐赠 Donates	自筹资金 Self-raised funds	其他收入 Others
全　国 Total	1611380	1260150	620922	7255	260934	83043
东　部 Eastern	937637	697213	357085	4020	180978	55427
中　部 Middle	275799	232161	103876	1399	34833	7407
西　部 Western	397944	330777	159961	1836	45124	20209
北　京 Beijing	261786	189376	117005	1311	43654	27445
天　津 Tianjin	22726	15906	7109	32	6135	652
河　北 Hebei	50663	36122	9025	146	12983	1412
山　西 Shanxi	17630	15658	8378	1	1424	546
内蒙古 Inner Mongolia	24296	20146	7658	54	2089	2008
辽　宁 Liaoning	27589	19137	9181	131	7114	1207
吉　林 Jilin	18866	17759	7829	59	758	289
黑龙江 Heilongjiang	13041	11949	5090	13	804	274
上　海 Shanghai	179019	114315	59288	882	58280	5542
江　苏 Jiangsu	90066	72721	40187	194	12522	4630
浙　江 Zhejiang	108532	87479	38636	320	12750	7984
安　徽 Anhui	39772	34073	17775	82	4032	1585
福　建 Fujian	55343	41680	18685	382	9630	3651
江　西 Jiangxi	31552	25713	8814	385	4555	899
山　东 Shandong	38314	33661	14509	62	3718	873
河　南 Henan	33976	26408	13649	214	6595	758
湖　北 Hubei	74590	63839	24026	448	8953	1349
湖　南 Hunan	46373	36760	18315	196	7711	1706
广　东 Guangdong	92855	77686	39582	558	12856	1754
广　西 Guangxi	35001	29486	15353	62	3837	1616
海　南 Hainan	10743	9129	3880	2	1335	277
重　庆 Chongqing	43937	33233	14913	61	7369	3274
四　川 Sichuan	75920	62722	36228	241	11791	1165
贵　州 Guizhou	38820	33129	12899	385	2032	3274
云　南 Yunnan	60778	49990	21935	229	9020	1539
西　藏 Xizang	6298	5416	3928	241	162	480
陕　西 Shaanxi	40610	33154	18664	343	3844	3269
甘　肃 Gansu	26570	23193	7249	120	2603	654
青　海 Qinghai	10164	8673	6177	17	748	726
宁　夏 Ningxia	11830	9729	5503	45	626	1431
新　疆 Xinjiang	23720	21907	9454	37	1004	773

附表 7-3 续表 Continued

地 区 Region	科技活动周经费筹集额 Funding for S&T week	政府拨款 Government funds	企业赞助 Corporate donates	年度科普经费使用额 Annual expenditure	行政支出 Administrative expenditure	科普活动支出 Activities expenditure
全 国 Total	45558	35348	2903	1592868	292231	847868
东 部 Eastern	22245	17832	1656	904374	158389	493289
中 部 Middle	9673	6981	749	269774	56445	132393
西 部 Western	13639	10535	498	418720	77397	222186
北 京 Beijing	3742	3076	237	248166	40396	151585
天 津 Tianjin	614	381	86	22793	6328	9667
河 北 Hebei	1090	825	97	48199	9744	21116
山 西 Shanxi	389	342	7	17755	3595	9293
内蒙古 Inner Mongolia	507	380	30	23478	2822	11766
辽 宁 Liaoning	870	596	171	27830	5610	12197
吉 林 Jilin	258	114	108	13185	1176	8928
黑龙江 Heilongjiang	419	351	17	13431	1630	7681
上 海 Shanghai	6258	5178	586	168779	9315	103680
江 苏 Jiangsu	3130	2381	200	90607	20548	47035
浙 江 Zhejiang	2326	1892	18	101153	26900	47186
安 徽 Anhui	1035	846	58	41751	8090	17912
福 建 Fujian	1094	857	97	53936	9341	25001
江 西 Jiangxi	1153	819	88	30297	8154	16693
山 东 Shandong	722	585	32	39484	5928	19333
河 南 Henan	1086	657	37	32088	7568	18586
湖 北 Hubei	2030	1345	262	74410	17038	28624
湖 南 Hunan	3305	2507	173	46856	9194	24676
广 东 Guangdong	2006	1742	85	93067	22384	50819
广 西 Guangxi	2583	2367	15	44332	6803	24324
海 南 Hainan	393	319	47	10360	1895	5670
重 庆 Chongqing	1483	1043	173	45312	5117	20360
四 川 Sichuan	1466	1141	66	74135	13504	41044
贵 州 Guizhou	1793	1569	58	36599	11436	19429
云 南 Yunnan	1092	718	32	64418	16166	40746
西 藏 Xizang	408	328	0	4109	184	2676
陕 西 Shaanxi	1590	1298	84	40740	9107	23790
甘 肃 Gansu	561	425	5	29333	2876	14204
青 海 Qinghai	413	385	7	10835	3539	4983
宁 夏 Ningxia	197	168	0	11646	1664	5251
新 疆 Xinjiang	1545	713	29	33785	4179	13613

附表 7-3　续表　　　　Continued

地　区 Region	年度科普经费使用额 Annual expenditure				
	科普场馆基建支出 Infrastructure expenditures	政府拨款支出 Government expenditures	场馆建设支出 Venue construction expenditures	展品、设施支出 Exhibits & facilities expenditures	其他支出 Others
全　国 Total	321174	144021	131218	125697	131595
东　部 Eastern	172582	86117	75049	71122	80114
中　部 Middle	62377	29380	25324	23729	18559
西　部 Western	86216	28524	30845	30846	32922
北　京 Beijing	19880	8057	8680	7431	36305
天　津 Tianjin	5409	2469	1556	2644	1389
河　北 Hebei	13483	10850	10676	1895	3856
山　西 Shanxi	1113	418	170	734	3755
内蒙古 Inner Mongolia	6235	1579	1816	1130	2655
辽　宁 Liaoning	8362	2149	5192	2303	1661
吉　林 Jilin	2856	273	318	2266	225
黑龙江 Heilongjiang	3125	1644	1149	1469	995
上　海 Shanghai	51592	28857	13238	30214	4193
江　苏 Jiangsu	15797	4567	6298	6609	7227
浙　江 Zhejiang	13294	6523	6149	5196	13773
安　徽 Anhui	13922	7527	7101	3103	1827
福　建 Fujian	16789	8142	9784	3850	2805
江　西 Jiangxi	3876	2050	1374	1675	1575
山　东 Shandong	11662	7671	7004	3694	2561
河　南 Henan	4326	704	1002	2434	1608
湖　北 Hubei	24210	14768	11765	8003	4538
湖　南 Hunan	8950	1996	2446	4045	4036
广　东 Guangdong	14070	6222	5138	6686	5795
广　西 Guangxi	11368	5575	2845	4474	1837
海　南 Hainan	2245	610	1334	599	550
重　庆 Chongqing	13855	4284	6990	6111	5979
四　川 Sichuan	13721	4142	6243	3961	5866
贵　州 Guizhou	1001	488	99	896	4734
云　南 Yunnan	5028	1600	946	1203	2478
西　藏 Xizang	650	469	174	361	599
陕　西 Shaanxi	6277	2152	3156	2021	1566
甘　肃 Gansu	10067	4272	4265	4871	2185
青　海 Qinghai	1424	71	101	792	888
宁　夏 Ningxia	2899	463	1629	1758	1831
新　疆 Xinjiang	13690	3430	2582	3267	2303

附表 7-4 2018 年各省科普传媒

Appendix table 7-4: S&T popularization media by region in 2018

地 区 Region	科普图书 S&T popularization books		科普期刊 S&T popularization journals	
	出版种数/种 Types of publications	出版总册数/册 Total copies	出版种数/种 Types of publications	出版总册数/册 Total copies
全 国 Total	11120	86065954	1339	67877371
东 部 Eastern	7464	66512461	673	49793898
中 部 Middle	2047	12921152	319	7036455
西 部 Western	1609	6632341	347	11047018
北 京 Beijing	4400	51365240	211	10361521
天 津 Tianjin	312	927760	34	3007600
河 北 Hebei	270	435094	28	312600
山 西 Shanxi	36	63000	21	154665
内蒙古 Inner Mongolia	123	370310	8	84400
辽 宁 Liaoning	418	1637322	41	7345638
吉 林 Jilin	460	502340	63	163000
黑龙江 Heilongjiang	248	908711	28	713900
上 海 Shanghai	1131	5545062	121	15781813
江 苏 Jiangsu	396	3788122	98	6940864
浙 江 Zhejiang	205	1044154	43	3504660
安 徽 Anhui	84	709700	25	1082700
福 建 Fujian	110	481525	23	85951
江 西 Jiangxi	544	8810360	57	3284030
山 东 Shandong	47	704650	19	213296
河 南 Henan	219	499530	30	188820
湖 北 Hubei	217	657211	32	872040
湖 南 Hunan	239	770300	63	577300
广 东 Guangdong	131	519032	49	2209755
广 西 Guangxi	190	834890	19	1494520
海 南 Hainan	44	64500	6	30200
重 庆 Chongqing	207	1709270	85	4212550
四 川 Sichuan	145	815313	38	2033858
贵 州 Guizhou	34	203300	19	67130
云 南 Yunnan	204	609297	46	793582
西 藏 Xizang	75	67750	19	45500
陕 西 Shaanxi	233	1005991	43	1607300
甘 肃 Gansu	240	580870	29	160600
青 海 Qinghai	40	73000	12	90201
宁 夏 Ningxia	38	138000	7	44000
新 疆 Xinjiang	80	224350	22	413377

附表 7-4　续表　　Continued

地　区 Region	科普（技）音像制品 S&T Popularization audio and video products			科技类报纸年发行总份数/份 S&T newspaper circulation
	出版种数/种 Types of publications	光盘发行总量/张 Total CD copies released	录音、录像带发行总量/盒 Total copies of audio and video publications	
全　国 Total	3669	4460603	175448	145461553
东　部 Eastern	1249	3100325	28833	79354724
中　部 Middle	1363	617794	63381	36152792
西　部 Western	1057	742484	83234	29954037
北　京 Beijing	144	792488	4224	17084307
天　津 Tianjin	60	37500	101	2842923
河　北 Hebei	37	63194	1801	4648737
山　西 Shanxi	129	10710	129	5187436
内蒙古 Inner Mongolia	128	34651	556	126231
辽　宁 Liaoning	241	457930	605	8290513
吉　林 Jilin	129	64262	5021	350140
黑龙江 Heilongjiang	46	74021	273	839011
上　海 Shanghai	99	1363295	300	16576316
江　苏 Jiangsu	264	24571	7631	16465443
浙　江 Zhejiang	94	21920	801	2470423
安　徽 Anhui	92	9522	1254	1242564
福　建 Fujian	49	41807	9107	746214
江　西 Jiangxi	246	61632	561	2312288
山　东 Shandong	72	9603	2563	5810251
河　南 Henan	280	163637	33553	2792333
湖　北 Hubei	267	35728	6399	9195780
湖　南 Hunan	174	198282	16191	14233240
广　东 Guangdong	171	252627	1700	4419597
广　西 Guangxi	112	14923	8712	16613333
海　南 Hainan	18	35390	0	0
重　庆 Chongqing	85	69657	32405	275567
四　川 Sichuan	165	232953	8156	1859415
贵　州 Guizhou	1	800	0	91500
云　南 Yunnan	150	130928	4403	1075183
西　藏 Xizang	39	72785	1140	2031500
陕　西 Shaanxi	58	29609	11000	4199003
甘　肃 Gansu	128	54452	11309	1147799
青　海 Qinghai	22	49319	0	2257312
宁　夏 Ningxia	33	45015	1	217208
新　疆 Xinjiang	136	7392	5552	59986

附表 7-4　续表　　　Continued

地　区 Region	电视台播出科普（技）节目时间/小时 Broadcasting time of S&T popularization programs on TV (h)	电台播出科普（技）节目时间/小时 Broadcasting time of S&T popularization programs on radio (h)	科普网站数/个 S&T popularization websites (unit)	发放科普读物和资料/份 Number of S&T popularization readings and materials
全　国 Total	77979	53749	2688	697862863
东　部 Eastern	37280	24451	1321	315238684
中　部 Middle	19660	17493	607	159792915
西　部 Western	21039	11805	760	222831264
北　京 Beijing	2468	746	286	50748350
天　津 Tianjin	1290	635	73	8062478
河　北 Hebei	3311	2115	75	20922947
山　西 Shanxi	4345	3201	36	8934588
内蒙古 Inner Mongolia	3060	1655	61	7364054
辽　宁 Liaoning	4050	4390	81	10520415
吉　林 Jilin	396	208	66	5747826
黑龙江 Heilongjiang	1583	1730	59	9001787
上　海 Shanghai	10928	1455	213	30516668
江　苏 Jiangsu	307	1497	130	95042375
浙　江 Zhejiang	3850	3936	110	38377463
安　徽 Anhui	2487	4605	70	24645495
福　建 Fujian	1907	1611	93	12898438
江　西 Jiangxi	1719	833	62	14094267
山　东 Shandong	3944	2349	67	14411727
河　南 Henan	1846	981	117	22815199
湖　北 Hubei	3087	3066	113	44126245
湖　南 Hunan	4197	2869	84	30427508
广　东 Guangdong	5225	5709	172	30926394
广　西 Guangxi	507	7	65	26191979
海　南 Hainan	0	8	21	2811429
重　庆 Chongqing	76	1	109	19752806
四　川 Sichuan	4136	1626	136	38132739
贵　州 Guizhou	913	399	55	24128258
云　南 Yunnan	7041	2818	88	52854672
西　藏 Xizang	335	68	15	1043820
陕　西 Shaanxi	1601	1372	99	21042143
甘　肃 Gansu	1485	1358	70	14421619
青　海 Qinghai	212	20	15	4315069
宁　夏 Ningxia	0	0	22	5888583
新　疆 Xinjiang	1673	2481	25	7695522

附表 7-5　2018 年各省科普活动

Appendix table 7-5: S&T popularization activities by region in 2018

地　区 Region	科普（技）讲座 S&T popularization lectures		科普（技）展览 S&T popularization exhibitions	
	举办次数/次 Number of lectures	参加人数/人次 Number of participants	专题展览次数/次 Number of exhibitions	参观人数/人次 Number of participants
全　国 Total	910069	205507672	116403	255946219
东　部 Eastern	434880	124330299	47281	158618072
中　部 Middle	213035	33192310	30941	36382771
西　部 Western	262154	47985063	38181	60945376
北　京 Beijing	64064	73550370	4829	69813746
天　津 Tianjin	15564	1353241	2613	3774197
河　北 Hebei	23326	3482134	3128	5285542
山　西 Shanxi	17065	2178302	1688	1384354
内蒙古 Inner Mongolia	18346	1895679	2308	8048049
辽　宁 Liaoning	25803	3612265	3575	8295481
吉　林 Jilin	10104	2422115	2284	3176388
黑龙江 Heilongjiang	19046	4375696	1699	3286757
上　海 Shanghai	71527	10012138	6548	22406011
江　苏 Jiangsu	64362	9159517	6829	9275655
浙　江 Zhejiang	66420	6918640	7046	9974460
安　徽 Anhui	36382	3149214	4360	2948029
福　建 Fujian	26211	3802096	3400	4988774
江　西 Jiangxi	20488	3345655	4387	3655592
山　东 Shandong	34565	4452754	3157	6923444
河　南 Henan	34478	5563551	4573	6653309
湖　北 Hubei	44756	7924253	7703	7870693
湖　南 Hunan	30716	4233524	4247	7407649
广　东 Guangdong	40794	7652510	4804	17625452
广　西 Guangxi	20897	3256258	3366	4642475
海　南 Hainan	2244	334634	1352	255310
重　庆 Chongqing	20066	9315072	2265	7562301
四　川 Sichuan	41040	8035132	4703	9203412
贵　州 Guizhou	15990	2407145	1842	1955765
云　南 Yunnan	41607	4941953	6747	11349628
西　藏 Xizang	726	145619	147	356125
陕　西 Shaanxi	30336	5333521	4129	4842306
甘　肃 Gansu	24667	3713592	5922	8051368
青　海 Qinghai	7590	1535742	1162	1300937
宁　夏 Ningxia	7917	1539483	1260	1283200
新　疆 Xinjiang	32972	5865867	4330	2349810

附表 7-5 续表 Continued

地 区 Region	科普（技）竞赛 S&T popularization competitions		科普国际交流 International S&T popularization communication	
	举办次数/次 Number of competitions	参加人数/人次 Number of participants	举办次数/次 Number of events	参加人数/人次 Number of participants
全 国 Total	40032	183398951	2579	936604
东 部 Eastern	24295	139895531	1476	691099
中 部 Middle	7310	31131029	467	109195
西 部 Western	8427	12372391	636	136310
北 京 Beijing	2356	105349989	470	442803
天 津 Tianjin	717	1003884	62	26793
河 北 Hebei	1278	1431813	51	4130
山 西 Shanxi	405	497378	16	1982
内蒙古 Inner Mongolia	587	498262	17	3311
辽 宁 Liaoning	1370	1472607	56	5226
吉 林 Jilin	320	242702	30	8041
黑龙江 Heilongjiang	757	182633	30	1511
上 海 Shanghai	3601	3849349	291	142508
江 苏 Jiangsu	3322	14691670	196	21132
浙 江 Zhejiang	3010	2299967	83	6326
安 徽 Anhui	1423	859271	13	2242
福 建 Fujian	6120	1818542	85	30383
江 西 Jiangxi	803	3026323	38	5482
山 东 Shandong	1102	1510178	58	6065
河 南 Henan	949	6902446	26	2169
湖 北 Hubei	1801	14345015	49	8774
湖 南 Hunan	852	5075261	265	78994
广 东 Guangdong	1320	6357195	90	3865
广 西 Guangxi	792	1284981	94	5461
海 南 Hainan	99	110337	34	1868
重 庆 Chongqing	686	2080497	129	67778
四 川 Sichuan	958	2717389	68	24432
贵 州 Guizhou	653	461259	17	462
云 南 Yunnan	1043	1722351	137	17570
西 藏 Xizang	22	7479	4	30
陕 西 Shaanxi	1345	995593	99	12268
甘 肃 Gansu	867	1448323	29	2440
青 海 Qinghai	148	97329	2	33
宁 夏 Ningxia	245	254703	5	90
新 疆 Xinjiang	1081	804225	35	2435

附表 7-5　续表　　　　　Continued

地　区　Region	成立青少年科技兴趣小组 Teenage S&T interest groups		科技夏（冬）令营 Summer /winter science camps	
	兴趣小组数/个 Number of groups	参加人数/人次 Number of participants	举办次数/次 Number of camps	参加人数/人次 Number of participants
全　国　Total	191910	17105984	14552	2317938
东　部　Eastern	86035	5713348	8720	1270804
中　部　Middle	59763	4833892	2837	456337
西　部　Western	46112	6558744	2995	590797
北　京　Beijing	3654	428270	1431	193315
天　津　Tianjin	2719	339757	437	120106
河　北　Hebei	9835	409135	213	39941
山　西　Shanxi	4226	211229	71	9173
内蒙古　Inner Mongolia	1530	163465	224	35809
辽　宁　Liaoning	5804	359990	354	64949
吉　林　Jilin	3936	240278	373	17323
黑龙江　Heilongjiang	2894	141606	198	24494
上　海　Shanghai	7269	517620	1895	247913
江　苏　Jiangsu	16520	974115	1664	223050
浙　江　Zhejiang	12492	672112	915	145528
安　徽　Anhui	6424	423495	405	72991
福　建　Fujian	4518	452863	633	62018
江　西　Jiangxi	3791	504676	626	93680
山　东　Shandong	11257	667395	519	74893
河　南　Henan	16515	1550321	279	65352
湖　北　Hubei	12934	858785	423	104608
湖　南　Hunan	9043	903502	462	68716
广　东　Guangdong	11621	850378	561	65101
广　西　Guangxi	4880	706123	126	15618
海　南　Hainan	346	41713	98	33990
重　庆　Chongqing	5158	1785841	219	81729
四　川　Sichuan	8156	986119	401	111431
贵　州　Guizhou	2637	652801	69	11954
云　南　Yunnan	5508	400822	297	63973
西　藏　Xizang	35	8336	14	1146
陕　西　Shaanxi	6361	288000	518	65649
甘　肃　Gansu	5009	445106	99	9017
青　海　Qinghai	353	7791	25	2184
宁　夏　Ningxia	3020	173303	40	4419
新　疆　Xinjiang	3465	941037	963	187868

附表 7-5　续表　　Continued

地　区 Region	科技活动周 Science & technology week		科研机构、大学向社会开放 Scientific institutions and universities open to the public	
	科普专题活动次数/次 Number of events	参加人数/人次 Number of participants	开放单位数/个 Number of open units	参观人数/人次 Number of participants
全　国 Total	116828	161024339	10563	9966859
东　部 Eastern	51663	114043211	5057	5393559
中　部 Middle	25115	17902753	2774	1949760
西　部 Western	40050	29078375	2732	2623540
北　京 Beijing	3468	62230053	810	875414
天　津 Tianjin	3738	2129276	375	163247
河　北 Hebei	4044	2523290	420	262091
山　西 Shanxi	1800	987996	134	45006
内蒙古 Inner Mongolia	1613	1157719	103	55137
辽　宁 Liaoning	3375	2096460	489	444796
吉　林 Jilin	1186	965580	71	59760
黑龙江 Heilongjiang	2159	1924284	294	114440
上　海 Shanghai	7687	6672967	119	373078
江　苏 Jiangsu	9456	8359463	853	767782
浙　江 Zhejiang	8207	3623986	897	466829
安　徽 Anhui	3921	1846771	412	363934
福　建 Fujian	3802	2479067	259	256211
江　西 Jiangxi	3528	1750029	158	236614
山　东 Shandong	3738	3100679	198	196515
河　南 Henan	3853	3547134	851	247021
湖　北 Hubei	5508	3581414	419	665854
湖　南 Hunan	3160	3299545	435	217131
广　东 Guangdong	3480	20433398	480	1331990
广　西 Guangxi	3651	2359287	225	325008
海　南 Hainan	668	394572	157	255606
重　庆 Chongqing	3106	6764416	419	345396
四　川 Sichuan	5694	3649837	409	504756
贵　州 Guizhou	3080	1901852	93	45753
云　南 Yunnan	6303	3607544	212	308644
西　藏 Xizang	262	124713	15	3965
陕　西 Shaanxi	6579	4106100	655	297380
甘　肃 Gansu	3569	1964765	221	164504
青　海 Qinghai	563	478349	58	380970
宁　夏 Ningxia	1032	995099	102	56348
新　疆 Xinjiang	4598	1968694	220	135679

附表 7-5　续表　　Continued

地　区 Region	举办实用技术培训 Practical skill trainings		重大科普活动次数/次 Number of major S&T popularization activities
	举办次数/次 Number of trainings	参加人数/人次 Number of participants	
全　国 Total	535142	56640327	25661
东　部 Eastern	135446	17449700	10133
中　部 Middle	109317	12802264	6290
西　部 Western	290379	26388363	9238
北　京 Beijing	10193	721822	1056
天　津 Tianjin	6006	437781	410
河　北 Hebei	16851	2513730	814
山　西 Shanxi	9911	990547	582
内蒙古 Inner Mongolia	14709	1549271	703
辽　宁 Liaoning	8088	915046	732
吉　林 Jilin	7682	978975	275
黑龙江 Heilongjiang	14205	1808572	437
上　海 Shanghai	14367	2544508	1112
江　苏 Jiangsu	19993	1996338	1928
浙　江 Zhejiang	24128	2619748	1099
安　徽 Anhui	13334	1260680	821
福　建 Fujian	9818	1788692	785
江　西 Jiangxi	10666	869777	468
山　东 Shandong	11196	2740765	721
河　南 Henan	17306	1983869	1414
湖　北 Hubei	21979	3024927	1146
湖　南 Hunan	14234	1884917	1147
广　东 Guangdong	12406	987000	1325
广　西 Guangxi	22597	1852237	748
海　南 Hainan	2400	184270	151
重　庆 Chongqing	8029	978877	841
四　川 Sichuan	44161	3932823	1434
贵　州 Guizhou	18718	1793932	388
云　南 Yunnan	72315	5782435	1190
西　藏 Xizang	445	42848	186
陕　西 Shaanxi	35076	2771323	1261
甘　肃 Gansu	31618	2657727	1243
青　海 Qinghai	2667	231399	368
宁　夏 Ningxia	3894	374439	224
新　疆 Xinjiang	36150	4421052	652

附表 7-6　2018 年创新创业中的科普
Appendix table 7-6: S&T popularization activities in innovation and entrepreneurship in 2018

地　区 Region	众创空间 Maker space		
	数量/个 Number of maker spaces	服务各类人员数量/人 Number of serving for people	孵化科技项目数量/个 Number of incubating S&T projects
全　国 Total	9771	2133475	185947
东　部 Eastern	4505	1286836	155843
中　部 Middle	1777	238310	14192
西　部 Western	3489	608329	15912
北　京 Beijing	609	929745	106321
天　津 Tianjin	273	27464	4901
河　北 Hebei	450	26722	5082
山　西 Shanxi	208	21956	1128
内蒙古 Inner Mongolia	278	13876	924
辽　宁 Liaoning	233	36545	2773
吉　林 Jilin	125	5338	198
黑龙江 Heilongjiang	183	12893	2630
上　海 Shanghai	1279	95821	22400
江　苏 Jiangsu	504	24742	4059
浙　江 Zhejiang	117	11639	1386
安　徽 Anhui	280	20057	1618
福　建 Fujian	492	34726	1028
江　西 Jiangxi	257	69403	1090
山　东 Shandong	175	19329	1862
河　南 Henan	117	11169	921
湖　北 Hubei	293	17265	1206
湖　南 Hunan	314	80229	5401
广　东 Guangdong	297	58738	5418
广　西 Guangxi	462	27756	1751
海　南 Hainan	76	21365	613
重　庆 Chongqing	217	20211	1395
四　川 Sichuan	269	21165	934
贵　州 Guizhou	99	7062	1406
云　南 Yunnan	503	36472	2729
西　藏 Xizang	51	7119	435
陕　西 Shaanxi	1332	449005	5192
甘　肃 Gansu	48	4594	322
青　海 Qinghai	12	2117	292
宁　夏 Ningxia	23	1813	263
新　疆 Xinjiang	195	17139	269

附表 7-6　续表　　　　　Continued

地　区　Region	创新创业培训　Innovation and entrepreneurship trainings		创新创业赛事　Innovation and entrepreneurship competitions	
	培训次数/次 Number of trainings	参加人数/人次 Number of participants	赛事次数/次 Number of competitions	参加人数/人次 Number of participants
全　国　Total	80438	4797036	7546	3093316
东　部　Eastern	34094	2024177	3805	1570284
中　部　Middle	23411	1607270	1881	1078738
西　部　Western	22933	1165589	1860	444294
北　京　Beijing	2482	278040	331	147787
天　津　Tianjin	2211	81174	126	44054
河　北　Hebei	4224	183317	202	41542
山　西　Shanxi	3136	66503	68	18598
内蒙古　Inner Mongolia	2265	75491	179	16494
辽　宁　Liaoning	1784	157669	753	72946
吉　林　Jilin	1680	26045	37	11878
黑龙江　Heilongjiang	1923	89096	154	44040
上　海　Shanghai	11089	475142	870	337618
江　苏　Jiangsu	4536	215450	583	75139
浙　江　Zhejiang	2064	148148	482	75579
安　徽　Anhui	2506	141809	637	117943
福　建　Fujian	1682	96573	179	399706
江　西　Jiangxi	2767	573569	182	51044
山　东　Shandong	1141	174144	39	208892
河　南　Henan	2891	206029	264	71629
湖　北　Hubei	3330	223807	351	170357
湖　南　Hunan	5178	280412	188	593249
广　东　Guangdong	1536	122341	213	162119
广　西　Guangxi	2342	140224	230	55798
海　南　Hainan	1345	92179	27	4902
重　庆　Chongqing	2258	116302	222	56312
四　川　Sichuan	2889	180274	146	36795
贵　州　Guizhou	1589	27718	74	11740
云　南　Yunnan	2936	209272	110	19376
西　藏　Xizang	1805	18703	27	2176
陕　西　Shaanxi	3871	142340	559	169638
甘　肃　Gansu	916	92379	206	46102
青　海　Qinghai	362	37699	29	4496
宁　夏　Ningxia	315	21729	29	17570
新　疆　Xinjiang	1385	103458	49	7797

附录8　2017年全国科普统计分类数据统计表

各项统计数据均未包括香港特别行政区、澳门特别行政区和台湾地区的数据。

科普宣传专用车、科普图书、科普期刊、科普网站、科普国际交流情况和创新创业中的科普情况均由市级以上（含市级）填报单位的数据统计得出。

非场馆类科普基地，因为理解差异，此次暂未列入。

东部、中部和西部地区的划分：东部地区包括北京、天津、河北、辽宁、上海、江苏、浙江、福建、山东、广东和海南11个省和直辖市；中部地区包括山西、吉林、黑龙江、安徽、江西、河南、湖北和湖南8个省；西部地区包括内蒙古、广西、重庆、四川、贵州、云南、西藏、陕西、甘肃、青海、宁夏和新疆12个省、自治区和直辖市。

附表 8-1　2017 年各省科普人员　单位：人
Appendix table 8-1: S&T popularization personnel by region in 2017　Unit: person

地　区 Region	科普专职人员 Full time S&T popularization personnel		
	人员总数 Total	中级职称及以上或大学本科及以上学历人员 With title of medium-rank or above / with college graduate or above	女性 Female
全　国 Total	227008	139497	87980
东　部 Eastern	83922	55652	35464
中　部 Middle	67192	40268	23984
西　部 Western	75894	43577	28532
北　京 Beijing	8077	6103	4377
天　津 Tianjin	1780	1475	946
河　北 Hebei	10896	6765	4364
山　西 Shanxi	3353	1908	1719
内蒙古 Inner Mongolia	5025	3066	1909
辽　宁 Liaoning	7414	4963	2922
吉　林 Jilin	3606	2552	1428
黑龙江 Heilongjiang	4289	2730	1741
上　海 Shanghai	8779	6294	4369
江　苏 Jiangsu	11058	7836	4521
浙　江 Zhejiang	7857	5838	3443
安　徽 Anhui	8975	5600	2556
福　建 Fujian	4567	2926	1588
江　西 Jiangxi	6661	4309	2339
山　东 Shandong	14036	8156	5274
河　南 Henan	12569	7070	4737
湖　北 Hubei	13284	8776	4566
湖　南 Hunan	14455	7323	4898
广　东 Guangdong	7910	4651	2988
广　西 Guangxi	9046	4552	2918
海　南 Hainan	1548	645	672
重　庆 Chongqing	5232	3230	1765
四　川 Sichuan	12083	7160	4651
贵　州 Guizhou	3673	2375	1398
云　南 Yunnan	13580	8387	5710
西　藏 Xizang	394	208	181
陕　西 Shaanxi	9790	5504	3557
甘　肃 Gansu	8945	4618	2738
青　海 Qinghai	876	499	382
宁　夏 Ningxia	1729	816	747
新　疆 Xinjiang	5521	3162	2576

附表 8-1　续表　　Continued

地　区	Region	科普专职人员 Full time S&T popularization personnel		
		农村科普人员 Rural S&T popularization personnel	管理人员 S&T popularization administrators	科普创作人员 S&T popularization creators
全　国	Total	72839	49110	14907
东　部	Eastern	21504	18590	7099
中　部	Middle	26374	14819	3589
西　部	Western	24961	15701	4219
北　京	Beijing	817	1924	1269
天　津	Tianjin	166	466	308
河　北	Hebei	3952	1934	492
山　西	Shanxi	597	873	188
内蒙古	Inner Mongolia	1255	1288	310
辽　宁	Liaoning	1837	2112	553
吉　林	Jilin	1468	1188	170
黑龙江	Heilongjiang	1555	943	265
上　海	Shanghai	1016	2193	1341
江　苏	Jiangsu	2980	2569	815
浙　江	Zhejiang	2332	1599	586
安　徽	Anhui	4609	1896	405
福　建	Fujian	1442	1081	248
江　西	Jiangxi	2239	1719	337
山　东	Shandong	4664	2424	875
河　南	Henan	4516	2926	661
湖　北	Hubei	6022	2451	804
湖　南	Hunan	5368	2823	759
广　东	Guangdong	1793	1987	531
广　西	Guangxi	4143	1428	416
海　南	Hainan	505	301	81
重　庆	Chongqing	1782	1020	599
四　川	Sichuan	4783	3281	765
贵　州	Guizhou	1012	1069	128
云　南	Yunnan	3747	1848	431
西　藏	Xizang	106	102	36
陕　西	Shaanxi	3433	2070	684
甘　肃	Gansu	1805	1615	309
青　海	Qinghai	54	195	79
宁　夏	Ningxia	591	475	127
新　疆	Xinjiang	2250	1310	335

附表 8-1　续表　　Continued

地　区 Region	科普兼职人员 Part time S&T popularization personnel		
	人员总数 Total	年度实际投入工作量/人月 Annual actual workload (person-month)	中级职称及以上或大学本科及以上学历人员 With title of medium-rank or above / with college graduate or above
全　国 Total	1567453	1897764	857287
东　部 Eastern	682640	774860	389339
中　部 Middle	392958	514093	210134
西　部 Western	491855	608811	257814
北　京 Beijing	42958	48756	27564
天　津 Tianjin	15393	17437	11049
河　北 Hebei	78909	97856	39362
山　西 Shanxi	15963	13070	9704
内蒙古 Inner Mongolia	32586	30765	17171
辽　宁 Liaoning	49974	28761	28340
吉　林 Jilin	12764	14908	6166
黑龙江 Heilongjiang	25214	32847	16344
上　海 Shanghai	47980	80209	29192
江　苏 Jiangsu	110622	150594	66584
浙　江 Zhejiang	129620	151798	75924
安　徽 Anhui	47084	66034	24782
福　建 Fujian	58510	65953	31966
江　西 Jiangxi	43891	67939	24093
山　东 Shandong	77236	111356	38929
河　南 Henan	90610	118331	47611
湖　北 Hubei	78924	87368	44560
湖　南 Hunan	78508	113596	36874
广　东 Guangdong	62827	12523	36724
广　西 Guangxi	56026	81354	26519
海　南 Hainan	8611	9617	3705
重　庆 Chongqing	37857	54588	19341
四　川 Sichuan	93704	112804	50302
贵　州 Guizhou	38895	58113	21751
云　南 Yunnan	77081	105823	41257
西　藏 Xizang	1515	1432	638
陕　西 Shaanxi	61810	77805	33228
甘　肃 Gansu	38486	35355	17462
青　海 Qinghai	7129	4487	4029
宁　夏 Ningxia	11993	10058	7215
新　疆 Xinjiang	34773	36227	18901

附表 8-1 续表 Continued

地区 Region	科普兼职人员 Part time S&T popularization personnel		注册科普志愿者 Registered S&T popularization volunteers
	女性 Female	农村科普人员 Rural S&T popularization personnel	
全 国 Total	633280	499269	2256036
东 部 Eastern	288197	193630	1357608
中 部 Middle	146799	140923	527018
西 部 Western	198284	164716	371410
北 京 Beijing	24228	6233	23709
天 津 Tianjin	8110	2978	11736
河 北 Hebei	35034	31419	51037
山 西 Shanxi	6997	3903	12642
内蒙古 Inner Mongolia	13674	9752	28241
辽 宁 Liaoning	23830	12129	54350
吉 林 Jilin	5997	5134	19302
黑龙江 Heilongjiang	11399	6515	27478
上 海 Shanghai	26343	4493	101716
江 苏 Jiangsu	40659	32816	721130
浙 江 Zhejiang	52573	36102	123148
安 徽 Anhui	17234	18588	45547
福 建 Fujian	20289	17129	34876
江 西 Jiangxi	16036	13844	35934
山 东 Shandong	30778	32280	56673
河 南 Henan	35990	32280	188785
湖 北 Hubei	28128	26898	105229
湖 南 Hunan	25018	33761	92101
广 东 Guangdong	22797	14446	174905
广 西 Guangxi	25077	16364	25576
海 南 Hainan	3556	3605	4328
重 庆 Chongqing	15854	12650	46730
四 川 Sichuan	38792	38485	45217
贵 州 Guizhou	13113	11834	43392
云 南 Yunnan	31595	29456	99661
西 藏 Xizang	528	634	31
陕 西 Shaanxi	24878	17647	27734
甘 肃 Gansu	11191	9874	23602
青 海 Qinghai	2741	505	1842
宁 夏 Ningxia	5467	3584	18637
新 疆 Xinjiang	15374	13931	10747

附表 8-2　2017 年各省科普场地

Appendix table 8-2: S&T popularization venues and facilities by region in 2017

地　区 Region	科技馆/个 S&T museums or centers	建筑面积/平方米 Construction area (m^2)	展厅面积/平方米 Exhibition area (m^2)	当年参观人数/人次 Visitors
全　国 Total	488	3710704	1800353	63017452
东　部 Eastern	259	2023316	967877	34395395
中　部 Middle	113	747858	363891	14219882
西　部 Western	116	939530	468585	14402175
北　京 Beijing	29	248542	119358	4698814
天　津 Tianjin	1	18000	10000	487034
河　北 Hebei	11	66732	34316	1075780
山　西 Shanxi	4	35400	16059	1307000
内蒙古 Inner Mongolia	17	118806	45075	2089308
辽　宁 Liaoning	17	207117	82893	1991700
吉　林 Jilin	8	16903	8250	88600
黑龙江 Heilongjiang	8	102954	60606	2677000
上　海 Shanghai	31	196485	118564	5440382
江　苏 Jiangsu	18	173026	86693	3038965
浙　江 Zhejiang	24	280660	120762	4556878
安　徽 Anhui	13	131520	56571	3057304
福　建 Fujian	36	133415	72972	2829809
江　西 Jiangxi	5	61623	32942	702528
山　东 Shandong	30	201547	109205	3457635
河　南 Henan	14	103127	61334	2180200
湖　北 Hubei	50	220340	96148	3071825
湖　南 Hunan	11	75991	31981	1135425
广　东 Guangdong	43	393899	168161	5545032
广　西 Guangxi	6	107318	50637	1617610
海　南 Hainan	19	103893	44953	1273366
重　庆 Chongqing	10	81868	42770	2991300
四　川 Sichuan	17	92724	57376	1106470
贵　州 Guizhou	9	61344	31659	625800
云　南 Yunnan	13	53458	26800	1180642
西　藏 Xizang	1	33000	12000	100000
陕　西 Shaanxi	13	96361	48890	1154177
甘　肃 Gansu	8	68623	41230	247596
青　海 Qinghai	3	41213	17753	732672
宁　夏 Ningxia	6	52905	29963	1316108
新　疆 Xinjiang	13	131910	64432	1240492

附表 8-2 续表 Continued

地 区 Region	科学技术类博物馆/个 S&T related museums	建筑面积/平方米 Construction area (m^2)	展厅面积/平方米 Exhibition area (m^2)	当年参观人数/人次 Visitors	青少年科技馆站/个 Teenage S&T museums
全 国 Total	951	6585799	3048889	141934662	549
东 部 Eastern	521	3943086	1806681	87822474	183
中 部 Middle	132	956088	457606	15543418	152
西 部 Western	298	1686625	784602	38568770	214
北 京 Beijing	82	1039394	406354	24385834	12
天 津 Tianjin	8	155315	77913	2451806	5
河 北 Hebei	36	199050	90190	3482407	23
山 西 Shanxi	4	35929	19640	607000	3
内蒙古 Inner Mongolia	20	159807	86770	1305146	16
辽 宁 Liaoning	54	441892	168720	5617266	17
吉 林 Jilin	9	63872	33924	638272	16
黑龙江 Heilongjiang	24	151728	80490	2673354	19
上 海 Shanghai	137	827507	451902	19168083	24
江 苏 Jiangsu	46	342424	144203	11101145	27
浙 江 Zhejiang	49	361007	187278	8181739	37
安 徽 Anhui	21	124820	58350	1804822	26
福 建 Fujian	22	122234	55188	1713588	3
江 西 Jiangxi	10	17450	9900	1060187	23
山 东 Shandong	35	184038	101230	4507203	19
河 南 Henan	12	83217	21890	1061548	12
湖 北 Hubei	31	296943	158569	3556830	35
湖 南 Hunan	21	182129	74843	4141405	18
广 东 Guangdong	46	262061	117620	6977620	13
广 西 Guangxi	21	92185	55997	1675436	24
海 南 Hainan	6	8164	6083	235783	3
重 庆 Chongqing	39	325649	130303	7555347	16
四 川 Sichuan	56	273245	133602	6784172	49
贵 州 Guizhou	12	132007	34823	506242	9
云 南 Yunnan	49	234821	121453	5406005	27
西 藏 Xizang	0	0	0	0	1
陕 西 Shaanxi	31	160250	89411	9315362	26
甘 肃 Gansu	32	115666	50021	2210621	18
青 海 Qinghai	5	31430	11826	1152800	4
宁 夏 Ningxia	11	50450	27690	1825490	1
新 疆 Xinjiang	22	111115	42706	832149	23

附表 8-2　续表　　　　　　Continued

地　区 Region	城市社区科普（技）专用活动室/个 Urban community S&T popularization rooms	农村科普（技）活动场地/个 Rural S&T popularization sites	科普宣传专用车/辆 S&T popularization vehicles	科普画廊/个 S&T popularization galleries
全　国 Total	71445	342258	1694	175397
东　部 Eastern	36336	123806	634	103346
中　部 Middle	18519	137470	524	35699
西　部 Western	16590	80982	536	36352
北　京 Beijing	1582	1870	84	3414
天　津 Tianjin	1497	6420	66	1782
河　北 Hebei	1292	11993	40	4516
山　西 Shanxi	762	12897	147	2740
内蒙古 Inner Mongolia	1268	3636	99	2018
辽　宁 Liaoning	4687	8883	87	7349
吉　林 Jilin	617	4147	14	1254
黑龙江 Heilongjiang	1119	4813	40	2025
上　海 Shanghai	3531	1751	53	7599
江　苏 Jiangsu	6086	14753	45	19487
浙　江 Zhejiang	8153	22319	154	18976
安　徽 Anhui	2246	7894	29	5384
福　建 Fujian	2398	8933	14	8794
江　西 Jiangxi	1827	8152	48	5145
山　东 Shandong	3921	36120	28	23424
河　南 Henan	2102	17347	79	5189
湖　北 Hubei	6159	20043	136	7817
湖　南 Hunan	3687	62177	31	6145
广　东 Guangdong	2875	9143	49	7249
广　西 Guangxi	1109	7896	25	4162
海　南 Hainan	314	1621	14	756
重　庆 Chongqing	1527	4074	102	4078
四　川 Sichuan	3569	22246	68	5776
贵　州 Guizhou	585	3800	17	1375
云　南 Yunnan	1834	14217	34	8106
西　藏 Xizang	98	493	11	199
陕　西 Shaanxi	2527	10728	45	4500
甘　肃 Gansu	1025	5614	39	1916
青　海 Qinghai	105	501	19	453
宁　夏 Ningxia	552	1911	14	1114
新　疆 Xinjiang	2391	5866	63	2655

附表 8-3　2017 年各省科普经费　　单位：万元

Appendix table 8-3: S&T popularization funds by region in 2017　　Unit: 10000 yuan

地　区 Region		年度科普经费筹集额 Annual funding for S&T popularization	政府拨款 Government funds	科普专项经费 Special funds	捐赠 Donates	自筹资金 Self-raised funds	其他收入 Others
全　国	Total	1600541	1229580	626945	18684	288071	63842
东　部	Eastern	917512	679823	368398	14830	191092	31879
中　部	Middle	276413	220753	100717	884	40007	14794
西　部	Western	406616	329004	157830	2970	56972	17169
北　京	Beijing	269586	194379	113276	988	66363	7867
天　津	Tianjin	23422	18141	8722	13	4398	875
河　北	Hebei	28019	20850	11790	88	5037	2047
山　西	Shanxi	19387	14758	6916	41	1182	3408
内蒙古	Inner Mongolia	38227	35096	6024	28	2942	156
辽　宁	Liaoning	28877	21990	12144	146	5066	1677
吉　林	Jilin	6104	3985	2002	6	1966	149
黑龙江	Heilongjiang	17227	15227	6606	28	1508	466
上　海	Shanghai	173064	113300	54812	724	54211	4835
江　苏	Jiangsu	92924	70746	42047	866	17540	3773
浙　江	Zhejiang	98799	84485	43206	593	10853	2883
安　徽	Anhui	39583	30887	15985	124	3888	4685
福　建	Fujian	59696	38028	20100	11168	8143	2414
江　西	Jiangxi	29589	24304	11222	141	4417	731
山　东	Shandong	44630	34320	19330	37	7090	3184
河　南	Henan	40457	28994	12971	92	10345	1028
湖　北	Hubei	76339	65197	25106	247	9173	1725
湖　南	Hunan	47727	37401	19909	205	7528	2602
广　东	Guangdong	88147	75222	38694	207	10886	1843
广　西	Guangxi	37716	31036	17510	68	4509	2112
海　南	Hainan	10348	8362	4277	0	1505	481
重　庆	Chongqing	39622	32395	18110	285	5100	1846
四　川	Sichuan	78125	60710	31145	1236	14052	2133
贵　州	Guizhou	36961	30325	10996	203	3956	2474
云　南	Yunnan	64108	52466	24024	367	9003	1733
西　藏	Xizang	6645	6492	4447	0	92	61
陕　西	Shaanxi	42108	29897	15828	48	9860	2308
甘　肃	Gansu	16202	12700	5501	269	2283	969
青　海	Qinghai	10330	8697	7427	4	826	805
宁　夏	Ningxia	10323	8034	5282	93	520	1675
新　疆	Xinjiang	26249	21156	11536	369	3829	897

附表 8-3　续表　　Continued

地　区 Region	科技活动周经费筹集额 Funding for S&T week	政府拨款 Government funds	企业赞助 Corporate donates	年度科普经费使用额 Annual expenditure	行政支出 Administrative expenditure	科普活动支出 Activities expenditure
全　国 Total	49850	37638	3676	1613614	244299	875876
东　部 Eastern	26222	20234	2129	902599	129458	518263
中　部 Middle	10636	7609	858	280622	50378	145164
西　部 Western	12992	9795	689	430393	64463	212449
北　京 Beijing	4093	3112	367	234019	32527	152638
天　津 Tianjin	598	366	57	22583	6310	10756
河　北 Hebei	1155	876	89	31494	2276	15627
山　西 Shanxi	491	303	109	23193	3947	10714
内蒙古 Inner Mongolia	679	533	43	35990	2244	9472
辽　宁 Liaoning	1176	835	219	29111	4732	17519
吉　林 Jilin	143	104	0	5518	863	3691
黑龙江 Heilongjiang	294	239	28	15507	1803	8343
上　海 Shanghai	6241	4898	569	164773	9806	104822
江　苏 Jiangsu	3835	2848	191	98506	17173	53192
浙　江 Zhejiang	2412	2054	92	106569	19153	46883
安　徽 Anhui	1148	935	112	45700	5572	27471
福　建 Fujian	1270	935	127	71424	8589	36098
江　西 Jiangxi	1419	922	89	28358	7372	15026
山　东 Shandong	1160	641	77	47969	7642	24472
河　南 Henan	1200	852	40	37564	8007	21122
湖　北 Hubei	2480	1669	291	77023	14445	33430
湖　南 Hunan	3461	2585	189	47759	8369	25367
广　东 Guangdong	3612	3104	292	87149	19603	51026
广　西 Guangxi	1947	1566	119	39403	6472	19242
海　南 Hainan	670	565	49	9002	1647	5230
重　庆 Chongqing	1664	1068	190	46469	6004	21933
四　川 Sichuan	1978	1368	79	88721	11271	38815
贵　州 Guizhou	1593	1439	44	37244	8955	20335
云　南 Yunnan	1494	1020	77	63281	10074	40250
西　藏 Xizang	190	166	0	6268	366	4621
陕　西 Shaanxi	1353	988	72	44393	8291	24933
甘　肃 Gansu	638	495	8	14966	2048	8914
青　海 Qinghai	290	200	11	9528	2823	4371
宁　夏 Ningxia	172	126	1	10184	1664	6360
新　疆 Xinjiang	994	826	45	33946	4251	13203

附表 8-3　续表　　　　Continued

地　区 Region	年度科普经费使用额 Annual expenditure				
	科普场馆基建支出 Infrastructure expenditures	政府拨款支出 Government expenditures	场馆建设支出 Venue construction expenditures	展品、设施支出 Exhibits & facilities expenditures	其他支出 Others
全　国 Total	374126	143062	161783	157925	118522
东　部 Eastern	184874	80569	78521	77787	68786
中　部 Middle	63936	25513	31130	23862	21329
西　部 Western	125316	36980	52132	56276	28407
北　京 Beijing	21709	10620	7026	8983	25754
天　津 Tianjin	4714	1996	2034	2627	815
河　北 Hebei	10986	8682	8149	2581	2608
山　西 Shanxi	4240	3833	201	4051	4312
内蒙古 Inner Mongolia	23754	5761	13971	5676	517
辽　宁 Liaoning	5632	2918	2164	2657	1236
吉　林 Jilin	688	257	238	327	277
黑龙江 Heilongjiang	4270	1689	1442	2123	1104
上　海 Shanghai	46027	22104	17513	25421	4150
江　苏 Jiangsu	21744	7803	7800	11058	6433
浙　江 Zhejiang	23528	6631	8709	5117	17033
安　徽 Anhui	12059	6095	7930	3562	628
福　建 Fujian	23708	7527	12898	7288	3047
江　西 Jiangxi	3032	1485	1148	1073	2950
山　东 Shandong	13416	6828	6453	5282	2446
河　南 Henan	5418	542	2406	2325	3044
湖　北 Hubei	24618	8804	13660	6652	4558
湖　南 Hunan	9611	2808	4105	3749	4456
广　东 Guangdong	11643	4789	4884	6058	4899
广　西 Guangxi	10681	7856	4190	4739	3031
海　南 Hainan	1767	671	891	715	365
重　庆 Chongqing	13872	4965	5230	4771	4675
四　川 Sichuan	33155	5094	14070	16968	5522
贵　州 Guizhou	4298	2330	1783	1315	3689
云　南 Yunnan	9307	5239	6003	9618	3677
西　藏 Xizang	1128	1048	676	89	156
陕　西 Shaanxi	9096	535	2802	5038	2101
甘　肃 Gansu	3360	1422	1370	1402	690
青　海 Qinghai	1456	92	148	1205	886
宁　夏 Ningxia	1182	351	446	790	985
新　疆 Xinjiang	14027	2287	1443	4665	2478

附表 8-4 2017 年各省科普传媒

Appendix table 8-4: S&T popularization media by region in 2017

地 区 Region	科普图书 S&T popularization books		科普期刊 S&T popularization journals	
	出版种数/种 Types of publications	出版总册数/册 Total copies	出版种数/种 Types of publications	出版总册数/册 Total copies
全 国 Total	14059	111875518	1252	125437946
东 部 Eastern	8655	72704552	651	100881597
中 部 Middle	2797	27547001	204	7906093
西 部 Western	2607	11623965	397	16650256
北 京 Beijing	4240	46316898	117	8121976
天 津 Tianjin	380	1908430	39	18391718
河 北 Hebei	474	2016031	29	1878860
山 西 Shanxi	155	982850	35	1154950
内蒙古 Inner Mongolia	308	1099014	14	226500
辽 宁 Liaoning	515	2110418	42	7795281
吉 林 Jilin	384	3060090	9	42750
黑龙江 Heilongjiang	246	1018910	13	821200
上 海 Shanghai	1023	5559696	119	19432700
江 苏 Jiangsu	666	5488648	86	4764111
浙 江 Zhejiang	357	3372279	65	1612820
安 徽 Anhui	96	1166700	22	106820
福 建 Fujian	111	662830	32	1867966
江 西 Jiangxi	672	9384610	36	3410460
山 东 Shandong	80	765800	37	787200
河 南 Henan	448	2318048	26	497300
湖 北 Hubei	241	1169043	50	324943
湖 南 Hunan	555	8446750	13	1547670
广 东 Guangdong	741	4167622	75	36204365
广 西 Guangxi	227	1103138	26	824485
海 南 Hainan	68	335900	10	24600
重 庆 Chongqing	251	2280800	73	6149450
四 川 Sichuan	225	1047427	50	3779942
贵 州 Guizhou	47	375200	16	133200
云 南 Yunnan	257	495324	66	2156244
西 藏 Xizang	33	104380	4	34000
陕 西 Shaanxi	244	2285760	52	1275230
甘 肃 Gansu	291	1262926	38	398273
青 海 Qinghai	152	226268	14	64400
宁 夏 Ningxia	104	188700	9	22800
新 疆 Xinjiang	468	1155028	35	1585732

附表 8-4 续表 Continued

地 区 Region	科普（技）音像制品 S&T Popularization audio and video products			科技类报纸年发行总份数/份 S&T newspaper circulation
	出版种数/种 Types of publications	光盘发行总量/张 Total CD copies released	录音、录像带发行总量/盒 Total copies of audio and video publications	
全 国 Total	4255	5696954	391964	490629330
东 部 Eastern	1690	3384325	165524	142969647
中 部 Middle	1337	1036930	132950	293724296
西 部 Western	1228	1275699	93490	53935387
北 京 Beijing	349	1627431	105508	27222075
天 津 Tianjin	54	83750	100	3594510
河 北 Hebei	54	126046	12732	27429249
山 西 Shanxi	161	77189	70239	18741758
内蒙古 Inner Mongolia	121	63736	11237	238069
辽 宁 Liaoning	307	519369	21374	8772120
吉 林 Jilin	17	12819	150	282152
黑龙江 Heilongjiang	98	114830	2570	772032
上 海 Shanghai	78	486405	1500	14851913
江 苏 Jiangsu	246	134242	1344	17653253
浙 江 Zhejiang	186	68624	1335	9920793
安 徽 Anhui	108	20792	2168	119312
福 建 Fujian	53	104748	11927	1897210
江 西 Jiangxi	189	105372	1961	10187009
山 东 Shandong	63	24717	3042	2649721
河 南 Henan	152	162869	32421	6589094
湖 北 Hubei	287	58979	6782	12046130
湖 南 Hunan	325	484080	16659	244986809
广 东 Guangdong	228	182383	6062	28978792
广 西 Guangxi	92	15254	2326	18635505
海 南 Hainan	72	26610	600	11
重 庆 Chongqing	75	70592	33803	302223
四 川 Sichuan	182	301682	10723	2942436
贵 州 Guizhou	13	2540	40	71768
云 南 Yunnan	285	220089	19936	1898228
西 藏 Xizang	12	12102	1450	2105500
陕 西 Shaanxi	85	49672	2050	23718702
甘 肃 Gansu	147	99579	9345	1151913
青 海 Qinghai	31	35358	0	1716203
宁 夏 Ningxia	53	52073	52	351801
新 疆 Xinjiang	132	353022	2528	803039

附表 8-4　续表　　Continued

地　区 Region	电视台播出科普（技）节目时间/小时 Broadcasting time of S&T popularization programs on TV (h)	电台播出科普（技）节目时间/小时 Broadcasting time of S&T popularization programs on radio (h)	科普网站数/个 S&T popularization websites (unit)	发放科普读物和资料/份 Number of S&T popularization readings and materials
全　国 Total	89741	73737	2570	785942063
东　部 Eastern	44301	36819	1281	323563724
中　部 Middle	21399	18554	553	181355894
西　部 Western	24041	18364	736	281022445
北　京 Beijing	4261	9109	270	46985150
天　津 Tianjin	3508	235	65	6593808
河　北 Hebei	4912	1620	66	23570473
山　西 Shanxi	2174	3863	42	11986115
内蒙古 Inner Mongolia	990	675	52	10734105
辽　宁 Liaoning	8180	9196	110	17268532
吉　林 Jilin	143	144	15	6419675
黑龙江 Heilongjiang	2438	706	52	33641382
上　海 Shanghai	1375	1336	222	32664910
江　苏 Jiangsu	2612	1666	132	92868468
浙　江 Zhejiang	5675	4146	113	32737201
安　徽 Anhui	1870	2587	87	21659902
福　建 Fujian	4178	2579	58	12894910
江　西 Jiangxi	3319	1254	85	15917334
山　东 Shandong	5416	2056	70	18849217
河　南 Henan	4074	2103	82	25329459
湖　北 Hubei	2874	2811	90	31170401
湖　南 Hunan	4507	5086	100	35231626
广　东 Guangdong	4182	4853	151	34709126
广　西 Guangxi	4161	2562	59	44070328
海　南 Hainan	2	23	24	4421929
重　庆 Chongqing	21	1	120	21643259
四　川 Sichuan	5270	3448	115	44696773
贵　州 Guizhou	1746	1429	36	21114204
云　南 Yunnan	1193	1111	87	54954466
西　藏 Xizang	18	15	14	280222
陕　西 Shaanxi	4771	2282	102	24200655
甘　肃 Gansu	2683	1837	77	19455348
青　海 Qinghai	392	400	16	25075010
宁　夏 Ningxia	83	114	22	5079832
新　疆 Xinjiang	2713	4490	36	9718243

附表 8-5 2017 年各省科普活动

Appendix table 8-5: S&T popularization activities by region in 2017

地　区 Region	科普（技）讲座 S&T popularization lectures		科普（技）展览 S&T popularization exhibitions	
	举办次数/次 Number of lectures	参加人数/人次 Number of participants	专题展览次数/次 Number of exhibitions	参观人数/人次 Number of participants
全　国 Total	880097	146145255	119943	256028849
东　部 Eastern	414750	66387948	50653	148195590
中　部 Middle	208919	30631907	33232	44906897
西　部 Western	256428	49125400	36058	62926362
北　京 Beijing	52839	10532446	4425	51392598
天　津 Tianjin	14373	1267984	4563	4344345
河　北 Hebei	21941	3748105	3502	7560221
山　西 Shanxi	16453	1483972	1549	1928222
内蒙古 Inner Mongolia	16602	2015166	2077	3425779
辽　宁 Liaoning	27806	6256051	3790	7372055
吉　林 Jilin	8278	1797047	2466	1601547
黑龙江 Heilongjiang	19331	2700469	2254	3850343
上　海 Shanghai	66246	9238708	5800	21584206
江　苏 Jiangsu	66253	8367391	7819	14309875
浙　江 Zhejiang	61193	10599946	7042	11184813
安　徽 Anhui	30495	3301736	4896	5278492
福　建 Fujian	27028	3950861	3437	4603425
江　西 Jiangxi	18200	2790716	4969	5208680
山　东 Shandong	42283	5500752	4160	8913171
河　南 Henan	38382	5709491	5212	7372940
湖　北 Hubei	43847	8377607	7688	9715545
湖　南 Hunan	33933	4470869	4198	9951128
广　东 Guangdong	30596	6361761	4531	15103864
广　西 Guangxi	27261	5187749	3171	4493213
海　南 Hainan	4192	563943	1584	1827017
重　庆 Chongqing	16606	6388010	2484	8445213
四　川 Sichuan	43827	8950305	6392	10631257
贵　州 Guizhou	11906	2128138	2237	2750310
云　南 Yunnan	41700	5910703	4922	12207050
西　藏 Xizang	514	83230	155	313814
陕　西 Shaanxi	31571	4855140	5349	6314552
甘　肃 Gansu	25103	3799350	3749	5304328
青　海 Qinghai	4925	1663918	972	1428075
宁　夏 Ningxia	6288	1563087	1090	1946975
新　疆 Xinjiang	30125	6580604	3460	5665796

附表 8-5　续表　　Continued

地　区 Region	科普（技）竞赛 S&T popularization competitions		科普国际交流 International S&T popularization communication	
	举办次数/次 Number of competitions	参加人数/人次 Number of participants	举办次数/次 Number of events	参加人数/人次 Number of participants
全　国 Total	48900	101428543	2713	702133
东　部 Eastern	31606	78602217	1611	447720
中　部 Middle	8624	10806229	401	83772
西　部 Western	8670	12020097	701	170641
北　京 Beijing	2116	55487749	415	224110
天　津 Tianjin	701	1461699	77	24919
河　北 Hebei	1535	1403715	40	4764
山　西 Shanxi	431	541723	23	3371
内蒙古 Inner Mongolia	441	322873	14	3268
辽　宁 Liaoning	1910	1423269	118	7051
吉　林 Jilin	281	233992	4	50
黑龙江 Heilongjiang	716	309760	29	887
上　海 Shanghai	3586	4007298	351	74363
江　苏 Jiangsu	9684	6203648	216	60171
浙　江 Zhejiang	3089	2286270	101	21492
安　徽 Anhui	1168	747319	1	1
福　建 Fujian	6313	1701797	91	21064
江　西 Jiangxi	846	932752	26	3649
山　东 Shandong	1140	2081222	68	6441
河　南 Henan	1623	3320912	35	5610
湖　北 Hubei	2480	3118925	82	41757
湖　南 Hunan	1079	1600846	201	28447
广　东 Guangdong	1363	2490234	76	1764
广　西 Guangxi	845	1581321	143	25258
海　南 Hainan	169	55316	58	1581
重　庆 Chongqing	726	2949741	131	87871
四　川 Sichuan	1216	2434634	60	4882
贵　州 Guizhou	698	595472	23	895
云　南 Yunnan	1031	1209825	138	28734
西　藏 Xizang	32	6928	7	44
陕　西 Shaanxi	1364	1236513	110	12825
甘　肃 Gansu	840	692110	22	1035
青　海 Qinghai	118	60960	22	5169
宁　夏 Ningxia	206	239411	5	100
新　疆 Xinjiang	1153	690309	26	560

附表 8-5 续表 Continued

地 区 Region	成立青少年科技兴趣小组 Teenage S&T interest groups		科技夏（冬）令营 Summer /winter science camps	
	兴趣小组数/个 Number of groups	参加人数/人次 Number of participants	举办次数/次 Number of camps	参加人数/人次 Number of participants
全 国 Total	213280	18825157	15617	3031271
东 部 Eastern	91229	6879388	9331	1845421
中 部 Middle	63573	5273705	2600	485317
西 部 Western	58478	6672064	3686	700533
北 京 Beijing	3334	388933	1574	199108
天 津 Tianjin	3723	415783	466	208975
河 北 Hebei	10299	541994	210	34538
山 西 Shanxi	4523	217898	100	10850
内蒙古 Inner Mongolia	1620	133055	225	51004
辽 宁 Liaoning	8651	616347	381	130670
吉 林 Jilin	2625	191840	372	27568
黑龙江 Heilongjiang	3247	177855	177	31043
上 海 Shanghai	7675	603973	1769	247819
江 苏 Jiangsu	17028	1011570	1634	652868
浙 江 Zhejiang	11687	1115841	856	101616
安 徽 Anhui	6087	339982	429	55906
福 建 Fujian	4702	336550	734	65600
江 西 Jiangxi	4469	801491	293	71018
山 东 Shandong	10927	855362	788	103844
河 南 Henan	17803	1483860	350	51986
湖 北 Hubei	13693	1015641	472	98423
湖 南 Hunan	11126	1045138	407	138523
广 东 Guangdong	12517	950543	872	95025
广 西 Guangxi	7000	1210527	165	53343
海 南 Hainan	686	42492	47	5358
重 庆 Chongqing	5019	807199	224	34977
四 川 Sichuan	11746	1249073	680	135712
贵 州 Guizhou	3530	650638	92	9606
云 南 Yunnan	6409	453990	473	92792
西 藏 Xizang	20	1836	17	878
陕 西 Shaanxi	7423	409080	374	60604
甘 肃 Gansu	5011	366755	195	13061
青 海 Qinghai	511	26583	75	8201
宁 夏 Ningxia	2974	144877	53	8508
新 疆 Xinjiang	7215	1218451	1113	231847

附表 8-5　续表　　Continued

地　区 Region	科技活动周 Science & technology week		科研机构、大学向社会开放 Scientific institutions and universities open to the public	
	科普专题活动次数/次 Number of events	参加人数/人次 Number of participants	开放单位数/个 Number of open units	参观人数/人次 Number of participants
全　国 Total	115999	164336096	8461	8786514
东　部 Eastern	47671	100571566	4276	5010617
中　部 Middle	26871	22308724	1915	1997483
西　部 Western	41457	41455806	2270	1778414
北　京 Beijing	3867	54583160	797	950277
天　津 Tianjin	4184	2961968	154	62904
河　北 Hebei	4714	6286806	367	225958
山　西 Shanxi	1779	1002811	107	81288
内蒙古 Inner Mongolia	1844	1334845	94	50342
辽　宁 Liaoning	4368	2750343	560	473108
吉　林 Jilin	1128	1813544	35	26115
黑龙江 Heilongjiang	2569	2489669	266	115427
上　海 Shanghai	6037	7524734	110	423670
江　苏 Jiangsu	8679	11660951	770	922166
浙　江 Zhejiang	5735	3762834	520	533070
安　徽 Anhui	4154	2884335	196	123985
福　建 Fujian	3584	2618489	251	245235
江　西 Jiangxi	3805	2483205	232	352523
山　东 Shandong	3293	4538877	279	229791
河　南 Henan	5011	3967697	305	221972
湖　北 Hubei	5186	4350055	474	869807
湖　南 Hunan	3239	3317408	300	206366
广　东 Guangdong	2154	3170771	391	704150
广　西 Guangxi	4278	3815899	222	192759
海　南 Hainan	1056	712633	77	240288
重　庆 Chongqing	2482	7445485	374	301175
四　川 Sichuan	7113	4324891	421	495325
贵　州 Guizhou	3201	1599445	114	60055
云　南 Yunnan	5874	4342588	227	151806
西　藏 Xizang	256	68371	7	4900
陕　西 Shaanxi	6040	11465031	372	229724
甘　肃 Gansu	3440	2169899	137	91947
青　海 Qinghai	662	500170	65	10681
宁　夏 Ningxia	993	1943331	84	60161
新　疆 Xinjiang	5274	2445851	153	129539

附表 8-5　续表　　Continued

地　区　Region	举办实用技术培训 Practical skill trainings		重大科普活动次数/次 Number of major S&T popularization activities
	举办次数/次 Number of trainings	参加人数/人次 Number of participants	
全　国　Total	598385	71738529	27802
东　部　Eastern	161709	21142902	9936
中　部　Middle	120456	17591242	7204
西　部　Western	316220	33004385	10662
北　京　Beijing	14906	1432111	809
天　津　Tianjin	8094	572921	341
河　北　Hebei	21839	2912230	980
山　西　Shanxi	10866	1169627	720
内蒙古　Inner Mongolia	17964	2301508	608
辽　宁　Liaoning	10647	1588869	1009
吉　林　Jilin	7893	825168	319
黑龙江　Heilongjiang	16078	2742094	620
上　海　Shanghai	15462	3382343	1142
江　苏　Jiangsu	23694	2342903	1587
浙　江　Zhejiang	26973	3105686	1175
安　徽　Anhui	15344	2042755	821
福　建　Fujian	13147	2252292	721
江　西　Jiangxi	11660	1026251	542
山　东　Shandong	12798	2220205	976
河　南　Henan	20046	4413842	1381
湖　北　Hubei	23809	3358567	1331
湖　南　Hunan	14760	2012938	1470
广　东　Guangdong	11514	1092918	985
广　西　Guangxi	30130	2275687	830
海　南　Hainan	2635	240424	211
重　庆　Chongqing	7901	1108784	947
四　川　Sichuan	53231	5468552	1881
贵　州　Guizhou	18554	1832942	424
云　南　Yunnan	67010	6540185	1367
西　藏　Xizang	377	35009	132
陕　西　Shaanxi	37935	3959249	1400
甘　肃　Gansu	29354	2950162	1342
青　海　Qinghai	2391	186220	402
宁　夏　Ningxia	5204	482769	354
新　疆　Xinjiang	46169	5863318	975

附表 8-6　2017 年创新创业中的科普

Appendix table 8-6: S&T popularization activities in innovation and entrepreneurship in 2017

地　区 Region	众创空间 Maker space		
	数量/个 Number of maker spaces	服务各类人员数量/人 Number of serving for people	孵化科技项目数量/个 Number of incubating S&T projects
全　国 Total	8236	1397672	166301
东　部 Eastern	4546	917855	126932
中　部 Middle	1503	269678	17314
西　部 Western	2187	210139	22055
北　京 Beijing	411	617501	75693
天　津 Tianjin	274	19841	4449
河　北 Hebei	451	36889	2922
山　西 Shanxi	169	18686	3916
内蒙古 Inner Mongolia	210	14636	858
辽　宁 Liaoning	203	32717	2557
吉　林 Jilin	81	10580	152
黑龙江 Heilongjiang	183	18061	2474
上　海 Shanghai	1306	80908	22957
江　苏 Jiangsu	705	29990	6242
浙　江 Zhejiang	112	10553	1185
安　徽 Anhui	226	54037	3668
福　建 Fujian	487	19389	1109
江　西 Jiangxi	161	42069	1208
山　东 Shandong	266	24401	3088
河　南 Henan	104	17123	828
湖　北 Hubei	327	19236	1051
湖　南 Hunan	252	89886	4017
广　东 Guangdong	258	20518	4315
广　西 Guangxi	354	23127	1586
海　南 Hainan	73	25148	2415
重　庆 Chongqing	332	28562	2215
四　川 Sichuan	393	21436	1002
贵　州 Guizhou	96	4578	438
云　南 Yunnan	327	40435	1702
西　藏 Xizang	17	3236	43
陕　西 Shaanxi	205	16744	13417
甘　肃 Gansu	88	3921	211
青　海 Qinghai	22	3816	44
宁　夏 Ningxia	47	44944	218
新　疆 Xinjiang	96	4704	321

附表 8-6 续表 Continued

地 区 Region	创新创业培训 Innovation and entrepreneurship trainings		创新创业赛事 Innovation and entrepreneurship competitions	
	培训次数/次 Number of trainings	参加人数/人次 Number of participants	赛事次数/次 Number of competitions	参加人数/人次 Number of participants
全 国 Total	79470	4387842	7209	2748910
东 部 Eastern	37429	2195735	3744	1513672
中 部 Middle	21691	1030498	1526	478343
西 部 Western	20350	1161609	1939	756895
北 京 Beijing	1822	245896	263	149847
天 津 Tianjin	4013	173657	142	490287
河 北 Hebei	2255	106770	193	46832
山 西 Shanxi	633	53112	164	45099
内蒙古 Inner Mongolia	2164	87621	243	19809
辽 宁 Liaoning	1664	149167	597	82174
吉 林 Jilin	1912	30839	12	2575
黑龙江 Heilongjiang	1486	88304	145	58756
上 海 Shanghai	11206	534056	900	390230
江 苏 Jiangsu	5557	293885	561	80499
浙 江 Zhejiang	2267	98693	243	61928
安 徽 Anhui	3610	157377	345	49082
福 建 Fujian	2185	134736	288	67254
江 西 Jiangxi	2172	109351	189	72829
山 东 Shandong	2904	222119	301	62461
河 南 Henan	4249	208836	225	42454
湖 北 Hubei	2429	197664	273	161839
湖 南 Hunan	5200	185015	173	45709
广 东 Guangdong	2318	138090	229	76038
广 西 Guangxi	2666	138331	209	58797
海 南 Hainan	1238	98666	27	6122
重 庆 Chongqing	2787	143185	278	82812
四 川 Sichuan	3642	245733	174	49891
贵 州 Guizhou	1718	36548	261	61250
云 南 Yunnan	2981	200193	298	29587
西 藏 Xizang	93	7297	16	1300
陕 西 Shaanxi	1764	123195	261	379666
甘 肃 Gansu	750	54149	87	36181
青 海 Qinghai	200	11447	9	2440
宁 夏 Ningxia	218	15040	42	26610
新 疆 Xinjiang	1367	98870	61	8552

附录 9　2016 年全国科普统计分类数据统计表

各项统计数据均未包括香港特别行政区、澳门特别行政区和台湾地区的数据。

科普宣传专用车、科普图书、科普期刊、科普网站、科普国际交流情况和创新创业中的科普情况均由市级以上（含市级）填报单位的数据统计得出。

非场馆类科普基地，因为理解差异，此次暂未列入。

东部、中部和西部地区的划分：东部地区包括北京、天津、河北、辽宁、上海、江苏、浙江、福建、山东、广东和海南 11 个省和直辖市；中部地区包括山西、吉林、黑龙江、安徽、江西、河南、湖北和湖南 8 个省；西部地区包括内蒙古、广西、重庆、四川、贵州、云南、西藏、陕西、甘肃、青海、宁夏和新疆 12 个省、自治区和直辖市。

附表 9-1　2016 年各省科普人员　　单位：人

Appendix table 9-1: S&T popularization personnel by region in 2016　　Unit: person

地　区 Region	科普专职人员 Full time S&T popularization personnel		
	人员总数 Total	中级职称及以上或大学本科及以上学历人员 With title of medium-rank or above / with college graduate or above	女性 Female
全　国 Total	223544	133371	82120
东　部 Eastern	82349	52526	32943
中　部 Middle	70793	41730	23835
西　部 Western	70402	39115	25342
北　京 Beijing	9291	6586	4291
天　津 Tianjin	2404	1803	1266
河　北 Hebei	8094	4421	3150
山　西 Shanxi	7171	3890	3053
内蒙古 Inner Mongolia	6842	4090	2681
辽　宁 Liaoning	9047	6094	3642
吉　林 Jilin	822	577	341
黑龙江 Heilongjiang	3728	2554	1501
上　海 Shanghai	8544	6130	4156
江　苏 Jiangsu	13064	7906	4508
浙　江 Zhejiang	7563	5590	2951
安　徽 Anhui	11755	6691	2787
福　建 Fujian	4399	2441	1449
江　西 Jiangxi	6409	3803	2053
山　东 Shandong	10302	6197	4023
河　南 Henan	14499	8027	5438
湖　北 Hubei	12827	8190	4227
湖　南 Hunan	13582	7998	4435
广　东 Guangdong	8976	5004	3334
广　西 Guangxi	5810	3157	2019
海　南 Hainan	665	354	173
重　庆 Chongqing	4248	2596	1661
四　川 Sichuan	8962	4658	2974
贵　州 Guizhou	2779	1623	955
云　南 Yunnan	14214	8249	4967
西　藏 Xizang	673	294	153
陕　西 Shaanxi	11393	5794	4252
甘　肃 Gansu	8287	4514	2479
青　海 Qinghai	1041	737	490
宁　夏 Ningxia	1531	838	688
新　疆 Xinjiang	4622	2565	2023

附表 9-1　续表　　Continued

地　区 Region	科普专职人员 Full time S&T popularization personnel		
	农村科普人员 Rural S&T popularization personnel	管理人员 S&T popularization administrators	科普创作人员 S&T popularization creators
全　国 Total	68403	47004	14148
东　部 Eastern	19744	18331	6778
中　部 Middle	25743	14065	3822
西　部 Western	22916	14608	3548
北　京 Beijing	1880	1852	1323
天　津 Tianjin	257	787	231
河　北 Hebei	2395	1746	388
山　西 Shanxi	2296	1773	420
内蒙古 Inner Mongolia	2746	2097	274
辽　宁 Liaoning	2024	2370	627
吉　林 Jilin	176	188	83
黑龙江 Heilongjiang	1007	831	251
上　海 Shanghai	953	2046	1315
江　苏 Jiangsu	2647	2532	791
浙　江 Zhejiang	2204	1501	410
安　徽 Anhui	5824	2091	467
福　建 Fujian	1205	1034	312
江　西 Jiangxi	1825	1243	365
山　东 Shandong	3904	2103	670
河　南 Henan	4637	2655	651
湖　北 Hubei	5256	2620	773
湖　南 Hunan	4722	2664	812
广　东 Guangdong	1985	2212	697
广　西 Guangxi	2325	1252	384
海　南 Hainan	290	148	14
重　庆 Chongqing	1186	1270	448
四　川 Sichuan	3193	1945	390
贵　州 Guizhou	865	660	174
云　南 Yunnan	3845	2219	261
西　藏 Xizang	232	236	79
陕　西 Shaanxi	4277	2050	756
甘　肃 Gansu	2134	1249	409
青　海 Qinghai	128	204	47
宁　夏 Ningxia	510	346	75
新　疆 Xinjiang	1475	1080	251

附表 9-1　续表　　Continued

地　区 Region	科普兼职人员 Part time S&T popularization personnel		
	人员总数 Total	年度实际投入工作量/人月 Annual actual workload (person-month)	中级职称及以上或大学本科及以上学历人员 With title of medium-rank or above / with college graduate or above
全　国 Total	1628842	1854613	866219
东　部 Eastern	718763	782565	407741
中　部 Middle	427139	499087	216925
西　部 Western	482940	572961	241553
北　京 Beijing	45669	56414	30026
天　津 Tianjin	32238	31640	16610
河　北 Hebei	56913	10017	26894
山　西 Shanxi	33583	32512	13292
内蒙古 Inner Mongolia	29217	32630	15539
辽　宁 Liaoning	79519	93253	43051
吉　林 Jilin	5610	6695	2637
黑龙江 Heilongjiang	24703	35176	16249
上　海 Shanghai	51476	77450	32600
江　苏 Jiangsu	97032	135419	60315
浙　江 Zhejiang	137823	120840	83959
安　徽 Anhui	66816	96856	35142
福　建 Fujian	72525	65366	42428
江　西 Jiangxi	41933	60834	19245
山　东 Shandong	71430	99685	31510
河　南 Henan	93917	143539	47794
湖　北 Hubei	75542	15827	41112
湖　南 Hunan	85035	107648	41454
广　东 Guangdong	67912	86028	38405
广　西 Guangxi	48026	62815	23693
海　南 Hainan	6226	6453	1943
重　庆 Chongqing	48723	9605	24767
四　川 Sichuan	81765	127847	38336
贵　州 Guizhou	37929	52705	20969
云　南 Yunnan	73756	90179	38096
西　藏 Xizang	1460	844	512
陕　西 Shaanxi	68972	86986	32467
甘　肃 Gansu	49381	52667	23324
青　海 Qinghai	7201	9248	4513
宁　夏 Ningxia	10569	13455	6697
新　疆 Xinjiang	25941	33980	12640

附表 9-1　续表　　Continued

地　区　Region	科普兼职人员　Part time S&T popularization personnel		注册科普志愿者 Registered S&T popularization volunteers
	女性 Female	农村科普人员 Rural S&T popularization personnel	
全　国　Total	632834	502852	2315363
东　部　Eastern	301035	187422	1255822
中　部　Middle	154195	164592	554666
西　部　Western	177604	150838	504875
北　京　Beijing	26932	5619	18174
天　津　Tianjin	19008	3002	30239
河　北　Hebei	26217	21822	46597
山　西　Shanxi	13650	13669	19167
内蒙古　Inner Mongolia	11797	9715	25042
辽　宁　Liaoning	34090	17661	66192
吉　林　Jilin	2324	1926	4200
黑龙江　Heilongjiang	10345	6927	30776
上　海　Shanghai	26880	4397	101197
江　苏　Jiangsu	39950	27861	630648
浙　江　Zhejiang	48555	35138	116340
安　徽　Anhui	21298	27983	42518
福　建　Fujian	26282	19955	36697
江　西　Jiangxi	13223	16061	21813
山　东　Shandong	27046	31187	54149
河　南　Henan	39325	40862	193671
湖　北　Hubei	27562	27789	89579
湖　南　Hunan	26468	29375	152942
广　东　Guangdong	24235	17754	146992
广　西　Guangxi	16120	12619	17223
海　南　Hainan	1840	3026	8597
重　庆　Chongqing	17702	15273	65783
四　川　Sichuan	28304	29892	54499
贵　州　Guizhou	13243	9771	45572
云　南　Yunnan	27823	24601	154040
西　藏　Xizang	260	558	21
陕　西　Shaanxi	26154	21886	23993
甘　肃　Gansu	17781	13072	37643
青　海　Qinghai	2857	1009	41743
宁　夏　Ningxia	4386	3944	28772
新　疆　Xinjiang	11177	8498	10544

附表 9-2　2016 年各省科普场地

Appendix table 9-2: S&T popularization venues and facilities by region in 2016

地　区 Region	科技馆/个 S&T museums or centers	建筑面积/平方米 Construction area (m^2)	展厅面积/平方米 Exhibition area (m^2)	当年参观人数/人次 Visitors
全　国 Total	473	3156591	1538494	50405336
东　部 Eastern	241	1889998	929438	31586085
中　部 Middle	120	608439	280491	7733786
西　部 Western	112	658154	328565	11085465
北　京 Beijing	30	266907	149481	4799433
天　津 Tianjin	1	18000	10000	472200
河　北 Hebei	9	53392	25941	1720400
山　西 Shanxi	5	6800	3700	98000
内蒙古 Inner Mongolia	17	128015	47600	1220406
辽　宁 Liaoning	19	224846	90737	2275306
吉　林 Jilin	8	31862	15860	150312
黑龙江 Heilongjiang	8	103025	61009	2190320
上　海 Shanghai	32	230359	135394	7344529
江　苏 Jiangsu	19	157246	88982	2298347
浙　江 Zhejiang	23	236901	88333	3183198
安　徽 Anhui	10	119656	32144	257042
福　建 Fujian	38	225213	103103	3255551
江　西 Jiangxi	5	61223	32542	785032
山　东 Shandong	24	112323	67238	1737285
河　南 Henan	13	73978	46884	1803239
湖　北 Hubei	56	142082	51529	1840841
湖　南 Hunan	15	69813	36823	609000
广　东 Guangdong	42	361011	168127	4434100
广　西 Guangxi	4	80977	40357	1658391
海　南 Hainan	4	3800	2102	65736
重　庆 Chongqing	10	70288	42935	2529100
四　川 Sichuan	17	54530	35102	1655584
贵　州 Guizhou	9	38315	17339	147200
云　南 Yunnan	12	25389	16602	529149
西　藏 Xizang	1	500	340	1200
陕　西 Shaanxi	11	81430	42944	511275
甘　肃 Gansu	7	19116	6551	112093
青　海 Qinghai	3	35179	14950	696262
宁　夏 Ningxia	6	52183	30051	764855
新　疆 Xinjiang	15	72232	33794	1259950

附表 9-2　续表　　Continued

地　区 Region	科学技术类博物馆/个 S&T related museums	建筑面积/平方米 Construction area (m^2)	展厅面积/平方米 Exhibition area (m^2)	当年参观人数/人次 Visitors	青少年科技馆站/个 Teenage S&T museums
全　国 Total	920	6090804	2824908	110158720	596
东　部 Eastern	522	3752280	1798395	66406551	202
中　部 Middle	158	870134	416668	15369934	183
西　部 Western	240	1468390	609845	28382235	211
北　京 Beijing	74	889500	325406	15006733	17
天　津 Tianjin	10	244665	134113	3832071	8
河　北 Hebei	31	109295	51547	2003203	22
山　西 Shanxi	14	60319	25772	1083258	34
内蒙古 Inner Mongolia	15	76381	34447	2031580	19
辽　宁 Liaoning	81	651099	271357	7518700	25
吉　林 Jilin	5	24565	13000	334500	1
黑龙江 Heilongjiang	30	150398	89703	1384655	21
上　海 Shanghai	143	746285	457001	15193596	25
江　苏 Jiangsu	41	217415	119428	5811514	19
浙　江 Zhejiang	36	286844	119588	6537842	31
安　徽 Anhui	17	62621	38860	1216177	26
福　建 Fujian	38	173147	82863	1816690	12
江　西 Jiangxi	13	93053	23256	3120130	19
山　东 Shandong	22	168194	110401	2002916	16
河　南 Henan	13	64755	17850	1441118	15
湖　北 Hubei	41	288320	152241	3816273	35
湖　南 Hunan	25	126103	55986	2973823	32
广　东 Guangdong	44	256012	124071	6575269	25
广　西 Guangxi	10	51945	21132	430503	22
海　南 Hainan	2	9824	2620	108017	2
重　庆 Chongqing	27	223544	88561	4944213	22
四　川 Sichuan	42	332886	123213	6870259	39
贵　州 Guizhou	11	178665	35091	2695200	8
云　南 Yunnan	45	215304	115290	6976381	30
西　藏 Xizang	2	6020	3850	121000	5
陕　西 Shaanxi	29	134245	72419	1300056	23
甘　肃 Gansu	21	98481	51751	1889868	6
青　海 Qinghai	5	39977	12500	18208	2
宁　夏 Ningxia	6	28154	17685	138136	4
新　疆 Xinjiang	27	82788	33906	966831	31

附表 9-2 续表 Continued

地 区 Region	城市社区科普（技）专用活动室/个 Urban community S&T popularization rooms	农村科普（技）活动场地/个 Rural S&T popularization sites	科普宣传专用车/辆 S&T popularization vehicles	科普画廊/个 S&T popularization galleries
全 国 Total	84824	346570	1898	210167
东 部 Eastern	42166	141381	539	117995
中 部 Middle	24679	108135	402	48802
西 部 Western	17979	97054	957	43370
北 京 Beijing	1297	2065	53	5335
天 津 Tianjin	3242	6561	93	3089
河 北 Hebei	1458	12240	86	4661
山 西 Shanxi	2610	8471	26	5315
内蒙古 Inner Mongolia	1456	4031	34	2252
辽 宁 Liaoning	6997	14069	56	10883
吉 林 Jilin	167	1179	1	364
黑龙江 Heilongjiang	2209	5401	35	1879
上 海 Shanghai	3536	1692	71	7161
江 苏 Jiangsu	8418	23303	31	24804
浙 江 Zhejiang	4122	18699	21	16367
安 徽 Anhui	3772	12965	31	10773
福 建 Fujian	2159	6513	17	7273
江 西 Jiangxi	2219	9604	36	6158
山 东 Shandong	6704	45076	32	29425
河 南 Henan	2845	21502	143	6920
湖 北 Hubei	5804	26342	57	9544
湖 南 Hunan	5053	22671	73	7849
广 东 Guangdong	3961	9589	65	8320
广 西 Guangxi	1345	11711	36	4545
海 南 Hainan	272	1574	14	677
重 庆 Chongqing	2400	4899	220	5294
四 川 Sichuan	3996	28538	51	9043
贵 州 Guizhou	298	1342	30	716
云 南 Yunnan	1977	13986	37	9362
西 藏 Xizang	91	1307	97	158
陕 西 Shaanxi	2369	13016	134	4450
甘 肃 Gansu	1399	7012	124	3151
青 海 Qinghai	237	1306	57	1418
宁 夏 Ningxia	551	3399	7	721
新 疆 Xinjiang	1860	6507	130	2260

附表 9-3　2016 年各省科普经费　　单位：万元

Appendix table 9-3: S&T popularization funds by region in 2016　　Unit: 10000 yuan

地　区 Region	年度科普经费筹集额 Annual funding for S&T popularization	政府拨款 Government funds	科普专项经费 Special funds	捐赠 Donates	自筹资金 Self-raised funds	其他收入 Others
全　国 Total	1519763	1157509	620062	15672	275990	71325
东　部 Eastern	909685	678928	380632	12319	179664	39447
中　部 Middle	234401	180685	86452	1820	42873	8990
西　部 Western	375677	297896	152979	1533	53453	22887
北　京 Beijing	251204	180408	126305	4053	54807	12003
天　津 Tianjin	24504	19181	7274	306	4637	379
河　北 Hebei	37062	23019	14200	5028	4518	4677
山　西 Shanxi	9387	7658	3888	0	1264	465
内蒙古 Inner Mongolia	20051	17873	10276	20	1477	730
辽　宁 Liaoning	45855	31055	15622	173	11967	2665
吉　林 Jilin	2789	1885	478	2	615	286
黑龙江 Heilongjiang	14796	13084	7678	62	1272	379
上　海 Shanghai	160277	108770	47774	926	46001	4579
江　苏 Jiangsu	95932	74939	42980	1014	16385	3593
浙　江 Zhejiang	96335	72356	32225	456	18680	5375
安　徽 Anhui	28784	23736	15267	336	3705	1007
福　建 Fujian	40442	31197	13925	100	7378	1766
江　西 Jiangxi	27548	19574	7375	469	6702	807
山　东 Shandong	52351	45824	33596	93	3748	2567
河　南 Henan	31178	25710	11241	120	4487	825
湖　北 Hubei	73899	58534	23140	648	12555	2163
湖　南 Hunan	46019	30504	17386	183	12273	3058
广　东 Guangdong	93979	80876	39911	152	11220	1742
广　西 Guangxi	44768	33590	18490	86	4439	6654
海　南 Hainan	11745	11302	6820	19	323	102
重　庆 Chongqing	55036	41390	21059	154	10003	3615
四　川 Sichuan	46569	36514	19756	90	8878	1085
贵　州 Guizhou	41775	33437	14145	307	5692	2339
云　南 Yunnan	76658	63879	30711	434	10125	2221
西　藏 Xizang	2737	2604	1584	0	107	26
陕　西 Shaanxi	34775	25460	14901	114	5938	3258
甘　肃 Gansu	18180	13455	7001	104	3450	1171
青　海 Qinghai	9427	7818	2377	103	782	725
宁　夏 Ningxia	7606	6801	4473	42	553	210
新　疆 Xinjiang	18095	15076	8206	80	2010	854

附表 9-3　续表　　Continued

地　区 Region	科技活动周经费筹集额 Funding for S&T week	政府拨款 Government funds	企业赞助 Corporate donates	年度科普经费使用额 Annual expenditure	行政支出 Administrative expenditure	科普活动支出 Activities expenditure
全　国 Total	50289	37797	3408	1522149	250267	837407
东　部 Eastern	25810	20339	1607	880389	133412	505785
中　部 Middle	11504	7322	1111	261282	35350	125435
西　部 Western	12975	10136	690	380478	81505	206187
北　京 Beijing	3937	3454	128	233118	30424	144325
天　津 Tianjin	687	385	83	22296	4390	16053
河　北 Hebei	1070	827	60	35095	6861	22984
山　西 Shanxi	694	465	136	10216	2204	4819
内蒙古 Inner Mongolia	583	487	20	20974	2667	9622
辽　宁 Liaoning	1355	1025	119	46460	7207	30359
吉　林 Jilin	61	47	0	2859	1301	909
黑龙江 Heilongjiang	321	222	58	13389	2470	9106
上　海 Shanghai	5447	4374	512	157707	9283	99412
江　苏 Jiangsu	4586	3502	284	90960	14500	52137
浙　江 Zhejiang	2640	2182	31	95151	25856	45487
安　徽 Anhui	994	716	57	35199	4197	17971
福　建 Fujian	1198	805	169	45025	7479	18911
江　西 Jiangxi	1605	850	293	27053	5914	14042
山　东 Shandong	955	487	97	50167	5580	21438
河　南 Henan	1740	672	42	35627	3803	15360
湖　北 Hubei	2637	1729	251	82242	8661	34904
湖　南 Hunan	3452	2622	274	54697	6801	28324
广　东 Guangdong	3453	2854	98	92450	18579	51544
广　西 Guangxi	1641	1402	35	46009	14658	19081
海　南 Hainan	483	444	26	11959	3252	3135
重　庆 Chongqing	1620	1219	145	49454	5004	29393
四　川 Sichuan	2240	1638	140	52950	8203	31398
贵　州 Guizhou	1884	1600	130	40063	11639	22890
云　南 Yunnan	1714	1251	89	75094	22186	41783
西　藏 Xizang	40	25	0	2698	85	2179
陕　西 Shaanxi	1563	1229	65	35534	7045	22348
甘　肃 Gansu	534	390	25	18086	2433	10010
青　海 Qinghai	162	120	2	12118	3290	3877
宁　夏 Ningxia	168	140	9	5592	462	4323
新　疆 Xinjiang	826	635	30	21906	3834	9281

附表 9-3　续表　　Continued

地　区 Region	年度科普经费使用额 Annual expenditure				
	科普场馆基建支出 Infrastructure expenditures	政府拨款支出 Government expenditures	场馆建设支出 Venue construction expenditures	展品、设施支出 Exhibits & facilities expenditures	其他支出 Others
全　国 Total	338443	141661	169842	135796	96039
东　部 Eastern	178516	81755	87185	72660	62661
中　部 Middle	83064	36967	44962	23277	17216
西　部 Western	76864	22940	37695	39860	16163
北　京 Beijing	31883	13475	12838	13836	26599
天　津 Tianjin	1110	220	517	471	742
河　北 Hebei	2950	1047	1594	1062	2100
山　西 Shanxi	2816	808	847	1798	379
内蒙古 Inner Mongolia	8393	1918	3069	4932	465
辽　宁 Liaoning	7218	3054	2388	3772	1686
吉　林 Jilin	455	18	385	93	195
黑龙江 Heilongjiang	1596	709	180	678	217
上　海 Shanghai	45054	23378	18792	19245	3958
江　苏 Jiangsu	15768	4857	6218	10200	8555
浙　江 Zhejiang	19299	5973	9425	8582	4558
安　徽 Anhui	11084	3794	5388	4291	1947
福　建 Fujian	15058	2761	9294	3947	3560
江　西 Jiangxi	6513	4290	3166	1894	326
山　东 Shandong	22556	19741	16753	4755	621
河　南 Henan	14790	7425	8968	3376	1675
湖　北 Hubei	30101	17153	17429	6077	8576
湖　南 Hunan	15710	2768	8599	5069	3900
广　东 Guangdong	16884	6968	8803	6684	5445
广　西 Guangxi	10065	7240	4215	4887	2252
海　南 Hainan	735	281	563	105	4837
重　庆 Chongqing	12723	1736	2279	9777	2335
四　川 Sichuan	11675	2833	7800	1709	1701
贵　州 Guizhou	2725	1430	1781	933	2809
云　南 Yunnan	7925	4558	4544	1922	3193
西　藏 Xizang	433	0	0	0	1
陕　西 Shaanxi	4828	973	7500	6720	1314
甘　肃 Gansu	5192	695	1720	2615	451
青　海 Qinghai	4454	73	2864	1486	498
宁　夏 Ningxia	595	50	188	374	209
新　疆 Xinjiang	7857	1435	1737	4504	935

附表 9-4 2016 年各省科普传媒

Appendix table 9-4: S&T popularization media by region in 2016

地　区 Region	科普图书 S&T popularization books		科普期刊 S&T popularization journals	
	出版种数/种 Types of publications	出版总册数/册 Total copies	出版种数/种 Types of publications	出版总册数/册 Total copies
全　国 Total	11937	134873318	1265	159696620
东　部 Eastern	7808	85294711	634	134948214
中　部 Middle	2486	25555505	271	15341452
西　部 Western	1643	24023102	360	9406954
北　京 Beijing	3572	28695217	130	37026395
天　津 Tianjin	551	3640051	21	1533100
河　北 Hebei	72	3270895	26	3886700
山　西 Shanxi	334	1904102	42	1865110
内蒙古 Inner Mongolia	95	10296800	13	164500
辽　宁 Liaoning	80	855380	24	791218
吉　林 Jilin	66	120900	5	18602
黑龙江 Heilongjiang	150	463372	14	193000
上　海 Shanghai	972	13145565	133	19238459
江　苏 Jiangsu	266	781654	48	4032612
浙　江 Zhejiang	1719	32724947	85	26208046
安　徽 Anhui	253	2158208	10	3372012
福　建 Fujian	86	214631	50	202758
江　西 Jiangxi	558	6086501	42	3594132
山　东 Shandong	45	195800	13	466700
河　南 Henan	436	9524930	74	4586172
湖　北 Hubei	261	1073240	55	1068800
湖　南 Hunan	428	4224252	29	643624
广　东 Guangdong	377	1452831	75	40505226
广　西 Guangxi	100	772260	25	2491724
海　南 Hainan	68	317740	29	1057000
重　庆 Chongqing	301	2463276	53	896103
四　川 Sichuan	145	1103820	43	1872360
贵　州 Guizhou	26	3120000	19	202600
云　南 Yunnan	236	751234	66	1052112
西　藏 Xizang	19	92600	5	29200
陕　西 Shaanxi	242	1067571	45	1273726
甘　肃 Gansu	214	988576	41	171024
青　海 Qinghai	96	317159	24	70900
宁　夏 Ningxia	31	514630	2	26000
新　疆 Xinjiang	138	2535176	24	1156705

附表 9-4　续表　　　　Continued

地　区 Region	科普（技）音像制品 S&T Popularization audio and video products			科技类报纸年发行总份数/份 S&T newspaper circulation
	出版种数/种 Types of publications	光盘发行总量/张 Total CD copies released	录音、录像带发行总量/盒 Total copies of audio and video publications	
全　国 Total	5465	4334693	358717	267407129
东　部 Eastern	1976	1968100	81405	185287300
中　部 Middle	1282	1250578	151292	62088310
西　部 Western	2207	1116015	126020	20031519
北　京 Beijing	531	457194	170	78221765
天　津 Tianjin	52	94708	100	3659112
河　北 Hebei	66	120484	11465	11042323
山　西 Shanxi	71	116738	72250	12111185
内蒙古 Inner Mongolia	149	56323	11866	2112768
辽　宁 Liaoning	370	435489	38814	10198548
吉　林 Jilin	25	3890	630	4110
黑龙江 Heilongjiang	112	134311	3774	8339022
上　海 Shanghai	95	188640	5632	17750843
江　苏 Jiangsu	102	110511	1350	11030280
浙　江 Zhejiang	247	169649	849	18180291
安　徽 Anhui	143	188154	9245	1430872
福　建 Fujian	54	224225	5187	845087
江　西 Jiangxi	141	217679	4364	9389038
山　东 Shandong	123	88035	5922	23632036
河　南 Henan	117	246006	6788	16623882
湖　北 Hubei	512	196290	12916	12218304
湖　南 Hunan	161	147510	41325	1971897
广　东 Guangdong	282	67668	6810	10723215
广　西 Guangxi	213	36908	7912	10483408
海　南 Hainan	54	11497	5106	3800
重　庆 Chongqing	89	133229	36821	315192
四　川 Sichuan	548	133668	26577	1228762
贵　州 Guizhou	23	17188	4246	192301
云　南 Yunnan	365	289534	983	721551
西　藏 Xizang	21	12981	2771	2244650
陕　西 Shaanxi	428	112777	2193	465136
甘　肃 Gansu	271	205822	14540	362720
青　海 Qinghai	38	24023	7000	1347554
宁　夏 Ningxia	12	17870	0	253310
新　疆 Xinjiang	50	75692	11111	304167

附表 9-4 续表 Continued

地　区 Region	电视台播出科普（技）节目时间/小时 Broadcasting time of S&T popularization programs on TV (h)	电台播出科普（技）节目时间/小时 Broadcasting time of S&T popularization programs on radio (h)	科普网站数/个 S&T popularization websites (unit)	发放科普读物和资料/份 Number of S&T popularization readings and materials
全　国 Total	135392	126799	2975	823071593
东　部 Eastern	91390	88717	1534	315755467
中　部 Middle	21401	21195	588	179387027
西　部 Western	22601	16887	853	327929099
北　京 Beijing	3560	7853	359	42405224
天　津 Tianjin	6897	429	114	11088998
河　北 Hebei	5964	4364	69	25209723
山　西 Shanxi	1843	731	35	14223460
内蒙古 Inner Mongolia	2718	2054	52	10101191
辽　宁 Liaoning	24311	24543	114	23050398
吉　林 Jilin	249	213	16	2234195
黑龙江 Heilongjiang	1013	1024	79	12308665
上　海 Shanghai	6591	2032	263	36090411
江　苏 Jiangsu	2203	2012	119	59202731
浙　江 Zhejiang	13152	10791	145	34677217
安　徽 Anhui	2520	6084	84	30537872
福　建 Fujian	1324	2100	72	12220167
江　西 Jiangxi	8837	8065	92	14815553
山　东 Shandong	14202	1804	84	24289675
河　南 Henan	1315	1159	104	30166346
湖　北 Hubei	4613	3191	117	41084165
湖　南 Hunan	1011	728	61	34016771
广　东 Guangdong	13129	32734	178	45088144
广　西 Guangxi	2669	630	68	32992782
海　南 Hainan	57	55	17	2432779
重　庆 Chongqing	0	0	175	30053805
四　川 Sichuan	3242	1951	87	65784381
贵　州 Guizhou	1506	1172	41	35769236
云　南 Yunnan	4462	2667	99	67613986
西　藏 Xizang	29	1622	11	324612
陕　西 Shaanxi	943	804	105	36220207
甘　肃 Gansu	4277	3545	120	21490569
青　海 Qinghai	137	101	28	6048340
宁　夏 Ningxia	595	82	20	6514303
新　疆 Xinjiang	2023	2259	47	15015687

附表 9-5 2016 年各省科普活动

Appendix table 9-5: S&T popularization activities by region in 2016

地 区 Region	科普（技）讲座 S&T popularization lectures		科普（技）展览 S&T popularization exhibitions	
	举办次数/次 Number of lectures	参加人数/人次 Number of participants	专题展览次数/次 Number of exhibitions	参观人数/人次 Number of participants
全 国 Total	856884	145836168	165754	212666177
东 部 Eastern	451894	69291510	76767	119940854
中 部 Middle	175388	28506854	32396	36431941
西 部 Western	229602	48037804	56591	56293382
北 京 Beijing	66506	8136999	4286	38495531
天 津 Tianjin	42118	2342158	28061	4924576
河 北 Hebei	22122	3702597	3205	2900197
山 西 Shanxi	17058	1778838	2986	1308187
内蒙古 Inner Mongolia	12247	3990557	2052	1709318
辽 宁 Liaoning	38701	8170197	4612	8624351
吉 林 Jilin	4638	435522	232	628317
黑龙江 Heilongjiang	14842	2409700	2429	2305445
上 海 Shanghai	75859	7675114	5505	17438687
江 苏 Jiangsu	58700	9765740	9993	12431600
浙 江 Zhejiang	58494	12666004	7356	11958734
安 徽 Anhui	18323	3534178	3765	2831742
福 建 Fujian	20983	3443486	4258	3333891
江 西 Jiangxi	13881	2486942	3967	3516566
山 东 Shandong	30769	6403160	3822	3671388
河 南 Henan	45087	6448044	6663	11780128
湖 北 Hubei	38237	7442777	7902	8930084
湖 南 Hunan	23322	3970853	4452	5131472
广 东 Guangdong	36346	6703066	4951	15875410
广 西 Guangxi	17800	3669056	3099	3714397
海 南 Hainan	1296	282989	718	286489
重 庆 Chongqing	14545	5822294	2448	8526950
四 川 Sichuan	34330	6444072	16966	10624280
贵 州 Guizhou	11866	2717506	2746	3019759
云 南 Yunnan	42520	6634700	9972	15422795
西 藏 Xizang	745	96033	184	102114
陕 西 Shaanxi	27589	5680517	4893	5138838
甘 肃 Gansu	20891	4576091	4409	3716681
青 海 Qinghai	6185	1058397	961	1666644
宁 夏 Ningxia	4192	1390490	819	256537
新 疆 Xinjiang	36692	5958091	8042	2395069

附表 9-5 续表 Continued

地 区 Region	科普（技）竞赛 S&T popularization competitions		科普国际交流 International S&T popularization communication	
	举办次数/次 Number of competitions	参加人数/人次 Number of participants	举办次数/次 Number of events	参加人数/人次 Number of participants
全 国 Total	64468	112503131	2481	616849
东 部 Eastern	41843	82678909	1657	332686
中 部 Middle	11791	12436958	250	40065
西 部 Western	10834	17387264	574	244098
北 京 Beijing	2367	10158427	466	110272
天 津 Tianjin	10769	1045206	54	35233
河 北 Hebei	1077	39590140	33	198
山 西 Shanxi	727	575311	25	458
内蒙古 Inner Mongolia	537	242817	88	24119
辽 宁 Liaoning	2741	3717909	139	64543
吉 林 Jilin	96	66617	6	594
黑龙江 Heilongjiang	1465	377551	25	22623
上 海 Shanghai	4432	5267631	371	66747
江 苏 Jiangsu	11117	10724618	242	27508
浙 江 Zhejiang	3315	2412143	112	10035
安 徽 Anhui	1221	1509436	19	3639
福 建 Fujian	1740	1549957	27	5150
江 西 Jiangxi	923	1170330	14	2133
山 东 Shandong	1724	2399759	85	5827
河 南 Henan	2443	3438015	25	1562
湖 北 Hubei	3374	3153125	72	2803
湖 南 Hunan	1542	2146573	64	6253
广 东 Guangdong	2423	5780994	112	3323
广 西 Guangxi	915	1595435	50	2958
海 南 Hainan	138	32125	16	3850
重 庆 Chongqing	765	5866273	70	55299
四 川 Sichuan	1866	3484110	112	121528
贵 州 Guizhou	637	991020	15	2151
云 南 Yunnan	1356	1327991	53	20746
西 藏 Xizang	65	7721	0	0
陕 西 Shaanxi	1323	2063631	111	13666
甘 肃 Gansu	1194	906847	22	1971
青 海 Qinghai	644	158291	23	660
宁 夏 Ningxia	244	321874	13	341
新 疆 Xinjiang	1288	421254	17	659

附表 9-5　续表　　　　Continued

地　区 Region	成立青少年科技兴趣小组 Teenage S&T interest groups		科技夏（冬）令营 Summer /winter science camps	
	兴趣小组数/个 Number of groups	参加人数/人次 Number of participants	举办次数/次 Number of camps	参加人数/人次 Number of participants
全　国 Total	222446	17151843	14094	3036360
东　部 Eastern	104602	7015158	8616	1999518
中　部 Middle	60817	4280925	1579	403343
西　部 Western	57027	5855760	3899	633499
北　京 Beijing	4140	330162	1371	249884
天　津 Tianjin	6490	391117	208	72462
河　北 Hebei	10707	547833	322	90568
山　西 Shanxi	5295	266873	72	20419
内蒙古 Inner Mongolia	2240	153985	90	24200
辽　宁 Liaoning	15025	990153	828	396274
吉　林 Jilin	339	60863	38	4573
黑龙江 Heilongjiang	4030	230568	167	55013
上　海 Shanghai	7822	558105	1691	408624
江　苏 Jiangsu	20558	1113279	1528	359498
浙　江 Zhejiang	14189	873304	981	172717
安　徽 Anhui	5247	399625	251	31091
福　建 Fujian	4471	436398	771	66556
江　西 Jiangxi	4005	463447	169	63295
山　东 Shandong	10651	891644	310	140521
河　南 Henan	13764	766717	209	60066
湖　北 Hubei	16336	1141335	398	81801
湖　南 Hunan	11801	951497	275	87085
广　东 Guangdong	9728	855850	533	38431
广　西 Guangxi	5518	802348	73	12510
海　南 Hainan	821	27313	73	3983
重　庆 Chongqing	4695	534717	127	16347
四　川 Sichuan	13599	1763131	415	142445
贵　州 Guizhou	3097	662014	111	62064
云　南 Yunnan	6122	455556	1090	146398
西　藏 Xizang	46	5456	26	1222
陕　西 Shaanxi	8175	517881	304	46508
甘　肃 Gansu	9127	541200	914	79115
青　海 Qinghai	340	14931	37	4054
宁　夏 Ningxia	1148	87218	31	7275
新　疆 Xinjiang	2920	317323	681	91361

附表 9-5 续表 Continued

地 区 Region	科技活动周 Science & technology week		科研机构、大学向社会开放 Scientific institutions and universities open to the public	
	科普专题活动次数/次 Number of events	参加人数/人次 Number of participants	开放单位数/个 Number of open units	参观人数/人次 Number of participants
全 国 Total	128545	147408455	8080	8633658
东 部 Eastern	58102	103819733	4344	4854264
中 部 Middle	26153	16115430	1609	1917431
西 部 Western	44290	27473292	2127	1861963
北 京 Beijing	6774	58536108	807	750011
天 津 Tianjin	7311	2535511	216	130162
河 北 Hebei	4832	3243954	261	152793
山 西 Shanxi	1510	725426	135	94820
内蒙古 Inner Mongolia	1694	1410713	64	103066
辽 宁 Liaoning	4315	3831087	718	582141
吉 林 Jilin	293	197863	32	15730
黑龙江 Heilongjiang	2886	1233294	223	167336
上 海 Shanghai	5845	6956778	100	250150
江 苏 Jiangsu	12056	11205250	357	973779
浙 江 Zhejiang	7009	4270392	584	330909
安 徽 Anhui	4311	1544932	111	107104
福 建 Fujian	3603	1661544	246	153183
江 西 Jiangxi	3099	1849809	168	145755
山 东 Shandong	2855	7774854	242	240292
河 南 Henan	5261	3415207	328	147623
湖 北 Hubei	5079	4265057	434	888505
湖 南 Hunan	3714	2883842	178	350558
广 东 Guangdong	2404	3148548	769	1219344
广 西 Guangxi	4228	3108435	89	106926
海 南 Hainan	1098	655707	44	71500
重 庆 Chongqing	2230	2408520	456	233310
四 川 Sichuan	5062	4199266	209	382229
贵 州 Guizhou	3822	2239744	148	48927
云 南 Yunnan	6156	3188092	248	122729
西 藏 Xizang	217	25933	12	9710
陕 西 Shaanxi	9093	4334477	359	415844
甘 肃 Gansu	5031	2365620	183	363010
青 海 Qinghai	950	712512	76	16390
宁 夏 Ningxia	1214	1465785	61	7209
新 疆 Xinjiang	4593	2014195	222	52613

附表 9-5　续表　　　　Continued

地　区 Region	举办实用技术培训 Practical skill trainings		重大科普活动次数/次 Number of major S&T popularization activities
	举办次数/次 Number of trainings	参加人数/人次 Number of participants	
全　国 Total	646933	77466929	27528
东　部 Eastern	189512	24749545	9868
中　部 Middle	122897	15161678	6482
西　部 Western	334524	37555706	11178
北　京 Beijing	15412	932430	633
天　津 Tianjin	12552	1515396	301
河　北 Hebei	22020	3466851	826
山　西 Shanxi	13903	1511405	636
内蒙古 Inner Mongolia	24212	2337038	756
辽　宁 Liaoning	20229	2758395	1456
吉　林 Jilin	3532	349358	100
黑龙江 Heilongjiang	19171	2787703	654
上　海 Shanghai	15415	3293215	1112
江　苏 Jiangsu	28584	3273989	1579
浙　江 Zhejiang	28922	3557396	1120
安　徽 Anhui	24710	2322834	789
福　建 Fujian	12222	1685595	687
江　西 Jiangxi	11812	927985	528
山　东 Shandong	15958	2459490	798
河　南 Henan	28915	4881785	1138
湖　北 Hubei	743	61074	1434
湖　南 Hunan	20111	2319534	1203
广　东 Guangdong	16060	1611914	1217
广　西 Guangxi	29233	2887759	904
海　南 Hainan	2138	194874	139
重　庆 Chongqing	8920	1259538	1067
四　川 Sichuan	51016	6730171	1816
贵　州 Guizhou	15004	2345581	391
云　南 Yunnan	72530	6825087	1417
西　藏 Xizang	652	99352	56
陕　西 Shaanxi	27926	3722214	1631
甘　肃 Gansu	37780	4175349	1307
青　海 Qinghai	8334	622277	700
宁　夏 Ningxia	8562	1033246	295
新　疆 Xinjiang	50355	5518064	838

附表 9-6　2016 年创新创业中的科普

Appendix table 9-6: S&T popularization activities in innovation and entrepreneurship in 2016

地　区 Region	众创空间 Maker space			
	数量/个 Number of maker spaces	服务各类人员数量/人 Number of serving for people	获得政府经费支持/万元 Funds from government (10000 yuan)	孵化科技项目数量/个 Number of incubating S&T projects
全　国 Total	6711	631235	338728	80792
东　部 Eastern	3697	323523	168246	55801
中　部 Middle	1286	97139	62860	15818
西　部 Western	1728	210573	107622	9173
北　京 Beijing	333	47509	30865	6879
天　津 Tianjin	254	27471	19420	4212
河　北 Hebei	332	28517	5840	7415
山　西 Shanxi	105	9946	3352	264
内蒙古 Inner Mongolia	160	31678	8215	502
辽　宁 Liaoning	180	22027	10239	1661
吉　林 Jilin	70	2291	2338	130
黑龙江 Heilongjiang	183	9763	21528	1358
上　海 Shanghai	1245	77557	39057	18852
江　苏 Jiangsu	492	17421	11917	9541
浙　江 Zhejiang	205	41246	12114	2042
安　徽 Anhui	141	16978	4330	560
福　建 Fujian	246	24918	11543	1920
江　西 Jiangxi	125	6974	14624	2257
山　东 Shandong	198	14518	2876	544
河　南 Henan	260	11765	7611	8197
湖　北 Hubei	260	19897	5453	1649
湖　南 Hunan	142	19525	3624	1403
广　东 Guangdong	204	21844	23775	2707
广　西 Guangxi	49	8232	3502	285
海　南 Hainan	8	495	600	28
重　庆 Chongqing	180	28430	16014	1388
四　川 Sichuan	257	33442	26865	2701
贵　州 Guizhou	60	13213	2043	240
云　南 Yunnan	394	27150	37449	1587
西　藏 Xizang	1	20	675	100
陕　西 Shaanxi	316	31382	7342	1043
甘　肃 Gansu	65	26507	3719	196
青　海 Qinghai	8	1463	457	88
宁　夏 Ningxia	33	3091	663	227
新　疆 Xinjiang	205	5965	678	816

附表 9-6 续表 Continued

地 区 Region	创新创业培训 Innovation and entrepreneurship trainings		创新创业赛事 Innovation and entrepreneurship competitions	
	培训次数/次 Number of trainings	参加人数/人次 Number of participants	赛事次数/次 Number of competitions	参加人数/人次 Number of participants
全 国 Total	85925	4589271	6618	2429230
东 部 Eastern	51884	2471446	4100	1282043
中 部 Middle	14125	805361	988	859700
西 部 Western	19916	1312464	1530	287487
北 京 Beijing	2784	373646	452	143809
天 津 Tianjin	7344	194016	208	364092
河 北 Hebei	6371	171102	295	25903
山 西 Shanxi	1123	73915	44	376404
内蒙古 Inner Mongolia	1633	53466	143	12540
辽 宁 Liaoning	2194	155414	597	63484
吉 林 Jilin	192	8960	5	350
黑龙江 Heilongjiang	1670	91481	93	25407
上 海 Shanghai	13352	510979	773	78216
江 苏 Jiangsu	8102	429368	415	54873
浙 江 Zhejiang	1418	93820	255	32289
安 徽 Anhui	2229	67211	166	23569
福 建 Fujian	3106	144845	599	123977
江 西 Jiangxi	1364	89561	149	22915
山 东 Shandong	4511	175333	326	152538
河 南 Henan	3539	237107	151	27201
湖 北 Hubei	1935	150813	296	158431
湖 南 Hunan	2073	86313	84	225423
广 东 Guangdong	2633	215222	173	241725
广 西 Guangxi	1643	118527	58	15539
海 南 Hainan	69	7701	7	1137
重 庆 Chongqing	2429	171343	258	26417
四 川 Sichuan	3219	238216	409	52296
贵 州 Guizhou	995	53519	29	7645
云 南 Yunnan	3340	233228	138	17268
西 藏 Xizang	104	4546	2	123
陕 西 Shaanxi	2567	151054	224	121286
甘 肃 Gansu	923	78018	113	26671
青 海 Qinghai	242	9215	15	894
宁 夏 Ningxia	214	25502	31	4866
新 疆 Xinjiang	2607	175830	110	1942

附录 10　2015 年全国科普统计分类数据统计表

各项统计数据均未包括香港特别行政区、澳门特别行政区和台湾地区的数据。

科普宣传专用车、科普图书、科普期刊、科普网站、科普国际交流情况和创新创业中的科普情况均由市级以上（含市级）填报单位的数据统计得出。

非场馆类科普基地，因为理解差异，此次暂未列入。

东部、中部和西部地区的划分：东部地区包括北京、天津、河北、辽宁、上海、江苏、浙江、福建、山东、广东和海南 11 个省和直辖市；中部地区包括山西、吉林、黑龙江、安徽、江西、河南、湖北和湖南 8 个省；西部地区包括内蒙古、广西、重庆、四川、贵州、云南、西藏、陕西、甘肃、青海、宁夏和新疆 12 个省、自治区和直辖市。

附表 10-1　2015 年各省科普人员　　单位：人

Appendix table 10-1: S&T popularization personnel by region in 2015　　Unit: person

地　区 Region	科普专职人员 Full time S&T popularization personnel		
	人员总数 Total	中级职称及以上或大学本科及以上学历人员 With title of medium-rank or above / with college graduate or above	女性 Female
全　国 Total	221511	130944	81552
东　部 Eastern	83206	54001	33219
中　部 Middle	65282	37424	22279
西　部 Western	73023	39519	26054
北　京 Beijing	7324	5070	3593
天　津 Tianjin	3039	2005	1325
河　北 Hebei	6771	4006	2875
山　西 Shanxi	4941	2522	1866
内蒙古 Inner Mongolia	5671	3716	2165
辽　宁 Liaoning	7425	5185	3063
吉　林 Jilin	1501	930	664
黑龙江 Heilongjiang	3499	2328	1568
上　海 Shanghai	8090	5721	3806
江　苏 Jiangsu	13516	9398	5055
浙　江 Zhejiang	7523	5265	2997
安　徽 Anhui	11589	6294	2822
福　建 Fujian	5074	2788	1479
江　西 Jiangxi	6113	3656	1924
山　东 Shandong	14286	9022	5062
河　南 Henan	11630	6667	4529
湖　北 Hubei	12564	7836	3929
湖　南 Hunan	13445	7191	4977
广　东 Guangdong	8410	4601	3158
广　西 Guangxi	5506	3138	1941
海　南 Hainan	1748	940	806
重　庆 Chongqing	4252	2600	1667
四　川 Sichuan	9391	6105	3803
贵　州 Guizhou	3041	1929	1024
云　南 Yunnan	14877	8470	4988
西　藏 Xizang	609	333	179
陕　西 Shaanxi	11527	4889	3556
甘　肃 Gansu	9751	4157	3279
青　海 Qinghai	1531	817	596
宁　夏 Ningxia	1348	613	634
新　疆 Xinjiang	5519	2752	2222

附表 10-1　续表　　Continued

地　区　Region	科普专职人员 Full time S&T popularization personnel		
	农村科普人员 Rural S&T popularization personnel	管理人员 S&T popularization administrators	科普创作人员 S&T popularization creators
全　国　Total	72752	46579	13337
东　部　Eastern	20817	19077	6770
中　部　Middle	25475	13787	3480
西　部　Western	26460	13715	3087
北　京　Beijing	956	1536	1084
天　津　Tianjin	561	1057	231
河　北　Hebei	1978	1597	422
山　西　Shanxi	1599	1240	376
内蒙古　Inner Mongolia	1844	1381	231
辽　宁　Liaoning	1377	2081	411
吉　林　Jilin	466	390	54
黑龙江　Heilongjiang	947	857	239
上　海　Shanghai	948	1984	1299
江　苏　Jiangsu	3590	2868	879
浙　江　Zhejiang	2084	1409	469
安　徽　Anhui	6356	2047	392
福　建　Fujian	1569	1084	393
江　西　Jiangxi	1910	1497	330
山　东　Shandong	5472	3032	878
河　南　Henan	4281	2625	657
湖　北　Hubei	5216	2519	748
湖　南　Hunan	4700	2612	684
广　东　Guangdong	2101	2151	661
广　西　Guangxi	2539	1126	225
海　南　Hainan	181	278	43
重　庆　Chongqing	1184	1269	442
四　川　Sichuan	2408	1916	526
贵　州　Guizhou	1193	712	164
云　南　Yunnan	7257	2103	271
西　藏　Xizang	177	177	105
陕　西　Shaanxi	4206	2189	448
甘　肃　Gansu	3046	1265	269
青　海　Qinghai	219	277	69
宁　夏　Ningxia	295	311	70
新　疆　Xinjiang	2092	989	267

附表 10-1　续表　　Continued

地　区 Region	科普兼职人员 Part time S&T popularization personnel		
	人员总数 Total	年度实际投入工作量/人月 Annual actual workload (person-month)	中级职称及以上或大学本科及以上学历人员 With title of medium-rank or above / with college graduate or above
全　国 Total	1832309	1782937	884802
东　部 Eastern	801864	815010	430436
中　部 Middle	401206	436762	192925
西　部 Western	629239	531165	261441
北　京 Beijing	40939	46936	26690
天　津 Tianjin	34902	27134	16216
河　北 Hebei	55983	91817	32028
山　西 Shanxi	38012	26887	11271
内蒙古 Inner Mongolia	39460	38471	21646
辽　宁 Liaoning	70734	91655	40799
吉　林 Jilin	14680	17911	5858
黑龙江 Heilongjiang	22173	28228	14579
上　海 Shanghai	43151	73948	25256
江　苏 Jiangsu	150179	146791	86827
浙　江 Zhejiang	110913	116399	61731
安　徽 Anhui	59997	92026	25345
福　建 Fujian	114819	68465	58826
江　西 Jiangxi	46816	63523	24071
山　东 Shandong	105943	129737	45039
河　南 Henan	76622	101957	39410
湖　北 Hubei	69294	9363	38562
湖　南 Hunan	73612	96867	33829
广　东 Guangdong	64147	9743	34901
广　西 Guangxi	42246	52242	19135
海　南 Hainan	10154	12385	2123
重　庆 Chongqing	46952	8112	23124
四　川 Sichuan	206771	136089	59391
贵　州 Guizhou	40103	64899	21700
云　南 Yunnan	80603	106335	39150
西　藏 Xizang	3908	1158	701
陕　西 Shaanxi	68366	64048	29591
甘　肃 Gansu	51404	9055	22446
青　海 Qinghai	7164	9852	4410
宁　夏 Ningxia	12163	10249	5841
新　疆 Xinjiang	30099	30655	14306

附表 10-1 续表 Continued

地 区 Region	科普兼职人员 Part time S&T popularization personnel		注册科普志愿者 Registered S&T popularization volunteers
	女性 Female	农村科普人员 Rural S&T popularization personnel	
全 国 Total	651670	676836	2756225
东 部 Eastern	315639	256045	1565922
中 部 Middle	138794	166569	596538
西 部 Western	197237	254222	593765
北 京 Beijing	22256	4503	24083
天 津 Tianjin	19938	4494	44363
河 北 Hebei	22792	23308	50210
山 西 Shanxi	10651	21171	17147
内蒙古 Inner Mongolia	17724	11417	34806
辽 宁 Liaoning	31823	17535	63692
吉 林 Jilin	5796	7080	9702
黑龙江 Heilongjiang	9659	6048	40697
上 海 Shanghai	20865	4372	96841
江 苏 Jiangsu	57805	55893	844195
浙 江 Zhejiang	42221	37999	99427
安 徽 Anhui	18251	25837	42877
福 建 Fujian	35206	23477	52928
江 西 Jiangxi	16381	19612	29989
山 东 Shandong	38946	62223	147011
河 南 Henan	30916	30848	177155
湖 北 Hubei	25063	24871	119160
湖 南 Hunan	22077	31102	159811
广 东 Guangdong	21793	18504	138743
广 西 Guangxi	14108	15466	13837
海 南 Hainan	1994	3737	4429
重 庆 Chongqing	17361	15271	65844
四 川 Sichuan	44035	116168	60153
贵 州 Guizhou	14471	11644	117072
云 南 Yunnan	31247	29671	190742
西 藏 Xizang	455	801	318
陕 西 Shaanxi	22983	20829	45710
甘 肃 Gansu	13888	16811	19616
青 海 Qinghai	2445	1037	2529
宁 夏 Ningxia	5118	4565	34826
新 疆 Xinjiang	13402	10542	8312

附表 10-2　2015 年各省科普场地

Appendix table 10-2: S&T popularization venues and facilities by region in 2015

地　区 Region	科技馆/个 S&T museums or centers	建筑面积/平方米 Construction area (m^2)	展厅面积/平方米 Exhibition area (m^2)	当年参观人数/人次 Visitors
全　国 Total	444	3138406	1542017	46950919
东　部 Eastern	221	1862553	919617	28699904
中　部 Middle	123	622663	306071	7646400
西　部 Western	100	653190	316329	10604615
北　京 Beijing	25	215659	125166	4561714
天　津 Tianjin	1	18000	10000	465700
河　北 Hebei	10	61212	27858	625300
山　西 Shanxi	5	11350	4570	54300
内蒙古 Inner Mongolia	18	147607	41392	743627
辽　宁 Liaoning	16	215988	83587	2455717
吉　林 Jilin	9	13300	8090	81800
黑龙江 Heilongjiang	8	79616	50278	1095197
上　海 Shanghai	32	232444	132412	6999446
江　苏 Jiangsu	13	119429	66687	1536855
浙　江 Zhejiang	26	250851	106020	2727302
安　徽 Anhui	14	131702	62118	1787406
福　建 Fujian	35	193344	112663	2885122
江　西 Jiangxi	7	36981	19242	535479
山　东 Shandong	24	211460	110156	2205968
河　南 Henan	12	90915	44934	1422000
湖　北 Hubei	60	201749	88068	2051100
湖　南 Hunan	8	57050	28771	619118
广　东 Guangdong	34	322720	138823	3239393
广　西 Guangxi	3	51877	29472	1434900
海　南 Hainan	5	21446	6245	997387
重　庆 Chongqing	10	70288	42935	2529100
四　川 Sichuan	8	57063	33675	1514633
贵　州 Guizhou	7	29252	16200	535020
云　南 Yunnan	8	38801	24400	372758
西　藏 Xizang	0	0	0	0
陕　西 Shaanxi	12	84770	39575	626443
甘　肃 Gansu	7	18150	9148	21643
青　海 Qinghai	4	37101	15710	690547
宁　夏 Ningxia	4	48503	26181	872564
新　疆 Xinjiang	19	69778	37641	1263380

附表 10-2　续表　　Continued

地　区 Region	科学技术类博物馆/个 S&T related museums	建筑面积/平方米 Construction area (m^2)	展厅面积/平方米 Exhibition area (m^2)	当年参观人数/人次 Visitors	青少年科技馆站/个 Teenage S&T museums
全　国 Total	814	5746300	2697349	105111221	592
东　部 Eastern	475	3807848	1779126	69362450	250
中　部 Middle	147	641123	351159	12057174	165
西　部 Western	192	1297329	567064	23691597	177
北　京 Beijing	46	543889	208683	10152367	20
天　津 Tianjin	13	270802	164380	4930906	13
河　北 Hebei	24	165723	79654	3399394	31
山　西 Shanxi	12	61729	26802	1014498	26
内蒙古 Inner Mongolia	20	133355	55954	1232775	14
辽　宁 Liaoning	77	873419	335534	8390056	31
吉　林 Jilin	6	12430	4810	227035	6
黑龙江 Heilongjiang	25	139936	96046	1217363	14
上　海 Shanghai	141	684847	422494	13478571	26
江　苏 Jiangsu	34	314936	132618	13856344	33
浙　江 Zhejiang	34	343099	109274	4369945	24
安　徽 Anhui	20	62874	35797	419065	40
福　建 Fujian	36	116679	69255	2792852	29
江　西 Jiangxi	13	42423	25057	1905730	4
山　东 Shandong	26	187049	93061	1952963	16
河　南 Henan	15	58928	25841	2928600	15
湖　北 Hubei	37	175701	110969	2800608	26
湖　南 Hunan	19	87102	25837	1544275	34
广　东 Guangdong	38	224505	95093	4953789	23
广　西 Guangxi	7	39440	31050	581935	12
海　南 Hainan	6	82900	69080	1085263	4
重　庆 Chongqing	29	227044	89561	4964213	23
四　川 Sichuan	20	160881	61907	4934859	23
贵　州 Guizhou	6	68729	29210	755300	6
云　南 Yunnan	37	257754	111825	7336125	20
西　藏 Xizang	4	101870	66450	221600	6
陕　西 Shaanxi	18	94182	37845	1950324	18
甘　肃 Gansu	14	48654	24040	610113	14
青　海 Qinghai	5	43400	17000	80645	6
宁　夏 Ningxia	7	56718	17061	661447	5
新　疆 Xinjiang	25	65302	25161	362261	30

附表 10-2　续表　　　Continued

地　区 Region	城市社区科普（技）专用活动室/个 Urban community S&T popularization rooms	农村科普（技）活动场地/个 Rural S&T popularization sites	科普宣传专用车/辆 S&T popularization vehicles	科普画廊/个 S&T popularization galleries
全　国 Total	81975	386769	1875	222671
东　部 Eastern	43279	187598	697	137254
中　部 Middle	19674	98284	425	40137
西　部 Western	19022	100887	753	45280
北　京 Beijing	1112	12011	62	4268
天　津 Tianjin	4380	6766	150	4137
河　北 Hebei	2951	21905	78	6665
山　西 Shanxi	661	8306	126	3436
内蒙古 Inner Mongolia	1281	4785	33	2263
辽　宁 Liaoning	6080	12821	55	10165
吉　林 Jilin	478	3705	6	1625
黑龙江 Heilongjiang	1767	4696	32	2286
上　海 Shanghai	3510	1646	72	6969
江　苏 Jiangsu	6878	26590	53	24301
浙　江 Zhejiang	6866	20798	36	19657
安　徽 Anhui	1902	10342	23	5955
福　建 Fujian	2434	9340	38	11404
江　西 Jiangxi	2014	9267	43	6060
山　东 Shandong	5899	61965	79	39403
河　南 Henan	1317	3827	29	1376
湖　北 Hubei	5051	26695	68	9669
湖　南 Hunan	6484	31446	98	9730
广　东 Guangdong	2821	12492	56	9395
广　西 Guangxi	1388	10310	33	3766
海　南 Hainan	348	1264	18	890
重　庆 Chongqing	2404	4899	220	5295
四　川 Sichuan	4316	24043	58	8557
贵　州 Guizhou	413	1772	13	1050
云　南 Yunnan	1986	15331	45	8741
西　藏 Xizang	114	1159	51	177
陕　西 Shaanxi	2369	16614	90	4449
甘　肃 Gansu	1310	8800	132	3017
青　海 Qinghai	128	1142	16	1325
宁　夏 Ningxia	898	1623	26	1527
新　疆 Xinjiang	2415	10409	36	5113

附表 10-3　2015 年各省科普经费　　单位：万元
Appendix table 10-3: S&T popularization funds by region in 2015　　Unit: 10000 yuan

地　区	Region	年度科普经费筹集额 Annual funding for S&T popularization	政府拨款 Government funds	科普专项经费 Special funds	捐赠 Donates	自筹资金 Self-raised funds	其他收入 Others
全　国	Total	1412010	1066601	635868	11076	257380	77173
东　部	Eastern	832378	605867	383170	5757	172952	47988
中　部	Middle	205300	154191	79493	2141	36702	12287
西　部	Western	374332	306543	173204	3177	47726	16898
北　京	Beijing	212622	163029	119852	1297	33878	14434
天　津	Tianjin	21284	17281	6975	98	3472	437
河　北	Hebei	28212	20711	9754	524	5987	990
山　西	Shanxi	7382	6395	3743	3	804	180
内蒙古	Inner Mongolia	18136	15988	12152	23	1520	605
辽　宁	Liaoning	41038	28210	17222	153	9940	2742
吉　林	Jilin	4575	3706	1241	6	820	44
黑龙江	Heilongjiang	8904	6849	2956	74	1776	204
上　海	Shanghai	136441	82095	60766	881	48924	4541
江　苏	Jiangsu	104307	80747	48011	933	19456	3171
浙　江	Zhejiang	85674	68834	36287	426	11996	4537
安　徽	Anhui	26360	21158	15900	49	2668	2485
福　建	Fujian	43069	31529	21527	240	9819	1481
江　西	Jiangxi	27735	18812	9830	843	6556	1525
山　东	Shandong	51511	42494	21039	514	7577	925
河　南	Henan	26155	22094	8412	115	3109	854
湖　北	Hubei	66613	47605	22653	800	13808	4399
湖　南	Hunan	37576	27573	14758	251	7160	2596
广　东	Guangdong	98724	63093	38735	174	20950	14547
广　西	Guangxi	35991	30055	18028	125	3632	2184
海　南	Hainan	9498	7844	3003	518	954	183
重　庆	Chongqing	60310	46687	21026	154	9855	3615
四　川	Sichuan	44951	36256	22249	136	6280	2281
贵　州	Guizhou	43285	37183	17198	243	4416	1443
云　南	Yunnan	68804	57319	33962	285	8804	2396
西　藏	Xizang	8103	7840	2677	3	194	67
陕　西	Shaanxi	28395	21534	14907	84	5340	1438
甘　肃	Gansu	16022	11656	6708	141	3695	537
青　海	Qinghai	16143	14362	9557	0	1002	779
宁　夏	Ningxia	5490	4731	3919	6	605	148
新　疆	Xinjiang	28701	22932	10822	1979	2383	1407

附表 10-3　续表　　　　Continued

地　区 Region	科技活动周经费筹集额 Funding for S&T week	政府拨款 Government funds	企业赞助 Corporate donates	年度科普经费使用额 Annual expenditure	行政支出 Administrative expenditure	科普活动支出 Activities expenditure
全　国 Total	60704	46577	3952	1465105	226124	848250
东　部 Eastern	35485	28926	2025	842528	121030	494008
中　部 Middle	11081	6818	1180	233415	41398	134709
西　部 Western	14138	10833	747	389162	63696	219533
北　京 Beijing	4156	3813	41	201601	26953	126323
天　津 Tianjin	707	394	80	20165	3513	15629
河　北 Hebei	985	695	93	25837	2794	23868
山　西 Shanxi	405	235	136	10947	1816	3373
内蒙古 Inner Mongolia	765	404	45	33210	2170	11712
辽　宁 Liaoning	1806	1475	121	42220	5513	26235
吉　林 Jilin	96	68	8	5234	1370	2817
黑龙江 Heilongjiang	329	233	42	8312	1714	4911
上　海 Shanghai	5277	4186	483	134631	8881	87141
江　苏 Jiangsu	4914	3505	386	106267	12439	58995
浙　江 Zhejiang	3572	3024	67	81761	18455	46706
安　徽 Anhui	970	703	52	32478	4710	17321
福　建 Fujian	9168	7907	478	62419	10609	21371
江　西 Jiangxi	2260	920	280	26336	5362	17074
山　东 Shandong	1051	771	106	61137	9597	30737
河　南 Henan	1033	774	92	25375	3524	15675
湖　北 Hubei	2648	1827	267	86585	14489	49781
湖　南 Hunan	3340	2057	302	38148	8412	23756
广　东 Guangdong	3127	2496	147	96672	19801	52296
广　西 Guangxi	2069	1818	59	36390	6187	18216
海　南 Hainan	721	660	23	9819	2475	4709
重　庆 Chongqing	1620	1220	145	64721	10454	39310
四　川 Sichuan	1959	1357	89	45146	7799	30305
贵　州 Guizhou	2462	2067	61	41184	15822	19923
云　南 Yunnan	1889	1433	75	75645	6889	42005
西　藏 Xizang	50	41	0	7998	148	7593
陕　西 Shaanxi	1388	1008	169	31262	6049	20085
甘　肃 Gansu	793	631	28	15600	2485	9400
青　海 Qinghai	159	103	1	7889	1079	3913
宁　夏 Ningxia	111	77	3	3993	281	3007
新　疆 Xinjiang	872	673	73	26126	4332	14062

附表 10-3　续表　　Continued

地　区 Region	年度科普经费使用额 Annual expenditure				
	科普场馆基建支出 Infrastructure expenditures	政府拨款支出 Government expenditures	场馆建设支出 Venue construction expenditures	展品、设施支出 Exhibits & facilities expenditures	其他支出 Others
全　国 Total	308943	111180	120827	136101	91495
东　部 Eastern	173664	65672	78382	79743	63003
中　部 Middle	46981	15187	19124	24690	10353
西　部 Western	88299	30321	23320	31667	18139
北　京 Beijing	14160	7010	2650	10227	30606
天　津 Tianjin	525	54	916	221	503
河　北 Hebei	2648	773	842	1688	6526
山　西 Shanxi	5405	3454	3650	1728	353
内蒙古 Inner Mongolia	19072	3282	2448	3943	264
辽　宁 Liaoning	8642	2363	3128	4050	1825
吉　林 Jilin	967	780	804	191	79
黑龙江 Heilongjiang	1336	686	467	762	352
上　海 Shanghai	35187	14630	15812	17535	3422
江　苏 Jiangsu	31558	14620	18447	11871	5961
浙　江 Zhejiang	12506	6418	4808	6436	4108
安　徽 Anhui	8779	1230	2078	3704	1668
福　建 Fujian	27620	5445	10091	12980	2859
江　西 Jiangxi	3378	876	1842	1127	520
山　东 Shandong	19320	10669	9317	8404	1481
河　南 Henan	5818	4026	3872	1234	384
湖　北 Hubei	17184	2942	4824	10314	5132
湖　南 Hunan	4115	1195	1588	5632	1866
广　东 Guangdong	19833	3402	12133	6006	4741
广　西 Guangxi	9927	5879	3680	4263	2412
海　南 Hainan	1665	287	238	325	971
重　庆 Chongqing	12622	1737	2202	9773	2335
四　川 Sichuan	5457	2155	3176	1580	1596
贵　州 Guizhou	414	97	248	166	5024
云　南 Yunnan	23327	13926	6315	4591	3425
西　藏 Xizang	210	65	3	65	47
陕　西 Shaanxi	4677	1062	2010	1501	453
甘　肃 Gansu	3141	688	1649	868	574
青　海 Qinghai	2504	13	294	2195	391
宁　夏 Ningxia	317	64	79	154	388
新　疆 Xinjiang	6631	1352	1216	2569	1230

附表 10-4　2015 年各省科普传媒

Appendix table 10-4: S&T popularization media by region in 2015

地　区 Region	科普图书 S&T popularization books		科普期刊 S&T popularization journals	
	出版种数/种 Types of publications	出版总册数/册 Total copies	出版种数/种 Types of publications	出版总册数/册 Total copies
全　国 Total	16600	133577831	1249	178501740
东　部 Eastern	8740	98980675	653	135475814
中　部 Middle	2621	13742754	183	11473464
西　部 Western	5239	20854402	413	31552462
北　京 Beijing	4595	73344594	111	18885030
天　津 Tianjin	211	633000	19	3690000
河　北 Hebei	62	393300	40	1739056
山　西 Shanxi	260	1640000	16	1658502
内蒙古 Inner Mongolia	754	2070001	91	5363100
辽　宁 Liaoning	216	2342056	16	744900
吉　林 Jilin	128	207849	4	19206
黑龙江 Heilongjiang	287	385990	27	2540819
上　海 Shanghai	1074	7584317	129	21995312
江　苏 Jiangsu	504	1921990	101	8791122
浙　江 Zhejiang	593	4503652	62	8533218
安　徽 Anhui	188	1314590	16	118817
福　建 Fujian	346	892562	50	395316
江　西 Jiangxi	557	5888688	40	4445972
山　东 Shandong	375	3084730	39	1008314
河　南 Henan	261	1284676	19	1003700
湖　北 Hubei	815	2444441	48	1135498
湖　南 Hunan	125	576520	13	550950
广　东 Guangdong	646	3992006	83	69680346
广　西 Guangxi	378	3356740	17	163200
海　南 Hainan	118	288468	3	13200
重　庆 Chongqing	248	2262666	41	865209
四　川 Sichuan	825	3957800	47	2362167
贵　州 Guizhou	83	534250	9	48000
云　南 Yunnan	469	2042421	57	409596
西　藏 Xizang	76	145800	7	43060
陕　西 Shaanxi	759	3466031	32	4699200
甘　肃 Gansu	188	610000	26	402930
青　海 Qinghai	288	1025593	19	111800
宁　夏 Ningxia	198	466100	14	8014200
新　疆 Xinjiang	973	917000	53	9070000

附表 10-4 续表 Continued

地 区 Region	科普（技）音像制品 S&T Popularization audio and video products			科技类报纸年发行总份数/份 S&T newspaper circulation
	出版种数/种 Types of publications	光盘发行总量/张 Total CD copies released	录音、录像带发行总量/盒 Total copies of audio and video publications	
全 国 Total	5048	9885543	1573630	392218840
东 部 Eastern	1926	3167759	239611	275054052
中 部 Middle	1269	1363570	212835	57361403
西 部 Western	1853	5354214	1121184	59803385
北 京 Beijing	253	1224233	67600	120548775
天 津 Tianjin	56	198465	60640	3393526
河 北 Hebei	136	127571	11270	26603220
山 西 Shanxi	93	115621	73102	11983022
内蒙古 Inner Mongolia	170	1173412	12451	5226660
辽 宁 Liaoning	369	467165	36771	10114781
吉 林 Jilin	13	28865	582	200
黑龙江 Heilongjiang	196	299643	3932	860232
上 海 Shanghai	140	472951	6806	20392131
江 苏 Jiangsu	252	216389	27427	18954120
浙 江 Zhejiang	178	66932	941	39429345
安 徽 Anhui	77	77036	1371	4010424
福 建 Fujian	77	167358	875	492886
江 西 Jiangxi	169	315925	71713	12540639
山 东 Shandong	186	153509	20463	21154188
河 南 Henan	162	164937	21079	10234884
湖 北 Hubei	348	195768	12916	15909387
湖 南 Hunan	211	165775	28140	1822615
广 东 Guangdong	222	64143	5205	13939280
广 西 Guangxi	143	450326	1875	31110923
海 南 Hainan	57	9043	1613	31800
重 庆 Chongqing	101	133349	36821	305192
四 川 Sichuan	486	589958	18155	1003472
贵 州 Guizhou	22	13430	0	549892
云 南 Yunnan	224	357196	21193	3611494
西 藏 Xizang	21	58200	250	3844440
陕 西 Shaanxi	184	121134	11572	6962388
甘 肃 Gansu	185	136354	8846	636250
青 海 Qinghai	12	19739	3020	1440886
宁 夏 Ningxia	14	29230	5030	277433
新 疆 Xinjiang	291	2271886	1001971	4834355

附表 10-4　续表　　Continued

地　区 Region	电视台播出科普（技）节目时间/小时 Broadcasting time of S&T popularization programs on TV (h)	电台播出科普（技）节目时间/小时 Broadcasting time of S&T popularization programs on radio (h)	科普网站数/个 S&T popularization websites (unit)	发放科普读物和资料/份 Number of S&T popularization readings and materials
全　国 Total	197280	145053	3062	899248259
东　部 Eastern	104053	83191	1727	403821740
中　部 Middle	36382	31050	460	173221933
西　部 Western	56845	30812	875	322204586
北　京 Beijing	8922	12592	343	78730936
天　津 Tianjin	5874	416	158	34962010
河　北 Hebei	17418	11566	58	30353239
山　西 Shanxi	7480	4404	27	10326600
内蒙古 Inner Mongolia	8273	1173	65	10610045
辽　宁 Liaoning	23179	23876	100	21036008
吉　林 Jilin	631	670	10	5626473
黑龙江 Heilongjiang	3596	4329	35	11318635
上　海 Shanghai	6622	1364	256	36587261
江　苏 Jiangsu	5780	5651	182	74158275
浙　江 Zhejiang	14609	11656	115	34219676
安　徽 Anhui	2946	5616	65	20275024
福　建 Fujian	7522	5789	123	16480469
江　西 Jiangxi	5405	5083	83	15704178
山　东 Shandong	10843	7264	194	33940244
河　南 Henan	3376	3386	67	28522923
湖　北 Hubei	8335	5666	144	42520288
湖　南 Hunan	4613	1896	29	38927812
广　东 Guangdong	3180	3005	145	38505696
广　西 Guangxi	5612	2958	52	35719612
海　南 Hainan	104	12	53	4847926
重　庆 Chongqing	510	375	177	30033605
四　川 Sichuan	8399	2868	114	60921229
贵　州 Guizhou	7191	2284	34	24701480
云　南 Yunnan	6695	4568	90	70297737
西　藏 Xizang	233	3111	14	922012
陕　西 Shaanxi	5294	3754	76	30217815
甘　肃 Gansu	4703	4087	110	21897903
青　海 Qinghai	625	55	28	6408013
宁　夏 Ningxia	166	554	25	6311711
新　疆 Xinjiang	9144	5025	90	24163424

附表 10-5　2015 年各省科普活动

Appendix table 10-5: S&T popularization activities by region in 2015

地　区 Region	科普（技）讲座 S&T popularization lectures		科普（技）展览 S&T popularization exhibitions	
	举办次数/次 Number of lectures	参加人数/人次 Number of participants	专题展览次数/次 Number of exhibitions	参观人数/人次 Number of participants
全　国 Total	888496	150431959	161050	249364958
东　部 Eastern	453970	68220675	67432	139400429
中　部 Middle	188998	33925496	42955	48631901
西　部 Western	245528	48285788	50663	61332628
北　京 Beijing	46345	5654314	5170	48716333
天　津 Tianjin	42131	4456657	15594	4408220
河　北 Hebei	27140	6660516	4052	5348846
山　西 Shanxi	19652	1644119	1587	994787
内蒙古 Inner Mongolia	15542	2648661	1854	2250642
辽　宁 Liaoning	35276	6122082	4224	8819283
吉　林 Jilin	9795	947517	4103	879116
黑龙江 Heilongjiang	15894	2937169	1969	2167498
上　海 Shanghai	73765	7498146	5063	15380444
江　苏 Jiangsu	75232	11715386	9932	16438144
浙　江 Zhejiang	54225	10232747	7451	9557967
安　徽 Anhui	30643	4089263	3910	3503749
福　建 Fujian	25862	3157142	5367	5688174
江　西 Jiangxi	14915	2897423	3751	3087973
山　东 Shandong	40736	6617410	4815	11643220
河　南 Henan	24657	6675692	5048	14366327
湖　北 Hubei	48023	9880891	8923	8493852
湖　南 Hunan	25419	4853422	13664	15138599
广　东 Guangdong	30470	5635697	4771	11788314
广　西 Guangxi	20882	4377062	3053	5130773
海　南 Hainan	2788	470578	993	1611484
重　庆 Chongqing	14414	5783219	2409	8508699
四　川 Sichuan	33163	7472887	6124	10616732
贵　州 Guizhou	10179	2230928	2504	2930414
云　南 Yunnan	46759	7478077	15602	15689604
西　藏 Xizang	913	135273	300	94408
陕　西 Shaanxi	31656	4653021	5295	6481618
甘　肃 Gansu	24320	5078957	4948	4444493
青　海 Qinghai	5077	824620	749	2099901
宁　夏 Ningxia	3600	1055739	788	403514
新　疆 Xinjiang	39023	6547344	7037	2681830

附表 10-5 续表 Continued

地 区 Region	科普（技）竞赛 S&T popularization competitions		科普国际交流 International S&T popularization communication	
	举办次数/次 Number of competitions	参加人数/人次 Number of participants	举办次数/次 Number of events	参加人数/人次 Number of participants
全 国 Total	55424	157238701	2279	726425
东 部 Eastern	32932	113198424	1465	559564
中 部 Middle	8840	26846424	184	39844
西 部 Western	13652	17193853	630	127017
北 京 Beijing	3362	84637476	345	22380
天 津 Tianjin	5187	2076986	64	14262
河 北 Hebei	1597	680100	33	2940
山 西 Shanxi	362	347180	18	228
内蒙古 Inner Mongolia	577	241856	23	31294
辽 宁 Liaoning	2406	3667851	116	11314
吉 林 Jilin	160	66597	8	629
黑龙江 Heilongjiang	1003	394775	32	26806
上 海 Shanghai	4100	4952512	350	48738
江 苏 Jiangsu	7947	7866791	199	10890
浙 江 Zhejiang	3139	2566760	101	425483
安 徽 Anhui	830	612801	12	1726
福 建 Fujian	2414	1342246	55	9744
江 西 Jiangxi	1284	17466444	27	5053
山 东 Shandong	1350	2443920	90	5798
河 南 Henan	1112	2849198	18	2762
湖 北 Hubei	2597	2820125	47	1441
湖 南 Hunan	1492	2289304	22	1199
广 东 Guangdong	1262	2902945	73	2541
广 西 Guangxi	863	2206871	30	2346
海 南 Hainan	168	60837	39	5474
重 庆 Chongqing	748	5861993	60	50803
四 川 Sichuan	3055	2715333	349	8199
贵 州 Guizhou	1085	807618	12	2954
云 南 Yunnan	1203	1448193	27	14444
西 藏 Xizang	91	11499	0	0
陕 西 Shaanxi	1511	1729983	44	9406
甘 肃 Gansu	1862	1147918	38	3572
青 海 Qinghai	240	222735	28	3523
宁 夏 Ningxia	189	324616	5	56
新 疆 Xinjiang	2228	475238	14	420

附表 10-5 续表 Continued

地 区 Region	成立青少年科技兴趣小组 Teenage S&T interest groups		科技夏（冬）令营 Summer /winter science camps	
	兴趣小组数/个 Number of groups	参加人数/人次 Number of participants	举办次数/次 Number of camps	参加人数/人次 Number of participants
全 国 Total	228161	17699854	14292	3551255
东 部 Eastern	113869	7732432	9002	2283120
中 部 Middle	56415	4197027	1796	405891
西 部 Western	57877	5770395	3494	862244
北 京 Beijing	3153	370798	1281	209839
天 津 Tianjin	5971	434488	297	96815
河 北 Hebei	11439	490727	369	87067
山 西 Shanxi	4957	145553	78	40104
内蒙古 Inner Mongolia	2374	207447	166	50769
辽 宁 Liaoning	16081	1051734	819	380226
吉 林 Jilin	944	84540	41	8419
黑龙江 Heilongjiang	4958	342259	118	18951
上 海 Shanghai	7726	546902	1602	391054
江 苏 Jiangsu	20079	1316116	1458	598401
浙 江 Zhejiang	14777	842487	1207	152300
安 徽 Anhui	5014	314339	238	29530
福 建 Fujian	4738	591756	977	134320
江 西 Jiangxi	5463	984124	236	62983
山 东 Shandong	15802	1137193	394	169198
河 南 Henan	7505	398999	262	65626
湖 北 Hubei	15288	1113255	380	70142
湖 南 Hunan	12286	813958	443	110136
广 东 Guangdong	12973	855357	549	59997
广 西 Guangxi	6488	919186	101	16443
海 南 Hainan	1130	94874	49	3903
重 庆 Chongqing	4660	532017	116	15377
四 川 Sichuan	13666	1564786	547	220797
贵 州 Guizhou	2422	563108	98	11015
云 南 Yunnan	5937	503606	409	143862
西 藏 Xizang	67	4465	55	1804
陕 西 Shaanxi	9978	538236	358	100036
甘 肃 Gansu	8171	514707	220	66268
青 海 Qinghai	262	54851	55	62985
宁 夏 Ningxia	1115	66811	42	13073
新 疆 Xinjiang	2737	301175	1327	159815

附表 10-5　续表　　Continued

地　区 Region	科技活动周 Science & technology week		科研机构、大学向社会开放 Scientific institutions and universities open to the public	
	科普专题活动次数/次 Number of events	参加人数/人次 Number of participants	开放单位数/个 Number of open units	参观人数/人次 Number of participants
全　国 Total	117506	157533643	7241	8312578
东　部 Eastern	55312	112148663	3970	4728731
中　部 Middle	22956	16766989	1541	2222840
西　部 Western	39238	28617991	1730	1361007
北　京 Beijing	6662	64057655	523	491895
天　津 Tianjin	7921	3470818	174	236759
河　北 Hebei	5174	3241458	306	216452
山　西 Shanxi	955	728883	134	138094
内蒙古 Inner Mongolia	2061	1677539	110	61467
辽　宁 Liaoning	4155	3938108	642	504597
吉　林 Jilin	707	320889	14	18660
黑龙江 Heilongjiang	3164	1157263	300	149006
上　海 Shanghai	5480	6798631	120	322228
江　苏 Jiangsu	9049	9419140	807	1223449
浙　江 Zhejiang	5478	4443366	319	322841
安　徽 Anhui	2736	1406172	126	139562
福　建 Fujian	4434	2257130	259	194625
江　西 Jiangxi	3082	2345759	148	132802
山　东 Shandong	3796	10025771	194	181583
河　南 Henan	3318	2959082	319	200957
湖　北 Hubei	5405	4679267	363	1084841
湖　南 Hunan	3589	3169674	137	358918
广　东 Guangdong	2127	3740558	572	910979
广　西 Guangxi	4552	5353382	135	100507
海　南 Hainan	1036	756028	54	123323
重　庆 Chongqing	2205	2393620	419	210380
四　川 Sichuan	5701	4735096	277	310235
贵　州 Guizhou	3670	2286029	44	62963
云　南 Yunnan	4470	3289226	199	87193
西　藏 Xizang	311	52499	28	14140
陕　西 Shaanxi	5215	2579735	196	326537
甘　肃 Gansu	4148	2297064	138	113581
青　海 Qinghai	661	705509	68	13820
宁　夏 Ningxia	1164	578582	55	20213
新　疆 Xinjiang	5080	2669710	61	39971

附表 10-5 续表 Continued

地 区 Region	举办实用技术培训 Practical skill trainings		重大科普活动次数/次 Number of major S&T popularization activities
	举办次数/次 Number of trainings	参加人数/人次 Number of participants	
全 国 Total	726024	90940522	36428
东 部 Eastern	205787	25697377	13720
中 部 Middle	130751	18894522	9180
西 部 Western	389486	46348623	13528
北 京 Beijing	14307	811161	983
天 津 Tianjin	12533	1128955	325
河 北 Hebei	29689	4147718	1216
山 西 Shanxi	10546	1241273	566
内蒙古 Inner Mongolia	22438	2402517	1016
辽 宁 Liaoning	15488	2558912	1490
吉 林 Jilin	10662	1535584	241
黑龙江 Heilongjiang	20893	3382414	1416
上 海 Shanghai	14498	3103884	1169
江 苏 Jiangsu	32647	3907887	1986
浙 江 Zhejiang	26528	2906334	2072
安 徽 Anhui	20459	5272401	1007
福 建 Fujian	13876	1309648	1429
江 西 Jiangxi	22534	1806404	533
山 东 Shandong	23556	3737400	1616
河 南 Henan	21943	2739130	762
湖 北 Hubei	102	9375	1338
湖 南 Hunan	23612	2907941	3317
广 东 Guangdong	19035	1758411	982
广 西 Guangxi	45179	4246239	2150
海 南 Hainan	3630	327067	452
重 庆 Chongqing	8904	1256068	1062
四 川 Sichuan	50918	7036146	2044
贵 州 Guizhou	14792	1781645	568
云 南 Yunnan	72587	6755640	1405
西 藏 Xizang	940	140266	44
陕 西 Shaanxi	39831	4665200	1415
甘 肃 Gansu	48268	4858389	1865
青 海 Qinghai	5826	622762	511
宁 夏 Ningxia	5699	1268091	289
新 疆 Xinjiang	74104	11315660	1159

附表 10-6　2015 年创新创业中的科普

Appendix table 10-6: S&T popularization activities in innovation and entrepreneurship in 2015

地　区 Region	众创空间 Maker space			
	数量/个 Number of maker spaces	服务各类人员数量/人 Number of serving for people	获得政府经费支持/万元 Funds from government (10000 yuan)	孵化科技项目数量/个 Number of incubating S&T projects
全　国 Total	4471	370195	159772	38455
东　部 Eastern	3002	207343	89049	29952
中　部 Middle	637	76045	16422	3531
西　部 Western	832	86807	54301	4972
北　京 Beijing	274	6963	4194	821
天　津 Tianjin	204	10059	22881	3090
河　北 Hebei	192	25286	4346	1980
山　西 Shanxi	34	15124	882	240
内蒙古 Inner Mongolia	12	4938	815	107
辽　宁 Liaoning	95	18367	2815	1283
吉　林 Jilin	5	4848	330	106
黑龙江 Heilongjiang	78	3915	2747	252
上　海 Shanghai	982	49335	25297	14260
江　苏 Jiangsu	511	19178	8387	2938
浙　江 Zhejiang	133	31712	2233	1291
安　徽 Anhui	50	3528	2268	271
福　建 Fujian	288	14494	8837	1876
江　西 Jiangxi	65	19722	2504	621
山　东 Shandong	134	7600	3924	707
河　南 Henan	142	7426	3180	591
湖　北 Hubei	230	16604	3272	1023
湖　南 Hunan	33	4878	1239	427
广　东 Guangdong	182	23535	6115	1627
广　西 Guangxi	47	4190	1995	407
海　南 Hainan	7	814	20	79
重　庆 Chongqing	179	28224	15944	1373
四　川 Sichuan	236	15944	12724	1048
贵　州 Guizhou	46	7989	7128	171
云　南 Yunnan	214	15867	11251	1144
西　藏 Xizang	21	500	0	2
陕　西 Shaanxi	23	2044	645	162
甘　肃 Gansu	19	1327	1462	348
青　海 Qinghai	17	4782	1814	124
宁　夏 Ningxia	13	711	363	41
新　疆 Xinjiang	5	291	160	45

附表 10-6 续表 Continued

地 区 Region	创新创业培训 Innovation and entrepreneurship trainings		创新创业赛事 Innovation and entrepreneurship competitions	
	培训次数/次 Number of trainings	参加人数/人次 Number of participants	赛事次数/次 Number of competitions	参加人数/人次 Number of participants
全 国 Total	45073	2786052	3383	1830111
东 部 Eastern	26448	1506861	1663	584446
中 部 Middle	6236	479153	721	458355
西 部 Western	12389	800038	999	787310
北 京 Beijing	1523	94504	210	54882
天 津 Tianjin	2207	71831	187	51548
河 北 Hebei	1195	91060	173	44552
山 西 Shanxi	429	42384	34	15738
内蒙古 Inner Mongolia	584	65545	23	4309
辽 宁 Liaoning	1461	103402	240	14993
吉 林 Jilin	210	10032	5	2920
黑龙江 Heilongjiang	676	61873	68	9330
上 海 Shanghai	6839	328340	141	64215
江 苏 Jiangsu	4222	230599	238	42156
浙 江 Zhejiang	1107	45079	137	29991
安 徽 Anhui	1072	45171	50	11414
福 建 Fujian	4270	77377	197	30598
江 西 Jiangxi	888	48888	149	29838
山 东 Shandong	2088	143009	99	114634
河 南 Henan	1058	91855	56	11884
湖 北 Hubei	1040	96157	231	146601
湖 南 Hunan	863	82793	128	230630
广 东 Guangdong	1458	319930	41	136847
广 西 Guangxi	2734	144193	228	547384
海 南 Hainan	78	1730	0	30
重 庆 Chongqing	2384	168443	255	26017
四 川 Sichuan	2938	157730	178	134606
贵 州 Guizhou	635	39722	46	4000
云 南 Yunnan	1211	74552	66	7825
西 藏 Xizang	12	120	9	1320
陕 西 Shaanxi	239	26195	19	6094
甘 肃 Gansu	628	49900	35	4570
青 海 Qinghai	359	16081	36	32205
宁 夏 Ningxia	185	28315	38	17805
新 疆 Xinjiang	480	29242	66	1175

附录 11　2014 年全国科普统计分类数据统计表

各项统计数据均未包括香港特别行政区、澳门特别行政区和台湾地区的数据。

科普宣传专用车、科普图书、科普期刊、科普网站与科普国际交流情况均由市级以上（含市级）填报单位的数据统计得出。

东部、中部和西部地区的划分：东部地区包括北京、天津、河北、辽宁、上海、江苏、浙江、福建、山东、广东和海南 11 个省和直辖市；中部地区包括山西、吉林、黑龙江、安徽、江西、河南、湖北和湖南 8 个省；西部地区包括内蒙古、广西、重庆、四川、贵州、云南、西藏、陕西、甘肃、青海、宁夏和新疆 12 个省、自治区和直辖市。

附表 11-1　2014 年各省科普人员　　单位：人
Appendix table 11-1: S&T popularization personnel by region in 2014　　Unit: person

地　区 Region	科普专职人员 Full time S&T popularization personnel		
	人员总数 Total	中级职称及以上或大学本科及以上学历人员 With title of medium-rank or above / with college graduate or above	女性 Female
全　国 Total	234982	137157	83782
东　部 Eastern	87066	54314	32845
中　部 Middle	75520	43375	25927
西　部 Western	72396	39468	25010
北　京 Beijing	7062	4915	3596
天　津 Tianjin	3179	2281	1457
河　北 Hebei	6517	3899	2696
山　西 Shanxi	7285	3657	2954
内蒙古 Inner Mongolia	9433	6113	3580
辽　宁 Liaoning	7448	4926	2869
吉　林 Jilin	2396	1699	1026
黑龙江 Heilongjiang	3461	2032	1505
上　海 Shanghai	7518	5233	3560
江　苏 Jiangsu	13721	9358	4948
浙　江 Zhejiang	6364	4129	2120
安　徽 Anhui	13574	7688	3386
福　建 Fujian	4004	2553	1237
江　西 Jiangxi	5940	3452	1989
山　东 Shandong	21520	11667	6807
河　南 Henan	15783	9089	6220
湖　北 Hubei	13972	8792	3989
湖　南 Hunan	13109	6966	4858
广　东 Guangdong	8702	4868	3149
广　西 Guangxi	4538	2721	1484
海　南 Hainan	1031	485	406
重　庆 Chongqing	3327	2250	1264
四　川 Sichuan	14071	7874	4933
贵　州 Guizhou	2862	1657	1008
云　南 Yunnan	11685	6281	3849
西　藏 Xizang	351	210	103
陕　西 Shaanxi	12854	5606	3996
甘　肃 Gansu	5890	3113	1767
青　海 Qinghai	975	620	383
宁　夏 Ningxia	1811	797	690
新　疆 Xinjiang	4599	2226	1953

附表 11-1 续表 Continued

地 区 Region	科普专职人员 Full time S&T popularization personnel		
	农村科普人员 Rural S&T popularization personnel	管理人员 S&T popularization administrators	科普创作人员 S&T popularization creators
全 国 Total	84813	50651	12929
东 部 Eastern	24579	19828	6094
中 部 Middle	31232	15846	3699
西 部 Western	29002	14977	3136
北 京 Beijing	994	1580	1132
天 津 Tianjin	808	1118	269
河 北 Hebei	2149	1592	269
山 西 Shanxi	2627	1693	361
内蒙古 Inner Mongolia	3508	2295	392
辽 宁 Liaoning	1419	2001	253
吉 林 Jilin	996	532	68
黑龙江 Heilongjiang	971	836	203
上 海 Shanghai	908	1877	1256
江 苏 Jiangsu	3941	2556	772
浙 江 Zhejiang	1574	1639	321
安 徽 Anhui	7586	2556	509
福 建 Fujian	1129	980	287
江 西 Jiangxi	2117	1499	281
山 东 Shandong	9402	3805	949
河 南 Henan	5966	3450	752
湖 北 Hubei	6320	2814	874
湖 南 Hunan	4649	2466	651
广 东 Guangdong	2163	2339	540
广 西 Guangxi	1804	1068	144
海 南 Hainan	92	341	46
重 庆 Chongqing	1297	638	191
四 川 Sichuan	5893	2903	555
贵 州 Guizhou	1047	765	152
云 南 Yunnan	6595	1999	279
西 藏 Xizang	121	124	39
陕 西 Shaanxi	4484	2300	660
甘 肃 Gansu	2067	1139	232
青 海 Qinghai	112	237	73
宁 夏 Ningxia	514	543	57
新 疆 Xinjiang	1560	966	362

附表 11-1 续表 Continued

地 区 Region	科普兼职人员 Part time S&T popularization personnel		
	人员总数 Total	年度实际投入工作量/人月 Annual actual workload (person-month)	中级职称及以上或大学本科及以上学历人员 With title of medium-rank or above / with college graduate or above
全 国 Total	1777286	2410261	886086
东 部 Eastern	813848	1035941	432057
中 部 Middle	432489	641795	206325
西 部 Western	530949	732525	247704
北 京 Beijing	34677	48440	21456
天 津 Tianjin	38201	64038	19714
河 北 Hebei	51130	88526	35456
山 西 Shanxi	51396	50725	17200
内蒙古 Inner Mongolia	42317	41643	27211
辽 宁 Liaoning	67551	94794	36877
吉 林 Jilin	15574	25825	4859
黑龙江 Heilongjiang	19932	30734	12391
上 海 Shanghai	41013	68717	23136
江 苏 Jiangsu	200181	180303	122700
浙 江 Zhejiang	101431	111262	46219
安 徽 Anhui	77674	125982	41656
福 建 Fujian	65158	62558	32876
江 西 Jiangxi	38317	63796	20747
山 东 Shandong	141932	219744	54151
河 南 Henan	83184	153107	38140
湖 北 Hubei	70559	87815	35604
湖 南 Hunan	75853	103811	35728
广 东 Guangdong	65848	88782	37223
广 西 Guangxi	45678	76202	21040
海 南 Hainan	6726	8777	2249
重 庆 Chongqing	33189	52445	17345
四 川 Sichuan	110707	181511	46742
贵 州 Guizhou	41801	69115	20847
云 南 Yunnan	72451	96648	35192
西 藏 Xizang	4150	1465	1013
陕 西 Shaanxi	81495	102208	36684
甘 肃 Gansu	47960	50650	17680
青 海 Qinghai	11150	13189	6571
宁 夏 Ningxia	12972	14123	6352
新 疆 Xinjiang	27079	33326	11027

附表 11-1　续表　　Continued

地　区 Region	科普兼职人员 Part time S&T popularization personnel		注册科普志愿者 Registered S&T popularization volunteers
	女性 Female	农村科普人员 Rural S&T popularization personnel	
全　国 Total	652346	634913	3206102
东　部 Eastern	307087	250452	1659864
中　部 Middle	150921	178289	767127
西　部 Western	194338	206172	779111
北　京 Beijing	19014	3810	20676
天　津 Tianjin	22458	4312	54643
河　北 Hebei	21998	19660	53859
山　西 Shanxi	17630	21387	22211
内蒙古 Inner Mongolia	20199	14845	24288
辽　宁 Liaoning	29649	18482	63657
吉　林 Jilin	6772	8141	10055
黑龙江 Heilongjiang	8764	5821	329976
上　海 Shanghai	19228	4161	92524
江　苏 Jiangsu	66615	50348	946270
浙　江 Zhejiang	36373	27604	68850
安　徽 Anhui	24526	33112	44493
福　建 Fujian	18611	22328	20503
江　西 Jiangxi	13171	14229	26133
山　东 Shandong	46583	79251	160252
河　南 Henan	32083	34963	63707
湖　北 Hubei	24532	27535	115029
湖　南 Hunan	23443	33101	155523
广　东 Guangdong	24726	17796	172593
广　西 Guangxi	16290	17167	9021
海　南 Hainan	1832	2700	6037
重　庆 Chongqing	11753	10671	379270
四　川 Sichuan	41321	51808	58891
贵　州 Guizhou	13984	13507	21445
云　南 Yunnan	25989	31923	191625
西　藏 Xizang	814	2164	238
陕　西 Shaanxi	27263	29250	27599
甘　肃 Gansu	15867	15958	37512
青　海 Qinghai	4214	2498	3094
宁　夏 Ningxia	5763	5664	17701
新　疆 Xinjiang	10881	10717	8427

附表 11-2 2014 年各省科普场地

Appendix table 11-2: S&T popularization venues and facilities by region in 2014

地 区 Region	科技馆/个 S&T museums or centers	建筑面积/平方米 Construction area (m^2)	展厅面积/平方米 Exhibition area (m^2)	当年参观人数/人次 Visitors
全 国 Total	409	3042399	1446056	41923115
东 部 Eastern	212	1875686	914425	26139992
中 部 Middle	130	617939	272503	8105431
西 部 Western	67	548774	259128	7677692
北 京 Beijing	31	319979	167501	4719603
天 津 Tianjin	1	18000	10000	643400
河 北 Hebei	11	69362	32258	560660
山 西 Shanxi	4	43900	11570	335500
内蒙古 Inner Mongolia	13	74574	32478	230019
辽 宁 Liaoning	17	213934	81234	668517
吉 林 Jilin	11	20927	5985	96600
黑龙江 Heilongjiang	10	51269	26704	934780
上 海 Shanghai	30	221156	123013	5363714
江 苏 Jiangsu	19	160519	92869	2109142
浙 江 Zhejiang	23	231038	93545	1798871
安 徽 Anhui	14	149872	73010	1088314
福 建 Fujian	18	100273	53415	1277230
江 西 Jiangxi	7	42449	23742	539000
山 东 Shandong	24	203313	106817	3893460
河 南 Henan	10	54448	31914	1799400
湖 北 Hubei	66	201320	69812	2449223
湖 南 Hunan	8	53754	29766	862614
广 东 Guangdong	29	288666	124328	3516008
广 西 Guangxi	5	61401	31683	1520670
海 南 Hainan	9	49446	29445	1589387
重 庆 Chongqing	5	94638	45330	2511000
四 川 Sichuan	8	73943	36453	1124880
贵 州 Guizhou	2	21275	10880	465000
云 南 Yunnan	8	44823	14388	160489
西 藏 Xizang	0	0	0	0
陕 西 Shaanxi	5	34130	19585	228124
甘 肃 Gansu	5	11281	3680	18902
青 海 Qinghai	3	38739	17507	690718
宁 夏 Ningxia	4	19320	12730	370136
新 疆 Xinjiang	9	74650	34414	357754

附表 11-2　续表　　　　Continued

地　区 Region	科学技术类博物馆/个 S&T related museums	建筑面积/平方米 Construction area (m^2)	展厅面积/平方米 Exhibition area (m^2)	当年参观人数/人次 Visitors	青少年科技馆站/个 Teenage S&T museums
全　国 Total	724	5178451	2398749	99146163	687
东　部 Eastern	447	3378027	1595118	60294885	288
中　部 Middle	131	728386	373350	16196192	199
西　部 Western	146	1072038	430281	22655086	200
北　京 Beijing	70	777777	308565	11221642	11
天　津 Tianjin	13	269784	137490	4725865	12
河　北 Hebei	19	146461	62984	2906080	40
山　西 Shanxi	6	25126	9071	347000	34
内蒙古 Inner Mongolia	15	148769	57675	3335988	30
辽　宁 Liaoning	49	376292	176874	6437079	61
吉　林 Jilin	8	35580	15950	570035	11
黑龙江 Heilongjiang	27	203627	104921	2381181	13
上　海 Shanghai	142	675377	412999	12551357	23
江　苏 Jiangsu	45	391862	174378	4895995	42
浙　江 Zhejiang	31	294080	127402	3793171	23
安　徽 Anhui	19	115330	57297	3682830	34
福　建 Fujian	26	104177	54404	4698896	27
江　西 Jiangxi	9	45846	29017	2008000	20
山　东 Shandong	20	141380	58031	4228220	28
河　南 Henan	14	98409	38299	3055712	15
湖　北 Hubei	35	150152	96525	2661965	36
湖　南 Hunan	13	54316	22270	1489469	36
广　东 Guangdong	31	200337	81791	4833580	14
广　西 Guangxi	11	120417	58141	3344979	8
海　南 Hainan	1	500	200	3000	7
重　庆 Chongqing	10	117175	44902	793106	6
四　川 Sichuan	21	131636	51567	2966235	40
贵　州 Guizhou	9	55814	17353	647399	11
云　南 Yunnan	27	166604	76856	6982378	21
西　藏 Xizang	2	21020	4300	7700	3
陕　西 Shaanxi	15	144417	37757	1856306	22
甘　肃 Gansu	10	57537	26910	331561	13
青　海 Qinghai	4	23950	8650	796260	10
宁　夏 Ningxia	8	24548	17601	1118194	4
新　疆 Xinjiang	14	60151	28569	474980	32

附表 11-2　续表　　Continued

地　区 Region	城市社区科普（技）专用活动室/个 Urban community S&T popularization rooms	农村科普（技）活动场地/个 Rural S&T popularization sites	科普宣传专用车/辆 S&T popularization vehicles	科普画廊/个 S&T popularization galleries
全　国 Total	85847	415747	1957	233869
东　部 Eastern	41364	190553	810	142632
中　部 Middle	24881	131527	370	46981
西　部 Western	19602	93667	777	44256
北　京 Beijing	1014	1839	82	3231
天　津 Tianjin	4745	6737	182	4650
河　北 Hebei	2014	19779	41	6388
山　西 Shanxi	1016	12372	67	4452
内蒙古 Inner Mongolia	1352	5027	96	2990
辽　宁 Liaoning	6762	14711	106	9575
吉　林 Jilin	722	7067	20	903
黑龙江 Heilongjiang	2201	4972	40	2072
上　海 Shanghai	3301	1580	67	6868
江　苏 Jiangsu	6792	26269	130	25126
浙　江 Zhejiang	3289	18032	26	17235
安　徽 Anhui	2548	13069	36	6827
福　建 Fujian	2662	9925	6	16478
江　西 Jiangxi	2382	9652	44	6290
山　东 Shandong	7365	73290	93	35401
河　南 Henan	3366	25727	30	5946
湖　北 Hubei	6187	27327	105	10831
湖　南 Hunan	6459	31341	28	9660
广　东 Guangdong	3280	16778	71	17219
广　西 Guangxi	2604	11357	38	4749
海　南 Hainan	140	1613	6	461
重　庆 Chongqing	1291	5300	165	5521
四　川 Sichuan	4202	21458	73	9182
贵　州 Guizhou	650	2882	21	1579
云　南 Yunnan	1254	12613	27	6083
西　藏 Xizang	113	1320	54	122
陕　西 Shaanxi	3721	16280	51	3524
甘　肃 Gansu	1574	7483	59	2344
青　海 Qinghai	171	830	51	649
宁　夏 Ningxia	768	1850	14	1002
新　疆 Xinjiang	1902	7267	128	6511

附表 11-3　2014 年各省科普经费　　单位：万元

Appendix table 11-3: S&T popularization funds by region in 2014　　Unit: 10000 yuan

地　区 Region	年度科普经费筹集额 Annual funding for S&T popularization	政府拨款 Government funds	科普专项经费 Special funds	捐赠 Donates	自筹资金 Self-raised funds	其他收入 Others
全　国 Total	1500290	1140391	640066	16034	272745	70956
东　部 Eastern	963104	736481	445679	12349	175887	38285
中　部 Middle	209635	157059	78321	1625	34129	16823
西　部 Western	327552	246852	116066	2060	62729	15848
北　京 Beijing	217381	149799	99009	9719	49775	8089
天　津 Tianjin	24233	19230	6640	91	4262	651
河　北 Hebei	26500	18203	6902	426	4638	3232
山　西 Shanxi	18522	13404	5888	6	1897	3214
内蒙古 Inner Mongolia	14208	11620	4594	125	2021	441
辽　宁 Liaoning	36161	24465	15709	216	8102	3298
吉　林 Jilin	4078	3421	991	33	562	62
黑龙江 Heilongjiang	12230	10349	2553	72	1445	364
上　海 Shanghai	258183	208610	169140	909	44385	4278
江　苏 Jiangsu	103743	72714	42866	336	21886	8815
浙　江 Zhejiang	118004	103349	25490	245	11299	3082
安　徽 Anhui	31813	25926	14840	94	4544	1249
福　建 Fujian	49117	42746	26632	46	5112	1214
江　西 Jiangxi	23029	15651	9027	288	5361	1728
山　东 Shandong	53823	39099	15438	227	13310	1188
河　南 Henan	25958	20650	9117	410	4120	782
湖　北 Hubei	55838	39524	22714	464	9145	6705
湖　南 Hunan	38168	28133	13191	258	7055	2718
广　东 Guangdong	69135	53873	35285	116	11297	3847
广　西 Guangxi	32147	23449	12787	229	6216	2260
海　南 Hainan	6823	4393	2570	19	1821	590
重　庆 Chongqing	38854	27707	16833	127	7942	3079
四　川 Sichuan	58071	40429	21547	126	15554	1963
贵　州 Guizhou	35357	28828	11835	407	4316	1807
云　南 Yunnan	68854	58169	20835	410	7219	3057
西　藏 Xizang	2173	1922	1003	4	138	110
陕　西 Shaanxi	27909	21740	11270	356	4548	1265
甘　肃 Gansu	12488	9634	5034	69	2318	467
青　海 Qinghai	6271	4957	1720	6	937	371
宁　夏 Ningxia	6528	4120	1346	42	2201	165
新　疆 Xinjiang	24691	14278	7261	159	9319	864

附表 11-3　续表　　　　Continued

地　区 Region		科技活动周经费筹集额 Funding for S&T week	政府拨款 Government funds	企业赞助 Corporate donates	年度科普经费使用额 Annual expenditure	行政支出 Administrative expenditure	科普活动支出 Activities expenditure
全　国	Total	47447	34602	3339	1485017	193610	740981
东　部	Eastern	24018	18008	1674	936239	106177	440095
中　部	Middle	10604	6878	1046	229752	34817	129232
西　部	Western	12825	9717	620	319026	52616	171654
北　京	Beijing	2638	2092	136	205724	32930	112852
天　津	Tianjin	891	498	138	23969	3420	19217
河　北	Hebei	1054	772	69	24269	2132	12626
山　西	Shanxi	481	347	35	17612	2358	10231
内蒙古	Inner Mongolia	543	364	67	18267	3404	7787
辽　宁	Liaoning	1513	1172	134	34481	5132	22573
吉　林	Jilin	147	118	6	4056	1136	2516
黑龙江	Heilongjiang	420	326	75	11323	1189	6043
上　海	Shanghai	5000	3670	314	253456	8301	79053
江　苏	Jiangsu	4853	3803	300	96953	12598	55534
浙　江	Zhejiang	2631	2163	80	106100	12252	44977
安　徽	Anhui	1076	797	36	36388	4488	18253
福　建	Fujian	1250	856	73	50575	7621	17943
江　西	Jiangxi	1524	807	321	24294	5301	15044
山　东	Shandong	1290	898	179	65583	9341	25377
河　南	Henan	1088	861	75	37659	3488	17922
湖　北	Hubei	2518	1566	229	59936	8819	34847
湖　南	Hunan	3350	2056	270	38484	8039	24375
广　东	Guangdong	2280	1554	218	68255	11974	46618
广　西	Guangxi	2047	1806	46	25956	4665	15147
海　南	Hainan	618	531	33	6874	476	3327
重　庆	Chongqing	1193	891	88	37493	7453	19145
四　川	Sichuan	2199	1422	117	54183	7887	28048
贵　州	Guizhou	2356	2026	28	34243	10278	18161
云　南	Yunnan	1241	874	117	57620	6257	33320
西　藏	Xizang	101	74	9	2154	388	1650
陕　西	Shaanxi	1397	1048	38	28267	4261	18936
甘　肃	Gansu	561	400	39	14677	2960	10052
青　海	Qinghai	157	118	2	6675	1162	4962
宁　夏	Ningxia	166	108	3	6129	487	3410
新　疆	Xinjiang	864	587	67	33364	3415	11037

附表 11-3　续表　　Continued

地　区 Region	科普场馆基建支出 Infrastructure expenditures	政府拨款支出 Government expenditures	场馆建设支出 Venue construction expenditures	展品、设施支出 Exhibits & facilities expenditures	其他支出 Others
	年度科普经费使用额 Annual expenditure				
全　国 Total	456870	252441	218482	201051	98410
东　部 Eastern	321513	197455	154448	148133	73270
中　部 Middle	52690	19242	21709	27185	13011
西　部 Western	82667	35743	42325	25734	12129
北　京 Beijing	25692	8751	5496	17143	39049
天　津 Tianjin	521	1	249	225	812
河　北 Hebei	3753	379	1483	2060	5757
山　西 Shanxi	4179	3724	3522	388	845
内蒙古 Inner Mongolia	6667	4243	2634	1805	410
辽　宁 Liaoning	5263	2564	1399	1945	1514
吉　林 Jilin	295	71	136	73	109
黑龙江 Heilongjiang	819	240	547	668	3272
上　海 Shanghai	162612	144055	84243	77286	3491
江　苏 Jiangsu	22213	8712	10876	7423	6608
浙　江 Zhejiang	45811	3727	29182	15242	3066
安　徽 Anhui	11283	4353	5440	4699	2364
福　建 Fujian	20869	5131	7156	11656	4145
江　西 Jiangxi	3570	1045	2251	817	379
山　东 Shandong	27084	21269	12731	10960	3776
河　南 Henan	15590	6394	6128	5930	658
湖　北 Hubei	12765	1955	2117	8933	3505
湖　南 Hunan	4188	1461	1570	5676	1881
广　东 Guangdong	6047	2475	1055	3596	3629
广　西 Guangxi	4924	2828	1510	2565	1228
海　南 Hainan	1648	391	578	597	1424
重　庆 Chongqing	9828	4042	4669	1739	1068
四　川 Sichuan	15959	2672	7498	3971	2294
贵　州 Guizhou	4057	12	3924	133	1747
云　南 Yunnan	15381	11692	12063	3488	2688
西　藏 Xizang	103	3	4	25	14
陕　西 Shaanxi	4140	2105	856	1396	931
甘　肃 Gansu	1271	115	339	504	394
青　海 Qinghai	256	76	77	116	295
宁　夏 Ningxia	2089	714	1354	92	142
新　疆 Xinjiang	17993	7241	7399	9900	918

附表 11-4 2014 年各省科普传媒

Appendix table 11-4: S&T popularization media by region in 2014

地 区 Region	科普图书 S&T popularization books		科普期刊 S&T popularization journals	
	出版种数/种 Types of publications	出版总册数/册 Total copies	出版种数/种 Types of publications	出版总册数/册 Total copies
全 国 Total	8507	61600307	984	108258907
东 部 Eastern	6340	45511377	527	82661516
中 部 Middle	1133	9348365	195	16450648
西 部 Western	1034	6740565	262	9146743
北 京 Beijing	3605	27954275	68	13788300
天 津 Tianjin	225	681000	21	3864700
河 北 Hebei	69	818740	49	1955460
山 西 Shanxi	49	268400	18	228100
内蒙古 Inner Mongolia	120	284223	15	45853
辽 宁 Liaoning	80	749050	26	714500
吉 林 Jilin	130	409940	8	49210
黑龙江 Heilongjiang	49	128000	7	381000
上 海 Shanghai	1072	8079920	126	21381746
江 苏 Jiangsu	185	1110440	59	12844060
浙 江 Zhejiang	650	3120000	51	9183750
安 徽 Anhui	121	595130	29	6711108
福 建 Fujian	24	130200	14	387150
江 西 Jiangxi	531	5608275	42	5430150
山 东 Shandong	125	945600	37	7067300
河 南 Henan	25	400000	29	839180
湖 北 Hubei	194	1678400	39	1399100
湖 南 Hunan	34	260220	23	1412800
广 东 Guangdong	235	1589852	65	10397900
广 西 Guangxi	51	1039050	11	480439
海 南 Hainan	70	332300	11	1076650
重 庆 Chongqing	101	1192000	35	882700
四 川 Sichuan	143	854000	38	4451600
贵 州 Guizhou	14	102917	11	42260
云 南 Yunnan	147	775284	50	520408
西 藏 Xizang	19	192200	6	41000
陕 西 Shaanxi	166	815281	30	1251420
甘 肃 Gansu	104	897300	19	115912
青 海 Qinghai	43	73690	19	211000
宁 夏 Ningxia	16	147200	7	33000
新 疆 Xinjiang	110	367420	21	1071151

附表 11-4 续表 Continued

地 区 Region	科普（技）音像制品 S&T Popularization audio and video products			科技类报纸年发行总份数/份 S&T newspaper circulation
	出版种数/种 Types of publications	光盘发行总量/张 Total CD copies released	录音、录像带发行总量/盒 Total copies of audio and video publications	
全 国 Total	4473	6193823	719904	302296802
东 部 Eastern	1452	2689972	172479	219798590
中 部 Middle	1566	1908098	342883	47041475
西 部 Western	1455	1595753	204542	35456737
北 京 Beijing	71	244501	4385	21895600
天 津 Tianjin	80	376420	61100	3174076
河 北 Hebei	118	181106	6720	30312990
山 西 Shanxi	270	148013	72922	5148872
内蒙古 Inner Mongolia	205	128355	24100	3780528
辽 宁 Liaoning	347	488289	41811	10054679
吉 林 Jilin	22	78879	9377	355500
黑龙江 Heilongjiang	34	190779	452	9846810
上 海 Shanghai	133	526443	5655	19957649
江 苏 Jiangsu	143	188662	4568	46445634
浙 江 Zhejiang	153	230272	4610	45953405
安 徽 Anhui	363	90423	6168	5673905
福 建 Fujian	75	98996	1945	1987638
江 西 Jiangxi	158	454188	11805	11979987
山 东 Shandong	213	241591	37332	27897005
河 南 Henan	84	377751	74965	1091305
湖 北 Hubei	425	392878	140388	11115281
湖 南 Hunan	210	175187	26806	1829815
广 东 Guangdong	73	76356	4287	12116414
广 西 Guangxi	41	44045	1769	181880
海 南 Hainan	46	37336	66	3500
重 庆 Chongqing	43	83639	171	4425940
四 川 Sichuan	264	288650	29409	2494608
贵 州 Guizhou	54	84974	6997	93376
云 南 Yunnan	188	223048	5762	2165051
西 藏 Xizang	69	33889	50823	1540297
陕 西 Shaanxi	209	154304	4850	17803662
甘 肃 Gansu	169	122877	10592	639128
青 海 Qinghai	29	94293	1210	1645710
宁 夏 Ningxia	14	124510	30	242131
新 疆 Xinjiang	170	213169	68829	444426

附表 11-4 续表 Continued

地 区 Region	电视台播出科普（技）节目时间/小时 Broadcasting time of S&T popularization programs on TV (h)	电台播出科普（技）节目时间/小时 Broadcasting time of S&T popularization programs on radio (h)	科普网站数/个 S&T popularization websites (unit)	发放科普读物和资料/份 Number of S&T popularization readings and materials
全 国 Total	201658	151334	2652	1026992112
东 部 Eastern	94067	80385	1432	430716650
中 部 Middle	45283	31867	546	186177929
西 部 Western	62308	39082	674	410097533
北 京 Beijing	8822	9885	184	34955966
天 津 Tianjin	5841	356	179	12067116
河 北 Hebei	12712	12409	74	36089217
山 西 Shanxi	6643	826	44	13606307
内蒙古 Inner Mongolia	6344	3637	61	13302435
辽 宁 Liaoning	22945	23173	97	23693735
吉 林 Jilin	832	781	18	5124850
黑龙江 Heilongjiang	1653	1557	37	14383670
上 海 Shanghai	4601	2435	240	35863333
江 苏 Jiangsu	4423	5631	132	138558965
浙 江 Zhejiang	11298	12332	119	39455982
安 徽 Anhui	4627	6171	121	26237223
福 建 Fujian	1136	1426	38	16920344
江 西 Jiangxi	3834	4553	46	15594645
山 东 Shandong	17215	8574	239	44610694
河 南 Henan	6028	6787	70	33728865
湖 北 Hubei	16652	8384	167	38084857
湖 南 Hunan	5014	2808	43	39417512
广 东 Guangdong	4962	3904	112	44583897
广 西 Guangxi	8742	2168	28	44388807
海 南 Hainan	112	260	18	3917401
重 庆 Chongqing	510	375	124	27792650
四 川 Sichuan	7518	2819	112	64016090
贵 州 Guizhou	6682	942	29	25472810
云 南 Yunnan	5909	4999	63	54270381
西 藏 Xizang	233	481	14	609032
陕 西 Shaanxi	5578	8211	104	38908510
甘 肃 Gansu	8097	5762	61	22620017
青 海 Qinghai	1004	529	11	8286963
宁 夏 Ningxia	762	554	23	5428260
新 疆 Xinjiang	10929	8605	44	105001578

附表 11-5 2014 年各省科普活动

Appendix table 11-5: S&T popularization activities by region in 2014

地 区 Region	科普（技）讲座 S&T popularization lectures		科普（技）展览 S&T popularization exhibitions	
	举办次数/次 Number of lectures	参加人数/人次 Number of participants	专题展览次数/次 Number of exhibitions	参观人数/人次 Number of participants
全 国 Total	899679	157233472	146390	240341884
东 部 Eastern	468087	72070774	68901	133238627
中 部 Middle	185780	37855648	35773	55886069
西 部 Western	245812	47307050	41716	51217188
北 京 Beijing	48898	5598585	4935	39685186
天 津 Tianjin	42394	4192034	15950	5428283
河 北 Hebei	27810	5238421	4892	8388129
山 西 Shanxi	16965	3095330	1651	1662620
内蒙古 Inner Mongolia	14218	1958409	2248	2476274
辽 宁 Liaoning	47242	6377680	5869	8622091
吉 林 Jilin	5355	1803735	2970	846596
黑龙江 Heilongjiang	15595	2790039	2036	1709129
上 海 Shanghai	69971	7290169	4591	20255320
江 苏 Jiangsu	70853	12640351	9970	16214034
浙 江 Zhejiang	48051	9507268	5841	7000890
安 徽 Anhui	28427	5212343	6000	10060556
福 建 Fujian	24816	3934765	4394	5009636
江 西 Jiangxi	14580	2764258	3622	3730156
山 东 Shandong	58125	10580953	5444	7044213
河 南 Henan	36388	8185030	5617	13283796
湖 北 Hubei	41916	9125027	8156	9392510
湖 南 Hunan	26554	4879886	5721	15200706
广 东 Guangdong	28470	6434934	5666	14310491
广 西 Guangxi	19489	4593449	4087	5548338
海 南 Hainan	1457	275614	1349	1280354
重 庆 Chongqing	29150	2796116	2481	4107969
四 川 Sichuan	34710	9007346	7822	11870554
贵 州 Guizhou	14559	2474453	3565	3007231
云 南 Yunnan	38513	7503372	6213	9323053
西 藏 Xizang	938	148447	265	106620
陕 西 Shaanxi	24276	5737499	5549	6149177
甘 肃 Gansu	26831	4838350	3124	3652682
青 海 Qinghai	5555	919580	1228	2123594
宁 夏 Ningxia	6202	819282	848	500068
新 疆 Xinjiang	31371	6510747	4286	2351628

附表 11-5 续表 Continued

地 区 Region	科普（技）竞赛 S&T popularization competitions		科普国际交流 International S&T popularization communication	
	举办次数/次 Number of competitions	参加人数/人次 Number of participants	举办次数/次 Number of events	参加人数/人次 Number of participants
全 国 Total	48840	119613876	2223	331279
东 部 Eastern	26105	92212116	1382	122239
中 部 Middle	10229	14319592	227	52234
西 部 Western	12506	13082168	614	156806
北 京 Beijing	3035	64984132	356	33866
天 津 Tianjin	3389	3007756	76	4454
河 北 Hebei	1738	598582	72	7500
山 西 Shanxi	494	346897	36	31047
内蒙古 Inner Mongolia	650	251500	19	4805
辽 宁 Liaoning	2004	2805291	65	4459
吉 林 Jilin	220	131000	7	200
黑龙江 Heilongjiang	825	288819	47	8692
上 海 Shanghai	4017	4716152	345	41267
江 苏 Jiangsu	4019	4269622	181	14510
浙 江 Zhejiang	2786	3488808	110	5161
安 徽 Anhui	1153	1865342	20	2597
福 建 Fujian	1515	1607679	19	2057
江 西 Jiangxi	1080	2952990	29	1250
山 东 Shandong	1986	4316859	39	3091
河 南 Henan	1515	3209070	20	1813
湖 北 Hubei	3435	3225351	48	5257
湖 南 Hunan	1507	2300123	20	1378
广 东 Guangdong	1513	2349634	79	4473
广 西 Guangxi	808	2298170	146	15630
海 南 Hainan	103	67601	40	1401
重 庆 Chongqing	856	1432829	139	13206
四 川 Sichuan	2456	3115917	73	3784
贵 州 Guizhou	990	847819	3	3432
云 南 Yunnan	839	1192815	32	10878
西 藏 Xizang	101	24757	1	8
陕 西 Shaanxi	2030	2185035	143	96400
甘 肃 Gansu	1648	926855	18	970
青 海 Qinghai	586	226583	27	452
宁 夏 Ningxia	185	210903	4	6000
新 疆 Xinjiang	1357	368985	9	1241

附表 11-5　续表　　Continued

地　区 Region	成立青少年科技兴趣小组 Teenage S&T interest groups		科技夏（冬）令营 Summer /winter science camps	
	兴趣小组数/个 Number of groups	参加人数/人次 Number of participants	举办次数/次 Number of camps	参加人数/人次 Number of participants
全　国 Total	237736	23305258	13114	3346791
东　部 Eastern	114572	7771888	8274	2028888
中　部 Middle	60355	4443113	2157	475518
西　部 Western	62809	11090257	2683	842385
北　京 Beijing	3310	350641	1058	135440
天　津 Tianjin	7967	494768	383	128827
河　北 Hebei	11740	561379	266	72315
山　西 Shanxi	5013	296925	85	36536
内蒙古 Inner Mongolia	2479	197730	220	78434
辽　宁 Liaoning	15448	982218	748	380364
吉　林 Jilin	1330	133378	54	35796
黑龙江 Heilongjiang	4401	173512	420	29904
上　海 Shanghai	7717	539410	1528	383018
江　苏 Jiangsu	18114	1261425	1976	388671
浙　江 Zhejiang	12217	669353	634	248300
安　徽 Anhui	7377	502869	342	60230
福　建 Fujian	5277	636191	612	76944
江　西 Jiangxi	3887	506163	177	43425
山　东 Shandong	18320	1253781	408	151436
河　南 Henan	12912	814606	287	84066
湖　北 Hubei	13580	1202255	361	75404
湖　南 Hunan	11855	813405	431	110157
广　东 Guangdong	13679	987143	634	55778
广　西 Guangxi	9959	5707506	79	15611
海　南 Hainan	783	35579	27	7795
重　庆 Chongqing	3938	284345	100	20679
四　川 Sichuan	16681	1888122	494	262741
贵　州 Guizhou	3577	900283	129	53251
云　南 Yunnan	4329	408690	363	133279
西　藏 Xizang	130	5114	22	2974
陕　西 Shaanxi	8474	709524	242	60693
甘　肃 Gansu	6644	552114	150	71562
青　海 Qinghai	2143	74941	71	12479
宁　夏 Ningxia	1393	122200	26	2984
新　疆 Xinjiang	3062	239688	787	127698

附表 11-5 续表 Continued

地　区 Region	科技活动周 Science & technology week		科研机构、大学向社会开放 Scientific institutions and universities open to the public	
	科普专题活动次数/次 Number of events	参加人数/人次 Number of participants	开放单位数/个 Number of open units	参观人数/人次 Number of participants
全　国 Total	117238	157261024	6712	8317837
东　部 Eastern	50256	109806701	3772	5058695
中　部 Middle	26395	18882847	1216	1868151
西　部 Western	40587	28571476	1724	1390991
北　京 Beijing	3672	58411039	569	494183
天　津 Tianjin	5488	3807150	197	310371
河　北 Hebei	5199	3184473	228	166028
山　西 Shanxi	1538	1856872	62	36200
内蒙古 Inner Mongolia	2206	1182449	88	64828
辽　宁 Liaoning	4473	5171896	509	415529
吉　林 Jilin	509	374918	20	35246
黑龙江 Heilongjiang	1914	1443537	184	176451
上　海 Shanghai	5218	6601294	69	291938
江　苏 Jiangsu	10098	11512478	982	682214
浙　江 Zhejiang	4653	4238587	269	305080
安　徽 Anhui	3438	1671950	142	187778
福　建 Fujian	4299	2350628	145	189516
江　西 Jiangxi	2945	1805086	69	102278
山　东 Shandong	4423	10454211	279	465324
河　南 Henan	5942	3823632	78	54476
湖　北 Hubei	5976	4798080	508	896358
湖　南 Hunan	4133	3108772	153	379364
广　东 Guangdong	2006	3590643	513	680068
广　西 Guangxi	2838	4922199	116	51252
海　南 Hainan	727	484302	12	1058444
重　庆 Chongqing	2153	1698552	168	133043
四　川 Sichuan	9798	5824454	578	266264
贵　州 Guizhou	3310	1967846	67	230192
云　南 Yunnan	4569	2904260	194	90615
西　藏 Xizang	340	76156	34	13963
陕　西 Shaanxi	5495	4067496	169	93008
甘　肃 Gansu	2903	1966623	156	175931
青　海 Qinghai	787	783840	60	8333
宁　夏 Ningxia	1200	788672	37	20555
新　疆 Xinjiang	4988	2388929	57	243007

附表 11-5　续表　　　　Continued

地　区 Region	举办实用技术培训 Practical skill trainings		重大科普活动次数/次 Number of major S&T popularization activities
	举办次数/次 Number of trainings	参加人数/人次 Number of participants	
全　国 Total	774189	104598101	29058
东　部 Eastern	249964	37302698	11120
中　部 Middle	134744	16492213	6596
西　部 Western	389481	50803190	11342
北　京 Beijing	18452	1013571	605
天　津 Tianjin	17629	1759256	377
河　北 Hebei	32097	4715490	1751
山　西 Shanxi	13439	1869808	637
内蒙古 Inner Mongolia	20363	2974540	638
辽　宁 Liaoning	22859	2911201	1555
吉　林 Jilin	9902	1004141	252
黑龙江 Heilongjiang	21029	2634760	771
上　海 Shanghai	13328	3006507	994
江　苏 Jiangsu	47634	12100274	1800
浙　江 Zhejiang	28574	2642702	977
安　徽 Anhui	22324	2417828	849
福　建 Fujian	16531	2287103	741
江　西 Jiangxi	20164	1942387	524
山　东 Shandong	33210	4904053	1257
河　南 Henan	24977	3711298	937
湖　北 Hubei	79	3850	1514
湖　南 Hunan	22830	2908141	1112
广　东 Guangdong	15119	1617132	962
广　西 Guangxi	38244	4772445	1106
海　南 Hainan	4531	345409	101
重　庆 Chongqing	9319	1535203	633
四　川 Sichuan	86215	13364893	2494
贵　州 Guizhou	21751	2636108	644
云　南 Yunnan	76122	7650750	1076
西　藏 Xizang	1305	129013	43
陕　西 Shaanxi	33275	4376080	1672
甘　肃 Gansu	42644	4862044	1238
青　海 Qinghai	7353	1633509	528
宁　夏 Ningxia	10474	725091	210
新　疆 Xinjiang	42416	6143514	1060

附录12　中国公民科学素质基准

《中国公民科学素质基准》（以下简称《基准》）是指中国公民应具备的基本科学技术知识和能力的标准。公民具备基本科学素质一般指了解必要的科学技术知识，掌握基本的科学方法，树立科学思想，崇尚科学精神，并具有一定的应用它们处理实际问题、参与公共事务的能力。制定《基准》是健全监测评估公民科学素质体系的重要内容，将为公民提高自身科学素质提供衡量尺度和指导。《基准》共有26条基准、132个基准点，基本涵盖公民需要具有的科学精神、掌握或了解的知识、具备的能力，每条基准下列出了相应的基准点，对基准进行了解释和说明。

《基准》适用范围为18周岁以上，具有行为能力的中华人民共和国公民。

测评时从132个基准点中随机选取50个基准点进行考察，50个基准点需覆盖全部26条基准。根据每条基准点设计题目，形成调查题库。测评时，从500道题库中随机选取50道题目（必须覆盖26条基准）进行测试，形式为判断题或选择题，每题2分。正确率达到60%视为具备基本科学素质。

附表12-1　《中国公民科学素质基准》结构表

序号	基准内容	基准点序号	基准点
1	知道世界是可被认知的，能以科学的态度认识世界。	1～5	5个
2	知道用系统的方法分析问题、解决问题。	6～9	4个
3	具有基本的科学精神，了解科学技术研究的基本过程。	10～12	3个
4	具有创新意识，理解和支持科技创新。	13～18	6个
5	了解科学、技术与社会的关系，认识到技术产生的影响具有两面性。	19～23	5个
6	树立生态文明理念，与自然和谐相处。	24～27	4个

续表

序号	基准内容	基准点序号	基准点
7	树立可持续发展理念，有效利用资源。	28～31	4个
8	崇尚科学，具有辨别信息真伪的基本能力。	32～34	3个
9	掌握获取知识或信息的科学方法。	35～38	4个
10	掌握基本的数学运算和逻辑思维能力。	39～44	6个
11	掌握基本的物理知识。	45～52	8个
12	掌握基本的化学知识。	53～58	6个
13	掌握基本的天文知识。	59～61	3个
14	掌握基本的地球科学和地理知识。	62～67	6个
15	了解生命现象、生物多样性与进化的基本知识。	68～74	7个
16	了解人体生理知识。	75～78	4个
17	知道常见疾病和安全用药的常识。	79～88	10个
18	掌握饮食、营养的基本知识，养成良好生活习惯。	89～95	7个
19	掌握安全出行基本知识，能正确使用交通工具。	96～98	3个
20	掌握安全用电、用气等常识，能正确使用家用电器和电子产品。	99～101	3个
21	了解农业生产的基本知识和方法。	102～106	5个
22	具备基本劳动技能，能正确使用相关工具与设备。	107～111	5个
23	具有安全生产意识，遵守生产规章制度和操作规程。	112～117	6个
24	掌握常见事故的救援知识和急救方法。	118～122	5个
25	掌握自然灾害的防御和应急避险的基本方法。	123～125	3个
26	了解环境污染的危害及其应对措施，合理利用土地资源和水资源。	126～132	7个

基准点（132 个）

1. 知道世界是可被认知的，能以科学的态度认识世界。

（1）树立科学世界观，知道世界是物质的，是能够被认知的，但人类对世界的认知是有限的。

（2）尊重客观规律能够让我们与世界和谐相处。

（3）科学技术是在不断发展的，科学知识本身需要不断深化和拓展。

（4）知道哲学社会科学同自然科学一样，是人们认识世界和改造世界的重要工具。

（5）了解中华优秀传统文化对认识自然和社会、发展科学和技术具有重要作用。

2. 知道用系统的方法分析问题、解决问题。

（6）知道世界是普遍联系的，事物是运动变化发展的、对立统一的；能用普遍联系的、发展的观点认识问题和解决问题。

（7）知道系统内的各部分是相互联系、相互作用的，复杂的结构可能是由很多简单的结构构成的；认识到整体具备各部分之和所不具备的功能。

（8）知道可能有多种方法分析和解决问题，知道解决一个问题可能会引发其他的问题。

（9）知道阴阳五行、天人合一、格物致知等中国传统哲学思想观念，是中国古代朴素的唯物论和整体系统的方法论，并具有现实意义。

3. 具有基本的科学精神，了解科学技术研究的基本过程。

（10）具备求真、质疑、实证的科学精神，知道科学技术研究应具备好奇心、善于观察、诚实的基本要素。

（11）了解科学技术研究的基本过程和方法。

（12）对拟成为实验对象的人，要充分告知本人或其利益相关者实验可能存在的风险。

4. 具有创新意识，理解和支持科技创新。

（13）知道创新对个人和社会发展的重要性，具有求新意识，崇尚用新知识、新方法解决问题。

（14）知道技术创新是提升个人和单位核心竞争力的保证。

（15）尊重知识产权，具有专利、商标、著作权保护意识；知道知识产权保护制度对促进技术创新的重要作用。

（16）了解技术标准和品牌在市场竞争中的重要作用，知道技术创新对标准和品牌的引领和支撑作用，具有品牌保护意识。

（17）关注与自己的生活和工作相关的新知识、新技术。

（18）关注科学技术发展。知道“基因工程”“干细胞”“纳米材料”“热核聚变”“大数据”“云计算”“互联网+”等高新技术。

5. 了解科学、技术与社会的关系，认识到技术产生的影响具有两面性。

（19）知道解决技术问题经常需要新的科学知识，新技术的应用常常会促进科学的进步和社会的发展。

（20）了解中国古代四大发明、农医天算，以及近代科技成就及其对世界的贡献。

（21）知道技术产生的影响具有两面性，而且常常超过了设计的初衷，既能造福人类，也可能产生负面作用。

（22）知道技术的价值对于不同的人群或者在不同的时间，都可能是不同的。

（23）对于与科学技术相关的决策能进行客观公正的分析，并理性表达意见。

6. 树立生态文明理念，与自然和谐相处。

（24）知道人是自然界的一部分，热爱自然，尊重自然，顺应自然，保护自然。

（25）知道我们生活在一个相互依存的地球上，不仅全球的生态环境相互依存，经济社会等其他因素也是相互关联的。

（26）知道气候变化、海平面上升、土地荒漠化、大气臭氧层损耗等全球性环境问题及其危害。

（27）知道生态系统一旦被破坏很难恢复，恢复被破坏或退化的生态系统成本高、难度大、周期长。

7. 树立可持续发展理念，有效利用资源。

（28）知道发展既要满足当代人的需求，又不损害后代人满足其需求的能力。

（29）知道地球的人口承载力是有限的；了解可再生资源和不可再生资源，知道矿产资源、化石能源等是不可再生的，具有资源短缺的危机意识和节约物质资源、能源意识。

（30）知道开发和利用水能、风能、太阳能、海洋能和核能等清洁能源是解决能源短缺的重要途径；知道核电站事故、核废料的放射性等危害是可控的。

（31）了解材料的再生利用可以节省资源，做到生活垃圾分类堆放，以及可再生资源的回收利用，减少排放；节约使用各种材料，少用一次性用品；了解建筑节能的基本措施和方法。

8. 崇尚科学，具有辨别信息真伪的基本能力。

（32）知道实践是检验真理的唯一标准，实验是检验科学真伪的重要手段。

（33）知道解释自然现象要依靠科学理论，尊重客观规律，实事求是，对尚不能用科学理论解释的自然现象不迷信、不盲从。

（34）知道信息可能受发布者的背景和意图影响，具有初步辨识信息真伪的能力，不轻信未经核实的信息。

9. 掌握获取知识或信息的科学方法。

（35）关注与生活和工作相关知识和信息，具有通过图书、报刊和网络等途径检索、收集所需知识和信息的能力。

（36）知道原始信息与二手信息的区别，知道通过调查、访谈和查阅原始文献等方式可以获取原始信息。

（37）具有初步加工整理所获的信息，将新信息整合到已有的知识中的能力。

（38）具有利用多种学习途径终身学习的意识。

10. 掌握基本的数学运算和逻辑思维能力。

（39）掌握加、减、乘、除四则运算，能借助数量的计算或估算来处理日常生活和工作中的问题。

（40）掌握米、千克、秒等基本国际计量单位及其与常用计量单位的换算。

（41）掌握概率的基本知识，并能用概率知识解决实际问题。

（42）能根据统计数据和图表进行相关分析，做出判断。

（43）具有一定的逻辑思维的能力，掌握基本的逻辑推理方法。

（44）知道自然界存在着必然现象和偶然现象，解决问题讲究规律性，避免盲目性。

11. 掌握基本的物理知识。

（45）知道分子、原子是构成物质的微粒，所有物质都是由原子组成，原子可以结合成分子。

（46）区分物质主要的物理性质，如密度、熔点、沸点、导电性等，并能用它们解释自然界和生活中的简单现象；知道常见物质固、液、气三态变化的条件。

（47）了解生活中常见的力，如重力、弹力、摩擦力、电磁力等；知道大气压的变化及其对生活的影响。

（48）知道力是自然界万物运动的原因；能描述牛顿力学定律，能用它解释生活中常见的运动现象。

（49）知道太阳光由 7 种不同的单色光组成，认识太阳光是地球生命活动所需能量的最主要来源；知道无线电波、微波、红外线、可见光、紫外线、X 射线都是电磁波。

（50）掌握光的反射和折射的基本知识，了解成像原理。

（51）掌握电压、电流、功率的基本知识，知道电路的基本组成和连接方法。

（52）知道能量守恒定律，能量既不会凭空产生，也不会凭空消灭，只会从一种形式转化为另一种形式，或者从一个物体转移到其他物体，而总量保持不变。

12. 掌握基本的化学知识。

（53）知道水的组成和主要性质，举例说出水对生命体的影响。

（54）知道空气的主要成分；知道氧气、二氧化碳等气体的主要性质，并能列举其用途。

（55）知道自然界存在的基本元素及分类。

（56）知道质量守恒定律，化学反应只改变物质的原有形态或结构，质量总和保持不变。

（57）能识别金属和非金属，知道常见金属的主要化学性质和用途；知道金属腐蚀的条件和防止金属腐蚀常用的方法。

（58）能说出一些重要的酸、碱和盐的性质，能说明酸、碱和盐在日常生活中的用途，并能用它们解释自然界和生活中的有关简单现象。

13. 掌握基本的天文知识。

（59）知道地球是太阳系中的一颗行星，太阳是银河系内的一颗恒星，宇宙是由大量星系构成的；了解“宇宙大爆炸”理论。

（60）知道地球自西向东自转一周为一日，形成昼夜交替；地球绕太阳公转一周为一年，形成四季更迭；月球绕地球公转一周为一月，伴有月圆月缺。

（61）能够识别北斗七星，了解日食月食、彗星流星等天文现象。

14. 掌握基本的地球科学和地理知识。

（62）知道固体地球由地壳、地幔和地核组成，地球的运动和地球内部的各向异性产生各种力，造成自然灾害。

（63）知道地球表层是地球大气圈、岩石圈、水圈、生物圈相互交接的层面，它构成与人类密切相关的地球环境。

（64）知道地球总面积中陆地面积和海洋面积的百分比，能说出七大洲、四大洋。

（65）知道我国主要地貌特点、人口分布、民族构成、行政区划及主要邻国，能说出主要山脉和水系。

（66）知道天气是指短时段内的冷热、干湿、晴雨等大气状态，气候是指多年气温、降水等大气的一般状态；看懂天气预报及气象灾害预警信号。

（67）知道地球上的水在太阳能和重力作用下，以蒸发、水汽输送、降水和径流等方式不断运动，形成水循环；知道在水循环过程中，水的时空分布不均造成洪涝、干旱等灾害。

15. 了解生命现象、生物多样性与进化的基本知识。

（68）知道细胞是生命体的基本单位。

（69）知道生物可分为动物、植物与微生物，识别常见的动物和植物。

（70）知道地球上的物种是由早期物种进化而来，人是由古猿进化而来的。

（71）知道光合作用的重要意义，知道地球上的氧气主要来源于植物的光合作用。

（72）了解遗传物质的作用，知道 DNA、基因和染色体。

（73）了解各种生物通过食物链相互联系，抵制捕杀、销售和食用珍稀野生动物的行为。

（74）知道生物多样性是生物长期进化的结果，保护生物多样性有利于维护生态系统平衡。

16. 了解人体生理知识。

（75）了解人体的生理结构和生理现象，知道心、肝、肺、胃、肾等主要器官的位置和生理功能。

（76）知道人体体温、心率、血压等指标的正常值范围，知道自己的血型。

（77）了解人体的发育过程和各发育阶段的生理特点。

（78）知道每个人的身体状况随性别、体重、活动，以及生活习惯而不同。

17. 知道常见疾病和安全用药的常识。

（79）具有对疾病以预防为主、及时就医的意识。

（80）能正确使用体温计、体重计、血压计等家用医疗器具，了解自己的健康状况。

（81）知道蚊虫叮咬对人体的危害及预防、治疗措施；知道病毒、细菌、真菌和寄生虫可能感染人体，导致疾病；知道污水和粪便处理、动植物检疫等公共卫生防疫和检测措施对控制疾病的重要性。

（82）知道常见传染病（如传染性肝炎、肺结核病、艾滋病、流行性感冒等）、慢性病（如高血压、糖尿病等）、突发性疾病（如脑梗死、心肌梗死等）的特点及相关预防、急救措施。

（83）了解常见职业病的基本知识，能采取基本的预防措施。

（84）知道心理健康的重要性，了解心理疾病、精神疾病基本特征，知道预防、调适的基本方法。

（85）知道遵医嘱或按药品说明书服药，了解安全用药、合理用药及药物不良反应常识。

（86）知道处方药和非处方药的区别，知道对自身有过敏性的药物。

（87）了解中医药是中国传统医疗手段，与西医相比各有优势。

（88）知道常见毒品的种类和危害，远离毒品。

18. 掌握饮食、营养的基本知识，养成良好生活习惯。

（89）选择有益于健康的食物，做到合理营养、均衡膳食。

（90）掌握饮用水、食品卫生与安全知识，有一定的鉴别日常食品卫生质量的能力。

（91）知道食物中毒的特点和预防食物中毒的方法。

（92）知道吸烟、过量饮酒对健康的危害。

（93）知道适当运动有益于身体健康。

（94）知道保护眼睛、爱护牙齿等的重要性，养成爱牙护眼的好习惯。

（95）知道作息不规律等对健康的危害，养成良好的作息习惯。

19. 掌握安全出行基本知识，能正确使用交通工具。

（96）了解基本交通规则和常见交通标志的含义，以及交通事故的救援方法。

（97）能正确使用自行车等日常家用交通工具，定期对交通工具进行维修和保养。

（98）了解乘坐各类公共交通工具（汽车、轨道交通、火车、飞机、轮船等）的安全规则。

20. 掌握安全用电、用气等常识，能正确使用家用电器和电子产品。

（99）了解安全用电常识，初步掌握触电的防范和急救的基本技能。

（100）安全使用燃气器具，初步掌握一氧化碳中毒的急救方法。

（101）能正确使用家用电器和电子产品，如电磁炉、微波炉、热水器、洗衣机、电风扇、空调、冰箱、收音机、电视机、计算机、手机、照相机等。

21. 了解农业生产的基本知识和方法。

（102）能分辨和选择食用常见农产品。

（103）知道农作物生长的基本条件、规律与相关知识。

（104）知道土壤是地球陆地表面能生长植物的疏松表层，是人类从事农业生产活动的基础。

（105）农业生产者应掌握正确使用农药、合理使用化肥的基本知识与方法。

（106）了解农药残留的相关知识，知道去除水果、蔬菜残留农药的方法。

22. 具备基本劳动技能，能正确使用相关工具与设备。

（107）在本职工作中遵循行业中关于生产或服务的技术标准或规范。

（108）能正确操作或使用本职工作有关的工具或设备。

（109）注意生产工具的使用年限，知道保养可以使生产工具保持良好的工作状态和延长使用年限，能根据用户手册规定的程序，对生产工具进行诸如清洗、加油、调节等保养。

（110）能使用常用工具来诊断生产中出现的简单故障，并能及时维修。

（111）能尝试通过工作方法和流程的优化与改进来缩短工作周期，提高劳动效率。

23. 具有安全生产意识，遵守生产规章制度和操作规程。

（112）生产者在生产经营活动中，应树立安全生产意识，自觉履行岗位职责。

（113）在劳动中严格遵守安全生产规定和操作手册。

（114）了解工作环境与场所潜在的危险因素，以及预防和处理事故的应急措施，自觉佩戴和使用劳动防护用品。

（115）知道有毒物质、放射性物质、易燃或爆炸品、激光等安全标志。

（116）知道生产中爆炸、工伤等意外事故的预防措施，一旦事故发生，能自我保护，并及时报警。

（117）了解生产活动对生态环境的影响，知道清洁生产标准和相关措施，具有监督污染环境、安全生产、运输等的社会责任。

24. 掌握常见事故的救援知识和急救方法。

（118）了解燃烧的条件，知道灭火的原理，掌握常见消防工具的使用和在火灾中逃生自救的一般方法。

（119）了解溺水、异物堵塞气管等紧急事件的基本急救方法。

（120）选择环保建筑材料和装饰材料，减少和避免苯、甲醛、放射性物质等对人体的危害。

（121）了解有害气体泄漏的应对措施和急救方法。

（122）了解犬、猫、蛇等动物咬伤的基本急救方法。

25. 掌握自然灾害的防御和应急避险的基本方法。

（123）了解我国主要自然灾害的分布情况，知道本地区常见自然灾害。

（124）了解地震、滑坡、泥石流、洪涝、台风、雷电、沙尘暴、海啸等主要自然灾害的特征及应急避险方法。

（125）能够应对主要自然灾害引发的次生灾害。

26. 了解环境污染的危害及其应对措施，合理利用土地资源和水资源。

（126）知道大气和海洋等水体容纳废物和环境自净的能力有限，知道人类污染物排放速度不能超过环境的自净速度。

（127）知道大气污染的类型、污染源与污染物的种类，以及控制大气污染的主要技术手段；能看懂空气质量报告；知道清洁生产和绿色产品的含义。

（128）自觉地保护所在地的饮用水源地；知道污水必须经过适当处理达标后才能排入水体；不往水体中丢弃、倾倒废弃物。

（129）知道工业、农业生产和生活的污染物进入土壤，会造成土壤污染，不乱倒垃圾。

（130）保护耕地，节约利用土地资源，懂得合理利用草场、林场资源，防止过度放牧，知道应该合理开发荒山、荒坡等未利用土地。

（131）知道过量开采地下水会造成地面沉降、地下水位降低、沿海地区海水倒灌；选用节水生产技术和生活器具，知道合理利用雨水、中水，关注公共场合用水的查漏塞流。

（132）具有保护海洋的意识，知道合理开发利用海洋资源的重要意义。

附录 13　全国科普讲解大赛优秀讲解人员名单

根据《科技部办公厅关于举办第十届全国科普讲解大赛的通知》（国科办函才〔2023〕338 号），为深入学习贯彻党的二十大精神，全面落实中共中央办公厅、国务院办公厅《关于新时代进一步加强科学技术普及工作的意见》的要求，加强国家科普能力建设，科技部举办了“第十届全国科普讲解大赛”。

大赛以“热爱科学　崇尚科学”为主题，在全社会广泛普及科学知识、展示科技成就、倡导科学方法、传播科学思想、弘扬科学精神，激发全社会创新创业活力，营造良好的创新文化氛围，树立热爱科学、崇尚科学的社会风尚。

第十届全国科普讲解大赛得到了各地方和有关部门的积极响应，共举办了 1100 多场比赛，80 个代表队、265 名科普工作者参加了决赛。

一等奖

王　阳（海军军医大学第一附属医院，上海市科学技术委员会）

王　琪（广东科学中心，广州市科学技术局）

朱镕宽（北京空间飞行器总体设计部，北京市科学技术委员会）

刘灵琪（贵州省交通规划勘察设计研究院股份有限公司，贵州省科学技术厅）

刘　菲（澜沧拉祜族自治县第一人民医院，云南省科学技术厅）

杜永强（海军大连舰艇学院，中央军委科技委综合局）

李春鑫（海军大连舰艇学院，中央军委科技委综合局）

吴天任（上海科技馆，上海市科学技术委员会）

吴诗恒（广东科学中心，广东省科学技术厅）

张　琦（武汉传媒学院，湖北省科学技术厅）

二等奖

王天小［长春海关技术中心第四综合实验室（珲春），吉林省科学技术厅］

吕　渡（陕西省地质调查院，中国地质调查局）

朱云松（蚌埠市城乡规划展览馆，安徽省科学技术厅）

朱睿颖（航天科技集团中国运载火箭技术研究院临空部，国家航天局国际合作司）

任云义（四渡赤水纪念馆，贵州省科学技术厅）

刘若璇（国防大学，中央军委科技委综合局）

刘　莹（空军特色医学中心，中央军委科技委综合局）

刘朕廷（陆军炮兵防空兵学院，中央军委科技委综合局）

汤晓彤（大连周水子机场海关，大连市科学技术局）

李冰茜（重庆艺术学校，重庆市科学技术局）

张　珊（广西规划馆，生态环境部科技与财务司）

范云露（河北省特种设备监督检验研究院，国家市场监督管理总局科技和财务司）

周　虹（中国水利水电科学研究院，北京市科学技术委员会）

姜　昕［中国地质大学（武汉），自然资源部科技发展司］

徐　婧（北京市香山公园管理处，国家林草局科学技术司）

高家晶（联勤保障部队，中央军委科技委综合局）

黄思程（黑龙江省消防救援总队大庆支队，黑龙江省科学技术厅）

梁毅辰（西安航空学院，西安市科学技术局）

路子豪（深圳广播电影电视集团，深圳市科技创新委员会，深圳市科学技术协会）

熊　静（昆明医科大学第二附属医院，云南省科学技术厅）

三等奖

王丹阳（辽宁省科学技术馆，辽宁省科学技术厅）

王星琦（上海科技馆，上海市科学技术委员会）

王　浩（成都自然博物馆，成都市科学技术局）

叶露瑶（青岛啤酒博物馆，山东省科学技术厅）

田维皓（中国建筑科技馆，住房城乡建设部标准定额司）

付凡格（黄冈市应急管理局，应急管理部新闻宣传司）

代婧伟（南开大学，天津市科学技术局）

白念森（广州市林业和园林科学研究院，国家林草局科学技术司）

刘晋博（甘肃省消防救援总队临夏支队，甘肃省科学技术厅）

刘鸿飞（湖北省地质科学研究院，湖北省科学技术厅）

刘　慧（昆山海关，江苏省科学技术厅）

孙　畅（武警海警学院，中央军委科技委综合局）

孙　辉（广州环投永兴集团股份有限公司，广州市科学技术局）

杜鹏钰（青岛啤酒博物馆，青岛市科学技术局）

李　旭（中国科学技术大学，中国科学院学部工作局）

李宇津（上海市第五人民医院，上海市科学技术委员会）

李金佳（浙江省杭州市萧山区疾病预防控制中心，杭州市科学技术局）

李博文（海南经贸职业技术学院，海南省科学技术厅）

束永鑫（西安辅轮中学，陕西省科学技术厅）

吴金花（上海航天技术研究院，国家航天局国际合作司）

何易霏（航天科技集团航天推进技术研究院，国务院国资委科技创新局）

张丹丹（三门峡市气象局，河南省科学技术厅）

张梦欣（重庆市九龙坡区科普创作与传播学会，重庆市科学技术局）

张　硕（河北省气象局，中国气象局科技与气候变化司）

张　涵（中华人民共和国成都海关，四川省科学技术厅）

陈亚凌（中南民族大学，国家民委教育司）

陈丽雯（杭州市富阳区大源社区卫生服务中心，浙江省科学技术厅）

陈明珠（西安曲江文化旅游股份有限公司海洋极地公园分公司，陕西省科学技术厅）

陈舒婷（辽宁师范大学，大连市科学技术局）

欧天华（航天科技集团有限公司第一研究院第十八研究所，国家航天局国际合作司）

周万琬（南京海关所属南通海关，海关总署科技发展司）

郑飞阳（厦门理工学院，厦门市科学技术局）

孟　瑜（青岛海关所属威海海关，海关总署科技发展司）

施　雯（中南大学湘雅二医院眼科，湖南省科学技术厅）

娜孜曼·热苏力（新疆气象局气象服务中心，新疆维吾尔自治区科学技术厅）

栗艺文（河南交通投资集团中天高科，交通运输部科技司）

黄　景（四川大学华西医院，四川省科学技术厅）

曹芯蕊（重庆市渝中区人民政府石油路街道办事处，重庆市科学技术局）

符永浩（广东科学中心，广东省科学技术厅）

商保利（武警士官学校，中央军委科技委综合局）

商俊阳（中国人民武装警察部队警官学院，中央军委科技委综合局）

雷　晴（天津市东丽区委网信办，天津市科学技术局）

颜　鑫（南京科技馆，南京市科学技术局）

燕　雨（河南省科学技术馆，河南省科学技术厅）

魏子涵（青岛科技馆，青岛市科学技术局）

附录14　全国科学实验展演汇演获奖名单

根据《科技部办公厅 中国科学院办公厅关于举办第六届全国科学实验展演汇演活动的通知》（国科办才〔2023〕76 号），为落实习近平总书记关于科学普及与科技创新同等重要的重要指示精神，大力培育创新文化，营造创新氛围，科技部、中国科学院联合举办第六届全国科学实验展演汇演活动。活动以“热爱科学 崇尚科学”为主题，由科学技术部、中国科学院主办，中国科学技术大学承办。

一等奖

上海飞机制造有限公司　《乘风而上》

湖南广播电视台新闻中心　《科学下乡记：神奇的涡环》

黑龙江省公安厅　《无所遁形》

江苏省科学技术馆　《燃之有理》

北京市北海公园管理处　《一朵飞天遁地的莲》

上海市计量测试技术研究院　《新西游之“真空”降妖记》

东莞市科学技术博物馆　《离开地球表面》

广东科学中心　《“曲”遇记》

北京市天坛公园管理处　《小雨滴的“大滑梯”》

上海天文馆（上海科技馆分馆）　《“凝”好》

二等奖

上海科技馆　《浮不浮》

云南前沿液态金属研究院有限公司　《趣味科学“镓”》

秦始皇帝陵博物院　《为兵马俑穿“铠甲”》

黑龙江省森林保护研究所　《神奇的“雪”》

江苏省科学技术馆　《泡泡密语》

黄山市科技馆　《翱翔蓝天的秘密》

新疆科技馆　《一根蜡烛点燃科学》

中国杭州低碳科技馆　《夜行有光》

南开大学药物化学生物学全国重点实验室　《敲出来的大学问》

台州市科技馆　《大唐黑科技》

河北省科学技术馆　《“力”所能及》

广西科技馆　《永无止“镜”》

北京科技大学　《磁悬浮大揭秘》

岳阳职业技术学院　《涩口的“温鞣”》

辽宁省科学技术馆　《光之声》

西北工业大学　《蜡烛的特异功能——为水穿衣》

南京航空航天大学　《冲出太阳系（引力弹弓）》

文华学院　《谁与争锋》

天津师范大学　《古声今传》

北京市气象服务中心　《雷哦》

三等奖

重庆科技馆　《123，牛牛牛》

湖南人文科技学院　《极寒之旅》

福建省科技馆　《平衡大挑战》

广东科学中心　《机械马戏团》

陕西自然博物馆　《因“水”知“原”》

中国科学院理化技术研究所　《光辉元素》

长沙海关　《非洲奇遇记——揭开疟原虫的神秘面纱》

哈尔滨市公安局　《消失的“它”》

生态环境部南京环境科学研究所　《斑马鱼侦探团：解锁新污染物的毒性密码》

内蒙古科学技术馆　《电、磁时空漫游记》

长沙海关　《食品消“硝”乐》

北京市天坛公园管理处　《计算出来的音乐》

合肥市科技馆　《看不见的推手》

郑州科学技术馆　《火源缘起》

正佳科学馆　《神秘的力量》

内蒙古科学技术馆　《乐器科学交响曲》

重庆医药高等专科学校　《我愿意》

福建省科技馆　《熠熠生辉》

中国科学院过程工程研究所　《会说话的保鲜膜》

西安市第八十五中学　《光电奇遇记》

南宁市科技馆　《你相信光吗？》

西安石油大学　《畅通“铝”途》

浙江省科技馆　《奇奇妙妙说静电》

江西省科学技术馆（江西省青少年科技中心）　《离心力》

中国消防救援学院　《油火克星——神奇的泡沫卫士》

长春中国光学科学技术馆　《快乐魔法》

南京师范大学附属中学实验初级中学　《“Tan”绿》

甘肃科技馆　《逐梦追光》

贵阳市第八中学　《镇电之保》

华东师范大学　《隐身“魔法”》